2021年水利先进实用技术重点推广指导目录

水利部科技推广中心　主编

中国水利水电出版社
www.waterpub.com.cn
·北京·

图书在版编目（CIP）数据

2021年水利先进实用技术重点推广指导目录 / 水利部科技推广中心主编. -- 北京 : 中国水利水电出版社, 2022.2
ISBN 978-7-5226-0523-4

Ⅰ. ①2… Ⅱ. ①水… Ⅲ. ①水利工程－技术推广－中国－目录－2021 Ⅳ. ①TV-63

中国版本图书馆CIP数据核字(2022)第032210号

书　　名	**2021 年水利先进实用技术重点推广指导目录** 2021 NIAN SHUILI XIANJIN SHIYONG JISHU ZHONGDIAN TUIGUANG ZHIDAO MULU
作　　者	水利部科技推广中心 主编
出版发行	中国水利水电出版社 （北京市海淀区玉渊潭南路 1 号 D 座　100038） 网址：www.waterpub.com.cn E-mail：sales@mwr.gov.cn 电话：（010）68545888（营销中心）
经　　售	北京科水图书销售有限公司 电话：（010）68545874、63202643 全国各地新华书店和相关出版物销售网点
排　　版	中国水利水电出版社微机排版中心
印　　刷	清淞永业（天津）印刷有限公司
规　　格	210mm×285mm　16 开本　21 印张　606 千字
版　　次	2022 年 2 月第 1 版　2022 年 2 月第 1 次印刷
定　　价	**126.00** 元

本书编委会

主　编：吴宏伟

参　编：娄　瑜　常清睿　郑　航　施　昭　成文骁

水利部科技推广中心关于发布2021年度水利先进实用技术重点推广指导目录的通知

水技推〔2021〕49号

部直属各单位，各省、自治区、直辖市水利（水务）厅（局），各计划单列市水利（水务）局，新疆生产建设兵团水利局，各有关单位：

为深入贯彻落实创新驱动发展战略，积极践行“节水优先、空间均衡、系统治理、两手发力”的治水思路，大力推动水利行业积极采用先进实用技术，进一步扩大水利先进实用技术宣传推广，切实提高行业科技水平，我中心根据《水利先进实用技术重点推广指导目录管理办法》，结合水利工作实际技术需求，组织开展了水利先进实用技术的征集工作，经评审与公示，形成《2021年度水利先进实用技术重点推广指导目录》（见附件），现予以发布。

各地要结合工作实际，加大科技创新力度，认真组织好先进实用技术的宣传与推广应用，为水利高质量发展提供坚实的技术支撑与保障。

附件：《2021年度水利先进实用技术重点推广指导目录》

水利部科技推广中心

2021年7月30日

附件：

2021年度水利先进实用技术重点推广指导目录

编号	技术名称	持有单位
TZ2021001	心墙砂砾石坝变形协调综合控制技术	中国水利水电科学研究院
TZ2021002	多维一体化水沙数学模型软件	中国水利水电科学研究院
TZ2021003	基于常规矩与线性矩的IWHR暴雨洪水频率分析计算软件V1.0	中国水利水电科学研究院
TZ2021004	小型水库大坝安全智慧感知融合预警技术及一体化装备	水利部交通运输部国家能源局南京水利科学研究院
TZ2021005	土石坝洪水灾害防御技术	水利部交通运输部国家能源局南京水利科学研究院
TZ2021006	高精度全自动三维变形实时监测与预警技术	水利部交通运输部国家能源局南京水利科学研究院
TZ2021007	CW系严寒地区混凝土抗冻防护涂层材料与技术	长江水利委员会长江科学院
TZ2021008	水土保持多源异构监测网络和可视化态势应用技术	长江水利委员会长江科学院、中国科学院上海微系统与信息技术研究所
TZ2021009	湖库水沙床全息化智慧感知技术	黄河水利委员会黄河水利科学研究院
TZ2021010	定点式全天候凌情动态数据采集技术及装备	黄河水利委员会黄河水利科学研究院
TZ2021011	基于浪潮耦合的河口海岸风暴潮预报技术	珠江水利委员会珠江水利科学研究院
TZ2021012	珠江三角洲水质遥感关键技术	珠江水利委员会珠江水利科学研究院
TZ2021013	巨型水库汛期水位动态协调控制技术	长江勘测规划设计研究有限责任公司
TZ2021014	混凝土面板坝深水帷幕灌浆关键技术	长江勘测规划设计研究有限责任公司、四川共拓岩土科技股份有限公司
TZ2021015	地下阀井微循环换气方法	黄河勘测规划设计研究院有限公司
TZ2021016	流域水质水量一体化配置与调度技术	黄河勘测规划设计研究院有限公司、北京师范大学
TZ2021017	考虑区间供需平衡的水库群联合补水多目标优化调度技术	水利部水利水电规划设计总院
TZ2021018	水利水电工程基础质量综合物探检测与评价技术	中水北方勘测设计研究有限责任公司
TZ2021019	跨流域调水水库群供水调度决策支持系统	中水东北勘测设计研究有限责任公司
TZ2021020	防风暴潮生态海堤关键技术	中水珠江规划勘测设计有限公司
TZ2021021	地下水监测综合成果分析应用系统	水利部信息中心
TZ2021022	高扬程泵站增流综合技术	中国灌溉排水发展中心、中国农业大学、宁夏回族自治区固海扬水管理处
TZ2021023	地下输水隧洞渗漏高精度无损探测及快速一体化修复技术	水利部河湖保护中心、北京市水科学技术研究院、不二新材料科技有限公司、长沙盾甲新材料科技有限公司
TZ2021024	水土保持基础空间管理单元划分理论与方法	水利部水土保持监测中心

续表

编号	技 术 名 称	持 有 单 位
TZ2021025	明渠输水工程突发水污染事件应急调控技术	南水北调中线干线工程建设管理局、中国水利水电科学研究院、河北工程大学
TZ2021026	水资源使用权确权登记系统	中国水权交易所股份有限公司
TZ2021027	考虑无资料小型水库群影响的水文模型	河海大学
TZ2021028	梯级水电站水库生态调度智能调控技术	华中科技大学
TZ2021029	基于量质耦合调控的流域水环境管控系统	大连理工大学、大连市生态环境事务服务中心
TZ2021030	一体化多要素涝渍灾害监测装置	水利部南京水利水文自动化研究所
TZ2021031	长江防洪预报调度系统	长江水利委员会水文局、汉江水利水电（集团）有限责任公司
TZ2021032	山区小流域暴雨洪水监测预警系统	长江水利委员会长江科学院、中国科学院上海微系统与信息技术研究所
TZ2021033	河道工程坝岸险情监测预警报警系统	河南黄河河务局信息中心
TZ2021034	车载式堤防健康智能巡检技术	黄河水利委员会黄河水利科学研究院
TZ2021035	山洪灾害防治学校预警系统关键技术	安徽省（水利部淮河水利委员会）水利科学研究院
TZ2021036	多功能组合式管涌渗水抢险一体化模袋	安徽省（水利部淮河水利委员会）水利科学研究院（安徽省水利工程质量检测中心站）、安徽睿龙水利科技有限公司
TZ2021037	多源传感器大坝边坡稳定性监测预警技术	中国大坝工程学会、中国水利水电科学研究院、内蒙古工业大学、内蒙古方向图科技有限公司
TZ2021038	大坝高边坡稳定性天空地一体化监测云平台	中国大坝工程学会、中国水利水电科学研究院、内蒙古工业大学、内蒙古方向图科技有限公司
TZ2021039	基于一维水动力学的河道行洪能力分析及特征水位确定技术	大连理工大学
TZ2021040	耦合电子水尺和智能显示的内涝实时监测预警装置	北京市水科学技术研究院
TZ2021041	凌天水上遥控机器人	北京凌天智能装备集团股份有限公司
TZ2021042	水陆两栖全地形车	浙江西贝虎特种车辆股份有限公司
TZ2021043	洪水风险分析及预警服务云平台	宁波弘泰水利信息科技有限公司
TZ2021044	桑尼气囊支撑坝（气盾坝）	烟台桑尼橡胶有限公司
TZ2021045	山洪灾害监测预警平台	新开普电子股份有限公司
TZ2021046	一种防汛用编织袋	岳阳市鼎荣创新科技有限公司
TZ2021047	基于北斗卫星的山洪灾害监测系统	国科星图（深圳）数字技术产业研发中心有限公司
TZ2021048	高填方工程稳定分析与应用关键技术	中国水利水电科学研究院
TZ2021049	深水环境下混凝土强度无损检测专用设备	水利部交通运输部国家能源局南京水利科学研究院
TZ2021050	长距离涵（隧）洞无损检测与性能评估技术	水利部交通运输部国家能源局南京水利科学研究院
TZ2021051	地面磁共振法与高密度电法联合探测堤坝渗漏技术	水利部交通运输部国家能源局南京水利科学研究院

续表

编号	技 术 名 称	持 有 单 位
TZ2021052	大型输水渠道渗漏源及渗漏通道不停水高精度无损探测技术	水利部河湖保护中心、中地装（重庆）地质仪器有限公司、广信检测认证集团有限公司
TZ2021053	水库大坝渗漏不停水高精度快速无损探测技术	水利部河湖保护中心、中地装（重庆）地质仪器有限公司、中宏检验认证集团有限公司
TZ2021054	PCCP 输水管道健康无损综合诊断技术	水利部河湖保护中心、中国电子科技集团公司第二十二研究所、北京市水科学技术研究院
TZ2021055	扶坡廊道式钢结构装配围堰修复水下衬砌板技术	南水北调中线干线工程建设管理局渠首分局
TZ2021056	崩岗侵蚀发生过程及机理测定系统	长江水利委员会长江科学院、中国科学院武汉岩土力学研究所
TZ2021057	长距离隧洞光电复合智能传感技术	长江勘测规划设计研究有限责任公司、南水北调中线干线工程建设管理局河南分局
TZ2021058	隧洞地球物理超前预报关键技术	长江地球物理探测（武汉）有限公司
TZ2021059	堤坝隐患时移电法层析成像监测技术	长江地球物理探测（武汉）有限公司
TZ2021060	长距离输水工程运行监视平台的建设方法	黄河勘测规划设计研究院有限公司
TZ2021061	偏心铰弧形闸门顶部转铰止水装置	黄河水利水电开发集团有限公司
TZ2021062	深水区高流速河道变水位可调节桩基施工平台研究与应用	黄河建工集团有限公司
TZ2021063	水利工程智能基坑降水管控系统	德州黄河建业工程有限责任公司
TZ2021064	复杂场地大面积软土地基安全监测成套技术	珠江水利委员会珠江水利科学研究院
TZ2021065	智能化大坝安全监测及预警评估平台	珠江水利委员会珠江水利科学研究院、工讯科技（深圳）有限公司
TZ2021066	排桩整流技术	珠江水利委员会珠江水利科学研究院、广西大藤峡水利枢纽开发有限责任公司
TZ2021067	大型水库与复合型蓄滞洪区联合调洪简易计算软件	中水珠江规划勘测设计有限公司
TZ2021068	隧洞洞穿引水钢管施工技术	北京清河水利建设集团有限公司
TZ2021069	高强度聚氨酯喷涂管道非开挖修复技术	北京金河水务建设集团有限公司
TZ2021070	紫外光固化管道非开挖修复技术	北京金河水务建设集团有限公司
TZ2021071	埃德尔在线漏损监测与定位系统	北京埃德尔黛威新技术有限公司
TZ2021072	水利工程工业信息安全态势感知平台	北京安帝科技有限公司
TZ2021073	内河淡水区水工中低强度等级混凝土高性能化施工技术	江苏省水利科学研究院、江苏省水利建设工程有限公司、南京市水利建筑工程有限公司
TZ2021074	面向节能环保的湖库底泥防堵可控真空快速固结关键技术	南水北调东线江苏水源有限责任公司、江苏鸿基水源科技股份有限公司
TZ2021075	区域内多标段多用户工程建设期安全监测预警系统	南京瑞迪建设科技有限公司、水利部交通运输部国家能源局南京水利科学研究院

续表

编号	技术名称	持有单位
TZ2021076	基于BIM模型的可视化监理服务提升技术	江苏科兴项目管理有限公司
TZ2021077	欣皓管网漏损监测诊断系统	苏州欣皓信息技术有限公司
TZ2021078	HL400－4F5000L自落式预冷混凝土搅拌楼	杭州江河机电装备工程有限公司
TZ2021079	先张法椭圆形混凝土啮合围护管桩	杭州迪莹科技有限公司
TZ2021080	地面三维激光扫描技术在水利水电工程测绘中的应用研究	江河水利水电咨询中心有限公司、贵州省水利水电勘测设计研究院有限公司
TZ2021081	混凝土抗渗防腐保护层施工技术	山东创元水务有限公司
TZ2021082	堤坝白蚁隐患无损探测与防治技术	河南省水利科学研究院
TZ2021083	水利工程InSAR毫米级变形监测关键技术	深圳市水务规划设计院股份有限公司、深圳市水务科技发展有限公司 、深圳市北斗智星勘测科技有限公司
TZ2021084	超长隧洞岩石顶管施工技术	重庆市观景口水利开发有限公司、重庆大学、中铁十八局集团有限公司、中水北方勘测设计研究院有限责任公司
TZ2021085	顶管卡管脱困处理技术	中铁十八局集团有限公司
TZ2021086	预制装配式生态护岸和栈桥	建华建材（中国）有限公司
TZ2021087	河流湖库水污染事件应急预警预报关键技术	中国水利水电科学研究院
TZ2021088	河湖水系连通规划布局方案优选平台	中国水利水电科学研究院
TZ2021089	水库深层水体增氧及水质改善装置	中国水利水电科学研究院、上海库克莱生态科技有限公司
TZ2021090	地下水数值模拟模型COMUS	中国水利水电科学研究院
TZ2021091	河网水动力-水质指标调控阈值确定技术	水利部交通运输部国家能源局南京水利科学研究院
TZ2021092	地下水取用水总量控制指标确定技术	水利部水利水电规划设计总院
TZ2021093	基于多目标的中小河流受损生境多维生态修复技术	长江水利委员会长江科学院
TZ2021094	基于原位识别的弃渣场勘测与植被快速修复技术	长江水利委员会长江科学院
TZ2021095	入河排污口优化布设与影响预测集成技术	长江水资源保护科学研究所
TZ2021096	生态清洁小流域氮磷污染生态调控技术	长江水资源保护科学研究所
TZ2021097	DM优势微生物生态环保修复技术	长江勘测规划设计研究有限责任公司、广东中微环保生物科技有限公司
TZ2021098	长距离输水渠道边坡除藻多功能专用车	黄河机械有限责任公司
TZ2021099	河湖清淤后生态修复系统	珠江水利委员会珠江水利科学研究院、深圳市金乔水务工程有限公司、广东华阳路桥建设有限公司
TZ2021100	河口潮流物理模型试验技术	珠江水利委员会珠江水利科学研究院
TZ2021101	基于太阳能的智慧型水生态修复成套装置	珠江水利委员会珠江水利科学研究院

续表

编号	技 术 名 称	持 有 单 位
TZ2021102	小微水体水下森林构建生态修复技术	广州珠科院工程勘察设计有限公司
TZ2021103	河湖底泥高效处理及资源化利用技术	广州珠科院工程勘察设计有限公司、广州市水电建设工程有限公司、珠江水利委员会珠江水利科学研究院
TZ2021104	基于水文学法的太湖流域洪水淹涝快速评估模型	太湖流域管理局水文局（信息中心）
TZ2021105	输水干渠硬质边坡着生藻类机械清除技术	中国科学院水生生物研究所、南水北调中线干线工程建设管理局
TZ2021106	南水北调中线浮游藻类 AI 识别技术	生态环境部长江流域生态环境监督管理局生态环境监测与科学研究中心、南水北调中线干线工程建设管理局、睿克环境科技（中国）有限公司
TZ2021107	工程扰动区植生水泥土生境构筑技术	三峡大学、湖北润智生态科技有限公司
TZ2021108	装配式植草混凝土生态护岸技术	南昌工程学院
TZ2021109	BSC 生物基质生态修复系统	北京福仕汀科技有限公司
TZ2021110	气动吸泥泵生态清淤组合系统	天津海辰华环保科技股份有限公司
TZ2021111	智能科技湿地单元组合的河道生态修复系统	苏州德华生态环境科技股份有限公司
TZ2021112	市政尾水处理生态芯湿地	南京领先环保技术股份有限公司
TZ2021113	Algae-Hub 藻类人工智能分析系统	江苏宏众百德生物科技有限公司、江苏省无锡环境监测中心、太湖流域水文水资源监测中心（太湖流域水环境监测中心）
TZ2021114	可网格化巡航的水质监测船	无锡德林海环保科技股份有限公司、太湖流域水文水资源监测中心（太湖流域水环境监测中心）
TZ2021115	KtLM 强化脱氮除磷系统	杭州银江环保科技有限公司
TZ2021116	古伽水面清理长臂船	杭州古伽船舶科技有限公司
TZ2021117	全膜法处理反渗透浓水及循环排污水技术	山东泰禾环保科技股份有限公司
TZ2021118	垂线平均流速分布模型	河南省水文水资源局
TZ2021119	河湖清淤底泥资源化高效脱水减容技术	长江河湖建设有限公司
TZ2021120	改良型生物接触氧化污水处理技术	长江生态（湖北）科技发展有限责任公司
TZ2021121	自动曝气复合介质精滤水处理机	武汉沃特工程技术有限公司
TZ2021122	淤泥原位处理与生态护坡成套技术	湖北久树环境科技有限公司
TZ2021123	微动力平板陶瓷膜净水设备	湖南京昌生物科技有限公司
TZ2021124	江湖淤泥理化调理及复合固化处理技术系统	广州珞珈环境技术有限公司、广州市水电建设工程有限公司、广州水电设计咨询有限公司
TZ2021125	河湖生态清淤及淤泥脱水固化技术	广东大禹水利建设有限公司、广州粤水建设有限公司
TZ2021126	城市黑臭水体治理关键技术	广东大禹水利建设有限公司

续表

编号	技 术 名 称	持 有 单 位
TZ2021127	生态混凝土制备及生态护坡施工技术	广东大禹水利建设有限公司
TZ2021128	升鱼机式鱼道成套技术	新疆额尔齐斯河流域开发工程建设管理局、新疆水利水电勘测设计研究院、中国水利水电科学研究院
TZ2021129	生产建设项目水土保持“天地一体化”监测技术	长江水利委员会长江流域水土保持监测中心站
TZ2021130	“天空地”一体化水土保持监管技术	黄河水利委员会黄河水利科学研究院
TZ2021131	水土保持监管监测信息移动采集与交换平台	太湖流域管理局太湖流域水土保持监测中心站、北京北科博研科技有限公司
TZ2021132	省级生产建设项目水土保持智能遥感解译平台	内蒙古自治区水土保持工作站、北京北科博研科技有限公司
TZ2021133	土壤侵蚀自动计算分析与成果管理系统	宁夏回族自治区水土保持监测总站、北京北科博研科技有限公司
TZ2021134	灌区用水模拟调控技术	中国水利水电科学研究院
TZ2021135	基于耗水控制的农业用水优化调配系统	中国水利水电科学研究院
TZ2021136	智能灌溉施肥机	中国水利水电科学研究院
TZ2021137	东北半干旱区马铃薯中心支轴式喷灌集成技术	中国灌溉排水发展中心、中国农业大学、黑龙江省水利科学研究院
TZ2021138	东北寒区马铃薯滴灌集成技术	中国灌溉排水发展中心、中国农业大学、黑龙江省水利科学研究院
TZ2021139	灌溉用多级复合网式过滤装置	水利部农田灌溉研究所、中国农业科学院农田灌溉研究所
TZ2021140	农田作物水分亏缺智能感知技术	水利部农田灌溉研究所、中国农业科学院农田灌溉研究所、东方智感（浙江）科技股份有限公司
TZ2021141	非常规水源一体化绿色利用技术	黄河水利委员会黄河水利科学研究院
TZ2021142	水稻灌区智能水肥一体化灌溉施肥器	河海大学、昆山市城市水系调度与信息管理处
TZ2021143	自适应光伏驱动干深-时域智能控制精准节水灌溉关键技术	广州大学
TZ2021144	多要素墒情监测分析系统	北京农业智能装备技术研究中心
TZ2021145	智能无线节水灌溉控制系统	北京农业智能装备技术研究中心
TZ2021146	一体化净水设备智慧水站集成装置	浙江华晨环保有限公司
TZ2021147	精量低压低耗滴灌灌溉系统集成技术	大禹节水集团股份有限公司
TZ2021148	储施一体智能精准施肥机	新疆天业智慧农业科技有限公司
TZ2021149	灌区实际灌溉面积遥感监测技术	中国水利水电科学研究院、中国灌溉排水发展中心、陕西省地下水保护与监测中心
TZ2021150	超声波时差法明渠（河流）测流系统	长江水利委员会水文局、武汉先达监测技术股份有限公司
TZ2021151	坡地高效生态农业的基础设施配套技术	长江水利委员会长江科学院、中国科学院水利部成都山地灾害与环境研究所、西南大学、华中农业大学

续表

编号	技 术 名 称	持 有 单 位
TZ2021152	封闭式智能集成闸井系统	中科信德建设有限公司水工设备制造厂、四川省都江堰东风渠管理处
TZ2021153	灌区配水调度管理系统	北京润华信通科技有限公司、哈尔滨鸿德亦泰数码科技有限责任公司
TZ2021154	奥特美克智慧灌区管理系统	北京奥特美克科技股份有限公司
TZ2021155	奥特美克闸门监控管理系统	北京奥特美克科技股份有限公司
TZ2021156	渠道断面自动测流车	天津水运工程勘察设计院有限公司
TZ2021157	手动螺杆测控一体闸门总成	唐山现代工控技术有限公司
TZ2021158	卷扬闸荷重传感器	唐山现代工控技术有限公司
TZ2021159	SSCK-12AA 磁致伸缩式电子水尺	太原尚水测控科技有限公司
TZ2021160	LDM-51 智能化明渠流量测量系统	开封开流仪表有限公司
TZ2021161	农田灌溉渠道树脂复合材质分水闸	湖北楚峰水电工程有限公司
TZ2021162	星陆双基智慧灌区应用一张图	国科星图（深圳）数字技术产业研发中心有限公司
TZ2021163	万江智控一体化测控智能闸门	成都万江智控科技有限公司、成都万江港利科技股份有限公司
TZ2021164	自动化改造型一体化测控智能闸门	成都万江智控科技有限公司、德州市潘庄灌区运行维护中心
TZ2021165	引黄灌区干渠测控调一体化平台	陕西德通信息科技有限公司
TZ2021166	全渠道控制技术-TCC®	宁夏潞碧垦自动化灌溉设备有限公司、北京绿谷源水利科技有限公司
TZ2021167	复杂条件下苦咸水开发利用技术及装备	中国水利水电科学研究院
TZ2021168	ZLS 型次氯酸钠发生器	北京资顺晨化科技有限公司
TZ2021169	全自动除氟净水设备	北京资顺晨化科技有限公司
TZ2021170	饮用水抗菌及工业抗腐蚀搪瓷拼装罐	石家庄正中科技有限公司
TZ2021171	给水用高性能硬聚氯乙烯管材及连接件	河北泉恩高科技管业有限公司
TZ2021172	智慧农饮水一体化监管平台	熊猫智慧水务有限公司
TZ2021173	熊猫 PWM 无线远传超声水表	上海熊猫机械（集团）有限公司
TZ2021174	熊猫 PUTF 超声流量计	上海熊猫机械（集团）有限公司
TZ2021175	ZHJS 型集成净水设备	上海熊猫机械（集团）有限公司
TZ2021176	HD 型全自动多功能净水设备	浙江华岛环保设备有限公司
TZ2021177	HD 型智能化全自动净水设备	浙江华岛环保设备有限公司
TZ2021178	SZ 型高效一体化不锈钢净水设备	浙江神洲环保设备有限公司
TZ2021179	榕水牌 GXZ 系列生活饮用水不锈钢净水器	福州海恒水务设备有限公司
TZ2021180	混凝土开裂全过程仿真试验系统	中国水利水电科学研究院
TZ2021181	内蒙古牧区草原旱情监测预测评估系统	水利部牧区水利科学研究所

续表

编号	技 术 名 称	持 有 单 位
TZ2021182	基于人工智能的遥感图像分类系统	中水北方勘测设计研究有限责任公司
TZ2021183	基于水位、开度自动识别等场景的视频智能分析系统	南水北调中线信息科技有限公司
TZ2021184	水文勘测分局生产管理信息平台	长江水利委员会水文局长江中游水文水资源勘测局、武汉伊科诺慧通软件有限公司
TZ2021185	隧道三维形变检测与仿真系统技术	长江空间信息技术工程有限公司（武汉）
TZ2021186	全息融合跟踪 VR（pro2）全景应用技术	山东黄河河务局山东黄河信息中心
TZ2021187	基于多源图像的河道管理与监测平台	山东黄河河务局山东黄河信息中心
TZ2021188	水下地形微型声呐成图系统	山东润泰水利工程有限公司
TZ2021189	无人机自动巡检智慧监控系统	中水珠江规划勘测设计有限公司、广州中科云图智能科技有限公司、广西大藤峡水利枢纽开发有限责任公司
TZ2021190	水务物联网感知终端	北京市水利自动化研究所
TZ2021191	中国联通科技赋能智慧水利的 5G+四中台技术	联通数字科技有限公司
TZ2021192	应用于水电厂的高精度北斗授时服务器	北京中水科水电科技开发有限公司
TZ2021193	“金证”电子证照综合管理系统	北京金水信息技术发展有限公司、中国水利水电科学研究院
TZ2021194	基于多维数据分析的一体化水利网络安全运营平台	网神信息技术（北京）股份有限公司、水利部海河水利委员会水利信息网络中心
TZ2021195	考虑水库调度和人类用水的径流模拟预报系统	北京慧图科技（集团）股份有限公司、中国水利水电科学研究院
TZ2021196	水利投资项目审批系统	北京北科博研科技有限公司
TZ2021197	太比雅水库管家	北京太比雅科技股份有限公司
TZ2021198	水资源综合监测治理智慧平台系统	麦普锐思石家庄智能科技有限公司
TZ2021199	TDC9678 智能边缘计算网关	钛能科技股份有限公司
TZ2021200	TAS9000 节水灌溉与水资源管理系统	钛能科技股份有限公司
TZ2021201	金库管家——优质水源地智慧监管系统	杭州领见数据科技有限公司
TZ2021202	三立河湖长制决策大数据支持系统	中水三立数据技术股份有限公司
TZ2021203	高校节水智能管控技术与装备	福水智联技术有限公司
TZ2021204	鑫源水厂远程数据采集与监控系统 V3.0	青岛鑫源环保集团有限公司
TZ2021205	区块链-大数据挖掘技术在大型引调水工程水质业务管理中的应用	河南省水利勘测设计研究有限公司
TZ2021206	基于互联网+河长信息管理系统（水陆空一体化河湖黑臭及污染源巡查综合平台）	广州市河涌监测中心、中国水利水电科学研究院、广州粤建三和软件股份有限公司
TZ2021207	四创慧眼河湖智能监管平台	四创科技有限公司
TZ2021208	水利信息化系统-RTU-DXS02 型	中兴长天信息技术（南昌）有限公司
TZ2021209	东深水库三维信息管理与溃坝分析系统	深圳市东深电子股份有限公司

续表

编号	技 术 名 称	持 有 单 位
TZ2021210	大数据下贵州省水利工程全生命周期三维地理信息技术研发	贵州省水利水电勘测设计研究院有限公司、江河水利水电咨询中心有限公司
TZ2021211	基于遥感的缺资料流域水文模拟软件	中国水利水电科学研究院
TZ2021212	TDU 系列智能多声道超声流量计	水利部机电研究所、天津水科机电有限公司
TZ2021213	水质水量标准站自动监控系统软件	水利部南京水利水文自动化研究所、江苏南水科技有限公司、江苏南水信息科技有限公司
TZ2021214	单波束换能器调节固定与比测成套装置	长江水利委员会水文局长江上游水文水资源勘测局
TZ2021215	船基雷达实时自动化水边界测绘方法	长江水利委员会水文局长江下游水文水资源勘测局
TZ2021216	水文测报仪器设备检校与维护管理系统	长江水利委员会水文局长江中游水文水资源勘测局
TZ2021217	长江流域水文水资源分析平台	长江水利委员会水文局
TZ2021218	CK-ELG 型 CCD 引张线仪	长江水利委员会长江科学院、武汉长江科创科技发展有限公司
TZ2021219	多泥沙明渠流量智能化精确计量系统	河南黄河河务局信息中心
TZ2021220	库区无人机航测数据处理技术	黄河水文勘察测绘局
TZ2021221	河床式一体化采样设备	黄河水利委员会山东水文水资源局
TZ2021222	水政执法巡查监控系统关键技术	黄河水利委员会信息中心、河南黄河信息技术有限公司
TZ2021223	极端波浪模拟试验系统	珠江水利委员会珠江水利科学研究院
TZ2021224	体视粒子图像测速（Stereo-PIV/2D-3cPIV）技术	福建水利电力职业技术学院、北京尚水信息技术股份有限公司
TZ2021225	金水地下水一体化压力式水位计	北京金水信息技术发展有限公司、中国水利水电科学研究院
TZ2021226	径流小区泥沙自动监测设备	北京天航佳德科技有限公司
TZ2021227	慧图遥测终端机	北京慧图科技（集团）股份有限公司
TZ2021228	江河瑞通多要素水情智能识别技术	江河瑞通（北京）技术有限公司
TZ2021229	基于微型光谱传感技术的水环境实时监测系统	芯视界（北京）科技有限公司
TZ2021230	SORS-SVR-24Q 雷达流量计	北京华宇天威科技有限公司
TZ2021231	EWTT-01C 型一体化雨量站	亿水泰科（北京）信息技术有限公司
TZ2021232	EWTT-01E 型一体化雷达水位计	亿水泰科（北京）信息技术有限公司
TZ2021233	S3 SVR IV 型移动雷达波测流系统	北京美科华仪科技有限公司
TZ2021234	HY.FFZ-03 型全自动数字水面蒸发站	北京美科华仪科技有限公司
TZ2021235	多功能多要素雷达流量在线监测	上海航征仪器设备有限公司
TZ2021236	明渠量水堰雷达监测系统	上海航征仪器设备有限公司
TZ2021237	无人机雷达全自动测流系统	上海航征仪器设备有限公司
TZ2021238	MS9000 多参数水质监测仪	哈希水质分析仪器（上海）有限公司

续表

编号	技 术 名 称	持 有 单 位
TZ2021239	JDY-2 型遥测雨量计	江苏南水水务科技有限公司
TZ2021240	智慧水动监测仪	江苏微之润智能技术有限公司
TZ2021241	国产时差法水文流量在线监测系统	浙江天禹信息科技有限公司
TZ2021242	宏崎源智能超声波水表	杭州宏崎源智能科技有限公司
TZ2021243	高集成多光谱在线水质快速监测系统	杭州希玛诺光电技术股份有限公司、长江水利委员会水文局、浙江楚汉环境科技有限公司
TZ2021244	基于水声和人工智能技术相结合的声学多普勒测流仪系列	杭州开闳流体科技有限公司、珠江水文水资源勘测中心
TZ2021245	测流控制器及服务软件	杭州开闳流体科技有限公司
TZ2021246	基于水声技术的声学多普勒测流仪系列产品	杭州开闳流体科技有限公司
TZ2021247	长周期防跑飞水文专用遥测终端机	安徽沃特水务科技有限公司
TZ2021248	智旭 FUC880 河道断面流量自动巡测车	合肥智旭仪表有限公司
TZ2021249	智旭 FUC660 声学多普勒剖面流速仪（ADCP）	合肥智旭仪表有限公司
TZ2021250	四信雷达一体式水位计	厦门四信通信科技有限公司
TZ2021251	四信雷达一体式流量计	厦门四信通信科技有限公司
TZ2021252	JXZK-UWM 型超声波智能水表及核心器件	江西中科智慧水产业研究股份有限公司
TZ2021253	JXZK-MRL 型雷达水位计	江西中科智慧水产业研究股份有限公司
TZ2021254	采集传输一体化微型水质在线监测传感器	江西中科智慧水产业研究股份有限公司
TZ2021255	HR.WYS-Ⅲ遥测地下水位计（压力式）	山东昊润自动化技术有限公司
TZ2021256	流量、多层流速、水温多功能智慧在线监测装置	青岛清万水技术有限公司
TZ2021257	电子远传水表（NEM 型）	青岛海威茨仪表有限公司
TZ2021258	智能明渠量水器	武汉联宇技术股份有限公司
TZ2021259	YLN-RDA1D 雷达流量计	湖北亿立能科技股份有限公司
TZ2021260	可闻声波式遥测水位计	广东华南水电高新技术开发有限公司、珠江水利委员会珠江水利科学研究院
TZ2021261	可闻声波式遥测雨量计	广东华南水电高新技术开发有限公司、珠江水利委员会珠江水利科学研究院
TZ2021262	物联网水位监测仪（NWSW 型）	广州南湾信息科技有限公司
TZ2021263	物联网雨量监测仪（NWYL 型）	广州南湾信息科技有限公司
TZ2021264	H1601 雷达流量计	深圳市宏电技术股份有限公司
TZ2021265	H1600 雷达水位计	深圳市宏电技术股份有限公司
TZ2021266	TES-91 固定式泥沙在线监测系统	天宇利水信息技术成都有限公司、长江水利委员会水文局荆江水文水资源勘测局、广东省水文局韶关水文分局
TZ2021267	TEL-12 双轨移动式雷达波自动测流系统	天宇利水信息技术成都有限公司、广东省水文局韶关水文分局、长江水利委员会水文局荆江水文水资源勘测局

续表

编号	技 术 名 称	持 有 单 位
TZ2021268	BT18.YDJ-01 型遥测终端机	重庆博通水利信息网络有限公司
TZ2021269	BT20.YJ-01 型智能语音交互终端	重庆博通水利信息网络有限公司
TZ2021270	CQS.FFH-3 型水面遥测蒸发器	重庆华正水文仪器有限公司
TZ2021271	集成雷达-采集-通信-供电于一体的WJ.WMQ-R 型一体化雷达遥测水位计	成都万江港利科技股份有限公司、成都智慧农夫科技有限公司
TZ2021272	C5315 一体化遥测水位计	西安迅腾科技有限责任公司
TZ2021273	C5138 雷达水位计	西安迅腾科技有限责任公司
TZ2021274	整体式合页活动闸	中国水利水电科学研究院、北京中水科工程集团有限公司
TZ2021275	CSA-Ⅰ型环保无碱液体速凝剂关键技术	长江水利委员会长江科学院
TZ2021276	CK-HPIM 无线双轴倾角仪	长江水利委员会长江科学院、武汉长江科创科技发展有限公司
TZ2021277	水工机械装备智能远程运维系统	黄河水利委员会黄河水利科学研究院、河南江河智慧水电科技有限公司、郑州大学
TZ2021278	配重可调式光伏电站支架基础结构	黄河勘测规划设计研究院有限公司
TZ2021279	移动液压闸门应急启闭装置	北京市北运河管理处
TZ2021280	小型新能源水草切割船	北京市北运河管理处
TZ2021281	沥青混凝土面板防渗体系内部缺陷快速诊断技术	北京中水科海利工程技术有限公司、新疆额尔齐斯河流域开发工程建设管理局
TZ2021282	上盖式低阻力半球阀	博纳斯威阀门股份有限公司
TZ2021283	离心球墨铸铁管及其新产品	新兴铸管股份有限公司
TZ2021284	超大口径静音式止回阀	上海冠龙阀门节能设备股份有限公司
TZ2021285	多喷孔套筒阀锥孔喷射对撞消能技术	上海冠龙阀门节能设备股份有限公司
TZ2021286	小水电站主机组反转发电启动装置	江苏省骆运水利工程管理处
TZ2021287	复杂运行环境水闸工程安全保障及应急处置关键技术	南京瑞迪建设科技有限公司、水利部交通运输部国家能源局南京水利科学研究院
TZ2021288	工程用锌铝镁石笼网箱（垫）	无锡金利达生态科技股份有限公司、江苏顺顺龙信息科技有限公司
TZ2021289	高性能增强/补强单向碳布	江苏帝威新材料科技发展有限公司
TZ2021290	模块化智能型浮坞泵站	江苏河海给排水成套设备有限公司
TZ2021291	水工金属结构生物除锈及防腐技术（钢铁重腐处理剂 cksp）	嵊州市春凯新材料有限公司、上海船舶工艺研究所舟山船舶工程研究中心、浙江宝誉建设有限公司
TZ2021292	中灿微水流发电技术与装置	宁波市中灿电子科技有限公司
TZ2021293	欣生 JX 抗裂硅质防水剂（掺合料）	金华市欣生沸石开发有限公司
TZ2021294	聚丙烯长丝针刺土工布	天鼎丰控股有限公司、天鼎丰聚丙烯材料技术有限公司

续表

编号	技 术 名 称	持 有 单 位
TZ2021295	防滑式护坡混凝土预制块	江西省水利科学院、九江市水利工程管理站、江西绿科新型建材有限公司
TZ2021296	气盾坝生产加工技术	烟台华卫橡胶科技有限公司
TZ2021297	基于闭环高焓等离子技术制备水力机械表面功能材料关键技术	水利部产品质量标准研究所（水利部杭州机械设计研究所）
TZ2021298	多泥沙河流闸门表面复合抗磨防腐蚀涂层关键技术	水利水电三门峡防腐工程有限公司
TZ2021299	水工长新金属抗磨纳米自修复材料技术	郑州水工机械有限公司
TZ2021300	永通球墨铸铁管顶管	安钢集团永通球墨铸铁管有限责任公司
TZ2021301	MF860 聚硫防水密封胶	郑州中原思蓝德高科股份有限公司
TZ2021302	混凝土衬砌面板裂缝通用防护与修复体系	武汉长江科创科技发展有限公司
TZ2021303	CJT 系列多喷嘴冲击式水轮机调速系统	武汉长江控制设备研究所有限公司、长江水利委员会长江科学院
TZ2021304	水力自控翻板闸坝技术	湖南省水电（闸门）建设工程有限公司
TZ2021305	倾斜式升降水闸	湖南力威液压设备股份有限公司
TZ2021306	水利风景区智慧营地应用技术	星球客（广东）智能科技有限公司
TZ2021307	西驰电机固态软启动装置	西安西驰电气股份有限公司
TZ2021308	水电站生态水流量智能监管系统	甘肃盛御水利水电科技有限公司、甘肃省讨赖河流域水资源局

目　录

1 心墙砂砾石坝变形协调综合控制技术

持有单位

中国水利水电科学研究院

技术简介

1. 技术来源

自主研发。土质心墙土石坝变形不协调导致的水力劈裂和坝顶裂缝在国内外工程中持续出现。

2. 技术原理

采用室内试验、理论构建、程序开发、数值计算等研究手段，以不同应力条件下堆石料的湿化试验为基础，首次提出滞后湿化应变模型（考虑时间的影响）；开展球应力循环条件下变形特性试验，建立长期变形累积规律；提出一种心墙坝中水力劈裂产生机理的新解释。突然渗漏心墙坝工程的破坏位置、坝体应力变形的数值分析都说明心墙底部靠近岸坡处是最可能具备水力劈裂应力条件的位置。实现了心墙坝全面变形协调控制，采用高变异性库区内河床砂砾石料建成前坪水库心墙坝，解决了不良级配砂砾料利用和施工质量控制问题。

3. 技术特点

该技术以心墙砂砾石坝变形协调控制为目标，针对心墙砂砾石坝材料湿化及随水位变动的变形特征、心墙土水力劈裂以及砂砾石填筑标准，提出了顺坡差动变形心墙水力劈裂机理，建立了包括水力劈裂和坝顶裂缝等多因素的心墙坝变形协调性判别准则，从机理上研究解决了变形协调逻辑含义和大坝应力变形的关键控制指标。

技术指标

（1）提出了滞后湿化变形模型，建立了考虑坝料瞬时变形、流变、湿化及循环荷载等要素的大坝应力变形预测技术。

（2）再现了心墙水力劈裂所需应力条件，揭示了坝壳不同高程顺坡向变形差异易于导致水力劈裂的机理。

（3）构建了包括水力劈裂、坝顶裂缝等多因素的心墙坝变形协调性判别准则。

应用范围及前景

适用于心墙砂砾石坝湿化变形模型构建、心墙土水力劈裂研究与判别、心墙坝变形协调判别与优化。

前坪水库是国家重点建设的 172 项水利工程之一，主坝为黏土心墙砂砾（卵）石坝，最大坝高 90.3m，总填筑方量为 1300 万 m^3，其中有 700 万 m^3 为砂砾料。原规划砂砾料场因采砂扰动导致砂砾（卵）石料细颗粒缺失，其天然级配、物理力学参数、开采条件等发生变化，这种背景下筑坝备选方案考虑开采周边山体沉积砂砾岩作为新的料场。研究提出的心墙土石坝变形协调综合控制技术，成功解决了前坪水库 700 万 m^3 采砂扰动砂砾料的上坝利用问题，使得工程不必再额外开采周边山体砂砾岩作为新的料场，节约了开辟新料场相关的设计、施工、科研和审查等各种费用 3 亿元以上，间接经济效益显著。

技术名称：心墙砂砾石坝变形协调综合控制技术
持有单位：中国水利水电科学研究院
联 系 人：张延亿
地　　址：北京市海淀区车公庄西路 20 号
电　　话：010-68786546
手　　机：13810024192
传　　真：010-68786970
E-mail：zhangyanyi@iwhr.com

2　多维一体化水沙数学模型软件

持有单位

中国水利水电科学研究院

技术简介

1. 技术来源

自主研发。可输出水位、流量、流速、含沙量、泥沙级配合冲淤变化等水沙信息。

2. 技术原理

多维一体化水沙数学模型软件是非均匀沙不平衡输沙理论的技术实现，该软件定义了输入输出数据的标准格式，实现了对水沙、地形、模型参数和模拟结果的规范化管理；研发了 CAD 功能插件，实现了散点云图批量绘制、空间信息批量提取、区域属性整体设置等数据自动化处理功能，提高了工作效率；研发了基于 DevExpress 的图表可视化插件，提供了用户界面；研发了 Python 脚本系统，解决了用户脚本复用和 Python 标准功能库无限扩展问题。

3. 技术特点

（1）一维河网模型实现了大时空尺度的水沙运动模拟。基于非均匀沙不平衡输沙理论的一维河网全沙求解器，实现了上千千米、百年尺度、复杂河网结构的水沙运动及河床演变模拟。

（2）多维模型实现了水平结构/非结构混合网格。实现了靠近边岸采用三角形网格进行划分，对较为规则平顺的主槽采用四边形网格进行划分，结构/非结构混合网格既能适应复杂的地形边界，又能够精确、高效地计算主槽中的水沙过程。

（3）软件以“框架＋插件”模式设计开发，界面样式风格统一，具有极强的可扩展性和超低的耦合度，便于功能模块的更新与扩展。

（4）集成了 CAD 功能插件，实现了以 CAD 进行便捷的地形、糙率、级配等数据的前后处理。

（5）具备 Python 脚本系统，可调用用户脚本，可安装 Python 标准库，实现了数值计算前后处理功能的无限扩展。

技术指标

（1）外部数据处理：网格、地形、糙率、级配、水沙数据的加载及电子表格查询与展示。

（2）模型调用：水沙运动一维恒定流及非恒定流模型、二维恒定流及非恒定流模型的调用。

（3）CAD 功能插件：点、线、多段线绘制，框选散点，提取数据，颜色设置。

（4）Python 脚本系统：脚本编写、脚本调用、脚本运行过程监控。

（5）三角形/四边形混合网格：二维非结构网格非恒定流模型为三角形/四边形混合网格模型。

应用范围及前景

适用于江河湖库、河口海岸水沙运动数值模拟。

已推广应用于黑龙江三期防护工程、三江连通工程规划等多项国家 172 项重大水利工程，社会效益、经济效益和环境效益显著。

技术名称：多维一体化水沙数学模型软件
持有单位：中国水利水电科学研究院
联 系 人：关见朝
地　　址：北京市海淀区车公庄西路 20 号泥沙所
电　　话：010-68786659
手　　机：13810006908
传　　真：010-68416371
E-mail：gjz@iwhr.com

3　基于常规矩与线性矩的IWHR暴雨洪水频率分析计算软件V1.0

持有单位

中国水利水电科学研究院

技术简介

1. 技术来源

由中国水利水电科学研究院减灾中心依托全国自然灾害综合风险普查工作项目设计开发完成。

2. 技术原理

该软件应用到的主要技术方法为常规矩法和线性矩法。在提高暴雨洪水频率分析计算效率的同时，可利用线性矩法进行更准确、可靠的参数估计，很好地解决常规矩参数估算方法在不偏性和稳健性方面的问题。

3. 技术特点

（1）基于常规矩与线性矩的IWHR暴雨洪水频率分析计算软件，依据SL 44—2006《水利水电工程设计洪水计算规范》设计，从文件中读取数据，绘制P-Ⅲ型分布频率曲线，通过人机交互方式，得到最合适的配线及其参数。

（2）可以实现人工配线和自动配线，提供连续数据系列和不连续数据系列常规矩法和线性矩法配线方案，其中线性矩法配线方案是该软件的最大优势，很好地解决了常规矩参数估算方法在不偏性和稳健性方面的问题。

（3）配线调试方便快捷，系统提供图形视图界面，显示配线图形成果，并可直接保存。

技术指标

（1）功能性：软件具有获取数据、常规矩算参、线性矩算参、绘制曲线、统计参数展示与调整、查询设计值、设置、保存、清空、帮助等功能。

（2）易用性：系统各模块界面友好、风格统一，操作简单易学，用户能较快掌握系统的使用和操作。

（3）可移植性：系统能够成功在Windows操作系统上稳定运行。

应用范围及前景

适用于降雨量、洪峰、洪量、洪水位等不同暴雨洪水要素的频率分析计算。

软件自2020年3月开始投入使用，已推广应用于7项工程项目，分别为全国自然灾害综合风险普查工作、凉水河干流河道行洪能力分析与评估、平江县汨罗江灾害风险管理和环境综合治理项目——水文计算洪水分析水资源论证、承德高新区高铁商圈整体提升项目后窑路防洪影响评价及洪水分析等项目，进行了暴雨或洪水的频率分析计算，快速实现了常规矩法和线性矩法配线方案以及P-Ⅲ型频率曲线的绘制，为开展暴雨、洪水频率分析工作提供了科学依据和重要支撑，对确保水利工程安全、提高防汛抗旱决策指挥和水资源保护与管理的科学性具有重要作用。

技术名称：基于常规矩与线性矩的IWHR暴雨洪水频率分析计算软件V1.0
持有单位：中国水利水电科学研究院
联 系 人：任明磊
地　　址：北京市海淀区玉渊潭南路1号D座707
电　　话：010-68781798
手　　机：15010080063
传　　真：010-68536927
E-mail：renml@iwhr.com

4 小型水库大坝安全智慧感知融合预警技术及一体化装备

持有单位

水利部交通运输部国家能源局南京水利科学研究院

技术简介

1. 技术来源

国家重点研发计划“水库大坝安全诊断与智慧管理关键技术与应用”等项目。

2. 技术原理

基于物联网、边缘计算、大数据、云计算、人工智能、信息融合、图像识别等新技术，提升小型水库安全运行保障能力。主要对雨量计、水位计、渗压计、量水堰、视频等设备传感器的统一数据采集、计算、存储、显示、报警及传输，同时实现库水位、库容、日雨量、渗漏量、坝体渗流、视频等多监测要素融合和现地显示，并通过物联网上传云平台，对触发预警值或警戒值联动报警，小型水库安全态势即看即所得，提高管理效率，从而实现小型水库安全运行智慧管控。

3. 技术特点

（1）信息采集层：小型水库现地采集包括水位、雨量、图像/视频、渗流量、渗压、大坝变形等。

（2）数据传输层：数据传输可使用 4G/5G、NB-IoT、北斗卫星、超短波、光纤等通信方式。

（3）数据资源层：包括监测平台数据库、资源汇聚和共享服务。

（4）应用系统层：小型水库大坝安全运行智慧管理云平台满足对小型水库进行监管。

（5）用户层：包括省（自治区、直辖市）、市（地、州、盟）、县（市、区、旗）、水库四级。

主要性能指标

（1）多传感器接入：不低于 1 个翻斗式雨量计接口、4 个 RS232 接口、3 个 RS485 接口、8 路模拟量输入接口、5 路 PI/开关量输入接口、4 路开关量输出接口，2 路继电器输出接口、1 个以太网接口。

（2）多要素一体化采集：支持雨量计、水位计、渗压计、量水堰、摄像头等数据采集。

（3）设备前端告警：对降雨量、库水位、渗压计等多要素测值超阈值主动告警；人员入侵管理区域主动告警。

（4）视频融合叠加：支持在主流摄像机上不少于 8 行多信息叠加功能。

（5）语音自动播报：支持根据触发类型播报相应音频内容。

应用范围及前景

适用于小型水库大坝安全监控与管理。

该装备最早于 2020 年 6 月在山西省晋中市、高平市等 6 座小型水库进行了应用，2021 年分别在云南省保山市隆阳区、腾冲市，广西壮族自治区百色市，重庆市綦江区等多个省份市县小型水库雨水情测报和安全监测设施建设中进行了应用，为当地小型水库安全管理提供了有力技术支撑。

技术名称：小型水库大坝安全智慧感知融合预警技术及一体化装备
持有单位：水利部交通运输部国家能源局南京水利科学研究院

联 系 人：刘成栋
地　　址：江苏省南京市鼓楼区广州路 225 号
电　　话：025-85828923
手　　机：13813891386
传　　真：025-83714644
E-mail：124395722@qq.com

5　土石坝洪水灾害防御技术

持有单位

水利部交通运输部国家能源局南京水利科学研究院

技术简介

1. 技术来源

“十一五”国家科技支撑计划“水库大坝安全保障技术研究”、国家重点研发计划“极端条件下大坝应急抢险与损毁快速修复技术”项目，发明专利4项。

2. 技术原理

该技术可实现应急溢洪道的快速构筑、加固与泄流，起到输水、反滤、导渗和护坡的作用。产品为三层复合型高分子材料，可通过锚固件及连接件，直接铺设在土石坝背水坡坡面上。上层为高强耐磨抗冲型不透水过流层，可承受长时间高速下泄水流的表面冲刷。中间为弹性三维网格型减压保护层，可防止汛期坝前高水位下坝体渗水在防护垫下积聚而浸泡发软。下层为透水防淤型隔离层，可有效隔离坝体表面的土体，具有特殊的三维孔隙分布及良好的纵横向排水性能、渗透性能和过滤性能，能使坝体内渗水排出且不带走土粒，降低浸润线、稳定堤身。

3. 技术特点

（1）实用性强：实现土石坝漫顶时应急泄洪道的快速构筑、土石坝坡面应急加固与泄流，输水和护坡，保护坝体不受冲刷、侵蚀。中下两层具有良好的过水通道，使坝体内水流出且不带走土粒。

（2）实施简便，抢险效率高：直接铺设在坝体表面，实施方便，应急防护效率高。

（3）可重复使用：有良好的耐久性，可回收再利用，降低抢险成本，不对环境造成损害。

（4）适用性强，应用范围广：通过连接构件自由搭接，可批量化生产，尺寸、规格，可根据土石坝、堤防坡面专门定制。

主要性能指标

（1）过流层：厚度≥1.0mm，单位面积质量≥750g/m^2。

（2）减压保护层：厚度≥5.0mm，密度≥0.939g/m^3，垂直抗压强度≥100kPa，纵向抗拉强度8.0kN/m，横向抗拉强度4.0kN/m。

（3）隔离层：断裂强度≥10kN/m，断裂伸长率40%～80%，CBR顶破强力≥1.9kN。

应用范围及前景

适用于中小型水库土石坝及土质堤防洪水灾害防御。

该技术最早应用于2008年南京水科院安徽滁州基地大洼水库现场土石坝应急溢洪道构筑试验。该项科技成果经试验、开发，已形成成熟稳定可工业化生产的产品，并逐步市场化推广应用，分别被江苏省水旱灾害防御调度指挥中心、吉林省物资储备管理中心、衡阳市水利局、扬中市三茅街道水利站等防汛物资储备及水灾害防御机构采购，累计应用规模超过1万m^2。

技术名称：土石坝洪水灾害防御技术
持有单位：水利部交通运输部国家能源局南京水利科学研究院
联 系 人：鄢俊
地　　址：江苏省南京市鼓楼区广州路223号
电　　话：025-68953780
手　　机：13952032577
传　　真：025-68953699
E-mail：jyan@nhri.cn

6 高精度全自动三维变形实时监测与预警技术

持有单位

水利部交通运输部国家能源局南京水利科学研究院

技术简介

1. 技术来源

水利部“948”项目“高精度全自动三维变形实时监测与预警系统”、水利部公益性行业科研专项经费项目“山洪易发区水库致灾预警与减灾关键技术研究”、国家科技支撑计划课题“山洪灾害监测预警关键技术及集成研究与示范”等项目。

2. 技术原理

高精度全自动三维变形实时监测与预警技术以实时监测为出发点，引进了先进的GNSS接收机，接收多星系统卫星信号，实现位移动态观测。可以实现24h连续无间断地实时监测，自动监测坝体外观变形情况，边坡实时位移情况，为判断工程安全性态提供准确的数据，对可能出现的危险情况提供预警，为科学决策提供依据。

3. 技术特点

（1）“高精度全自动三维变形实时监测与预警技术”采用多星（北斗、GPS、GLONASS、Galileo）系统组合，可全面覆盖监测区域，提高监测精度。

（2）该系统在实时观测12h以上，经解算后的观测精度持续稳定监测平面1mm，高程2mm的变化量。

（3）系统运行不受天气条件影响，可全天候工作，利用时间平滑算法实现监测的实时连续性；可根据工程特点建立监控模型，实现水库大坝变形监测安全预警。

主要性能指标

（1）提出的三维位移精度校验方法，在实时观测12h后，经解算观测精度可实时持续稳定在平面1mm，高程2mm。

（2）通过GNSS数据处理技术，可以达到24h连续无间断地实时监测坝体、边坡等危险点的变形。

（3）以三维高精度变形监测为核心，结合工程特点构建三级监控预警指标，实现了水库大坝及近坝边坡的安全监控、预警减灾等功能。

应用范围及前景

适用于水库大坝、高边坡、深基坑、桥梁、道路、矿山等工程地质灾害的实时高精度监测和预警。

案例1：2016年在水利部“948”项目支持下，在示范应用点云南龙江水电站枢纽工程应完成了1套系统的引进，其中包含7台GNSS接收机，实现了对水库大坝及近坝边坡的安全监控与预警功能。

案例2：2018—2019年该先进技术在华东宜兴抽水蓄能电站进行了推广应用，针对开关站、上水库南北岸边坡等重点地质灾害点，建设了5个GNSS位移观测点，获取位移动态数据，构建了宜兴抽水蓄能电站地质灾害预警系统的总体构架，实现了对坝址区局地降雨条件下地质灾害的预测预警。

技术名称：高精度全自动三维变形实时监测与预警技术
持有单位：水利部交通运输部国家能源局南京水利科学研究院
联 系 人：李铮
地　　址：江苏省南京市鼓楼区广州路223号
电　　话：025-85828815
手　　机：13851829282
E-mail：lizheng@nhri.cn

7 CW系严寒地区混凝土抗冻防护涂层材料与技术

持有单位

长江水利委员会长江科学院

技术简介

1. 技术来源

自主研发。

2. 技术原理

通过耐紫外添加剂改性、微纳米填料改性、分子结构和流变性调控等方法，研发了高耐候聚天门冬氨酸酯聚脲材料，改善了材料力学强度、耐候性能和施工便利性，解决了有机材料在强紫外和大温差等条件下抗冻防护材料适应性和耐候性不足的技术问题。通过亲水性界面剂改性和施工工艺技术研究，解决了抗冻防护涂层材料在潮湿和有水基面难以粘接的问题，实现了薄层修补的刮涂、喷涂多种施工工艺应用，技术便捷性和技术经济性显著提升。

3. 技术特点

CW系严寒地区混凝土抗冻防护涂层材料与技术具有抗冻防护性能优异、耐候性好、力学强度优异、干燥和潮湿基面均可施工等特性，显著提高水工混凝土抗冻抗冰拔作用的能力，施工快速简便，且安全环保，特别适用于严寒地区水工混凝土抗冻防护与修补工程。

技术指标

固含量＞80%；抗冻性能＞F300；紫外加速老化试验2160h不粉化，无裂纹；撕裂强度＞40N/mm；抗拉强度＞15MPa；与混凝土干黏接强度＞3.5MPa；湿黏接强度＞3.0MPa。

应用范围及前景

适用于水工混凝土冻胀破坏修补与防护，大坝水位变化区混凝土抗冻、引水渠道混凝土结构抗冻及输水隧洞混凝土结构抗冻的防护与修复。

CW系严寒地区混凝土抗冻防护涂层材料与技术首先在新疆伊犁恰甫其海水利枢纽工程迎水面混凝土冻胀破坏修复工程进行推广与应用，后又成功应用于库尔乌泽克水电站引水渠道及压力前池混凝土抗冻防渗工程、西藏林芝米林派墨公路多雄拉隧道混凝土抗冻防护工程。这3个工程中共推广应用CW系严寒地区混凝土抗冻防护涂层材料30t。形成了一套成熟的防护与修补配套技术法，提升了混凝土抗冻防护效果和使用寿命，改善了工程外观质量，为建筑物安全稳定运行提供了技术保障。

技术名称：CW系严寒地区混凝土抗冻防护涂层材料与技术
持有单位：长江水利委员会长江科学院
联 系 人：陈群山
地　　址：湖北省武汉市江岸区黄浦大街23号
电　　话：027-82829430
手　　机：13971617248
传　　真：027-82829781
E-mail：qunshan_chen@163.com

8 水土保持多源异构监测网络和可视化态势应用技术

持有单位

长江水利委员会长江科学院

中国科学院上海微系统与信息技术研究所

技术简介

1. 技术来源

自主研发。

2. 技术原理

该技术研发水土保持多模自适应数据链、水土保持多源异构数据融合、水土保持数据层次化云服务、水土保持监管可视化态势展现等一系列关键性技术，形成一整套快速、准确、及时和有效的水土保持智能化监测和处置体系，实现水土保持监测、监管等工作的智能化。

3. 技术特点

（1）自适应多模数据汇聚技术，根据地理位置、业务类型、信道特点智能选择物理传输方式，实现不同类型水土保持监管数据的高效可靠传输。

（2）自能源、低功耗和一体化设备封装技术，实现野外水土保持监测传感器节点和终端接入设备的规模组网。

（3）云边协同处理和大数据智能分析技术，实现对水土保持海量数据的深度挖掘，为多种复合监测模型和其他深层次应用提供数据支撑。

（4）可视化综合态势平台，为水土保持数据融合、数据存储、可视化分析、指挥调度、辅助决策等提供平台支撑。

技术指标

（1）在通信指标上，系统支持 TD-COFDM 传输制式，灵敏度≤-10^2dBm@5MHz BW，支持工作频率 300～1400MHz，信道带宽 2.5MHz、5MHz、10MHz、20MHz、40MHz 可选，输出功率－33～40dBm 双路可调。

（2）在组网能力上，系统支持点对点、点对多、多对多、自动中继、链状中继、网状网络及混合网络等，网络节点数≥32 节点，支持多跳中继≥10。

（3）在信息处理能力上，系统具有实时音视频、应用数据、传感数据的接入、处理、传输和解析能力，支持标准 TCP、UDP 的数据透传业务，具备可视化网络动态拓扑状态监测、分集接收、频谱感知、自适应选频等能力。

应用范围及前景

适用于水土流失动态监测、地质灾害预警监测、径流智能预报、流域水质空间差异性评估等应用场合。

该技术相关成果自 2014 年以来广泛应用在水利工程建设、森林消防、信息数据传输等领域，已被南水北调中线干线工程管理局、安徽省引江济淮工程有限责任公司、中国人民武装警察部队森林指挥部、上海市公安局等单位进行推广，实现了对弃渣（土）场水土流失情况的动态监管和实时反馈，取得的数据可为后续水土保持遥感监测、水土流失量计算等工作提供重要基础数据支撑。

技术名称：水土保持多源异构监测网络和可视化态势应用技术

持有单位：长江水利委员会长江科学院、中国科学院上海微系统与信息技术研究所

联 系 人：许文盛

地　　址：湖北省武汉市江岸区黄浦大街 23 号

电　　话：027-82829919

手　　机：18007138601

传　　真：027-82926357

E-mail：51648344@qq.com

9 湖库水沙床全息化智慧感知技术

持有单位

黄河水利委员会黄河水利科学研究院

技术简介

1. 技术来源

省部计划。

2. 技术原理

该技术从湖库三维地形测量、安全状态评估、多元参数监测等方面出发，以湖库安全运行状态全参数感知为目标，形成了湖库水沙床全息化智慧感知技术。该技术基于测绘学、地球物理学、电子学、水文学、结构学、生态学等原理，主要包括以下方面：湖库三维地形感知技术、湖库安全评估感知技术、湖库多元监测感知技术、湖库感知获取设备组合式搭载平台，各项技术可根据需要组合应用。

3. 技术特点

（1）采用新的三维地形感知技术，作业效率是传统方法的两倍以上，可以大大地降低人员投入和时间投入，覆盖范围也远超传统的测量方法。

（2）采用新的安全评估技术，可以使得投入成本降低 10%～20%，同时为了解湖库现有的运行状态、达到防患于未然提供了可靠的数据支撑，有着巨大的潜在价值，间接实现了保护人民的根本利益和生命安全。

（3）采用一体化监测技术，可以使监测设备的维护管理成本降低约 10%，数据集成得到极大程度的提高。

（4）水库泥沙提取系统分体组合式搭载装置，每日运行费是传统方法的 1/3，极大降低了运行成本，并且该运行平台可以重复利用、机动灵活，可搭载各种采集设备。

主要性能指标

（1）三维地形：陆上水平 $1\text{cm}+1\times10^{-6}$ 垂直 $2\text{cm}+1\times10^{-6}$，水下超高分辨率 0.45°×0.9°，量程分辨率：1.25cm。

（2）安全评估：淤积探测分辨率 6cm，穿透深度 100m，管涌探测灵敏度 $>1.0\times10^{-4}\text{A/m}^2$，隐患探测输入电流 1～2000mA，巡检分辨率 1920×1080，照明 4000lm×3。

（3）多元监测：测流深度范围 1～180m，流速量程 1～20m/s，变形和渗漏监测，距离 30km，距离分辨率 0.1m，应变分辨率 2με，温度分辨率 0.1℃，TM50 监测机器人，测量范围 1.5～3500m，测量精度 $2\text{mm}+2\times10^{-6}$/3s。

（4）平台总宽 7m，型深 1.2m，总长 16.5m，2×150kW 发电机组。

应用范围及前景

适用于湖库的三维地形获取、水库安全状态评估（淤积风险、管涌定位、渗漏排查、安全巡检）、多元参数监测（环境、水文、生态、结构）等。

2014 年以来，湖库水沙床全息化智慧感知技术先后在黄河流域、长江流域、黑河流域、伊犁河流域等多座湖库治理开发中得到应用，主要应用单位有小浪底水利枢纽建设管理局、三门峡水利枢纽管理局、黑河流域管理局、新疆伊犁河流域开发建设管理局、黄河水利水电开发总公司、花凉亭水库管理处、四川省紫坪铺开发有限责任公司、济源市河清投资开发集团有限公司等，对于相关的湖库安全运行提供了数据支撑，应用成效显著。

技术名称：湖库水沙床全息化智慧感知技术
持有单位：黄河水利委员会黄河水利科学研究院
联 系 人：许龙飞
地　　址：河南省郑州市顺河路 45 号
电　　话：0371-66023988
手　　机：13937182188
传　　真：0371-66225027
E-mail：301097659@qq.com

10 定点式全天候凌情动态数据采集技术及装备

持有单位

黄河水利委员会黄河水利科学研究院

技术简介

1. 技术来源

国家计划。

2. 技术原理

该技术装备是一套采用先进设计理念、集成多项先进传感器、监测能力突出的特种冰凌监测设备，具备全天候观测能力。该项研发解决了 4 个技术难点：空气耦合地质雷达，25m 超长悬挂横杆（可旋转悬臂斜拉柔性结构），一体化太阳能低温供电通信，机器人工智能跟踪识别；突破了非接触式连续测量水位、冰厚的技术瓶颈。

3. 技术特点

（1）探地雷达是悬挂式冰厚检测雷达系统的核心组件，用于检测冰厚，及水面/冰面距雷达的距离。远程计算机通过 4G 网络向雷达发送参数（采样点数、采样频率、累加次数、采集间隔时间等），雷达回传数据后，通过冰面和冰水分界面进行层位追踪算法自动分析冰厚、水面/冰面距雷达距离。层位追踪是雷达数据剖面中，根据反射波的波形与强度特征，通过同相轴的追踪，获得冰厚、水面/冰面距雷达距离的变化情况，其基础是提取反射层，识别同一地层反射波的标志为同相性、相似性等。

（2）对于冰凌密度提取，是先通过摄像设备取得单帧视频图像，然后对单帧图像进行二值化处理，分割出冰凌所在区域，最后统计得出冰凌的密集度；对于冰凌流速提取，是通过摄像设备取得视频图像序列，然后提取各图像的特征点位置并计算移动距离，最后根据间隔时间计算得出冰凌的流动速度。

技术指标

（1）监测指标：水位、冰厚、水温、冰温、流凌密度、流凌速度等凌汛要素的在线采集。

（2）测量要素达到的精度分别为：水位 ±0.01m，冰厚 ±0.01m，水温 ±0.2℃，冰温 ±0.2℃，流凌密度 ±5%，流凌速度 ±0.02m/s。

应用范围及前景

适用于北方地区河流、渠道、水库、冰川、蓄能电站、调水工程等水利行业中水文监测技术领域，冰厚、水位一体化连续监测，无人值守。

该设备于 2019 年 11 月 15—20 日，在内蒙古托克托什四份弯道冰凌观测站安装成功。一体化设备集成了悬挂式空气耦合地质雷达、高清红外夜视视频、非接触式测温等传感器，共享 1 套 4G 通信传输和风光互补供电，可对环境温度、冰水面温度、水位、冰厚等相关参数及冰凌形成全过程进行实时监测。通过云台视频监控可以定时拍照录像，实现视觉河流与监控数据的无缝对接，为黄河防凌及科学研究提供数据支撑。

技术名称：定点式全天候凌情动态数据采集技术及装备
持有单位：黄河水利委员会黄河水利科学研究院
联 系 人：张宝森
地　　址：河南省郑州市顺河路 45 号
电　　话：0371-66025344
手　　机：13323811918
传　　真：0371-66025344
E-mail：976129493@qq.com

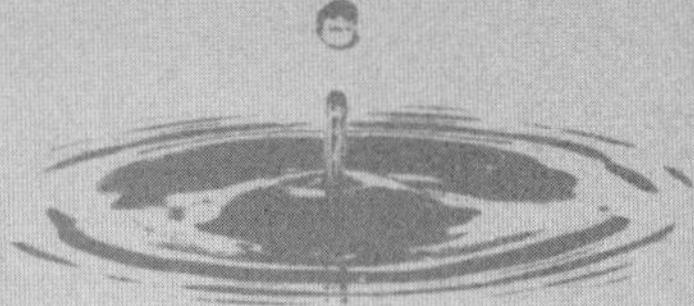

11 基于浪潮耦合的河口海岸风暴潮预报技术

持有单位

珠江水利委员会珠江水利科学研究院

技术简介

1. 技术来源

自主研发，相关成果获得国家发明专利授权（ZL201811173143.7）。

2. 技术原理

技术包括；建立基于大数据的热带气旋路径网格节点统计预报模型，根据预报模型对热带气旋路径进行预报和预警；研发波浪-潮流双向紧密性耦合模型，两者共同一套非结构化网格，可以实现对不规则岸线、潮汐通道等复杂地形区域水动力的高精度、高分辨率模拟；研发台风暴潮多模式集合预报技术，解决了由台风路径预报误差引起的风暴潮预报误差的难题。

3. 技术特点

（1）热带气旋路径预报精度高：采用网络大数据统计方法的热带气旋路径预报技术，对热带气旋路径进行预报和预警，预报精度高。

（2）风暴潮预报模拟精度高、稳定性好：采用基于网络大数据统计方法的热带气旋路径预报、风暴潮浪潮耦合模拟、台风暴潮多模式集合预报等技术，可以确保风暴潮预报模拟的精度和稳定性。

（3）计算速度快：通过多核 CPU 并行计算，显著提升模型计算效率。

技术指标

（1）运用基于网络大数据统计方法的热带气旋路径预报技术，可将台风路径的预报精度达到85%以上。

（2）通过多核 CPU 并行计算，单场风暴潮的计算时间控制在 15min 以内。

（3）采用台风暴潮多模式集合预报技术，可将风暴潮增水的精度提高到 80%以上。

应用范围及前景

适用于我国河口海岸风暴潮灾害的预警预报。

该项技术自 2018 年 5 月起，已在山东省淮河流域水利管理局、福建省泉州市气象台、广东海洋大学、长沙理工大学、中电建生态环境集团有限公司等多个防汛业务主管部门、气象部门、高校及技术服务单位中进行了推广应用，取得了良好的效益。

案例 1：“茅洲河口风暴潮增水影响及河口建闸减灾效应评估研究”项目。研究茅洲河风暴潮的增水影响及河口建闸的减灾效应，应用风暴潮数值模拟预报技术，对珠江河口（包括茅洲河）风暴潮进行了模拟计算，对茅洲河口建闸的规划设计起到了重要作用。

案例 2：环北部湾风暴潮数值模拟预报。环北部湾作为国家批准的重要发展经济圈，其风暴潮灾害的防灾减灾受到各级政府的高度重视。应用风暴潮数值模拟预报技术，对北部湾风暴潮灾害进行了模拟和实时预报，为防灾决策提供了有力的支撑。

技术名称：基于浪潮耦合的河口海岸风暴潮预报技术
持有单位：珠江水利委员会珠江水利科学研究院
联 系 人：陈高峰
地　　址：广东省广州市天河区天寿路 80 号
电　　话：020-87117188
手　　机：15920179188
传　　真：020-87117188
E-mail：285968697@qq.com

12 珠江三角洲水质遥感关键技术

持有单位

珠江水利委员会珠江水利科学研究院

技术简介

1. 技术来源

国家自然科学基金《基于耦合干扰效应的珠江口叶绿素 a 自适应遥感反演模型研究》、国家自然科学基金《基于辐射传输模型的西沙群岛珊瑚礁及水质遥感监测》、广州市珠江科技新星《基于耦合干扰效应的珠三角地区水污染高分遥感技术研究——以广州市为例》等项目。

2. 技术原理

通过野外观测试验、水池模拟试验、室内试验积累包括水体表观光学参数、固有光学参数、水质参数在内的水质遥感建模数据集；再结合水体辐射传输理论和成熟的水质遥感反演模型，形成区域典型水体的水质遥感模型库；最终以多源遥感数据为输入，经大气校正及水体提取后，根据应用需求选择特定水质参数反演模型，将反演结果应用于诸如河口表层悬沙动态监测、湖库富营养化监测、流域污染源调查等水环境业务中。

3. 技术特点

（1）基于水体暗像元法的内陆水体大气校正模型，适用于城市网河区的水体大气校正。

（2）基于水体阴影像元的高分遥感影像水体提取方法，适用于城市网河区的水体精确提取。水体组分耦合干扰情况下实现水质参数遥感定量反演。

（3）多模型协同反演悬浮泥沙算法普适性较好。多源遥感卫星影像可实现水污染遥感动态监测。

技术指标

（1）三角洲城市群水体大气校正技术，相较于集成在 ENVI 的 FLAASH 和 QUAC 大气校正模块，经该技术和 FLAASH 校正的水体波谱形状较为正常，且该技术在红光、近红外波段更接近实测光谱。

（2）高分遥感影像水体提取技术，相较于经辐射定标或 FLAASH 大气校正后的影像，本方法处理后的遥感影像可通过简单的水体指数阈值消除大量城市高层建筑造成的阴影区域，水体提取精度较高。

（3）多模型协同水质遥感反演技术，最优 MAPE 为 25.8%，优于最优单模型的 27.1%，且相关系数平均值最高达 0.85，多模型反演值与实测值拟合精度较好。

（4）基于耦合干扰效应的水质遥感监测技术，根据应用需求以波段比值表示水体光学组分对 COD_{Mn} 的干扰强弱，分段建立 COD_{Mn} 反演模型，RMSE 普遍低于 1。

应用范围及前景

适用于水源地安全保障达标建设、省际界面水质遥感监测及排污口调查、突发水污染事件溯源分析、城市黑臭水体遥感监测等。

案例 1：省际界面水质遥感监测。针对长治水质监测站 2020 年 2 月 23 日的水质异常情况，对区域水质进行遥感监测，确定了疑似污染源的位置。

案例 2：区域水质遥感动态监测。受广州市水质监测中心委托，基于水质遥感技术对广州市前航道近十多年的水质变化进行了分析论证，提升了河长制工作执行的效率与能力。

技术名称：珠江三角洲水质遥感关键技术
持有单位：珠江水利委员会珠江水利科学研究院
联 系 人：陈高峰
地　　址：广东省广州市天河区天寿路 80 号
电　　话：020-87117188
手　　机：15920179188
传　　真：020-87117512
E-mail：285968697@qq.com

13 巨型水库汛期水位动态协调控制技术

持有单位

长江勘测规划设计研究有限责任公司

技术简介

1. 技术来源

自主研发。

2. 技术原理

巨型水库汛期水位动态协调控制技术创建了“预报预蓄-逐级调节-分级控泄”梯级水库主汛期运行水位分级控制模式，提出了科学合理的水位上浮空间、控制条件及运用方式；研发了耦合防洪库容分期释放的梯级水库汛末段运行水位抬升、防洪与蓄水调度动态协调转换技术；提出了包含多调度目标、多风险影响因子评价的仿真模拟及风险分析评价模型，探索并建立了一套适用于流域巨型梯级水库系统汛期运行水位联合动态协调及风险控制的技术与方法体系。

3. 技术特点

巨型水库汛期水位动态协调控制技术是梯级水库主汛期运行水位动态控制技术、梯级水库汛期末段运行水位控制技术和汛期运行水位联合控制调度风险分析及决策等技术的组合，可根据工程实际情况单独或组合采用，适用于不同规模的梯级水库工程综合利用运行管理和方案制定。

技术指标

（1）提出“预报预蓄-逐级调节-分级控泄”的梯级水库主汛期运行水位分级控制方案。

（2）提出多调度目标、多风险影响因子的联合控制综合评价模型。

（3）提出适用于流域巨型梯级水库洪水资源利用的汛期运行水位联合动态调控的科学解决方案。

应用范围及前景

适用于水库防洪调度方案制定、水库汛期运行水位控制方式制定、梯级水库群综合利用调度规程、运用计划的编制。

该项技术在三峡工程、金沙江溪洛渡-向家坝、清江水布垭-隔河岩-高坝洲梯级等国家重点工程的运行管理中得到成功应用，取得了巨大的防洪、发电、航运、水资源利用等社会和经济效益。

案例 1：三峡工程。该技术在举世瞩目的三峡工程得到应用，以 2019 年为例，三峡工程汛期增加电量 1.63 亿～8.94 亿 kW·h；三峡水库 8 月拦蓄水量增加 17.34 亿 m^3，提高了防洪效益和水资源利用量；增加 9 月下泄流量 2300m^3/s，有效满足了蓄水期下游生产生活及生态供水需求；提高 9 月底蓄水至 165m 保证率 3.28%，10 月底蓄满率 1.64%，为枯水期发挥兴利效益提供了保障；加权平均水头提高 0.75m，8 月末三峡水库蓄能增加 17.34 亿 kW·h，提高了节能减排效益。

案例 2：溪洛渡、向家坝水电站。该技术在金沙江下游溪洛渡、向家坝梯级水库得到实施应用，极大地提高了水库调度的灵活性和应急调度能力，提高了水资源利用率和节能减排效益，减少了机组出力受阻问题，降低了机组安全稳定风险。

技术名称：巨型水库汛期水位动态协调控制技术
持有单位：长江勘测规划设计研究有限责任公司
联 系 人：张睿
地　　址：湖北省武汉市解放大道 1863 号
手　　机：18502778366
E－mail：ruiz6551@foxmail.com

14 混凝土面板坝深水帷幕灌浆关键技术

持有单位

长江勘测规划设计研究有限责任公司
四川共拓岩土科技股份有限公司

技术简介

1. 技术来源

混凝土面板坝的趾板帷幕补强灌浆需进行水下钻灌施工，部分孔段可能为动水条件施工，其难度和复杂程度远大于常规帷幕，由此自主研发。

2. 技术原理

混凝土面板坝深水帷幕灌浆技术原理包括：构建稳固的水上钻灌平台、水位变幅条件下平台定位与纠偏、深水条件下钻孔定位、超长孔口管水下镶铸及加固、钻孔孔斜控制及纠偏、大水深水下作业成套方案。

3. 技术特点

（1）通过搭设水面浮桥作业平台，将水下钻灌转为水上钻灌，水库在施工期间可正常运行，解决了传统趾板帷幕补强灌浆需放空水库的问题。

（2）通过膜袋施工技术镶铸孔口管，并对水下悬空部分进行系统加固，解决了超长孔口管水下镶铸难、悬空部分固定难的问题。此外，采用膜袋灌浆镶铸孔口管，限制了水下浆液的扩散。

（3）通过一系列孔斜控制及纠偏措施，能够使孔斜控制在趾板范围内，解决了钻孔孔斜控制难，钻孔容易破坏混凝土面板，形成新渗漏通道的问题。

技术指标

（1）沿趾板帷幕灌浆轴线搭设水面浮桥作业平台，将水下钻灌转为水上常规钻灌，深水帷幕的钻孔和灌浆均为干地施工，可解决传统趾板帷幕补强灌浆需放空水库，影响电站发电效益的难题。

（2）采用膜袋灌浆镶铸孔口管，并对趾板面至浮桥底的水下悬空部分进行系统加固，可解决深水帷幕灌浆施工孔口管较长，导致孔口管水下镶铸难，悬空部分固定难的难题，保障了孔口管的镶铸精度。

（3）采用一系列孔斜控制及纠偏措施，保障了钻孔的垂直度，可将钻孔孔斜控制在 0.5m 范围内，优于 SL/T 62—2020《水工建筑物水泥灌浆施工技术规范》的要求，节省工程投资，增强灌浆效果。

（4）通过研发大水深水下作业成套方案，使水面和水下作业紧密配合，解决了 65m 以内深水帷幕灌浆施工质量、工期等难以保证的问题。

应用范围及前景

适用于混凝土面板坝在水库不放空条件下的趾板帷幕补强灌浆。

该技术在 2015—2017 年云南省普西桥水电站、2015—2016 年云南甲岩水电站、2020—2021 年湖北省西北口水库趾板下基岩渗漏处理中成功应用，累计应用钻灌进尺超 5.9 万 m。该技术经济效益显著、灌浆质量与常规陆地灌浆相当。

技术名称：混凝土面板坝深水帷幕灌浆关键技术
持有单位：长江勘测规划设计研究有限责任公司、四川共拓岩土科技股份有限公司
联 系 人：闵征辉
地　　址：湖北省武汉市解放大道 1863 号
电　　话：027-82927817
手　　机：17786361329
传　　真：027-82927817
E-mail：475180272@qq.com

15 地下阀井微循环换气方法

持有单位

黄河勘测规划设计研究院有限公司

技术简介

1. 技术来源

自主研发。

2. 技术原理

“地下阀井微循环换气方法”是利用空气在大气压强基本相同，但温度、湿度不同的环境中，所呈现的摩尔质量不同，将两处大气压强基本相同而空气摩尔质量值不同的区域用垂直管道连接，垂直管道中摩尔质量值低的空气向上运动，在高出地表面的垂直管道中形成烟囱效应，从而在地下阀井内形成微循环工作状态。

3. 技术特点

（1）技术原理简单明晰。采用该微循环换气方法，可实现阀井内空气与其外部空气的微循环交换，将潮湿、有害气体排出阀井外，有效改善阀井内的空气质量。

（2）节能、可靠。在阀井内形成空气微循环需要的能量来源于阀井内外地温和大气的温差、管道内介质带来的能量以及出气管上黑色涂料吸收的太阳能。鉴于改善阀井内空气质量对微循环的速度要求不高，实践证明上述能量来源是可靠和有保障的。

（3）简单、经济。仅需在阀井盖上设置可靠的进气管和出气管即可，技术简单实用，成本低廉。

（4）免维护，效果好。在河南省许昌市南水北调工程运行中的运用表明，设置微循环换气装置后，阀井内空气湿度大大降低，井壁干燥，空气质量良好。

技术指标

经国家水利工程质量监督检验中心检测，检测参数为湿度、空气氡浓度和空气中一氧化碳浓度。检测结果：

（1）未经改造的阀井内空气湿度为 80%，空气氡浓度为 300.0Bq/m^3，一氧化碳浓度为 0.3 mg/m^3。

（2）经过微循环换气方法改造的阀井内空气湿度为 40%，空气氡浓度为 49.7Bq/m^3，一氧化碳浓度为 0.1mg/m^3。

应用范围及前景

适用于地下长距离调水、水环境治理、石油管道、天然气管道以及通信管线等诸多领域的地下阀井自然通风换气。

2018 年 10 月，该技术在许昌市南水北调配套工程中得到了应用。以 18 号输水管线 3 号阀井进行改造试验，施工期间不影响正常供水。通过对河南许昌段 4 个月观察（观测）结果进行分析，发现经过改造的阀井 21d 后内部环境明显且持续稳定得到改善，降低空气湿度，凝露滴水积水现象消失，显著改善了阀井内作业环境和设备运行工况，消除了安全生产隐患。

技术名称：地下阀井微循环换气方法
持有单位：黄河勘测规划设计研究院有限公司
联 系 人：诸葛梅君
地　　址：河南省郑州市金水路 109 号
电　　话：0371-66023576
手　　机：13526544368
传　　真：0371-65959236
E-mail：zhugemj@yrec.cn

16　流域水质水量一体化配置与调度技术

持有单位

黄河勘测规划设计研究院有限公司
北京师范大学

技术简介

1. 技术来源

省部计划，自主研发，获国家发明专利授权。

2. 技术原理

该技术针对黄河流域水量短缺、污染问题突出等重大问题，围绕流域水质水量一体化配置与调度关键技术开展了系统的研究，在规律揭示、技术创建、模型研发、方案优化等方面取得了一系列创新性成果。

3. 技术特点

（1）探明了黄河常规和新型污染物迁移转化规律，通过对泥沙颗粒表面微电极作用下污染物和颗粒物相互作用机理的研究，揭示了污染物在黄河泥沙上的吸附特征，建立了黄河水质恢复能力评价标准和方法。

（2）创建产流、产污以及污染物迁移转化等水质水量效应动态解析技术、水量配置调度供-需自适应技术、水质调控的纳污-排放动态自平衡控制技术和基于数据实时传递与反馈的水量水质同步耦合技术，集成了流域取-用-耗-排全过程一体优化技术体系。

（3）建立了流域水质水量一体化配置与调度模型系统，以河段取水量、断面下泄流量、水功能区水质指标为辨识参数，研发不同时间步长嵌套的控制方法，实现了水质水量总量与调度过程实时嵌套，形成了新一代的流域综合管理平台工具。

（4）从污染控制、供用水控制、产业优化、植被改善等方面，提出了典型河流分层级量化的水质水量一体化调控模式，发展了流域水资源综合管理技术，为流域综合管理提供关键技术。

技术指标

（1）探明了黄河常规和新型污染物迁移转化规律，提高了多泥沙河流泥沙作用下典型污染物迁移转化的认知水平。

（2）集成了流域取-用-耗-排全过程一体优化技术体系，破解了河流水质水量复杂过程的动态耦合控制技术难题。

（3）建立了流域水质水量一体化配置与调度模型系统，形成了新一代的流域综合管理平台工具。

（4）提出了典型河流分层级量化的水质水量一体化调控模式，发展了流域水资源综合管理技术。

应用范围及前景

适用于缺水河流水质水量配置与调度、河流水量分配方案编制、最严格水资源管理“三条红线”制订等。

成果已应用于黄河水量调度以及沿黄省区水资源管理的实践，在黄河水量年度调度方案编制以及洮河、沁河、北洛河等黄河主要支流综合规划和水量分配方案中得到应用，指导了甘肃、宁夏、内蒙古等省区实施最严格水资源管理制度，取得了显著的社会、经济与生态环境效益。

技术名称：流域水质水量一体化配置与调度技术
持有单位：黄河勘测规划设计研究院有限公司、北京师范大学
联 系 人：彭少明
地　　址：河南省郑州市金水路 109 号
电　　话：0371-66020632
手　　机：13203893259
传　　真：0371-66020908
E-mail：pengshming@163.com

17　考虑区间供需平衡的水库群联合补水多目标优化调度技术

持有单位

水利部水利水电规划设计总院

技术简介

1. 技术来源

主要基于国家自然科学基金、中国博士后基金资助项目和地方咨询委托项目。

2. 技术原理

以水库下游分段区间和流域水库群系统之间广泛存在的水文、水力联系为纽带，以全流域防洪、兴利多目标综合效益最大化为目标，以水库群为关键调蓄节点，围绕流域水量平衡和供需平衡关系，形成流域水资源调控系统网络图。基于模拟-优化模式，建立考虑区间供需平衡的水库群联合补水多目标优化调度模型，优化提取水库群最优调度规则和与之对应的水库群、区间长时序调度运行过程。

3. 技术特点

（1）全面考虑水资源区间供需平衡过程，实现区间水量供需平衡与水库下泄补水的全过程耦合，显著提升区间来水过程与水库泄放水量过程的协同化水平。

（2）采用模拟-优化模式提取水库群联合优化调度规则，综合了模拟与优化两种方法的优势，有助于降低手工计算量和寻找最优或近似最优解。

（3）充分考虑断面生态水量下泄要求、河流航运水位要求、电站发电量最大、生活和工农业供水要求，对必须保障的调度指标要求作为硬约束进行考虑，其他指标作为优化指标进行考虑，实现了模拟-优化框架下多目标优化调度目标间的充分平衡。

技术指标

（1）生活供水保证率＞97%；工业供水保证率＞95%；农业供水保证率＞75%；苇田及重要生态补水保证率＞50%。

（2）河道内关键控制断面生态流量不低于断面管控指标。

（3）河道重要区间水位不低于相关水运要求。

（4）发电指标满足电网相关要求。

（5）较大幅度减少水库弃水。

应用范围及前景

适用于水量调度方案编制、年度水量调度计划制定、水库群联合调度规则提取、水库工程规模比选。

案例1：辽宁省水利水电勘测设计研究院有限责任公司在编制《辽宁北中南三线跨流域调水联合调度模式》报告中采用该技术并应用到太子河、大辽河、碧流河、大凌河等8条河流14座水库联合调度。

案例2：水利部松辽水利委员会流域规划与政策研究中心在“松花江流域（哈尔滨以上）骨干水库联合调度”项目中，采用了该技术并应用到丰满、尼尔基、新立城、石头口门、文得根、绰勒等水库联合调度。

案例3：甘肃省水利水电勘测设计研究院有限责任公司在“甘肃省水安全保障规划”项目中，采用了该技术并应用到8条河流10余座水库联合调度，应用效果良好。

技术名称：考虑区间供需平衡的水库群联合补水多目标优化调度技术
持有单位：水利部水利水电规划设计总院
联 系 人：郭旭宁
地　　址：北京市西城区六铺炕北小街2-1号
电　　话：010-63206857
手　　机：13810510641
传　　真：010-63206803
E-mail：010-63206857

18　水利水电工程基础质量综合物探检测与评价技术

持有单位

中水北方勘测设计研究有限责任公司

技术简介

1. 技术来源

自主研发。

2. 技术原理

该技术主要通过弹性波测试、电磁波测试和钻孔电视观察等技术方法系统揭示岩体或混凝土介质的弹性参数、电磁性参数等物性特征与其地质特征的相关性，从而为岩体混凝土工程处理、验收、工程优化设计提供科学依据，可作为工程质量强监管的一项重要手段。

3. 技术特点

（1）快速、经济、无损、成果可视化；连续追踪地质界面或不良地质体的空间形态；大范围测试基础岩体的弹性力学参数。

（2）能够快速、高效检测基础岩体质量及混凝土缺陷位置、规模，建立符合工程实际情况的岩体质量速度分类标准和验收标准，圈定不符合验收标准岩体、缺陷体和不良地质体（如断层、蚀变带、裂隙密集带、破碎带、软弱夹层）的空间分布等。

技术指标

（1）水利水电工程基础质量综合物探检测与评价技术可为优化设计（建基面抬升）提供重要参数及依据，可建立适合工程实际情况的岩体质量速度分级标准和验收标准，可查明不良地质体的空间分布及其弹性力学参数，可揭示坝基岩体和洞室围岩经爆破开挖、卸荷回弹后的影响深度，可查明各工程部位混凝土内部蜂窝、裂缝、脱空、胶结不良等缺陷的位置及规模。

（2）采用“以综合物探检测技术为主，少量钻探、土工试验作为验证、评价为辅”的综合技术思路，其中，综合物探检测成果可对基础岩体及混凝土进行整体评价，钻探及土工试验可进行辅助性验证、评价，由此使最终成果具有科学性和准确性。

应用范围及前景

适用于坝基岩体质量检测、引水发电系统围岩检测、特殊地质体探测、洞室施工质量检测、混凝土缺陷检测、固结灌浆质量检测、帷幕灌浆质量检测、压力钢管脱空检测等。

水利水电工程基础质量综合物探检测技术最早于 20 世纪 90 年代初应用于黄河大柳树水利枢纽、黄河万家寨水利枢纽工程，经过不断地总结完善陆续应用于云南省李仙江戈兰滩水电站工程基础岩体和混凝土质量检测、黄河龙口水利枢纽工程基础岩体质量检测、黄河万家寨水利枢纽工程护坦检测等 10 余个工程项目，评价基础岩体质量，建立符合工程实际情况的岩体质量速度分类标准和验收标准，圈定不良地质体和混凝土缺陷部位的空间分布，为尽早制定处理措施提供重要依据，并已被相应建设单位采纳。实践证明该综合检测技术在水利水电工程岩体及混凝土质量检测中具有高效、准确、无损、经济等特点，具有显著的经济及社会效益。

技术名称：水利水电工程基础质量综合物探检测与评价技术
持有单位：中水北方勘测设计研究有限责任公司
联 系 人：王志豪
地　　址：天津市河西区洞庭路 60 号
电　　话：022-28702281
手　　机：13389991928
传　　真：022-28343991
E-mail：wang_zh2@bidr.com.cn

19 跨流域调水水库群供水调度决策支持系统

持有单位

中水东北勘测设计研究有限责任公司

技术简介

1. 技术来源

水利部公益性行业科研专项经费项目“西辽河平原风沙河流沙化治理关键技术研究”。

2. 技术原理

该技术的核心是对有外调水源的库群联合供水调度系统进行优化调度，包括常规调度和基于预报信息的优化调度方法。常规调度，即对于外调水源，采用双线控制调水过程，有效避免了调水工程启闭过于频繁，不利管理的缺陷；库群成员水库间共同供水任务采用一种附加调节系数的动态分水方法，使成员水库间共同供水任务的分配更加合理。优化调度，即建立基于“无源”水库概念的水库群供、调水系统优化调度动态规划模型（WDSOODP），采用的算法满足优化调度计算结果均能稳定逼近全局最优解。

3. 技术特点

（1）适用性。根据实时水雨情信息进行滚动预报滚动调度，具备调度决策不同时间尺度耦合嵌套特性，实现宏观总控与局部调整相结合的调度目标。

（2）独立性。模型库各功能模块通过数据库进行数据传递，各模块具有较强的独立性，通过导入指定格式的外部数据，可进行独立工作。

（3）可扩展性。对主要功能模块间的接口进行了特定编程处理，便于独立运行使用。

技术指标

（1）径流预报：年径流预报（经验分析、自回归模型）；月径流预报（经验分析、多元门限回归模型）；旬径流预报（GFS 预报模型）。

（2）需水预报：城市需水预报、农村工业生活需水预报、农业需水预报。

（3）常规供水调度：调度图、年常规供水调度、月常规供水调度、旬常规供水调度。优化供水调度：年优化供水调度、月（旬）优化供水调度。

（4）决策会商：添加方案、删除方案、方案计算、方案优选、水库供水计划。

（5）数据库管理：基础数据及其他数据管理。

应用范围及前景

适用于流域径流预报、洪水预报、水库（群）优化调度、水资源规划、水资源配置、水库调度设计等领域。

案例 1：跨流域调水水库群调度决策支持系统最早于 2014 年在“大伙房水库输水应急入连工程供水调度管理系统”中投入使用。采用该技术指导大连市供水系统运行，在保障大连市供水的同时，可使大伙房水库输水应急入连工程年平均少调水 1232 万 m^3，节省跨流域调水成本约 1651 万元/年，经济效益十分突出。

案例 2：2017 年，该技术用于尼尔基水库中长期入库径流预报及年消落水位的优化，在保障嫩江干流水量调度满足要求的前提下，使尼尔基水库年平均可提高发电效益约 700 万元。

技术名称：跨流域调水水库群供水调度决策支持系统
持有单位：中水东北勘测设计研究有限责任公司
联 系 人：陈立秋
地　　址：吉林省长春市工农大路 888 号
电　　话：0431-85092083
手　　机：15526898695
传　　真：0431-85092000
E-mail：10503275@qq.com

20 防风暴潮生态海堤关键技术

持有单位

中水珠江规划勘测设计有限公司

技术简介

1. 技术来源

自主研发。

2. 技术原理

该技术包含 2 项关键技术："多级消浪平台技术"利用"横向换纵向""外水外排，内水内排"的理念，打破传统海堤对海浪的"挡"和"抗"硬对硬模式，采用横向多级景观消浪平台技术消减越浪，从而有效降低纵向堤顶高程，破解"堤防围城"的难题；"抗海浪可植草绿化的新型生态护坡结构技术"利用该新型护坡结构上窄下宽的锥孔及缩颈的开口犹如瓶口，在锥孔内形成相对的静水区域，防止锥孔底部种植土体受到风浪的淘刷而流失，起到了保护堤岸的作用。

3. 技术特点

（1）"多级消浪平台技术"形成对后方景观带的防护，还可使水岸与城市空间相互融合，营造开放且具有层次的滨海空间；平台可兼做观景平台，在保证其原有功能的基础上，赋予其新功能。

（2）"抗海浪可植草绿化的新型生态护坡结构技术"自嵌式的集成砌块设计可增强铺装后护坡的整体性，增强抗海浪护坡的抗冲刷能力；锥孔内可种植植物，使护坡面得到绿化，也可成为海岸爬行微生物的洞穴，改善护坡的生态性。

技术指标

（1）"多级景观消浪平台技术"建设规模与海堤越浪量有密切关系，研究发现多级景观消浪平台的级数为三级时，消浪效果最优，且越浪量随着第一级、第二级平台宽度的增加而减小且减小的趋势逐渐变缓，随堤顶平台宽度的变化不敏感，多级景观消浪平台总宽度达到约 10 倍的波浪在直立堤上的累积频率（F= 13%）的爬高宽度时，即可有效控制越浪量在规范允许范围内。

（2）"抗海浪可植草绿化的新型生态护坡结构技术"护坡集成砌块的两侧分别设置有自嵌凸缘上缘和自嵌凸缘下缘。集成砌块边长为 550mm，集成砌块高度为 400mm。锥孔规则阵列排布于集成砌块顶面上，锥形孔的半径或边长为 60 ~ 100mm；集成砌块的锥孔底部设置碎石层，然后设置种植土层。

应用范围及前景

该技术涉及海堤结构设计领域，可广泛应用于有防洪安全、城市景观、休闲和生态等多功能要求的超级滨海景观带。

技术成果已应用在广州南沙灵山岛北岸滨海景观生态海堤工程中。应用该关键技术降低了堤顶高程，满足了景观空间层次感及观海视线通透的要求；利用多级景观消浪平台形式加宽堤岸缓冲距离，缓冲风暴潮导致的海水越浪对堤岸的冲击力，起到了消浪效果，满足了工程设计标准；堤身结构锥孔内种植了多样化植物，改善了护坡的生态性及景观性。灵山岛北岸滨海景观海堤工程通过了专家详审，方案现已实施，工程于 2018 年已完工并投入使用，灵山岛北岸经济效益、防洪潮效益、生态效益显著。

技术名称：防风暴潮生态海堤关键技术
持有单位：中水珠江规划勘测设计有限公司
联 系 人：曹春顶
地　　址：广东省广州天河区天寿路沾益直街 19 号
电　　话：020-87117534
手　　机：13826129219
传　　真：020-38810724
E-mail：64641796@qq.com

21 地下水监测综合成果分析应用系统

持有单位

水利部信息中心

技术简介

1. 技术来源

该软件系统充分考虑地下水日常工作的管理分析需要，对多元数据进行自动获取与有效融合，实现地下水监测数据深加工、分析评价产品自动化生成以及超采区水位滚动预警等功能，为摸清全国主要平原区地下水动态变化，以及厘清地下水超采区形成过程、现状、未来趋势，落实超采治理措施提供技术支撑。

2. 技术原理

该系统基于 SOA 面向服务的总体设计开发模式，将核心功能封装成组件，全局动态组装调用；按照 MVC 分层设计原则，将表现层和业务逻辑层分开，极大提升软件的可用和可维护性；同时采用并行化的程序调度开发、集群化的软件部署，为大量数据整理分析与产品快速批量生产提供支撑，利用多模式的任务调度，透明化的业务监控，实现产品生成过程的自动化调度，生成进度的实时查询。

3. 技术特点

（1）地下水动态图分区制作与自动拼接技术。采用统一的数据采集方式、数据清洗规则、插值网格分辨率、渲染分级标准等技术特点，实现地下水分析产品的分片区制作和自动拼接。

（2）多元数据融合与知识图谱应用技术。汇集了包括气象、水情、地下水开采量等信息，以地下水补给、径流、排泄全流程水文关系为依据，构建地下水专题知识图谱。

（3）地下水漏斗多维模拟展演技术。采用基于二、三维一体化 GIS 技术，实现对地下水潜水层漏斗分析展示。

（4）个性化的信息集成展现与分析。系统提供自定义圈画范围，可即时生成地下水水位/埋深分析成果的功能，满足个性化分析展示需求。

技术指标

（1）高效性：软件系统采用先进的构架和数据库技术，系统响应时间和大数据量运算响应时间均在 5s 以内。

（2）稳定性：软件系统运行基本稳定，应用、数据库服务器平均 CPU 占用率在 80%以内，内存、硬盘等资源使用情况基本正常，稳定性能良好。

（3）安全性：软件系统可支持 300 人同时在线进行系统访问、操作，系统通过等级保护三级测评，系统安全性能满足要求。

应用范围及前景

适用于水利部有关业务司局、各流域和各省水资源、地下水监测与分析评价业务管理单位。

软件运行 3 年多以来，已在地下水动态分析评价，河湖地下水回补计算、南水北调工程生态评估等功能，严格地下水资源管理，华北地下水超采区治理、抗旱减灾，保障地下水饮水安全等业务方面得以广泛地应用，为水利部水资源司、水文司、水规总院、水科院、水资源管理中心、南科院等单位提供了重要的地下水管理支撑服务。

技术名称：地下水监测综合成果分析应用系统
持有单位：水利部信息中心
联 系 人：卢洪健
地　　址：北京市西城区白广路二条 2 号
电　　话：010-63207015
手　　机：13146472826
E-mail：luhj@mwr.gov.cn

22 高扬程泵站增流综合技术

持有单位

中国灌溉排水发展中心

中国农业大学

宁夏回族自治区固海扬水管理处

技术简介

1. 技术来源

“十二五”国家科技支撑计划“大中型灌溉排水泵站改造与高效运行关键技术及设备研究”课题。

2. 技术原理

在原泵壳不动的基础上，通过改造水泵叶轮，提高水泵的扬程，提高泵站的实际运行流量；通过交替加载技术的应用，提高水泵的效率，降低压力脉动和机组振动，改善机组流量增加时机组的运行稳定性，降低机组流量增加时导致的轴承温升过高等运行性问题；通过交替加载技术的叶轮设计方法，提高水泵的汽蚀性能，保证机组安全稳定运行。

3. 技术特点

（1）调研现有泵站的运行情况，包括增流的需求量、泵站进出水系统情况、原泵的性能、泵站装置汽蚀余量、配套电机功率以及原泵的流道图，在调研的基础上，提出泵站增流的可行性方案。

（2）对原泵进行全三维的内部流动仿真及计算，分析原泵存在的问题，以及增流的可行性。

（3）基于交替加载技术，设计新的叶轮，并进行全三维的内部流动仿真及计算，分析增流的效果以及可能存在问题。

（4）加工和制造新叶轮，进行机组现场测试及试运行，并观测 1 个灌溉周期以上的实际应用效果，特别是监测机组的流量变化，是否存在汽蚀加剧，磨损加剧等情况。

（5）评估试运行效果，提出整体增流改造方案。

技术指标

（1）泵站增流指标：泵站增流 5%～15%，平均增流 10%以上。

（2）机组效率指标：水泵效率提高 3%～8%，平均效率提高 5%左右。

（3）机组运行稳定性指标：机组压力脉动下降 30%～45%，机组振动烈度下降 30%以上，轴承温升降低 10～20℃。

应用范围及前景

适用于各类双吸离心泵站，包括灌溉泵站，供水泵站、调水泵站等。

该成果已在宁夏长山头泵站、大柳木泵站和黑水沟泵站得到了应用。长山头泵站机组 KQSN1200-M14 叶轮改进后，经过 3 年多的试运行及现场试验研究，机组实际运行的平均流量达到了 3.62m^3/s，增流 25%；大柳木泵站 1200S32 叶轮改进后，机组实际运行的平均流量达到了 3.38m^3/s，增流 18%；黑水沟泵站 DFS800-14 叶轮改造后，机组实际运行流量为 2.10m^3/s，增流 15%。

技术名称：高扬程泵站增流综合技术

持有单位：中国灌溉排水发展中心、中国农业大学、宁夏回族自治区固海扬水管理处

联 系 人：龚诗雯

地　　址：北京市西城区广安门南街 60 号

电　　话：010-63203536

手　　机：13691539536

E-mail：gpzxlina@126.com

23 地下输水隧洞渗漏高精度无损探测及快速一体化修复技术

持有单位

水利部河湖保护中心
北京市水科学技术研究院
不二新材料科技有限公司
长沙盾甲新材料科技有限公司

技术简介

1. 技术来源

自主研发，发明名称：一种用于混凝土中的防裂抗渗复合材料。

2. 技术原理

该技术自主研发 1 套综合数据分析模型，可实现 3 种检测数据综合研判，在输水管道不停水、不破坏的前提下，仅在工程上部地面就可实现对大埋深输水隧洞渗漏情况的快速精确探测。基于自主专利材料提出混凝土防渗堵漏等内外一体化修补技术，达到混凝土增强、防渗、堵漏及防碳化等修复修补一体化目标。

3. 技术特点

（1）通过优质合成纤维“桥接效应”，有效降低早期塑性开裂；利用高功能粉体材料改变水泥水化过程和水化产物的颗粒形貌及空间排列，有效提高混凝土拌和物和易性、抗渗性能和抗冲磨性能。

（2）高功能粉体材料能起到锁水作用，降低孔隙水的表面张力，减少毛细孔失水产生的收缩应力，同时增大混凝土中孔隙水的黏度，增强水在混凝土胶体中的吸附作用，减少混凝土的收缩应力。

（3）该产品具有低掺高效的特点，$1m^3$ 混凝土掺 1～3kg，能使混凝土的开裂面积降低 90%以上，渗透高度比达到 60%。

技术指标

（1）输水隧洞渗漏探测技术：可在有水、土、尘和振动的工况上，能够正常采集和处理数据；能够适应的最大相对湿度为 90%；探测深度＞45m；探测精度＜10mm；最小可测信号：≤0.03μV；采集的信息等支持无线数据传输；定位有内置 GPS，可外接 GPS；探测速度 1.1km/h。

（2）纳米硅酸盐材料：抗冻、耐热、耐碱、抗酸试验，表面无粉化裂纹，无起泡、开裂、脱落和侵蚀痕迹。

应用范围及前景

适用于输水隧洞、周边土体的渗漏源和渗漏通道探测，以及水利渠道、输水涵管和其他各类水工混凝土裂缝修补、表面补强、抗渗等。

2016 年该技术防裂抗渗复合材料产品定型，批量生产。已应用于银川市总体规划模型展示厅气膜结构设备采购及安装、青海省海西州那陵格勒水利枢纽工程、深圳市城市轨道交通 16 号线工程田心站等 28 个项目，掺防裂抗渗复合材料的混凝土达到 500 万 m^3，供货总额 1500 万 kg，应用效果良好。

技术名称：地下输水隧洞渗漏高精度无损探测及快速一体化修复技术
持有单位：水利部河湖保护中心、北京市水科学技术研究院、不二新材料科技有限公司、长沙盾甲新材料科技有限公司
联 系 人：岳松涛
地　　址：北京市海淀区玉渊潭南路 3 号 D 座 1140 房间
电　　话：010-63207637
手　　机：13511068813
传　　真：010-63207659
E-mail：yuesongtao@mwr.gov.cn

24　水土保持基础空间管理单元划分理论与方法

持有单位

水利部水土保持监测中心

技术简介

1. 技术来源

依托《国家中长期科学与技术发展规划纲要（2006—2020年）》重大专项-高分辨率对地观测卫星应用系统重大专项子专-高分水利遥感应用示范系统（08-Y30B07-9001-13/15）、水利部综合事业局拔尖人才专项（JA-2015-12）的技术研发。

2. 技术原理

基于土壤侵蚀学、水土保持学、自然地理学、地图学等基础理论，研究提出了满足我国国情的水土保持基础空间管理单元理论体系，构建了水土保持基础空间管理单元划分的技术指标体系及其提取实现方法体系，提出了基于“语义相似度分析法”的水土保持基础空间管理单元划分方法技术，并在此基础上提出了基于面向对象变化检测方法的斑块单元动态更新技术模式和业务应用技术模式方案，为大范围开展“水保斑”划分提供了实践依据。

3. 技术特点

（1）技术理念方面，是基于土壤侵蚀监测评价、水土保持综合治理和预防监督等方面统筹考虑，设定划分技术指标进行基础管理单元确定，避免形成单个业务的信息孤岛，造成资金浪费。

（2）技术方法方面，有效提升了基础管理单元划分指标提取的精度和效率，节约了斑块单元划分工作经费，相对传统的工作方法提高了经济效益。

（3）应用成效方面，通过建立宏观到微观的空间管理框架体系——“水土保持类型区-小流域单元-水保斑”，将会明显提升水土保持管理成效，进而有效降低各项管理成本。

技术指标

提出的水土保持基础空间管理单元弥补了水土保持空间管理微观层面的缺失，基于语义相似度的斑块划分方法平均自动化提取划分准确度达到 82%，基于面向对象变化检测方法的水土保持基础空间管理单元动态更新技术模式，变化图斑漏提率不足 6%，结合人工修正可以满足水土保持生产实践变更应用需要。

应用范围及前景

适用于土壤侵蚀监测评价、水土保持综合治理和监督管理中空间图斑单元划分，以及水土保持数据库和系统建设等。

该理论方法技术被水利部在制定《国家水土保持监管规划》《水利部水利业务需求报告》等规划、实施计划和需求报告中予以吸收采纳，同时相关技术要求也纳入水利部制定的两个技术规定《国家水土保持重点工程信息化监管技术规定》和《生产建设项目水土保持信息化监管技术规定》。

技术名称：水土保持基础空间管理单元划分理论与方法
持有单位：水利部水土保持监测中心
联 系 人：罗志东
地　　址：北京市西城区广安门南滨河路 27 号院贵都国际中心
电　　话：010-63207103
手　　机：13811050721
传　　真：010-63207070
E-mail：luozhidong@mwr.gov.cn

25 明渠输水工程突发水污染事件应急调控技术

持有单位

南水北调中线干线工程建设管理局
中国水利水电科学研究院
河北工程大学

技术简介

1. 技术来源

“十二五”水专项“水质水量联合调控与应急处置关键技术研究与运行示范”及“十三五”水专项“南水北调中线输水水质预警与业务化管理平台”。

2. 技术原理

采用理论分析、数值模拟、物模实验与原型观测相结合等研究方法，结合《丹江口库区及上游水污染防治和水土保持“十二五”规划》等工作，重点对中线总干渠的突发水污染源头识别、快速预测、应急响应等一系列问题开展了系统性研究，并形成突发污染事件反向溯源技术、突发污染事件快速预测技术、突发污染事件应急响应技术、恢复通水调控技术。

3. 技术特点

（1）突发污染事件反向溯源技术。针对未知污染源识别问题，在单点溯源模型的基础上，提出基于数据同化方法和反向概率替代函数的多点溯源模型，以快速确定污染源的位置、时间及强度信息。

（2）突发污染事件快速预测技术。当确定污染源位置后，利用水质参数计算公式，快速预测渠池下游各断面的污染物到达时间、峰值浓度以及峰现时间，辅助制定退水闸开启和下游节制闸关闭方案。

（3）突发污染事件应急响应技术。根据突发事件发生的位置，将中线干渠分为事故段、事故上游段和事故下游段进行调控。

（4）恢复通水调控技术。为缩短恢复通水期事故段及其下游段各口门的通水时间，提出了自上而下充水方法；为了延长最不利渠池的持续供水时间，提出了事故下游段优化分区供水方法；事故上游段各节制闸流量应恢复至污染发生前的输水流量。

技术指标

（1）形成成果。突发污染事件反向溯源技术；突发污染事件反向溯源技术；突发污染事件快速预测技术；突发污染事件应急响应技术；恢复通水调控技术。

（2）事故段上下游段。事故段调控：可将供水保证率由94%提高至100%；事故上游段调控：应尽可能减少压减流量造成的被动退水，在优化调控模型中应纳入退水量最小目标；事故下游段调控：事故下游段调控关键在于延长口门的供水时间，根据供水对象的重要程度，将分/退水口划分为4个等级。

应用范围及前景

适用于长距离调水工程水质水量联合调控等领域。

研发的中线突发水污染监测调控与处置决策支持系统平台部署在南水北调中线干线工程建设管理局总调中心大厅和汉江水利水电（集团）有限责任公司水库调度中心。应急调控技术与装置在国务院南水北调办组织的2次大型应急演练和中线沿线各管理处组织的上百次应急演练中进行了系统应用，效果良好，并且减少了应急演练所需的人力物力。

技术名称：明渠输水工程突发水污染事件应急调控技术
持有单位：南水北调中线干线工程建设管理局、中国水利水电科学研究院、河北工程大学
联 系 人：梁建奎
地　　址：北京市海淀区复兴路甲1号
电　　话：010-88657382
手　　机：18519086918
传　　真：010-88657382
E-mail：307958150@qq.com

26　水资源使用权确权登记系统

持有单位

中国水权交易所股份有限公司

技术简介

1. 技术来源

基于我国水资源管理现状，在充分借鉴我国各试点地区水资源使用权确权经验的基础上，将云计算、大数据、物联网与水资源使用权确权登记业务深度融合，自主研制开发了集摸底调查、水权分配、确权登记、径流预测及动态管理等功能为一体的水资源使用权确权登记系统。

2. 技术原理

系统采用面向服务的 SOA 架构设计，基于水权分配数学模型实现用水户水资源使用权根据不同取水工程、确权断面、确权层级自动分配，耦合基于机器学习的径流预测技术实现用水户水资源使用权的动态调整；以《自然资源统一确权登记暂行办法》等对有关确权登记簿、登记单元、登记一般程序、登记信息管理应用的要求为依据，实现用水户水资源使用权的登记与水资源使用权证管理。

3. 技术特点

（1）广泛用于不同水源、不同取水条件下的水资源使用权确权业务。在区域水权层面，系统纳入省市县三级用水总量控制指标、江河水量分配方案。在行业水权层面，可根据社会经济、用水定额等参数进行行业水量配置，形成行业用水控制性指标。在用水户水权层面，对不同层级的确权对象（片区、农村集体经济组织、用水户协会或村民小组、用水户）进行水资源使用权初始分配，并实现确权数据、确权对象、水源工程 GIS“一张图”展示，使水权为有源之水，工程为有水之源。

（2）支持基于径流预测进行水资源使用权的动态管理。基于径流智能预测模型进行年度径流预测，根据预测结果制定用水户水权的年度配水量，并利用实际来水数据进行滚动修正，实现水权动态管理。

（3）用于水资源使用权确权登记全流程电子化服务。

（4）可与国家水资源监控管理系统、用水在线监测系统、取水许可电子证照系统等在用系统进行数据共享。

技术指标

（1）基于云平台进行系统部署，能够在大规模用户并发、高吞吐量业务环境下高效运行，可根据水资源使用权确权频度和并行用户规模自动配置云平台的软硬件资源。

（2）开发语言：C#语言；开发框架：Asp.Net Core；结构设计：多层次结构；支持跨平台快速部署。

应用范围及前景

适用于区域、流域、灌区在不同水源、不同取水条件下的水资源使用权确权与登记管理工作。

系统目前已推广应用于安徽省新安江流域、淠史杭灌区（六安市金安区），山西省侯马北庄扬水灌区、运城市北赵提黄灌区等地的水权确权登记工作，通过系统累计打印发放水资源使用权证3600余本，确权水量超4亿 m^3，系统具有很高的推广应用价值与显著的经济社会效益。

技术名称：水资源使用权确权登记系统
持有单位：中国水权交易所股份有限公司
联 系 人：陈向东
地　　址：北京市西城区南线阁街10号
电　　话：010-63204763
手　　机：18210053968
E-mail：chenxd@cwex.org.cn

27 考虑无资料小型水库群影响的水文模型

持有单位

河海大学

技术简介

1. 技术来源

自主研发。

2. 技术原理

该技术利用遥感和 GIS 手段，结合支持向量回归机（support vector machine for regression，SVR）算法，构建小型水库流域的地形地貌参数-水库库容定量关系模型，推算水库资料缺失地区的小型水库库容信息；根据水量平衡原理定量概化小型水库的拦蓄作用，并耦合集成新安江-水库模型。解决了无小型水库群运行资料地区的洪水预报难以描述小型水库群对汇流调蓄作用的难题。

3. 技术特点

（1）根据具有较充分小型水库信息流域的资料建立地形地貌参数与小型水库库容关系模型，推算无资料或资料缺失流域的小型水库库容信息，通过概化小型水库对洪水的拦蓄作用，构建了考虑小型水库调蓄影响的新安江-水库模型。

（2）模型洪水预报精度与原新安江模型相比较，精度更高，对考虑小型水库影响的洪水预报问题具有很强的适用性。

技术指标

以全国不同地貌区 68 个流域 8176 场次的洪水模拟及实时洪水预报为例：

（1）共有 89.3%的流域洪水模拟/预报效果符合洪水预报要求，即洪量相对误差和洪峰相对误差均值不超过 20%，峰现时间误差不超过 2h，确定性系数不小于 0.60。

（2）47 个流域应用结果很好，即洪量相对误差和洪峰相对误差均值不超过 20%，确定性系数大于 0.70 的场次比例达到 70%以上，约占总流域数的 69.12%。

应用范围及前景

适用于流域洪水预报、中长期径流预报、山洪灾害预警、水资源评价、水土保持措施效果评价。

2015 年以来，考虑小型水库群的实时洪水预报技术已推广应用于黄河水利委员会水文局、长江水利委员会水文局、淮河水利委员会水文局、江西省水文局、浙江省水文局、广西壮族自治区水文局等 13 家单位，在小型水库广泛分布的淮河流域、汉江流域以及大范围水土保持措施布置的黄河中游流域等实时洪水预报中发挥了重要作用。

技术名称：考虑无资料小型水库群影响的水文模型
持有单位：河海大学
联 系 人：李彬权
地　　址：江苏省南京市西康路 1 号
手　　机：13776619440
E-mail：libinquan@gmail.com

28 梯级水电站水库生态调度智能调控技术

持有单位

华中科技大学

技术简介

1. 技术来源

国家自然科学基金、国家重点研发计划、企业科技研发项目等重大科研生产项目。

2. 技术原理

该技术采用梯级水电站水库多场耦合物理栖息地全周期模拟方法，构建不同水深和流速条件下栖息地适宜度非线性映射模型；运用集中度-集中期推求梯级水库群生态流量特性，刻画河流生态流水文节律的时空演化规律和统计分布特征，建立涵盖流量、脉冲、水温、水体紊动等综合因素的生态流组指标；进而建立兼顾水库群概率性下泄流量时空特征及河道内外差异化涉水需求的梯级水电站水库生态调度模型；最后提出基于模糊测度分类模式的梯级水电站水库生态调度多属性决策方法。

3. 技术特点

（1）技术具有科学先进、稳定可靠、适应性强等特点，能够在保障梯级水电站水库运行效益的前提下，改善和提升流域水生生物的生态环境，降低复杂多源要素对河道生态环境的不利影响。

（2）揭示了不同时空尺度和脉冲频次下生态流量时空演化特性，提升梯级水电站水库调度决策合理性，充分发挥流域生态效益和环保效益，为流域经济高质量发展提供了理论基础和技术支撑。

技术指标

（1）在充分掌握水库群调控对库区流场动力过程影响规律和生态流量时空演化特性的基础上，实现了河道生态环境的优化。

（2）通过构建生态调度模型和引进并行优化技术，保证了生态优化调控的合理性和调度方案制定的时效性。

（3）可兼容不同流域、不同规模梯级水电站水库的普遍性特点和差异化特性。

应用范围及前景

适用于流域管理机构、梯级集控中心、水电站水库等不同层级单位的生态调度工作。

案例：金沙江下游-三峡梯级电站水资源管理决策支持模型研究及系统开发项目。受人类活动和气候变化影响，长江流域天然径流能量传播过程与时空分布规律发生变异，极易引发库区富营养化、河流生态系统退化、生物多样性低下等问题。为此，与中国长江电力股份有限公司水资源研究中心等共同承担相关重大科技项目，以“一种梯级水电站水库生态调度智能优化方法及系统”等国家专利为核心支撑的决策支持管理系统已成功部署和应用。该系统依据长江流域整体生态需求和典型生物资源流量需求，推求了多源水生生物生态需水量过程集合，建立了梯级水电站水库生态调度模型，揭示了不同时空尺度和脉冲频次下生态流量时空演化特性，提升梯级水电站水库调度决策合理性。

技术名称：梯级水电站水库生态调度智能调控技术
持有单位：华中科技大学
联 系 人：冯仲恺
地　　址：湖北省武汉市洪山区珞喻路 1037 号
手　　机：15842496712
E-mail：myfellow@163.com

29 基于量质耦合调控的流域水环境管控系统

持有单位

大连理工大学

大连市生态环境事务服务中心

技术简介

1. 技术来源

自主研发。

2. 技术原理

以自主研制的低成本多参数水质传感器为硬件基础，以水和物质在河道中的迁移转化为主线，构建断面超标的污染溯源机制、构建不同超标情景下的水量水质调控措施库；基于实时溯源和处置措施评估等核心技术，实现量质耦合调控的流域的水质精细化管控，为保障河流控制断面水质达标、为河流水环境治理与管理提供重要平台支撑。

3. 技术特点

（1）硬件部分：自主研制多参数水质监测仪，实现多种参数的测定、自动采样、自动分析、自动传输数据；具有超标留样、定期自动校准、自动清洗、GPS 定位、位移报警、实时数据远程传输的功能；有短信报警、App 报警等多重报警模式。

（2）系统平台：基础信息、实时监视、告警预警、智能调度与效果评估、综合治理分析、管理考核、公众服务等业务功能。客户端展示层，通过移动互联网技术实现监控大屏、电脑 PC 端、手机 App 等多终端对接，为不同业务管理人员提供服务。

技术指标

（1）多参数水质自动测定：常规五参及 COD、高锰酸盐指数、氨氮、总磷、总氮等的自动采样、分析和传输。

（2）支持不同水质超标等级的分级预警及多重报警模式；支持水质超标事件主要污染物识别及溯源分析。

（3）水量水质调控方案生成及效果评估。

（4）支持水环境治理长期方案规划、方案编制、方案决策。

（5）支持巡河任务派遣、河流巡查、问题上报、事件处置、报表管理等功能。

（6）基于三维地形图展示的“一张图”信息全面展示和交互。

应用范围及前景

适用于水利及生态环境领域管理部门的河流水质预警、模拟预测、联合调控方案及效果评估、综合治理、管理服务等业务需求。

2020 年 2 月，该系统已成功应用于大连市复州河流域的水环境管理工作中，以保障复州河国控断面水质达标为主要目的，基于研发的低成本水质多参数监测设备硬件与污染物迁移转化模拟与溯源等核心模拟软件，建立了一套完备的河流水质监测预警与量质联合调控系统。显著提高了流域水质突发事件的响应能力，切实提高了断面的水质达标率。

技术名称：基于量质耦合调控的流域水环境管控系统

持有单位：大连理工大学、大连市生态环境事务服务中心

联 系 人：辛卓航

地　　址：辽宁省大连市甘井子区凌工路 2 号

电　　话：0411-84707034

手　　机：15141123771

传　　真：0411-85707034

E-mail：xinzh@dlut.edu.cn

30　一体化多要素涝渍灾害监测装置

持有单位

水利部南京水利水文自动化研究所

技术简介

1. 技术来源

自主研发，实时掌握农田涝渍情况，可为增产增效提供数据支撑。

2. 技术原理

一体化多要素涝渍灾害监测装置由墒情传感器、水位传感器、雨量计、摄像头、遥测终端机、通信模块、供电系统等组成。装置集数据采集、传输和监控功能于一体，采用智能化自适应及其数字滤波软件，能实时完成土壤含水量、地下水位、地表水位、降雨量、现场图片等数据采集、处理、存储、远程传输及控制等功能。

3. 技术特点

（1）该装置可实时监测多种涝渍相关参数，监测精度高，安装及使用简单，模块化组件集成度高，野外无人值守，长期稳定运行。

（2）采用时域反射法（TDR）的墒情传感器来测定土壤含水量；采用磁致伸缩传感器监测地表水、地下水水位；采用翻斗式雨量计监测实时雨量；采用高清摄像头采集现场图像。

（3）遥测终端机显示并存储墒情、水位、降雨数据，可远程下载或本地下载。

（4）通信采用超短波、4G/5G、北斗卫星等多种方式。

技术指标

（1）工作电源：12V±30% DC。

（2）工作环境：温度−20～60℃，湿度≤95%Rh。

（3）静态功耗：＜2mA（最小系统）；工作功耗：＜70mA。

（4）MTBF（平均无故障时间）：≥25000h。

（5）系统低功耗运行：太阳能电池配置抗连阴雨能力大于30d。

（6）传感器接口类型：RS232，RS485，并行口开关量，开关量，脉冲量，模拟量。

（7）其他接口类型：SPI接口，I2C总线。

（8）墒情测量量程：0～60%（体积含水率）；墒情测量精度：田间土壤绝对误差±2%。

（9）水位分辨力：1mm；测值精度：±0.2cm（2m量程）。

（10）雨量分辨率：0.5mm。

应用范围及前景

适用于涝渍监测、农田水利、防旱减灾预警、土壤墒情等。

该装置已经在安徽、湖北等多地开展了实际应用，自投入使用以来，运行稳定可靠，测验精度符合国家技术标准要求，监测数据为有关部门在制定涝渍灾害防治规划和措施等工作中提供参考。

技术名称：一体化多要素涝渍灾害监测装置
持有单位：水利部南京水利水文自动化研究所
联 系 人：郭丽丽
地　　址：江苏省南京市雨花台区中华门外铁心桥街95号
电　　话：025-52898408
手　　机：15295512335
传　　真：025-52891891
E-mail：guolili@nsy.com.cn

31 长江防洪预报调度系统

持有单位

长江水利委员会水文局

汉江水利水电（集团）有限责任公司

技术简介

1. 技术来源

自主研发。

2. 技术原理

长江防洪预报调度系统旨在结合长江流域洪水预报调度相关研究成果，利用现有水文气象预报技术手段， 建设预报调度模型库和调度规则库，研究基于流域地图的信息融合展示与实时检索分析技术，以及适应多阻断条件下的水文气象耦合和预报调度一体化技术，实现历史洪水、实时雨水情、工情、预报成果、实时调度方案等多元信息的融合展示与检索分析，并实现基于河流水系拓扑结构的预报调度一体化计算、来水量快速匡算以及实时调度方案生成。

3. 技术特点

（1）长江防洪预报调度系统采用“需求为引擎，业务为向导”的设计理念，以“数据服务共享”为基础，以“实用模型库创建”为支柱，以“开放式平台架构＋微服务链”为纽带，创建了可组装、共享及可持续、积累式发展的洪水预报调度服务平台。

（2）系统不仅实现洪水预报、防洪调度两大业务海量数据的快速处理、共享与分析，还提升了洪水预报调度方案的在线编辑能力以及泛在化服务能力，满足水雨情在线监视、洪水实时预报调度、防洪形势动态分析及洪水演进多层级模拟等复杂需求，为流域防洪调度提供科学的决策支持。

技术指标

（1）系统为B/S结构的大型专业化信息系统，为了便于系统推广使用，系统客户端硬件配置为普通计算机（一般电脑都能满足），服务器端硬件配置为普通商用服务器。

（2）长江防洪预报调度系统采用微服务架构设计，包括实时监视、洪水预报、调度方案生成、水雨情查询、气象信息检索、水雨情报表制作、专题分析、数据管理、成果管理及系统管理等功能类。

（3）系统采用的算法在数据精度与运算效率上都合软件设计需求，通过了功能性与非功能性测试。

应用范围及前景

适用于水雨情实时监视、洪水预报、水量预测、水库调洪演算、水库群联合防洪调度、实时调度方案编制、洪水调度演练。

系统具有自主知识产权，投入使用的最早时间为2016年5月，应用工程总数为3套，分别为长江防洪预报调度系统、金沙江中游防洪预报调度系统和汉江水资源调度系统，最大限度减少了洪灾损失。

技术名称：长江防洪预报调度系统
持有单位：长江水利委员会水文局、汉江水利水电（集团）有限责任公司
联 系 人：陈瑜彬
地　　址：湖北省武汉市解放大道 1863 号长江委水文局预报中心
电　　话：027-82927539
手　　机：13554510897
传　　真：027-82820172
E-mail：chenyb@cjh.com.cn

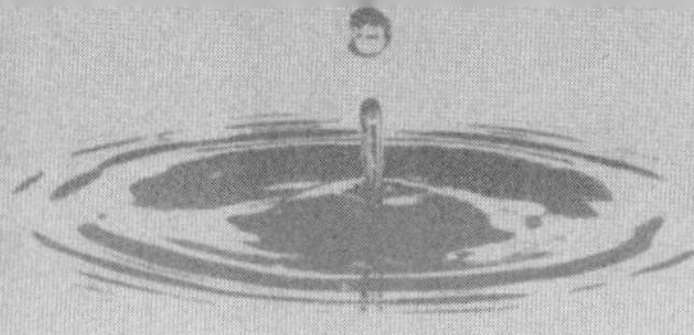

32　山区小流域暴雨洪水监测预警系统

持有单位

长江水利委员会长江科学院

中国科学院上海微系统与信息技术研究所

技术简介

1. 技术来源

国家重点研发计划“重大自然灾害监测预警与防范”专项“山洪灾害监测预警关键技术与集成示范（2017YFC1502500）。

2. 技术原理

研发了集微纳感知与智能识别于一体的暴雨型山洪灾害致灾多要素低功耗监测设备（NG-PS-101 型降雨土壤水分微感知计、NG-HF-201 型水文多要素微感知仪），发展适用于极端暴雨气候与复杂山区环境条件的山洪灾害监测预警信息应急实时传输技术，开发致灾山洪实时动态多指标预警模块，为精细化监测预警系统平台构建提供基础。

3. 技术特点

（1）针对山区暴雨洪水要素监测轻量化、模块化、集成化需求，及动态变化、多源多维、耦合度低等特点，研发了集要素感知、信息融合、无线传输、规模组网于一体的微感知设备集成技术。

（2）山洪多要素监测广域自组网及自适应多模数据链传输技术，实现复杂山区环境山洪数据自采集、自存储、稳定传输。

（3）基于云边协同框架的分层融合处理技术，实现海量、复杂暴雨山洪多要素多源数据处理。

（4）基于山洪灾害多源监测数据同化、深度融合、分层处理技术，构建自采集、自传输、自处理和自储存的精细化暴雨山洪灾害监测预警系统。

技术指标

（1）雨量：≥0.01mm 雨量连续监测，间隔 6min 累计雨量输出、传输，指定信息接收、存储。

（2）土壤含水量：10% ~ 40%范围内土壤含水量连续监测。

（3）流速 0.050 ~ 5.000m/s 范围内流速连续监测；水位 50 ~ 900cm 水深范围内连续监测；含沙量 0 ~ 780mg/L。

应用范围及前景

适用于山洪多要素监测预警、预警指标复核率定、动态预警指标建立、山洪水文模型构建等应用场合。

案例 1：山洪灾害监测预警关键技术与集成示范项目。该项目在陕西岔巴沟流域共安装了 20 台降雨土壤水分微感知计，监测到汛期降雨、土壤水分数据，为山洪重点研发项目提供了技术和数据支撑。

案例 2：丹江口市山洪灾害防治项目。项目选取了丹江口市官山河流域作为研究区域，布设了 10 台降雨土壤水分微感知计，准确观测到汛期流域范围内雨量的点、面特性，以及山区降雨时空变异性。

案例 3：湖北拓界地质环境工程公司山洪下垫面要素提取解译项目。该项目为横向市场合作项目，开展下垫面要素，如降雨、径流等要素监测。

技术名称：山区小流域暴雨洪水监测预警系统

持有单位：长江水利委员会长江科学院、中国科学院上海微系统与信息技术研究所
联 系 人：陈群山
地　　址：湖北省武汉市江岸区黄浦大街 23 号
电　　话：027-82829430
传　　真：027-82829781
E-mail：qunshan_chen@163.com

33 河道工程坝岸险情监测预警报警系统

持有单位

河南黄河河务局信息中心

技术简介

1. 技术来源

自主研发。

2. 技术原理

该系统通过在护坡石上安置传感器的方式监测水下根石状态，水下根石走失后传感器断开，并发出告警信息，对堤坝出险起到预警作用。内置倾斜仪可实现多角度倾斜报警，当坝坡根石发生位移变化或坍塌时监测器即发出报警，避免误报、漏报。便携装置便于运输、组建和拆卸迅速。值班人员通过智能告警平台可以快速、准确地掌握根石告警信息和实时情况，保证出现险情时第一时间做出应急反应。

3. 技术特点

（1）感知部分：包括水上传感设备和水下传感设备。水下传感器，检测信号采取有线方式传输，对堤坝出险起到预警作用。水上传感器，称为“智能石头”，包括四个角度传感器和自主研发的一颗芯片，实现告警功能。

（2）传输部分：传感器感知信号通过有线或无线传出后，将数据送入编码器，选择通道进行编码后，送入多通道发信机（占用一个信道），发送至对应开关量控制板，再由专网送入系统服务器。

（3）决策支持部分分为两种：第一种为 PC 端版本，采用 C/S 结构，用于防汛决策指挥；第二种为 App 版本，置于查险人员手机中。

技术指标

（1）坝岸坍塌检测无线终端设备整机功耗小，静态（待机）工作电流 3.1μA≤5.1μA；发射状态（报警时长 1.5s）50mA，电池约用 10 个月以上。

（2）具有工作状态自检报时功能，设定可以每周上报一次定时时钟（心跳），表明设备通道、终端设备工作正常，不会因设备故障无法正常工作漏报险情。

应用范围及前景

适用于黄河一线堤坝巡防河道工程，主要保证黄河防汛抢险、救护和日常水文信息监控。

案例：开封黑下延控导工程。2020 年在开封黑岗口下延控导工程（4—9 坝）实施部署，实验项目试运行期间正值黄河调水调沙，黄河下泄流量在 $4000m^3/s$ 左右，不管是自然因素还是人为抢险因素，只要是在项目监控范围内的护坡石松动或下折，系统都能及时向工程班一线人员传递了险情信息。

技术名称：河道工程坝岸险情监测预警报警系统
持有单位：河南黄河河务局信息中心
联 系 人：王琴
地　　址：河南省郑州市金水区顺河路 9 号
电　　话：0371-69556091
手　　机：13673991673
传　　真：0371-69556030
E-mail：wangqin0919@qq.com

34 车载式堤防健康智能巡检技术

持有单位

黄河水利委员会黄河水利科学研究院

技术简介

1. 技术来源

国家计划。

2. 技术原理

车载式堤防健康智能巡检技术是一套模块化的数据采集平台，集成了高密度电法、探地雷达、瑞雷面波法等仪器和设备，并搭载了数据分析和处理系统，由一辆特别改装的汽车底盘和各种数据采集子系统组成，子系统主要包括道路几何参数测量系统、GPS全球定位系统、激光线扫描测量定位系统、车载探地雷达系统、车载高密度电法系统、车载地震面波系统、数据后处理系统、全景摄像系统等。

3. 技术特点

（1）高密度电法采用自主专利技术（发明专利：一种直流电阻率成像设备及其分布式测站）进行数据采集。采集设备采用了分布式和集中式混合的组成方案，保证了整套设备的可扩展性，提高了测量工作效率。

（2）探地雷达法采用自主研发的“探地雷达数据处理系统”，该系统结合主流的数字信号处理方法，利用了MATLAB强大的矩阵运算能力，在数据批处理、滤波分析、时频分析、复信号分析等方面提高了数据处理的速度和精度。

（3）面波勘探法通过求取瑞雷波频散曲线反演堤防内部结构形态，采用自主专利技术（发明专利：一种大能量智能可控震源）作为震源装置，发射球作为能量传递的介质，能够加大激发强度，增强激发效果。

（4）车载式堤防健康智能巡检技术集成了高密度电法、探地雷达、瑞雷面波法等仪器和设备，实现了多种物探方法的相互验证。

技术指标

（1）高密度电法数据采集设备包括主机、若干个分布式测站和主缆，采用了分布式和集中式混合的组成方案。

（2）探地雷达法利用高频电磁波脉冲的反射探测堤防隐患，天线频率范围100MHz、400MHz、900MHz、1.5GHz；测量范围0～8000ns，扫描速率最高可达300线/s，扫描样点数256/512/1024。数据处理采用自主研发的“探地雷达数据处理系统”。

（3）工程地震仪道数为12道、24道，采样点数512～8192样点，频率响应0.5～2000Hz。采用自主专利技术作为震源装置。

应用范围及前景

适用于堤防工程质量检测、大坝质量检测、公路工程质量检测等。

车载式堤防健康智能巡检技术集成了高密度电法、探地雷达、瑞雷面波法等仪器和设备，并搭载了数据分析和处理系统，已在“白龟山水库顺河坝安全隐患探测与局部处理”“长江干流无为大堤白玉池段堤防”“沁河留村段堤防”等工程检测中得到成功应用，应用效果良好；采用该技术能有效探测堤防不均匀区域、不密实区域和渗漏区域等隐患，为堤防工程安全管理提供了重要技术支撑。

技术名称：车载式堤防健康智能巡检技术
持有单位：黄河水利委员会黄河水利科学研究院
联 系 人：张清明
地　　址：河南省郑州市顺河路45号
电　　话：037166028521
手　　机：15981863892
E-mail：zhangqingming312@126.com

35 山洪灾害防治学校预警系统关键技术

持有单位

安徽省（水利部淮河水利委员会）水利科学研究院

技术简介

1. 技术来源

自主研发。

2. 技术原理

该技术在对山洪灾害防治区中小学校进行调研分析基础上，集预警信息发布、灾害知识宣传、应急预案管理及学校日常应用等多项功能于一体，当达到预警条件时，可实现现场大屏显示、声光报警、短信提示等多种方式进行山洪预警，同时在现场大屏上对转移路线图和转移方案进行直观展示，指引学校人员在山洪来临前进行快速有效转移。

3. 技术特点

（1）研制的多功能于一体的山洪灾害防治学校预警系统，主要由学校预警支撑平台、远程控制终端（SRCU）以及远程监控管理系统等组成，可以实现全方位、多层次、立体化的学校预警，以及故障科学智能诊断与处理等功能。

（2）系统运用云计算、大数据分析、“互联网＋”、手机 App 等先进技术，探索设计并研发了新型学校山洪灾害预警专用终端设备，开发了学校预警支撑平台，实现了对学校终端设备的集中管理和信息推送，设计开发了山洪灾害学校预警远程监控管理系统，实现了移动巡查、浏览、短信发送、二维码扫描等功能。

（3）基于多模式预警数据处理方法，创新研制了学校预警中控单元（SRCU），实现了多目标预警信息采集与处理。基于学校山洪区域进行外业、内业调查以及分析评价，并根据事件统计、同频率以及反推法，构建学校降雨阈值、成灾水位等预警指标体系，实现学校预警终端站多目标预警机制。

（4）山洪灾害防治学校预警管理的学校预警支撑平台，系统分县级管理平台软件和学校管理平台软件。

技术指标

（1）预警指标：成灾水位、雨量预警阈值。

（2）预警信息发布指标：实现每个站点发布预警水位、雨量等，达到站点发布率 100%。

（3）监控及时率指标：当中心平台发出召测命令时，需在 3min 内向中心平台返回现场显示大屏的实时图片信息。

（4）在线率指标：站点在线率达到 100%。

（5）通信协议指标：支持 GPRS 信道和山洪预警系统通信协议。

（6）接口指标：具有多路脉冲、状态、数字、模拟量接口，多路 RS232 和 RS485 智能接口，自动采集并传输各路传感器的数据。

应用范围及前景

适用于全国山洪灾害防治非工程措施建设项目、山洪易发的山丘区，以及小学校等公共环境。

技术名称：山洪灾害防治学校预警系统关键技术

持有单位：安徽省（水利部淮河水利委员会）水利科学研究院
联 系 人：方婧
地　　址：安徽省合肥市高新区红枫路 55 号
电　　话：0552-3060538
手　　机：18155280789
传　　真：0552-3060538
E-mail：345726525@qq.com

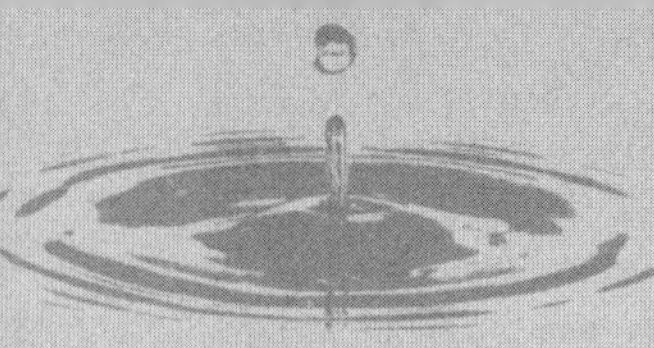

36 多功能组合式管涌渗水抢险一体化模袋

持有单位

安徽省（水利部淮河水利委员会）水利科学研究院（安徽省水利工程质量检测中心站）

安徽睿龙水利科技有限公司

技术简介

1. 技术来源

发明专利：ZL201510692115.6，ZL201520823303.3。

2. 技术原理

多功能组合式管涌渗水抢险一体化模袋，基于传统渗流理论设计，集成反滤土工布和天然砂石料优势，利用反滤土工布柔性、透水均匀、易加工，粗砂和石子级配好、透水等特性，工厂化筛选操作，制成一体化反滤模袋，单个重20kg左右，解决了传统抢险材料笨重难以运输，反滤级配现场难以掌握，尤其大面积管涌出险，堤身结合部或混凝土结合部易再次出险，抢险困难等险情。

3. 技术特点

（1）管涌渗水抢险一体化反滤土工布模袋，单个外观尺寸720mm×360mm×50mm（长×宽×高），相互独立的三层模袋为一个抢险单元，模袋间通过裙边相互重叠搭接，可大面积铺设用于管涌整体抢险。上层和中间层模袋，压重并导出渗水；最下层模袋，直接覆盖于管涌出险部位，防止堵塞并降低渗透压力。

（2）作为一体化反滤垫层，用于混凝土砌块和石护垫层，整体性好、均匀、垫层不流失，稳定耐久。

（3）多功能自适应球体模袋岸坡防护技术：直径300mm左右球体（视流速情况加大），内置碎石或水泥土（人工稳固石），柔性模袋自动适应河道岸坡冲坑，并形成保护层，保护岸坡稳定。

技术指标

（1）重量：20kg；平面尺寸：720mm×360mm×50mm；等效孔径：O_{90}=0.07mm。

（2）抗拉强度：纵向33.4kN/m，横向30.2kN/m；撕裂强度：纵向2.76kN，横向2.56kN。

（3）能较好导出渗水，保护土体。

应用范围及前景

多功能组合式管涌渗水抢险一体化模袋适用于河道堤防管涌、渗水、堵漏、护岸等工程抢险；块石及混凝土砌体一体化反滤垫层用于岸坡防护；球体模袋适用于河道堤防岸坡防护、桥墩防护等工程。

案例1：该产品2020年汛期（7月、8月）已用于安徽省阜南县（800m^2）淮河、洪河，2019年江苏沭阳县（1500m^2）新沂河、淮沭河防洪抢险，成功控制管涌抢险。

案例2：混凝土砌块一体化模垫层，2017年用于淮河治理骨干工程方邱湖段长淮卫排涝涵洞上下游护坡，节约砂石料约50%，施工便捷，不受风雨影响，并由安徽水安集团成功申报施工工法。

技术名称：多功能组合式管涌渗水抢险一体化模袋
持有单位：安徽省（水利部淮河水利委员会）水利科学研究院（安徽省水利工程质量检测中心站）、安徽睿龙水利科技有限公司
联 系 人：朱士彬
地　　址：安徽省蚌埠市治淮路771号
电　　话：0552-3074738
手　　机：13505525867；15056376727
传　　真：0552-3074738
E-mail：zyxskytgs@sina.com；503396819@qq.com

37 多源传感器大坝边坡稳定性监测预警技术

持有单位

中国大坝工程学会
中国水利水电科学研究院
内蒙古工业大学
内蒙古方向图科技有限公司

技术简介

1. 技术来源

自主研发。

2. 技术原理

“多源传感器大坝边坡稳定性监测预警技术”基于合成孔径雷达（SAR）、干涉/差分干涉雷达（InSAR/DInSAR）技术，通过空间扫描，获取高分辨率雷达图像；通过时间积累，获得序列雷达图像；通过干涉处理，获取形变位移信息。

3. 技术特点

（1）全天时、全天候：不受气候条件与外部环境影响，能够进行24h不间断性监测。

（2）非接触、大范围：采用非接触式遥感监测，无需部署合作目标既能实施面监测，提供全场微变形视野，最大监测范围超过10km^2。

（3）高精度、真三维：能够对观测区域进行三维立体重建、亚毫米级边坡位移监测精度，清晰表征被监测区域的微小形变与动态变化过程。

（4）自动化、一体化：多源传感器一体化监测，多源数据高精度融合，形变分析与分析报告全程自动化生成，并能实现自动报警、滑坡时间与强度预测。

技术指标

（1）构建地基干涉雷达监测、预警和数据处理一体化平台。

（2）观测距离5km，形变位移监测精度0.1mm，采集周期1～10min。

（3）实现了大坝边坡滑坡空间、时间与强度预警，滑坡监测区域定位精度优于1m。

应用范围及前景

适用于重大工程设施表面位移、沉降、倾斜的稳定性监测，以及水利工程大坝坝体建设、使用、维护过程的稳定性监测。

云南省昭通市鲁甸县在2014年8月3日发生了6.5级地震，形成堰塞湖及两岸边坡堰塞体，长度约910m，高约103m，危险等级较高。边坡的不稳定性直接影响到施工安全。该技术针对堰塞湖边坡中的重点区域进行长期观测，获取并提供边坡微形变信息，辅助施工单位进行生产安全监测。共监测18个月，获取形变图像40000余幅，对滑坡事件预警两次，为安全生产提供了重要的数据依据和安全保障。

技术名称：多源传感器大坝边坡稳定性监测预警技术
持有单位：中国大坝工程学会、中国水利水电科学研究院、内蒙古工业大学、内蒙古方向图科技有限公司
联 系 人：雷添杰
地　　址：北京市复兴路甲1号
电　　话：010-68585310
手　　机：15120098723
传　　真：010-68785106
E-mail：leitj@iwhr.com

38 大坝高边坡稳定性天空地一体化监测云平台

持有单位

中国大坝工程学会

中国水利水电科学研究院

内蒙古工业大学

内蒙古方向图科技有限公司

技术简介

1. 技术来源

省部计划，自主研发。

2. 技术原理

该平台综合大坝高边坡形变测量数据、气象、水文、地形、地质条件和结构等多源测量数据，构建基于“主服务器＋块服务器”的分布式服务器存储系统和基于对象的分布存储大规模结构化数据管理技术。通过虚拟化技术实现软件应用与底层硬件的隔离，构建大坝高边坡形变数据随机森林模型，通过分布式运算实现大坝高边坡质点位移趋势分析，通过等值线快速划分实现大坝高边坡风险区域识别，通过点-线-面一体化分析实现大坝高边坡质点位移趋势预测。

3. 技术特点

（1）云平台支持海量数据存储、管理、处理与分析，支持分布式监测点扩展与多节点部署，具备高效数据处理、运算与分析。

（2）云平台支持多尺度的大坝高边坡形变监测，能够实现观测区域日-周-月等不同时间尺度的高精度预警，表面-深度-范围等不同空间尺度的多层次预警，以及点-线-面等不同表征尺度的多维度预警。

（3）云平台支持大坝高边坡风险区域的数量及危险程度区分，以及边坡质点及重要部位的形变趋势实时监测，支持多层次、多维度交叉信息验证，确保预警信息的准确性和鲁棒性。

（4）云平台支持多维预警元数据编目、自动化生产，预警信息发布、预警日报/周报/月报自动上报，支持声光电笛，以及邮件短信等多种形式报警服务。

技术指标

（1）支持部署方式：大规模处理中心、单机处理，可根据软件和数据接口，接入上级部门。

（2）支持的数据源种类：微变监测雷达、GPS（或北斗）、全站仪、雨量计、应力沉降仪、水准仪、测斜仪、卫星数据、光学遥感卫星数据、雷达遥感卫星数据和相关机构的测量数据及数据接入。

（3）支持的预报预警模式：综合监测数据、有关地质和地理基础信息等因素，从不同空间和时间尺度上进行预警预报。支持的监测信息输出整饰工具不少于5种。

应用范围及前景

适用于表面位移、沉降、倾斜形变预警，大坝坝体建设、使用、维护过程形变预警，排土场、采场、尾矿库形变预警，高陡边坡、危岩体、滑坡和护坡沉降等预警。

该技术已成功应用于云南牛栏江堰塞湖整治工程，施工期对滑坡事件预警两次，收集了大坝高边坡形变数据，完成了形变监测预警工作，保障了施工安全。

技术名称：大坝高边坡稳定性天空地一体化监测云平台

持有单位：中国大坝工程学会、中国水利水电科学研究院、内蒙古工业大学、内蒙古方向图科技有限公司

联 系 人：雷添杰
地　　址：北京市复兴路甲1号
电　　话：010-68585310
手　　机：15120098723
传　　真：010-68785106
E-mail：leitj@iwhr.com

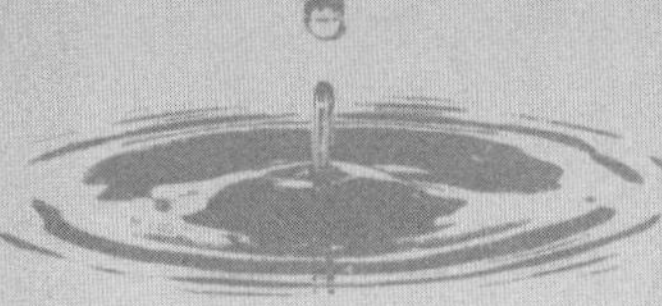

39 基于一维水动力学的河道行洪能力分析及特征水位确定技术

持有单位

大连理工大学

技术简介

1. 技术来源

自主研发。

2. 技术原理

技术核心为一维水动力学模型，模型构建以圣维南方程组作为理论基础，水动力学模型的微分方程一维明渠非恒定流方程，即圣维南(Saint-Venant)方程组。河道行洪能力的评估中涉及河道堤防安全超高问题，因此根据GB 50286—2013《堤防工程设计规范》中的方法对河道堤防的安全超高进行计算。该方法中涉及的风速等参数都需要根据研究区域实地多年测量数据而确定。

3. 技术特点

该技术利用河道的断面测量资料构建一维水动力学模型，实现河道水流的高精度演进模拟计算，以此为基础综合考虑河道堤防防洪能力，确定河道行洪能力。

技术指标

（1）该方法中涉及的风速等参数都需要根据研究区域实地多年测量数据而确定。

（2）构建的一维水动力学模型模拟洪水演进结果的最高水位与实际值相差不超过0.2m。

（3）模型模拟水流演进过程与实际情况高度一致，水流最高峰出现时间与实际情况高度一致。

（4）结合人民群众居住地情况，针对易受灾地段，明确河道防洪薄弱点。

（5）明确河道特征水位观测点，通过观测点水位能够掌握整个河道水位动态过程。

（6）针对河道左右岸实际情况分别明确河道各河段的左右岸行洪能力。

应用范围及前景

适用于具有实测断面资料的大中小型河流的河道的行洪能力分析。

该技术已成功在辽宁省河道行洪能力项目中进行推广应用，投入使用最早使用时间为2020年10月。辽宁省对应用的8条河道的各项功能以及计算结果正确性进行了多轮地测试和检查。测试和检查结果表明，各项设计功能均能够正常使用且计算结果正确，符合既定要求，用户反馈良好。通过明确各河流的行洪能力为防洪工作提供了技术支撑。

案例：英那河水库下游河道泄洪能力分析及防汛特征水位确定（2020年）。英那河水库下游河道经过多年冲刷、淤积，使河道断面形态发生明显变化，英那河的河道行洪能力不明确。利用该技术对英那河水库下游河道进行了一维水动力学模型的构建，随后对设计洪水演进情况进行模拟分析，确定了5处英那河水库下游河道特征水位观测点及下游河道防汛特征水位，以此为英那河水库防洪调度以及下游河道洪水管理提供了技术支持。

技术名称：基于一维水动力学的河道行洪能力分析及特征水位确定技术
持有单位：大连理工大学
联 系 人：叶磊
地　　址：辽宁省大连市甘井子区凌工路2号大连理工大学综合实验4号楼411
电　　话：0411-84707054
手　　机：18041114052
传　　真：0411-84707054
E-mail：yelei@dlut.edu.cn

40 耦合电子水尺和智能显示的内涝实时监测预警装置

持有单位

北京市水科学技术研究院

技术简介

1. 技术来源

自主研发。近年来，中心城区低洼区域汛期积水现象频发，特别是环路下凹式立交桥区积水，造成了严重的经济损失和交通安全隐患。

2. 技术原理

该装置通过电子水尺监测路面积水深度，通过 LED 信息屏显示积水深度和警示信息，可根据不同现场条件灵活调整有线或无线信息传输方式、市电或太阳能供电方式，整体技术方案构建了城市道路积水实时监测、警示、传输等全过程系统，通过数据中心和监控系统建设可实现多积水点总体管控。装置主要包括电子水尺、LED 显示屏、远程终端单元 RTU 和太阳能电池板。

3. 技术特点

装置通信模块兼容移动通信、物联网等现代数据传输技术，传感装置具有较强的容错纠错能力，具备太阳能、锂电池和市电等多电源切换功能，安全保障率高。用较小的经济投入解决积水监测和现场警示问题，有利于降低内涝积水安全隐患。

技术指标

（1）太阳能电池板。单晶硅太阳能电池组件，工作及保存温度－40～＋60℃；最大工作电压 17V；开路电压：21V；功率：40W；锂电池容量：24Ah。

（2）远程终端单元 RTU。供电范围：9～24VDC；功耗：运行功耗＜280mA；网络频段：2G/3G/4G 频段支持；接口：RS485 接口；工作温度：－20～＋70℃；存储温度：－40～＋85℃。

（3）LED 显示屏外框防雨；显示积水深度和警示信息；工作环境温度－20～＋60℃。

（4）电子水尺。精度：1cm；供电方式：DC7V～17V；传输方式：RS485；功耗：静态功耗＜2mA，最大功耗小于 20mA；工作环境温度－20～＋70℃。

应用范围及前景

适用于城市下凹桥区内涝积水监测与实时预警，也适用于其他有积水监测与预警需求的道路、广场、小区等区域。

案例：清河滨河道路下凹桥区积水监测预警。清河滨河道路两侧建有多处道路下凹桥，遇汛期降雨极易形成下凹桥区积水，影响道路通行和人员安全。由北京市水科学技术研究院研发了“一种积水实时监测预警装置”，在清河滨河道路立水桥区进行了示范应用。2020 年 8 月 12 日 22—24 时，北京市清河流域普降暴雨，平均雨量为 110mm，河道洪水漫溢至立水桥滨河路下凹桥，最大积水深度 0.95m。内涝实时监测警示装置实时监测并准确显示，对来往下凹桥区的车辆、人员起到警示作用，系统得到了道路管理单位和过往车辆司机等的高度评价。

技术名称：耦合电子水尺和智能显示的内涝实时监测预警装置
持有单位：北京市水科学技术研究院
联 系 人：黄俊雄
地　　址：北京市海淀区车公庄西路 21 号
电　　话：010-68731700
手　　机：13811435865
传　　真：010-88423808
E-mail：hjx@bwsti.com

41 凌天水上遥控机器人

持有单位

北京凌天智能装备集团股份有限公司

技术简介

1. 技术来源

自主研发。

2. 技术原理

该产品是一种自带动力系统的可遥控救生艇，本体为A型设计，装有提供动力的推进器电池和动力控制系统，另有控制推进器工作的遥控器和接收装置，遥控器通过无线信号控制推进器工作，可以任意放置于水上，进行移动使用。集成GPS/北斗双定位、高亮度警示灯、4G/5G视频传输、自主修正航向、失联自动返航，人体检测功能，指南针功能，搭载水域测量设备进行水域测量、河道断面测量，是典型的内河水下测绘、表面流速测量、海流定点监测、应急流速测量的技术集成。

3. 技术特点

（1）行进阻力小：设计的新型救生圈采用A型结构设计。

（2）抓附摩擦力大：采用了搪塑材料，触感柔软，在A字的横杠外侧有多个把手便于抓扶。

（3）自动调节浮力大小：A字下端两侧内侧都装上了气垫。

（4）水面自扶正功能，无人船具有自扶正功能，确保在激流或大浪环境下水面遥控机器人被打翻后快速自扶正。

技术指标

（1）船体长度1353mm 船体宽度422mm 船体高度333mm ；产品质量（含电池）：17.98kg；空载最大速度45km/h；最大浮力152kg（含配件）。

（2）以10km/h速度行驶可持续60min；可在水面上拖拽303kg重物；完全倾覆后自扶正时间0.7s；遥控距离4500m。

（3）在低电量报警状态下20min充满电量；防护等级IP68。

应用范围及前景

适用于水域应急救援场景搭载救援人员快速靠近落水人员进行施救，适用于内陆水域测量、河道断面测量。

水上救援遥控机器人率先应用于国家安全生产应急救援中心西部地区特别重大灾害事故救援指挥装备储备建设项目、和北京市消防救援总队2020年部局中国救援队装备建设项目等10余个项目中，总计应用27套水上遥控机器人。2021年7月河南洪涝灾害救灾工作中，北京凌天智能装备集团调集自研的水上救援无人船、大型充气救援运输船、自扶正激流救生艇专门针对洪涝巨灾救援前往河南新乡、卫辉等受灾最严重的区域进行救援，据不完全统计帮助转移群众3000余人，在抢险救援中发挥了重要作用。

技术名称：凌天水上遥控机器人
持有单位：北京凌天智能装备集团股份有限公司
联 系 人：常善强
地　　址：北京市通州区中关村科技园区通州园金桥科技产业基地景盛南二街25号20号楼B
电　　话：010-57621295
手　　机：18600218343
传　　真：010-57621295
E-mail：18600218343@163.com

42 水陆两栖全地形车

持有单位

浙江西贝虎特种车辆股份有限公司

技术简介

1. 技术来源

自主研发。

2. 技术原理

该车采用全轮驱动、差速制动转向、链条传动、无级变速、全密封车体设计，具有爬坡、原地转向、陆地高速行驶及±40℃超常规环境下正常启动并连续长时间作业的能力，并能在山地、水上、雪地、沼泽等各种复杂地形中穿梭自如。

3. 技术特点

（1）西贝虎水陆两栖全地形车是国内自主研发、生产的水陆两栖全地形车，兼具车和船的功能，克服了一般交通工具受地形限制的缺陷，具备机动灵活的超强通过性能。

（2）车辆采用8×8、6×6全轮驱动、履带驱动、差速制动转向、链条传动、无级变速、全密封车体、水上螺旋桨推进设计，具有32°~45°爬坡、原地360°转向、45~70km/h陆地高速行驶及超常规环境下正常启动并连续长时间作业的能力，并能在湖泊、山丘、森林、沼泽、沙漠、雪地等各种复杂地形中穿梭自如。

技术指标

（1）发动机：立式、三/四缸、水冷、四冲程、直列顶置双凸轮轴、汽油发动机，马力52/70HP。

（2）驱动系统：机械式四挡变速＋单差速。

（3）载客人数：陆地6人，水上4人。

（4）陆地驱动方式：8轮全轮驱动。

（5）水上驱动方式：内置轴流喷泵。

应用范围及前景

适用于水上、山丘、沼泽、森林、沙漠等各种恶劣地形行驶及超常规温度环境下连续作业；能满足抢险救灾、水上营救、治安防暴等领域的各类特殊作业需要。

产品最早投入使用时间为2008年，用于四川汶川地震救援。随着社会对水陆两栖车的认知和需求增强，以及产品功能多样化、科技化程度提高，西贝虎水陆两栖全地形车被广泛应用于各种应急救援领域。

案例：2021年7月21日，“浙江西贝”安排了3辆西贝虎水陆两栖全地形车前往河南郑州协助救援，一组前往郑州白沙镇、新乡实行救援，另一组前往周口贾鲁河协助抢修堤坝。此次救援活动共解救人员500人左右，运送防汛抢险人员1000余人次，输送大量防汛物资和食物，体现了“浙江西贝”投身公益的大爱精神。

技术名称：水陆两栖全地形车
持有单位：浙江西贝虎特种车辆股份有限公司
联 系 人：刘林
地　　址：浙江省义乌市机场路629号
电　　话：0579-85524777
手　　机：15267978813
传　　真：0579-85421922
E-mail：office@chinaxbh.com

43 洪水风险分析及预警服务云平台

持有单位

宁波弘泰水利信息科技有限公司

技术简介

1. 技术来源

自主研发。

2. 技术原理

平台依托流域水文模型、水库洪水预报调度模型、潮位预报模型、河网水动力模型等技术，综合考虑水库、闸泵等工程调度条件，高效集成山区洪水、平原涝水、外海潮位预报技术，构建了城市洪水预报模型，包括：采用水文学方法建立上游山区性洪水预报模型，模拟山区洪水产汇流过程；采用水力学方法建立中游平原复杂河网水动力模型，同时构建城市雨水管网-河道、河道-湖泊、河道-陆域、河道-闸泵-河道等多种洪涝水交互计算模块；采用调和分析法建立下游河口潮位预报模型，并运用多因子台风信息智能关联技术预测潮位和台风增水。将上述各模型系统集成，形成集山区洪水、平原涝水、外海潮位为一体的城市洪水预报模型。

3. 技术特点

（1）暴雨前期利用台风等气象预报信息，对城市洪涝风险整体形式初步预判，重点防控山区洪水风险，提出水库、河网等预泄方案；暴雨中期利用实时水、雨、工情和短临、短期气象预报信息，对城市洪涝风险精确预判，并优化相应调度方案，明确风险区域与对象，服务抢险工作部署；暴雨后期根据实时水、雨、工情信息，精确预判洪涝灾情持续时间，服务救灾工作部署。

（2）通过暴雨前、中、后“三阶段”动态预判作业模式，可合理利用不同时空尺度气象预报信息和实时水、雨、工情信息，指导洪涝风险预判工作有序开展，满足不同防汛阶段决策需求。

技术指标

（1）系统 GIS 地图响应速度＜5s，复杂报表响应速度＜5s，一般查询响应速度＜3s。

（2）并发用户数 50 用户，在线用户数 300。

（3）洪水计算与实测的最大流量相对误差≤20%，峰现时间误差≤2h，淹没范围误差≤5%，区域最大淹没水深误差≤0.2m，总体精度高于 70%。

应用范围及前景

适用于防汛减灾、流域规划、水利信息化等相关领域，提供专业的模型方法，为指挥调度决策提供支撑。

洪水风险分析及预警服务云平台技术成果已在宁波市水利局、象山县水利和渔业局、慈溪市水利局、北仑区北仑区农业农村局、宁海县水利局、永嘉县水利局、金华市防办、临沂市城市排水维护管理处等多家企事业单位得到广泛应用，推广应用工程 9 例，取得社会效益经济效益显著。

技术名称：洪水风险分析及预警服务云平台
持有单位：宁波弘泰水利信息科技有限公司
联 系 人：王璠
地　　址：浙江省宁波市江北区同济路 227 号盛悦大厦 17～19 楼
电　　话：0574-87876503
手　　机：18258734394
E-mail：495210289@qq.com

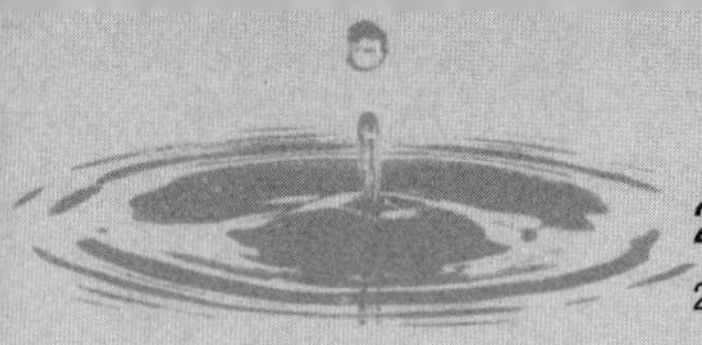

44　桑尼气囊支撑坝（气盾坝）

持有单位

烟台桑尼橡胶有限公司

技术简介

1. 技术来源

自主研发。

2. 技术原理

该气盾坝以空气为介质充胀气囊进行控制，气囊充气支撑盾板挡水，气囊排气后塌坝，过水高度和运行状态持续可控。气盾坝主要包括挡水盾板、气囊、软连接、铰链接、控制系统（气动和电动）以及锚固系统等部件。

3. 技术特点

（1）安全特性：气囊由多层尼龙、芳纶骨架材料及特种橡胶构成，外层材料采用耐候和耐臭氧老化性能优越的三元乙丙橡胶聚合物，埋件及充气管路可采用不锈钢等材料，盾板材质可为不锈钢或者Q345B等，采用热喷锌加封闭漆防腐，空气压缩站系统为优质知名品牌，在断电情况下，也可以手动放气实现闸门的倒伏安全泄洪。

（2）单跨长度可达160m，不受河道跨度的限制，且具备拦蓄，瀑布景观、控制水位、排污、排沙、高效泄水、通航等功能。

（3）气囊充排空气控制运行，高效节能，环保；安装简单，安装工期短，管理维护方便，运行成本极低；封闭式气囊形式，提高了气囊的气密性。

技术指标

（1）制造工艺：整体气囊，整体成型后采用一次硫化工艺制造；坝型：分为单气囊；双气囊；多气囊；锚固结构：采用螺栓压板式锚固；按锚固线可分为：单锚、双锚固线。

（2）设计坝高：0.5～8m；设计坝长：单跨5～160m，多跨不限；坝顶溢流高度：0.5～0.8m。

（3）充排系统：控制系统，PLC＋手动控制也实施计算机控制；充排设备：罗茨风机＋螺杆风机。

（4）充排时间：≥20min（根据气囊支撑坝控制程序要求确定）。

（5）气囊结构：骨架层采用尼龙及芳纶共混材料；覆盖胶料采用三元乙丙特种橡胶；气囊规格：长度：3～10m；厚度：单层10～18cm；双层20～38cm；气囊承压：设计工作压力0.07～0.2MPa；最大承载压力1.0～1.2MPa。

（6）适用温度：－50～＋65℃；设计寿命＞30年。

应用范围及前景

适用于河道治理、城市景观、农田灌溉、防旱排涝、水力发电等工程，也能满足现代水利工程生态化、景观化的要求。

现已应用于江西宜黄生态气囊支撑坝电站改造项目、甘肃张掖城市景观气盾坝工程等项目，累计已建桑尼气盾坝78座，广泛应用于河道治理、城市景观、农田灌溉、防旱排涝、水力发电等工程。

技术名称：桑尼气囊支撑坝（气盾坝）
持有单位：烟台桑尼橡胶有限公司
联 系 人：邹萍萍
地　　址：山东省栖霞市松山经济开发区
电　　话：0535-3379890
手　　机：18369379726
传　　真：0535-3379890
E－mail：pingping.zou@sunnyrubber.cn

45　山洪灾害监测预警平台

持有单位

新开普电子股份有限公司

技术简介

1. 技术来源

自主研发。

2. 技术原理

该平台利用物联网技术、无线通信技术和数据互联互通技术，结合大数据分析系统，实现水情、雨情的实时监测预警，为防汛指挥决策提供动态监测信息，进一步提升水利部门应对山洪灾害的预警防范能力。

3. 技术特点

（1）采用物联网技术，通过多通道的数据接入服务能够有效地保证采集数据的时效性，同时搭配多种预警模型，适用于单点预警也适用于多级联合预警，信息的查询与发布等应用系统采用B/S架构，信息汇集子系统采用的C/S架构，能够有效地打通数据和上下级的连通，实现数据上报和气象、水文站点数据的同步。

（2）完善县乡级防汛预报预警体系，建立雨情、水情、汛情、灾情预报预警体系和信息统一发布平台，及时发布监测预警信息，实现预警到乡、预案到村、责任到人。保证预报预警的及时性、准确性，做到突发洪水及时、科学、有效应对。

（3）整个系统架构采用集群部署，多服务之间互相解耦，通过消息中间件实现消息的顺利流转，同时多节点的应用部署保证了系统的安全稳定。

技术指标

（1）翻斗式雨量计。承雨口内径：ϕ200mm；降雨强度测量范围：0.01～4mm/min（允许通过最大雨强8mm/min）；翻斗计量误差：±4%。

（2）雷达水位计。量程：70m；压力：≤4MPa；测量精度：±3mm；显示分辨率：±1mm；工作温度：−40～+95℃；相对湿度：0～100%。

（3）软件系统具备自动或手动恢复措施，出现故障能及时报警，自动恢复时间<15min，手工恢复时间<12h。

（4）系统不间断连续工作：7×24h不间断工作；平均无故障时间：>8760h。

应用范围及前景

适用于山区的山洪灾害监测预警或平原区的农村基层防汛项目。

该系统最早于2018年在内蒙古自治区率先上线运行，随后在北京市、黑龙江省等21个区（县）陆续上线使用，系统整体运行平稳，水情、雨情数据正常采集上传，当地出现警情时监测预警平台会发出预警信息，提醒相关指挥人员做好抢险救灾工作准备，助力政府提升洪涝灾害预警防范能力，保障人民群众生命财产安全。

技术名称：山洪灾害监测预警平台
持有单位：新开普电子股份有限公司
联 系 人：冉卓
地　　址：河南省郑州市高新技术产业开发区迎春街18号
手　　机：13703907923
E-mail：362591121@qq.com

46 一种防汛用编织袋

持有单位

岳阳市鼎荣创新科技有限公司

技术简介

1. 技术来源

自主研发。

2. 技术原理

该产品是由聚丙烯材质本体袋、尼龙扎绳（又称锁口绳）和缝纫连接机构组成。在任一规格型号防汛编织袋主体一端开口处的位置设置有拉绳（尼龙）放置槽，放置槽沉编织袋主体，未封口一端部位环周长铺设，其扎紧绳须匹配于锁口处，设置于放置槽的内侧，组成第一和第二连接机构，使编织袋本体袋与放置槽，扎紧绳形成一个整体。使用时无须增加任何辅助性设备及工具，直接装入砂卵石、泥土等抗洪抢险物资。

3. 技术特点

（1）防汛编织袋研发设计，主要集中在防汛编织袋快速填装、锁固，产品解决了易装，易锁口，多灌快输送的现实问题。

（2）防汛用编织袋符合绿色环保，超越传统一般编织袋使用性能，综合性价比更优。

技术指标

（1）规格型号共有 8 种：100×55、95×55、95×50、85×55、85×50、75×50、70×50、65×40。

（2）不断裂抗老化，拉力≥110kN/m。

（3）输送抢险砂卵石、泥土，无须临时增加任何辅助性配套工具，直接将砂卵石、泥土输送速度提高 36.4%。

（4）载容积量增加 11.7%，减少防汛编织袋消耗量 27.3%。

（5）抢险过程中使用防汛编织装可节省人力资源 34.9%。

应用范围及前景

适用于各地防汛工作。

一种防汛用编织袋产品已推广至全国多个省市，已推广销售数量 2260 万条。销售面已覆盖全国的三分之一市场。产品分别销往湖南、湖北、广西、海南、安徽、江西等 10 多个省（自治区）水利、应急部门政府采购防汛物资储备。

技术名称：一种防汛用编织袋
持有单位：岳阳市鼎荣创新科技有限公司
联 系 人：徐跃初
地　　址：湖南省岳阳市岳阳楼区云梦路 372 号
电　　话：0730-8708093
手　　机：13907306916
传　　真：0730-8708063
E-mail：yueyanghengsheng@163.com

47 基于北斗卫星的山洪灾害监测系统

持有单位

国科星图（深圳）数字技术产业研发中心有限公司

技术简介

1. 技术来源

自主研发。

2. 技术原理

基于北斗卫星的山洪灾害监测系统由山洪监测预警时空大数据平台、综合信息管理系统、山洪监测预警系统、物联采集平台、公众号等组成，可实现水利业务协同运行和数据采集共享，同时可以根据洪水预测算法进行水位预测，结合城区倾斜模型和3D水面，在“一张图”中加以直观展现，提升山洪灾害监测预警能力。

3. 技术特点

（1）山洪监测预警时空大数据平台。基于三维数字地球技术开发，通过二、三维场景呈现范围内的影像、水系以及主要的信息点，实现测站分布、监测数据查看、数据分析、洪水动态推演、监控接入、专题数据的分析与呈现、预案管理、工程信息查询、预警发布、通讯录等功能。

（2）综合信息管理系统。综合信息是本次项目建设的数据信息基础，提供给用户根据实际情况管理数据的系统，包括：测站、通讯录、预案、报警阈值、工程信息、监控设备、用户权限等信息的管理。

（3）山洪监测预警系统。移动端系统应用，基于安卓平台开发，实现对监控目标进行实时监控、管理、查看和收发预警信息，为用户提供地理信息中当前所在位置、实时水情信息、实时雨情信息、工情信息、防汛资料、通讯录信息等内容。

（4）物联采集平台。由监测设备通过物联通信网络将监测的信息发送至物联采集平台，由平台进行数据接收、解析、转发、入库。采集的数据包括：水位、雨量、流量，以及相关水系和相关水位站的数据。

（5）基于北斗卫星进行定位。基于北斗卫星定位，协同物联网数据采集，采用洪水预测算法进行水位预测，计算及时正确，成果科技含量高。

技术指标

（1）标准配置。CPU：i5；内存：16GB；硬盘：SSD 硬盘 480G＋HDD 硬盘 1TB；网卡：100M/1000M；分辨率：最佳分辨率为 1920×1080。

（2）系统包括数据采集服务、业务系统、大数据展示平台。

（3）可根据洪水预测算法进行4h水位预测。

应用范围及前景

适用于应急与水利防汛管理。

基于北斗卫星的山洪灾害监测系统已在重庆綦江区落地建设，符合用户使用的各项指标，山洪监测预警系统实现了对监控目标进行实时监控、管理、查看和收发预警信息，使用方便快捷。

技术名称：基于北斗卫星的山洪灾害监测系统
持有单位：国科星图（深圳）数字技术产业研发中心有限公司
联 系 人：周郑奇
地　　址：广东省深圳市福田区香蜜湖街道竹林社区紫竹七道17号求是大厦西座1503-1506
电　　话：0755-83044377
手　　机：15989717657
传　　真：0755-83044377

48 高填方工程稳定分析与应用关键技术

持有单位

中国水利水电科学研究院

技术简介

1. 技术来源

国家计划。

2. 技术原理

该技术通过现场原位试验、室内试验研究、理论方法构建、数值模型编译等手段，深入研究土石混合料的强度特征、水弱化特性、基岩－基础接触面强度特性，土石料的强夯压实机理；提出高填方工程的水力破坏的三大模式，降雨对稳定性的影响；创立加筋土边坡和挡墙的理论分析方法，材料非线性强度的计算方法，适用于大变形的物质点法开发；形成高填方边坡失稳模式及稳定性影响因子的量化分析指标，为保证建设高填方工程的长期安全稳定性提供系统支撑。

3. 技术特点

（1）研发了新型张拉式现场直剪试验设备及方法，完善了粗粒径土石料直剪试验开缝宽度的控制标准，量化了土石混合料强度分量，提出了基于级配曲线和干密度的强度 4 参数预测方法，构建了软岩强度水弱化的 3 参数计算模型，揭示了土石接触面特性对强度影响的机理。

（2）构建了 3 参数非线性强夯沉降模型，提出了土体加固临界弹性振速的概念和确定方法，建立了土体弹性振动速度和土体密度的非线性相关关系，提出了 4 阶段的强夯动态加固机理。

（3）提出了高填方失稳的 3 种水力破坏模式，提出了从二维到三维的 A－I－D（前期降雨量－降雨强度－持时阈值曲面）降雨边坡风险阈值确定方法。

（4）提出了基于上限解与水平条分的加筋土边坡稳定分析方法，开发了基于 EMU 程序的加筋土挡墙安全系数计算模块，相关成果纳入规范应用。

（5）首次将物质点法应用于高填方工程大变形模拟，实现了高填方工程滑动大变形精确模拟；建立了基于风险理论的高填方工程失稳评估方法。

（6）揭示了边坡安全系数与 6 个稳定影响因子的互馈关系，阐释了基覆界面开挖台阶对稳定性的影响机理。

技术指标

（1）研发了新型张拉式现场直剪试验设备及方法，完善了粗粒径土石料直剪试验开缝宽度的控制标准。

（2）提出了基于上限解与水平条分的加筋土边坡稳定分析方法，引入相对安全率的概念，将安全系数确定性分析拓展到可靠度分析领域。

（3）开发完善了基于 EMU 程序的加筋土挡墙安全系数计算模块，绘制了多坡度下的加筋土边坡安全设计图表，相关成果纳入规范应用。

应用范围及前景

应用于解决高填方工程稳定控制中的材料强度分区填筑、强夯加固设计施工、水力破坏防治、加筋土边坡及挡墙设计、边坡稳定分析及风险判定等问题。

该技术成功应用于西藏林芝机场、贵州荔波机场、云南腾冲机场、昆明新机场、四川康定机场、甘孜机场、长临高速等典型高填方工程的稳定控制中，保障了 6 座机场跑道通航安全。

技术名称：高填方工程稳定分析与应用关键技术
持有单位：中国水利水电科学研究院
联 系 人：吴帅峰
地　　址：北京市海淀区车公庄西路 20 号
电　　话：010-68786909
手　　机：18701265225
传　　真：010-68786970
E－mail：wusf@iwhr.com

49 深水环境下混凝土强度无损检测专用设备

持有单位

水利部交通运输部国家能源局南京水利科学研究院

技术简介

1. 技术来源

水利工程通常不具备放空条件，导致难以使用常规回弹法检测其混凝土强度，由此研究可行的水下无损检测专用设备及其方法。

2. 技术原理

对常规无损检测设备加装防水套，防水套进口与无损检测设备的盖帽通过防水环密封并防止水进入，形成无损检测专用设备。水面配备空气压缩机，将空气输入防水套内，通过水下压力修正仪动态调整设备内部气压，以平衡内外压力，达到设备防水的目的。

3. 技术特点

（1）无损检测专用设备利用防水套包裹，通过空气压缩机和水下压力修正仪动态调整设备内部气压实现设备水下密封防水。

（2）无损检测专用设备盖帽顶端设置折纹状且径向有骨线的导气垫圈，导气垫圈为环状柔性材料，喇叭口状，收缩口端固结在盖帽上，在进行水下混凝土表面回弹检测时，防水套内高压气体能从盖帽和弹击杆缝隙稳定排气，确保防水的同时，弹击杆可冲击混凝土表面。

（3）通过实验对干湿两种环境下的回弹测值进行分析，结合水下混凝土碳化过程、水下混凝土水深参数，建立了回弹值、碳化深度、水深和水下混凝土强度之间关系。

技术指标

（1）水下作业不少于 3h。

（2）水下混凝土回弹仪检测最大深度 200m。

（3）深水环境下强度检测量程 10～65MPa，误差小于±1%F·S。

应用范围及前景

适用于水库大坝、泄水、输水建筑物深水环境中的混凝土结构无损检测。

该技术提供一种具有易操作、无损性、高精度等特点的深水无损检测专用设备，投入使用的最早时间为 2020 年 5 月，已应用工程 2 例，分别是分淮入沂整治工程六塘河地下涵洞、吉安市螺滩水库。

案例 1：淮安市六塘河地涵工程。该工程洞身穿过淮沭河河床底部，工程运行近 60 年未对洞身进行全面检查和维修，采用深水环境下混凝土强度无损检测专用设备对六塘河地下涵洞进行水下检测，发现了存在的问题，提出了切实可行的处理方案。

案例 2：吉安市螺滩水库工程。该水库工程主要由浆砌石重力坝、溢洪道、灌溉引水渠、灌溉发电引水渠等组成，自 1972 年 12 月建成以来，发挥了巨大效益，但大坝存在不同程度的病险问题，需要进行深水检测。采用深水环境下混凝土强度无损检测专用设备对螺滩水库大坝进行了水下检测，发现了存在的问题，为除险加固设计提供了依据。

技术名称：深水环境下混凝土强度无损检测专用设备
持有单位：水利部交通运输部国家能源局南京水利科学研究院
联 系 人：向衍
地　　址：江苏省南京市鼓楼区广州路 223 号
电　　话：025-85828145
手　　机：13813992366
传　　真：025-85828644
E－mail：yxiang@nhri.cn

50 长距离涵（隧）洞无损检测与性能评估技术

持有单位

水利部交通运输部国家能源局南京水利科学研究院

技术简介

1. 技术来源

自主研发。

2. 技术原理

该技术将现有水下检测设备与适应性改造相结合，突破低能见度环境下高分辨率图像解析技术及声学传感器组合方案、结合水下混凝土结构无损检测，在此基础上研究服役性能评估技术，满足了长距离涵（隧）洞检测无人作业技术需求与目的，提高了长距离水下作业效率和检测质量，有效解决长距离水下枢纽建筑物安全诊断问题。

3. 技术特点

（1）技术包括水下ROV设备系统改造技术、低能见度环境下高分辨率图像解析技术、水下混凝土结构无损检测技术、水下水工结构三维建模技术与数值模拟方法。

（2）ROV系统可对长距离涵（隧）洞进行水下检查与检测，解决了长距离涵（隧）洞洞身距离长、能见度低、检查难度大的问题，实现了水下ROV视频图像的在线或离线智能检测以及实时获取缺陷部位量化信息。

（3）改进常规混凝土回弹仪，发明了水下混凝土回弹检测法，通过试验率定和水下取芯验证，确定了水下回弹强度修正系数，揭示了水下混凝土结构长期服役性能演化规律。

（4）建立了考虑复杂边界条件、复杂材料分区和构件型式的水下水工结构三维建模技术与数值模拟方法，为长距离涵（隧）洞性能评估提供切实可行的复核计算方案。

技术指标

（1）水下ROV整套设备系统。行走距离不小于300m，最大探测深度150m；摄像机分辨率480线0.2lμx；以波形图显示采集数据，以雷达图显示ROV水下位置。

（2）涵（隧）洞缺陷智能检测系统。具备图像和视频两种检测模式，分辨率达到0.5cm（宽度）或1cm^2（面积）；自动绘制缺陷轮廓范围。

（3）水下混凝土无损检测。空压机工作时长不少于1h；水下混凝土回弹仪检测深度不小于50m。

（4）具备不少于3种土体本构模型，支持并发分析计算。

应用范围及前景

适用于水库大坝涵（隧）洞，堤防工程交叉建筑物涵洞，火力发电厂厂区排水涵洞等工程。

该技术投入使用的时间为2020年5月，已应用工程2例，分别是神皖能源安庆公司1号、2号机组排水箱涵和分淮入沂整治工程六塘河地下涵洞，2例经现场水下检测诊断，发现了存在的问题，提出了切实可行的处理方案。

技术名称：长距离涵（隧）洞无损检测与性能评估技术
持有单位：水利部交通运输部国家能源局南京水利科学研究院
联 系 人：向衍
地　　址：江苏省南京市鼓楼区广州路223号
电　　话：025-85828145
手　　机：13813992366
传　　真：025-85828644
E-mail：yxiang@nhri.cn

51 地面磁共振法与高密度电法联合探测堤坝渗漏技术

持有单位

水利部交通运输部国家能源局南京水利科学研究院

技术简介

1. 技术来源

国家自然科学基金委员会面上基金项目“土石坝隐患的电阻率-磁共振耦合全息成像诊断法试验研究”。

2. 技术原理

该技术在高密度电法识别堤坝隐患的基础上进一步利用可直接探测地下水体的地面磁共振法以获得更加全面准确的隐患探测信息，显著提高了探测信息的精度。实际应用过程中，不需要地质钻孔即可利用地面磁共振法准确探明由高密度电法揭示的低阻异常区的渗漏隐患属性，节约成本，减少对工程原有结构的破坏无损探测。

3. 技术特点

（1）磁共振技术（magnetic resonance sounding，MRS）是目前世界上唯一能够行之有效地对地下水体进行直接探测的物探方法。相比其他地球物理方法，MRS 方法的主要优点在于，探测的 MRS 信号来自于地下水分子，可以确保探测信号及其解释仅与地下水有关，即反演结果满足“唯一性”，可有效弥补电阻率探测成果解释“非唯一性”的不足，为渗漏隐患的定量化描述提供了可能。

（2）“地面磁共振法与高密度电法联合探测堤坝渗漏技术” 在高密度电法识别堤坝隐患的基础上进一步利用MRS法以获得更加全面准确的隐患探测信息，显著提高了探测信息的精度，综合探测效率高、准确性强、成本低且可相互印证。

（3）解决高密度电法对于渗漏探测结果解释的“非唯一性”问题；无损探测，安全有效；合理设置 MRS 法线圈匝数及布设方式，降低信号干扰。

技术指标

（1）验证了地面磁共振法线圈匝数增加对信噪比的提高影响存在一个临界值，可通过试验确定增加信噪比的匝数临界值。

（2）高密度电法与地面磁共振法联合无损探测深度可达 50m，首次定位误差低于 5%。

（3）通过地面磁共振法与高密度电法联合探测堤坝渗漏技术，可以有效提高渗漏通道探测准确率。

应用范围及前景

适用于土石坝、堤防、高边坡等工程渗漏隐患检测，以及桥梁、高速公路等工程渗漏检测。

该技术通过江苏、云南、内蒙古多座水库大坝委托南京水利科学研究院进行安全评价现场检查过程中进行推广，推广应用实例数 7 项。该技术结合综合物探及地质勘查结果判断坝体是否存在渗漏通道，大大提高检测精度及检测效率，为保障水库大坝的安全运行提供了技术支撑。

技术名称：地面磁共振法与高密度电法联合探测堤坝渗漏技术
持有单位：水利部交通运输部国家能源局南京水利科学研究院
联 系 人：詹小磊
地　　址：江苏省南京市鼓楼区广州路 223 号
电　　话：025-85828132
手　　机：13951661723
传　　真：025-83714644
E-mail：xlzhan@nhri.cn

52 大型输水渠道渗漏源及渗漏通道不停水高精度无损探测技术

持有单位

水利部河湖保护中心
中地装（重庆）地质仪器有限公司
广信检测认证集团有限公司

技术简介

1. 技术来源

该技术来源于“一种分布式高密度电法仪器”发明专利和“一种用于桥体测量的测量支架”实用新型专利。

2. 技术原理

该技术通过大量检测和验证（累计检测超过3000km），利用大数据及AI技术，建立了一套自主产权的分析计算模型及数据库，自主升级改造探测设备，大幅提高探测精度。在不停水条件下，可实现对大型输水渠道渗漏源及渗漏通道位置和性状的高精度无损探测，准确发现渠道及其堤防基础及堤防工程内部缺陷以及渗漏通道和渗漏源的位置和性状，以便及时快速准确修补，避免大型输水渠道及堤防工程出现运行风险。

3. 技术特点

（1）高精度、高准确性，可对微小渗漏进行检测，检测出的渗漏通道位置误差精度在10mm以内。

（2）可以快速确定渗漏源的位置，渗漏源定位精度在20mm以内。

（3）不影响输水渠道的正常运行，不需要输水渠道停水或降低输水能力，不破坏工程，检测时输水渠道可不受任何影响地的正常运行。

技术指标

（1）适应工作温度：－40～＋60℃；适应最大相对湿度：90%。

（2）探测深度：＞80m；探测精度：＜10mm；输入阻抗：≥20kΩ；动态范围：≥120dB；最小可测信号：≤0.03μV；最小采样窗口：≤1.2μs；转换时间：≤17μs；关断时间：采用浅层检测线圈≤1.2μs，采用深层检测线圈≤50μs。

（3）数据传输：采集的信息等支持无线数据传输；定位：支持测距轮，有内置GPS，可外接GPS。

（4）探测速度：1.1km/h。

应用范围及前景

适用于大型输水渠道堤防的渗漏通道及渗漏源位置及性状探测。

该技术2020年应用于南水北调中线局河南分局澎河渡槽连接段及出口闸段渗漏源及渗漏通道探测；2017年应用于南水北调中线渠首分局刁河渡槽出口渐变段渗漏点探测；2018年应用于南水北调中线天津干线文村北调节池至2号保水堰段右边孔排空检测；2018年也应用于双洎河支渡槽进口渗漏探测。以上应用综合现场勘查、无损探测结果，提出了渗漏源及渗漏通道位置，设备技术检查结果与现场实际结果相符。

技术名称：大型输水渠道渗漏源及渗漏通道不停水高精度无损探测技术
持有单位：水利部河湖保护中心、中地装（重庆）地质仪器有限公司、广信检测认证集团有限公司
联 系 人：岳松涛
地　　址：北京市海淀区玉渊潭南路3号D座1140房间
电　　话：010-63207637
手　　机：13511068813
传　　真：010-63207659
E-mail：yuesongtao@mwr.gov.cn

53　水库大坝渗漏不停水高精度快速无损探测技术

持有单位

水利部河湖保护中心

中地装（重庆）地质仪器有限公司

中宏检验认证集团有限公司

技术简介

1. 技术来源

该技术来源于“一种分布式高密度电法仪器”发明专利。

2. 技术原理

通过大数据及 AI 技术、建立自主产权的分析计算模型及数据库，自主升级改造国内外最领先的探测设备，大幅提高探测精度，在不停水条件下，实现对大型输水水库大坝渗漏源及渗漏通道位置及性状的高精度无损探测。选用国际上最先进的高分辨率多通道雷达仪、三维级联式高密度电法仪、拖曳式高分辨率瞬变电磁仪、连续堤坝渗漏检测仪等 4 套无损探测设备开展探测。

3. 技术特点

（1）高精度、高准确性，可对微小渗漏进行检测，检测出的渗漏通道位置误差精度在 10mm 以内。

（2）可以快速确定渗漏源的位置，渗漏源定位精度在 20mm 以内。

（3）不影响水库大坝的正常运行，不需要水库大坝停水或降低输水能力，不破坏工程，检测时水库大坝可不受任何影响地的正常运行。

（4）探测深度大，最高可探测 80m 坝高的大坝。

（5）检测速度快，最高每小时可检测 1.1km。

技术指标

（1）适应工作温度：－40 ~ ＋60℃；适应最大相对湿度：90%。

（2）探测深度：＞80m；探测精度：＜10mm；输入阻抗：≥20kΩ；动态范围：≥120dB；最小可测信号：≤0.03μV；最小采样窗口：≤1.2μs；转换时间：≤17μs；关断时间：采用浅层检测线圈≤1.2μs，采用深层检测线圈≤50μs。

（3）数据传输：采集的信息等支持无线数据传输；定位：支持测距轮，有内置 GPS，可外接 GPS。

（4）探测速度：1.1km/h。

应用范围及前景

适用于水库大坝坝体及基础的渗漏通道及渗漏源位置及性状探测。

案例 1：湖北省王英水库缺陷探测项目。2019 年 11 月 1—5 日，对湖北省王英水库工程进行了现场检测。

案例 2：南水北调东线一期工程运行管理安全评估项目（东湖水库）。2019 年 9—10 月，对南水北调东线一期工程东湖水库工程进行了现场检测。

案例 3：南水北调东线一期工程运行管理安全评估项目（双王城水库）。2019 年 9—10 月，对南水北调东线一期工程双王城水库工程进行了现场检测。以上案例综合现场勘查、无损探测结果，提出了缺陷检测结论，结果与实际相符。

技术名称：水库大坝渗漏不停水高精度快速无损探测技术
持有单位：水利部河湖保护中心、中地装（重庆）地质仪器有限公司、中宏检验认证集团有限公司
联 系 人：岳松涛
地　　址：北京市海淀区玉渊潭南路 3 号 D 座 1140 房间
电　　话：010-63207637
手　　机：13511068813
传　　真：010-63207659
E-mail：yuesongtao@mwr.gov.cn

54 PCCP 输水管道健康无损综合诊断技术

持有单位

水利部河湖保护中心

中国电子科技集团公司第二十二研究所

北京市水科学技术研究院

技术简介

1. 技术来源

“一种用于混凝土中的 PCCP 钢丝断丝探测技术”发明专利，专利解决如何在强噪声中提取出所需的远场涡流信号。

2. 技术原理

PCCP 断丝检测仪，将旋转式内壁表观检测仪、旋转式渗漏水检测仪并集成到同一运动平台上，一次检测对 PCCP 管道进行预应力钢丝断丝检测，内壁裂缝、破损表观检测以及内壁渗漏检测；对国际上先进的三维混凝土扫描仪进行升级改造，在分析软件上增加了后处理数据库，对断筋进行检测；建立 PCCP 输水管道健康信息综合诊断软件信息平台以达到对 PCCP 管道健康状况进行诊断，实现灾害事故的早预警，早预防。

3. 技术特点

（1）综合集成了 PCCP 内部表观检测、内部渗漏检测和深层断丝检测功能，通过单次检测就能由表及里地掌握 PCCP 管道的健康状况，高效快捷。

（2）采用国内首创的 PCCP 断丝检测技术，具有高精度、高准确性，可对 PCCP 预应力钢丝少量断丝进行检测（可检测出单根断丝），检测出的缺陷位置误差精度在 10cm 以内。

（3）采用光学仪器对 PCCP 内壁表观进行检测，改变以前PCCP内壁表观检测仅仅依靠人工检测的局面，提高了检测精度（检测到 0.2mm 宽裂缝）。

技术指标

（1）适应管径：DN1400 ~ DN4000；可检测钢丝直径：3 ~ 8mm；断丝定位误差：≤100mm；断丝数量判别误差：±5 根。

（2）涉水深度：≤900mm。

（3）管线内壁图像融合误差：低于 2 个像素。

（4）裂缝检测范围：宽度 0.2mm 及以上。裂缝检测精度：小于 0.2mm。

（5）表层起层、剥落、渗水检测范围：面积 $5cm^2$ 及以上。表层起层、剥落、渗水检测精度：小于 $2cm^2$。

应用范围及前景

适用于调水工程中长距离 PCCP 输水管道结构性安全检测，包括 PCCP 断丝检测，PCCP 内表面表观检测，PCCP 内壁渗水检测。

案例 1：南水北调中线干线北京段工程（惠南庄泵站出口—团城湖末端闸）停水检修项目——PCCP 断丝电磁检测项目（双线 112km）。设备检查结果与现场开挖验证管道实际结果相符，准确率 100%。

案例 2：南水北调中线干线北京段工程（惠南庄泵站出口—团城湖末端闸）停水检修项目——PCCP 断丝电磁检测项目（单线 30km）。经过现场盲测考试，该设备的检测准确率与现场盲测考试结果相符，三处断丝的数量、位置判断均在误差范围以内。

技术名称：PCCP 输水管道健康无损综合诊断技术

持有单位：水利部河湖保护中心、中国电子科技集团公司第二十二研究所、北京市水科学技术研究院

联 系 人：岳松涛

地　　址：北京市海淀区玉渊潭南路 3 号 D 座 1140 房间

电　　话：010-63207637

手　　机：13511068813

传　　真：010-63207659

E-mail：yuesongtao@mwr.gov.cn

55　扶坡廊道式钢结构装配围堰修复水下衬砌板技术

持有单位

南水北调中线干线工程建设管理局渠首分局

技术简介

1. 技术来源

自主研发。专利名称：一种新型河流渠道扶坡廊道式快速拆装组合围堰（ZL202020900278.5）。

2. 技术原理

通过模拟选型、数值计算选定适合南水北调渠道类型的钢围堰体型，计算选定体型的钢围堰体应力应变、衬砌板受力、坡顶锚固结构受力。根据最终确定的体型（弧形，内部净宽 5.51m，净高 1.45m）制作钢围堰及选定附属的液压系统、止水材料等。为方便现场运输吊装及拆装组合，钢围堰中间段设计成 2m 一节的标准段。该钢围堰由分节加工的进口段、中间段、底部堵头段组装而成，中间段根据修复部位的深度，可组装一节或多节。进口段、中间段、底部堵头段均采用钢结构加工，每段两端设置运行小轮，下部设置特制橡胶止水。利用钢结构挡水，采用下部的特制 U 形空腔橡胶止水紧贴在需修复部位上下游及底部坡面上闭水，防止渗漏。在进口段两侧布置真空吸盘，吸盘吸附在两侧衬砌板上，吸盘为钢围堰的稳定提供支撑。

3. 技术特点

（1）钢围堰顺渠道边坡布置，顶部进口段露出水面，人和小型机械设备从顶部进入，沿渠道边坡进入渠道衬砌板损坏部位进行施工。特别适用于动水条件下对渠道水下损坏的衬砌板进行精确、干地状态下的修复施工。

（2）在全线首次实现了创造干地施工条件对水下衬砌板进行修复，可在流速 1.2m/s 内实施钢围堰下水作业，修复水面下 7m 的破损衬砌板。

（3）采用钢围堰修复，运输及组装方便，一套设备可多次重复使用，施工周期短，应急能力强。

技术指标

（1）在现场进行的修复试验中，平均每 3 ~ 4d 可修复一处，单次最大可修复 4 块（单块尺寸 4m×4m，共 $64m^2$），修复完成 24 ~ 72h 后可拆除钢围堰，已修复衬砌板水下养护，修复工效高。

（2）在整个修复中仅在下水前的水下摸排中用到潜水员，其他时段无需潜水员配合，安全性好。

（3）钢围堰水下修复所用投资与传统修复模式比可节约 40%，施工后效果优于传统水下修复模式。

应用范围及前景

适用于水面以下 7m 内、宽度 5m 以内水下破损衬砌板修复、排水系统修复、密封胶更换等各种需要水下作业的情况。

案例：南水北调中线渠首分局 2021 年水下衬砌面板修复处理施工项目。共修复 21 处，合同工程量总计 48 块破损衬砌板，施工采用钢围堰修复。钢围堰采用特制止水材料和防渗结构，有效保障了水下干地施工条件。

技术名称：扶坡廊道式钢结构装配围堰修复水下衬砌板技术
持有单位：南水北调中线干线工程建设管理局渠首分局
联 系 人：吴庚
地　　址：河南省南阳市迎宾大道 6 号
电　　话：0377-61998633
手　　机：17637171689
传　　真：0377-61998638
E-mail：18807754@qq.com

56　崩岗侵蚀发生过程及机理测定系统

持有单位

长江水利委员会长江科学院

中国科学院武汉岩土力学研究所

技术简介

1. 技术来源

水利部科技推广项目“南方崩岗发育快速测算技术构建及推广”以及国家自然科学基金项目“花岗岩风化物的湿胀干缩过程与崩岗发生机理研究”“华南风化土崩岗的孕育形成本因与灾变破坏机理研究”。

2. 技术原理

该系统由崩岗壁胀缩变形和崩岗裂隙发育观测装置组成，提出了崩岗侵蚀体积的测算方法。装置具有可拆卸、可移动、经济简便、精度高等优势。利用该系统不仅能够动态观测崩岗壁的变形和裂隙发育过程，而且能准确测算崩岗侵蚀体积变化，可为基础科研提供有效的工具和方法。

3. 技术特点

（1）胀缩变形观测装置实现了大尺度土体的胀缩变形实验，能测量深部土体的不均匀胀缩变形，其优点是减小了人为与外界环境对实验的影响，提高了监测结果的可靠度，操作简单。

（2）裂隙演变观测装置能准确获得土体裂隙演化规律，全过程只需控制电脑采集数据。

（3）崩岗形态及体积测算技术实现崩岗侵蚀的三维体积测算。根据崩岗发育过程及侵蚀沟形态，将集水坡面、崩壁、沟道概化为倒三棱锥的几何模型，利用数学统计、遥感监测、地理信息系统软件等手段测算一段时间内崩岗侵蚀体积及其变化。

技术指标

（1）胀缩变形观测装置：模型槽为钢制，底部漏水孔的直径为0.2cm，孔间距为1cm；接水台为钢制容器，高为4cm，直径为1.2m。

（2）崩岗裂隙演变观测装置：装置的暗箱与暗室盖为木制，暗箱为边长30cm、高300cm的立方体。螺旋伸缩杆长20cm，下部固定CCD摄像头的镜头距离暗箱顶部38cm。

（3）崩岗体积计算公式如下：

$$V=\frac{1}{3}ah$$

其中，a 代表侵蚀沟面积，h 代表崩壁交点至集水坡面垂直距离，即三棱锥的高度。

应用范围及前景

适用于野外观测崩岗壁胀缩变形、裂隙发育及室内模拟崩岗发育过程的动态，测算崩岗侵蚀体积。

在武汉建立了典型示范基地，成功进行了多次室内实验和现场测量。该技术已在江西省于都县和广东省五华河东镇等地的多个小流域进行推广应用，并销售了2台试验装置。选取江西省于都县典型崩岗进行为期2年的监测，涉及面积约为4km^2。在广东省五华县进行了1年的监测，涉及面积0.25km^2。

技术名称：崩岗侵蚀发生过程及机理测定系统
持有单位：长江水利委员会长江科学院、中国科学院武汉岩土力学研究所
联 系 人：刘洪鹄
地　　址：湖北省武汉市江岸区黄浦大街23号
电　　话：027-82926207
手　　机：15072420688
传　　真：027-82926357
E-mail：liuhh@mail.crsri.cn

57 长距离隧洞光电复合智能传感技术

持有单位

长江勘测规划设计研究有限责任公司

南水北调中线干线工程建设管理局河南分局

技术简介

1. 技术来源

国家科技支撑计划课题“复杂地质条件下穿黄隧洞工程关键技术研究”；穿黄隧洞安全监测专题研究项目。

2. 技术原理

长距离隧洞光电复合智能传感技术，主要用于长隧洞洞内监测设施的通信和供电，实现洞内监测信息超20km的长距离“感知”和“传输”，其主要包括四大核心技术和相关技术设备，分别是：基于二重防水密封技术的智能采集单元；具备光电分离、电压变换和通信转接功能的接驳盒；综合岸基电源、光缆终端盒以及光交换设备的成套岸基技术设备；具备通信和供电双重作用的特制通信供电缆。

3. 技术特点

（1）岸基站在隧洞进出口向水下各监测单元提供直流电。岸基站对外提供通信网络接口，向上利用有线网络或无线向监测管理中心站配置的采集计算机组网，由此建立起监控系统，通过监控计算机向安全监测网络上报数据。

（2）接驳盒主要用于光纤续接及电源电压转换，各接驳盒通过水下主干缆连接。在各监测部位将高压直流电转为智能采集单元所需的低压直流电源，同时提供RS485通信。

（3）智能采集单元主要包括自动化数据采集及通信设备，低压直流电源及通信光纤由接驳盒引入智能采集单元。

技术指标

（1）长距离隧洞中，将各类电测仪器监测信息的有效传输距离由传统的 1km 提升至 20km 以上。

（2）智能采集单元具备二重防水功能，能耐水压 2.0MPa，具有 16 通道，能接入振弦、差阻等各类传感器。

（3）接驳盒能实现光电分离、电压变换和通信转接，同时向采集单元提供直流电和 RS485 通信。

（4）岸基电源可输出 0～600V 可调直流电，岸基设备远程直流供电和通信距离超过 20km。

（5）特制通信供电缆具备通信和供电双重作用，具备抗拉和抵抗 2MPa 水压的功能。

应用范围及前景

适用于引调水工程长隧洞智能安全监测预警，以及矿山、铁路、海洋等水/地下长隧洞监测信息的感知和传输。

案例：该技术在南水北调中线穿黄隧洞工程中成功应用。基于建立的光电复合传感自动化智能监测系统，有效了降低隧洞检修频次、提升了供水保证率、增加了用水效益。

技术名称：长距离隧洞光电复合智能传感技术
持有单位：长江勘测规划设计研究有限责任公司、南水北调中线干线工程建设管理局河南分局
联 系 人：彭绍才
地　　址：湖北省武汉市江岸区解放大道 1863 号
电　　话：027-82829258
手　　机：18502778699
传　　真：027-82829202
E-mail：pengshaocai@cjwsjy.com.cn

58 隧洞地球物理超前预报关键技术

持有单位

长江地球物理探测（武汉）有限公司

技术简介

1. 技术来源

依托云阳 G348 线改线工程、云南省滇中引水工程、湖南省资水犬木塘水库工程、湖北省十堰市中心城区水资源配置工程的建设过程，进行攻关性研究，提出隧洞超前地球物理预报关键技术。

2. 技术原理

该技术采用一种同心圆等炮检距的地震反射数据采集方法，通过检波器获取隧道前方的反射波信息，进行相应的分析处理，得到掌子面前方三维地质构造，通过地质雷达法、瞬变电磁法、激发极化法等地球物理方法综合判断，获取前方地质构造或不良地质体的信息。结合岩体稳定性评价方法，评价岩体稳定状态，为保证工程安全施工以及优化设计提供依据

3. 技术特点

（1）关键技术可以实现隧洞施工期对掌子面前方地层中可能存在的地质灾害（断层、破碎带、软弱夹层、岩溶、含水构造等不良地质体）进行提前预报，评价岩体稳定状态，对隧洞施工提出规避地质风险的合理措施和建议，保障隧洞施工安全。

（2）获取 6 个岩体变化状态：待测岩体松弛区的松弛深度的变化状态、待测岩体松弛区的波速特征的变化状态、待测岩体的波速特征的变化状态、待测岩体的新增低波速区的变化状态、待测岩体新增低波速区的波速特征的变化状态以及待测岩体是否存在新增的微裂隙的判断结果。

技术指标

（1）综合预报距离大于 100m。

（2）地质异常体综合定位误差小于 2m。

（3）预报成果三维可视化。

（4）同心圆等炮检距观测系统 1 次触发 24 道同时采集。

（5）6 个岩体变化状态综合判断岩体稳定性。

应用范围及前景

适用于输水、铁路、公路隧洞施工期超前地质预报；掌子面前方围岩稳定性状态评价。

该技术已获得两个发明专利权，发明名称：一种采用同心圆等炮检距的地震反射数据采集方法；用于评价岩体稳定状态的物探分析方法。

"隧洞超前地球物理预报关键技术"已在云阳 G348 线改线工程铁峰山隧道超前预报项目、云南滇中引水工程大理Ⅰ段至楚雄段隧洞超前预报项目、湖南省资水犬木塘水库工程隧洞超前预报项目、十堰市中心城区水资源配置工程超前预报等项目中成功应用，保障了隧洞施工安全，并带来显著经济效益。

技术名称：隧洞地球物理超前预报关键技术
持有单位：长江地球物理探测（武汉）有限公司
联 系 人：徐涛
地　　址：湖北省武汉市江岸区解放大道 1863 号
电　　话：027-82926243
手　　机：18502773343
传　　真：027-82926067
E-mail：59922681@qq.com

59 堤坝隐患时移电法层析成像监测技术

持有单位

长江地球物理探测（武汉）有限公司

技术简介

1. 技术来源

2020年获2项发明专利授权：发明名称“堤坝电阻率层析成像观测系统”；发明名称“膨胀土堤坝滑坡渗透滑动过程追踪的时移电法探测方法”。

2. 技术原理

该技术包含层析成像观测系统及时间域直流电法数据反演成像方法。

（1）堤坝直流电法层析成像观测系统。供电排列沿水流方向平行于堤坝的轴线；测量排列布置于堤坝的顶部和/或背水面，测量排列与供电排列平行；测量装置用于在供电排列中的一个电极及无穷远极被供电后，对测量排列中的两个电极进行电阻率滚动测量，获取供电排列与测量排列的空间连线所形成的断面的电阻率。

（2）时移电法数据反演成像方法。对河流低水位时稳定采集的电阻率数据进行独立反演，获得堤土体电阻率初值及对应的电阻率变化范围，并根据断面电阻率初值和电阻率变化范围创建静态模型；采用静态模型对每个时间点电阻率数据进行反演，并根据反演结果为每个时空区间分配拉格朗日乘子；基于拉格朗日乘子，提出了时间域正则化和自适应正则化约束混合正则化反演计算方法，对每个时间点的电阻率数据进行反演，获得反演计算结果。

3. 技术特点

该技术克服堤坝非规则结构险情隐患探测难题，提出堤坝险情隐患发展过程实时监测的直流电法层析成像监测系统。该技术包括一种可应用堤坝结构的电阻率层析成像观测系统和时移电法检测数据快速精细反演方法，采用定向剖面观测堤坝体电阻率和多通道并行采集，快速简明直观。解决了常规技术采用数值变换处理的误差以及数据反演计算过程耗时长的问题，有效提高了堤坝隐患演变致灾过程的探测精度和险情响应速度，可以实现堤坝险情隐患全过程实时监测。

技术指标

（1）堤防隐患性状变化响应延迟不超过30min。

（2）探测深度大于50m。

（3）10通道分布式平行数据采集。

（4）时间域规则化与自适应正则化反演成像。

应用范围及前景

适用于水利工程堤防隐患排查与检测、水利水电工程岸坡和堤坝结构健康监测、大型流域涉水工程建设岸坡堤坝土体健康性状监测。

案例1：“堤坝隐患时移电法层析成像监测技术”应用在长江、汉江段部分堤防工程中，开展包括长江武汉段堤防加固、洪湖虾子沟长江干堤应用示范、丹江口水库宋岗码头渠堤治理示范等项目中，查明了堤防土地结构性状、内部隐患分布及堤坝内部水体渗透引起物性特征变化情况，基本实现了远程无人监测，为堤防工程隐患排查与险情快速定位提供了重要技术支撑。

案例2：“堤坝隐患直流电法层析成像监测技术”支撑国家“十三五”重点研发计划课题“膨胀土岸坡和堤坝渗透滑动检测识别与评估”、湖北省“十三五”重点研发课题“湖北省抗洪抢险关键技术研究与示范”的研究和示范工作。

技术名称：堤坝隐患时移电法层析成像监测技术
持有单位：长江地球物理探测（武汉）有限公司
联 系 人：徐涛
地　　址：湖北省武汉市江岸区解放大道1863号
电　　话：027-82926243
手　　机：18502773343
传　　真：027-82926067
E-mail：59922681@qq.com

60 长距离输水工程运行监视平台的建设方法

持有单位

黄河勘测规划设计研究院有限公司

技术简介

1. 技术来源

该技术2019年2月已获得发明专利权，发明名称：长距离输水工程运行监视平台的建设方法。

2. 技术原理

该技术将长距离调水工程各种类型控制工程按照工程运行特点进行数字概化，形成简洁优雅、受数据驱动的可编程的图元。按照实际桩号、工程设计参数以及实时传输数据进行实时动态绘制，形成一幅清晰准确的调度运行动态图。其直观、形象、系统的调度运行过程的表现手段，使用户能够非常直观地从全局把握整个输水线路的运行状态，从而有效提高调度运行管理的技术水平。

3. 技术特点

长距离输水工程运行监视模拟仿真平台把分散的控制工程节点信息通过多二三维一体的集成环境，直观、形象系统的集成在一个统一的可视化环境中，通过数据驱动的多图元动态控制技术对整个东线工程的水量调度过程进行直观的控制与表达，给用户提供一体化集成展示平台。

技术指标

（1）通过建立调水渠道的平面二维形态，来表现整个输水渠道。

（2）通过建立每个渠池的数据驱动水体模型，实现每个渠池实时运行状态的模拟显示。

（3）通过创建平台空间系统，以输水工程的桩号为横坐标、所述桩号的海拔高度为纵坐标，创建平面二维显示界面，显示界面具备进行缩放并自动调整适应和进行横向拖动，以控制显示全线工程的平台空间系统。

应用范围及前景

适用于长距离输水工程全线实时运行过程的可视化运行监视，调度方案的可视化运行模拟等。

案例：南水北调东线自动化调度管理－水量调度系统。长距离输水工程调度运行模拟仿真平台在南水北调东线工程中水量调度系统中应用，实现了整个东线工程的可视化调度管理，使130多个控制节点的实时监测信息及实时调度方案，在一张图上图文并茂的动态模拟仿真，用户通过该平台直观了解全线工程运行状态，在可视化环境下进行调度决策，有效提高了调度运行管理水平。

技术名称：长距离输水工程运行监视平台的建设方法
持有单位：黄河勘测规划设计研究院有限公司
联 系 人：王军良
地　　址：河南省郑州市金水区金水路109号
电　　话：0371-66020283
手　　机：13838036980
传　　真：0371-66020908
E-mail：ghywangjl@sina.com

61　偏心铰弧形闸门顶部转铰止水装置

持有单位

黄河水利水电开发集团有限公司

技术简介

1. 技术来源

自主研发。小浪底工程的 3 条排沙洞偏心铰弧形工作闸门，设计水头 120m，采用突扩门槽结构，允许局部开启运用。顶部转铰止水自 1999 年投入运行以来，在频繁运用后，顶部止水存在弹簧钢板压裂损坏、转角橡皮鼓出损坏、闸门面板刮伤损坏、顶止水缝隙射水等突出问题。2007 年 1 月，单位自主开展该问题的科研攻关。

2. 技术原理

该创新止水装置包括固定转铰、活动转铰和铰轴三部分。固定转铰和活动转铰之间采用内外弧结构，两转铰之间设置锡青铜止水，活动转铰与面板之间设具有自润滑功能的聚乙烯复合止水，活动转铰利用斜拉弹簧驱动，保证活动转铰复合止水条始终与弧门面板接触，在库水压力作用下实现两道密封的动态止水。

3. 技术特点

（1）采用“对称斜拉式弹簧”外置结构，使活动转铰始终贴紧闸门面板，便于维护和可靠止水。

（2）从结构尺寸设计上保证最优水推力，在转铰上部设置机械橡胶限位，可以抵消库水压力对面板的刮伤、磨损。

（3）选用不锈钢材料和选择自碾磨平衡功能的锡青铜止水和聚乙烯复合止水，磨损小，基本实现免维护。

（4）采用“固定间隙”内外弧止水结构，很好地解决了高水头下、双动态止水密封的可靠性。

技术指标

（1）总体性能：该止水装置采用“内外弧固定间隙止水”结构，型式新颖，转铰和止水等关键材料选用科学合理，长期运行稳定可靠，能够较好地解决高水头偏心铰弧形闸门顶部止水问题。

（2）材料选用：固定转铰和活动转铰均为不锈钢材料，转铰轴承为圆柱形滑动轴承，两道动密封材料均选择硬度适中，耐磨性好，具有自润滑，自动碾磨，自适应性强的锡青铜和聚乙烯复合止水。

（3）实施效果：小浪底水利枢纽 3 条排沙洞弧形闸门采用该止水装置已运行 10 余年，弧门累计启闭约 3880 次，尤其是经历 2018—2020 年“低水头、高含沙、大流量和长历时”泄洪排沙频繁运行考验，未出现变形、磨蚀、气蚀和射水等不良现象，运行稳定可靠，可全生命周期内免维护应用。

应用范围及前景

适用于高水头弧形闸门，尤其是偏心铰弧形闸门的顶部止水。

该创新成果已在小浪底水利枢纽和河口村水库成功应用，为高水头偏心铰弧形闸门顶部止水和高水头圆柱铰顶部止水的设计、制造和运行提供了成熟经验，应用前景较好。

技术名称：偏心铰弧形闸门顶部转铰止水装置
持有单位：黄河水利水电开发集团有限公司
联 系 人：唐红海
地　　址：河南省济源市大峪镇黄河水利水电开发集团有限公司
电　　话：0379-63898830
手　　机：13525906688
传　　真：0379-63898830
E-mail：1557860869@qq.com

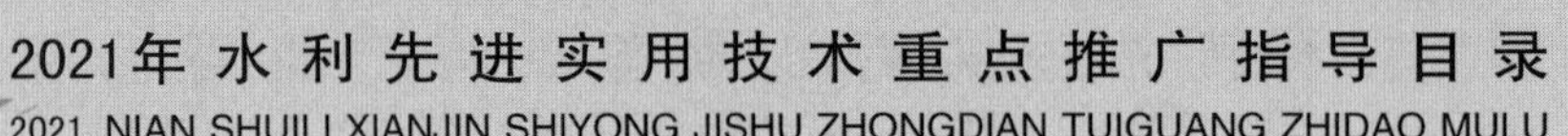

62 深水区高流速河道变水位可调节桩基施工平台研究与应用

持有单位

黄河建工集团有限公司

技术简介

1. 技术来源

自主研发。大藤峡坝下交通桥跨黔江航道主桥主墩位于黔江主河道上，分布于黔江黄金航道两侧，项目桥位处常年有水，黔江洪水的主要特点是峰高浪大历时长，峰型肥厚，洪峰持续时间长，洪水期桥位河段流速大（约 4m/s）， 水位高（最大水深 25m），该桥施工工期跨越汛期及枯水期；航道全年通航，每天早中晚定时过船，通航时水流扰动较大，伴随持续涌浪。在此环境下修建桥梁的主墩基础是极大的挑战。

2. 技术原理

结合广西大藤峡水利枢纽坝下交通桥工程主墩基础施工环境和黔江河道的地形地质情况，采用变水位可调节桩基施工平台研究包含在高流速水域浮船平台的定位，锚固，能满足基础桩施工的定位要求；解决打桩期间平台大幅度晃动，影响桩基成孔质量；由于黔江水位变化较大，平台能随着水位的变化进行调节。

3. 技术特点

（1）流固耦合的施工新思路。

（2）变水位可调节桩基施工平台施工仿真理论。

（3）变水位可调节桩基施工平台研究包含在高流速水域浮船平台的定位，锚固，能满足基础桩施工的定位要求。

技术指标

（1）浮船平台采用 1300t 货船改装。

（2）平台骨架采用 I40 和 I25 工字钢作为支撑，支撑与船底采用 16mm 厚钢板连接。

（3）导向架采用 I40 工字钢焊接，内口 3m×3m，高度 2m。

（4）平台表面采用 10mm 厚钢板。

（5）平台四角设置支撑定位 ϕ820 钢管桩导向孔，导向孔用 I40 工字钢焊接而成，内径 0.9m×0.9m，高度 1.5m。

应用范围及前景

适用于江水流速较大、河水较深、水位变化频繁、河床无覆盖层等情况下的桩基施工。

已在大藤峡水利枢纽跨黔江特大桥主墩基础施工中得到应用，达到了系统思考、模拟精准、施工精益、缩短工期的良好效果。广西大藤峡水利枢纽坝下交通桥是特大型桥梁，其中跨黔江航道主桥 Z7、Z8 墩有 6 根 ϕ2.5m 钻孔灌注桩，桩长 20m，地质为灰岩，分布在黔江主航道上，水深流急，河床无覆盖层，要求在半年时间内完成钢栈桥、打桩平台、超前钻、桩基、承台施工，工期紧，施工难度大，施工质量难以保证。通过研制深水区高流速河道变水位可调节桩基施工平台，成功解决了上述难题，并且比原节点工期提前 45d，节省费用 230.49 万元。

技术名称：深水区高流速河道变水位可调节桩基施工平台研究与应用
持有单位：黄河建工集团有限公司
联 系 人：葛震
地　　址：河南省郑州市金水区花园北路 62 号
电　　话：0371-69557316
手　　机：13937130552
传　　真：0371-65692093
E-mail：412667902@qq.com

63 水利工程智能基坑降水管控系统

持有单位

德州黄河建业工程有限责任公司

技术简介

1. 技术来源

自主研发。基坑降水是基础施工中最棘手的问题，对基础工程和周边环境的安全至关重要，该智能基坑降水管控系统解决了基坑降水中出现的问题。

2. 技术原理

水利工程智能基坑降水管控系统包括传感采集、远程监测、控制系统三部分组成。传感采集系统负责对现场各个井点中的水位、集水总管的流量等数据进行采集并进行远传和本地显示；远程监测系统将采集的数据通过网络模块传输至远端中心;控制系统通过 App 端或 PC 端可远程自动或手动控制降水系统，实现智能化、信息化、自动化，减少人工的投入。

3. 技术特点

（1）该项目针对工程建设环节基坑降水存在的实际问题，集成物联网感知与反馈控制技术、无线通信技术、软件工程技术于一体，开展基坑降水智能管控，实现水位、流量等数据的远程监测和水泵的自动控制。

（2）该平台通过传感器收集数据实时诊断分析，最佳降水状态规划，在线反馈控制等技术手段，实现了基坑降水过程监控实时管理。

（3）设计了一种根据水位变化自动控制水泵启停的工作模式，有效降低了水泵“烧泵”现象，并使基坑水位控制在安全范围内，避免了过度降低地下水位及降水过快造成结构物不均匀沉降等情况。

技术指标

（1）水位传感器：水位传感器：电源电压为典型 DC24V，测量范围 0～200m 水柱，综合精度 ±0.3%F·S。

（2）水位控制采集器：主机供电电压 DC12V，适配器供电电压 AC110～240V，通信频率为网络频段 GSM900/1800MHz，水位自动控制以及手机 App 远程控制。

（3）流量传感器：配套精度等级：0.5 级，测量瞬时流量、瞬时流速，移动 4G 网络。

（4）流量控制采集器：频率 8MHz，串口 RS485，电源接口端子接口，电源防护，移动 4G 网络。

应用范围及前景

适用于建筑、市政等建设领域，尤其是大型建筑物、围堰施工等工程的基坑降水项目。

水利工程智能基坑降水管控系统分别在齐河县古城苑二期棚户区改造项目、齐济河盐店桥带闸改建工程等工程施工中应用。该系统在基坑降水过中可以 24h 对水位及流量进行远程监测和控制，实现对水泵运行参数的调整和自动启停，使降水过程始终处于可控状态，有效降低降水对周围建筑物、地面沉降等影响，保障了施工安全。

技术名称：水利工程智能基坑降水管控系统
持有单位：德州黄河建业工程有限责任公司
联 系 人：杨志静
地　　址：山东省齐河县齐鲁大街 219 号
电　　话：0534-8362269
手　　机：13853450440
E-mail：534825472@qq.com

64 复杂场地大面积软土地基安全监测成套技术

持有单位

珠江水利委员会珠江水利科学研究院

技术简介

1. 技术来源

自主研发。

2. 技术原理

该套技术通过成套改进的监测技术和方法不仅反映出地基预压荷载大小、地基加固软土的固结状态、地基表层和深层土体的变形情况，还通过对监测数据的计算分析，及时掌握软土地基在加固施工过程中地基土体变形、应力转换，获得整体及关键部位稳定情况，再按有关规范和设计要求的沉降速率、水平位移速率来判断地基稳定性，控制加载速率，以确保载体和地基安全，同时还能对地基的加固效果做出正确的评价，最后判断经过加固的地基是否满足使用要求，以达到优化设计方案，指导工程建设的目的。

3. 技术特点

（1）监测技术不仅包含地表沉降、地表水平位移、分层沉降、孔隙水压力、深层水平位移监测，还涵盖相关保护措施以及计算分析。

（2）在软基加固过程中通过埋设改进的监测仪器（包括带警示标志的沉降板、干法施工工艺的测斜、地表水平位移边桩、分层沉降管以及相关的维护设施等）提高监测仪器埋设质量、精度及效率。

（3）通过数据综合处理分析判断软基安全性态，及时分析和了解地基加固的效果和存在问题，复核工程设计方案，进而提出改进措施。

（4）成套技术还可对软基地区堤坝工程运行期内安全性态进行监控，特别是在遭遇洪水、台风等极端异常天气时及时进行预警预报，防止可能发生堤坝的滑移、垮塌、沉陷，做到监管与防治并举。

技术指标

（1）测斜管安装一个月后，采用“测斜管安装结构及施工方法”的测斜管壁至回填土间隙长度 2.9mm，回填空隙长度小于普通施工回填的测斜管。

（2）“用于连接沉降板测管的连接头结构”沉降板倾斜率检测参数变化区间为 0.47%～0.96%，倾斜率小于使用常规连接结构的沉降板倾斜率。

（3）“带警示标示沉降板”倾斜率检测参数变化区间 0.34%～0.92%。

（4）“用于监测堤防土体的水平位移的边桩结构”的差值范围为 0.1～0.2mm，灵敏性明显高于钢筋混凝土边桩。

应用范围及前景

适用于各种场地大面软基处理区建设工程的安全监测，也适用于软基地区堤坝工程运行监管与灾害防治。

该套技术目前主要应用于需进行大面积软基处理的沿海项目，现已在广州市南沙自贸区大面积推广使用，应用工程项目达 10 余个，保障了施工质量有效地节约了项目投资。

技术名称：复杂场地大面积软土地基安全监测成套技术
持有单位：珠江水利委员会珠江水利科学研究院
联 系 人：陈高峰
地　　址：广东省广州市天河区天寿路 80 号
电　　话：020-87117188
手　　机：15920179188
传　　真：020-87117188
E-mail：285968697@qq.com

65 智能化大坝安全监测及预警评估平台

持有单位

珠江水利委员会珠江水利科学研究院

工讯科技（深圳）有限公司

技术简介

1. 技术来源

自主研发。

2. 技术原理

该平台利用物联网协同感知技术、无线通信技术、智能决策技术、BIM 及倾斜摄影技术，实时监测坝体变形、渗流渗压、应力应变、温度、强震效应、内外观缺陷、环境量等信息，建立多维复杂关联因素下的大坝变形动态模型，能够快速定位查询监测仪器基本信息及监测数据，更能展示监测信息，提高大坝管理工作效率。

3. 技术特点

（1）感知层方面：全方位利用物联网协同感知技术，无缝集成多源多类型传感器，实现对坝体变形、渗流渗压、应力应变、温度、强震效应、内外观缺陷、环境量等信息的智能感知。

（2）网络层方面：综合运用 Lora、NB-iot、4G/5G 等无线通信技术构建复合式通信网络，组网方式灵活便捷、快速获取大坝全周期全要素数据。

（3）应用层方面：构建了多维复杂关联因素下的大坝变形动态模型。并通过非线性模型建立、动态输入修正和交叉多输出改进将多维复杂关联性统一于大坝变形动态建模框架中，实现对大坝工程形变趋势做出及时的预报。

（4）展示层方面：基于 BIM 及倾斜摄影技术搭建可视化三维平台，真实反映建筑物情况和设备安装空间方位，可根据预警设备实际位置在三维模型或者地图上定位展示，查看设备对应的时程数据。

技术指标

（1）自研的分布式云智能数据采集系统利用低功耗嵌入式技术和多模式无线数据传输方法。

（2）钢筋计分辨率为 0.08%F·S，最大量程 136kN，重复性 0.12%F · S。

（3）表面式应变计扩展不确定度：U=3μm，k=2。

（4）裂缝计扩展不确定度：U=0.05%，k=2。

（5）开发的智能化大坝安全监测及预警评估平台，系统响应时间＜0.1s，系统最大并发用户数为 1000 户。

应用范围及前景

适用于大坝建设与运行管理、大坝安全监测及预警评估。

该技术平台已推广应用工程实例 17 项，设备应用 263 套，分别在广州市流溪河灌区管理中心、恩平市塘洲水闸、恩城水闸恩平市塘洲水闸、恩城水闸、广西田林县那比水电站、大水桥水库、玉林市大容山（高垌）水库、青岛国信体育中心、广汕铁路、广州地铁七号线二期加庄站、湖杭高铁、海翔广场、深圳血液中心、天津东站等单位投入运行，为闸坝安全监管智能化和决策科学化提供技术支撑。

技术名称：智能化大坝安全监测及预警评估平台

持有单位：珠江水利委员会珠江水利科学研究院、工讯科技（深圳）有限公司
联 系 人：陈武奋
地　　址：广东省广州市天河区天寿路 80 号
电　　话：020-87117494
手　　机：15999965854
传　　真：020-87117512
E-mail：chen.wufen@163.com

66 排桩整流技术

持有单位

珠江水利委员会珠江水利科学研究院

广西大藤峡水利枢纽开发有限责任公司

技术简介

1. 技术来源

自主研发，首次提出了排桩整流的理念和设计思路，以及适用于船闸口门区的多排排桩整流布置型式。

2. 技术原理

以满足规范要求的流速为目标，结合施工工艺，使用排桩分流公式，可通过试算得到初步的排桩直径 D、间距比 L/D 以及排桩角度。排桩与排桩间的距离保持在 1.5～2 倍的排桩长度内，口门区排桩投影应覆盖整个口门区。通航水域外缘修建排桩后，排桩区上游来流部分从桩间缝隙通过后均化分散，部分水流在排桩导流作用下避开通航水域，致使排桩下游通航水域流速明显降低，流态平顺。

3. 技术特点

（1）系统研究排桩的直径、间距比、布置角度、阻力等因素对排桩下游水流特性的影响，探究排桩整流技术机理，推导排桩下游平均流速计算公式，发挥排桩整流的分流与导流效应，提出了改善恶劣条件下船闸口门区和航道通航水流条件的排桩布置方案。

（2）可根据现场河势条件灵活调整排桩数量、直径、间隙比、与主流夹角等参数，使工程河段水流条件满足安全通航的要求。

（3）排桩施工不用设置围堰，排桩整流技术具有结构简单、施工方便、适应性强、工期短、造价低等优点。

技术指标

（1）根据结构稳定和施工工艺调整排桩直径。

（2）根据流量分配公式拟定桩柱间隙比、布置角度及方案。

（3）结合现场河势条件调整排桩数量、间隙比、与主流夹角等参数，使工程河段水流条件满足安全通航的要求。

（4）通过调整排桩布置方案实现降低排桩下游流速和均化水流的效果。

应用范围及前景

适用于航道、船闸上下游口门区通航水流条件整治技术领域。

排桩整流技术应用于航道、船闸上下游口门区通航水流条件整治技术领域，能够解决恶劣条件下船闸口门区和航道改善通航水流条件及工程施工的难题。该技术最早应用于中顺大围白花头水利枢纽工程，小榄水道为Ⅲ级航道；2014 年应用于广西柳江红花水利枢纽二线船闸工程，红花水电站二线船闸为 2000t 级船闸；2020 年应用于广西大藤峡水利枢纽工程，大藤峡船闸为 3000t 级船闸。

技术名称：排桩整流技术

持有单位：珠江水利委员会珠江水利科学研究院、广西大藤峡水利枢纽开发有限责任公司

联 系 人：陈高峰

地　　址：广东省广州市天河区天寿路 80 号

电　　话：020-87117188

手　　机：15920179188

传　　真：020-8711751

E-mail：285968697@qq.com

67 大型水库与复合型蓄滞洪区联合调洪简易计算软件

持有单位

中水珠江规划勘测设计有限公司

技术简介

1. 技术来源

软件是为解决珠江流域北江飞来峡水库和潖江蓄滞洪区高效精细化联合调度技术问题而自主研发，基于软件计算成果研究提出了潖江蓄滞洪区启动条件、滞洪运用方式与运用方案。

2. 技术原理

软件采用水库静库调洪、马斯京根洪水演进、溃坝洪水计算等基本理论，应用网络拓扑学理论构建水库、河道、蓄滞洪区的连接关系，采用面向对象程序设计方法与数据库技术研发，实现了水库与蓄滞洪区联合调洪计算。

3. 技术特点

（1）模型兼顾计算效率与精度要求，满足调度实践时效性与研究精度要求。软件水力计算采用水量平衡、马斯京根洪水演进方程、堰闸计算公式等基本控制方程进行联立求解，避免了水动力学复杂迭代计算和数值震荡问题。

（2）资料要求低，适用范围广。软件采用静库调洪与马斯京根洪水演进计算方法，对河道与水库的地形资料要求比较低，只需要水库与蓄滞洪区的基础的库容曲线与泄流曲线及调度方式，适用范围比较广。

（3）操作界面友好，模型搭建过程简易。软件开发中采用网络拓扑关系组织水库、蓄滞洪区、河道的连接关系，模型伸缩拓展简易，可快速便捷地实现水库调洪、蓄滞洪区蓄洪、河道洪水演进及其耦合计算。

（4）输入输出形式多样，满足不同用户的计算分析需求。软件数据输入输出方法采用窗口、文本、Excel数据等多种格式，对结果进行了可视化，方便查找分析，可自动生成工程上常用的Excel图表，缩短数据后处理时间，大幅提高工作效率。

技术指标

（1）运行硬件环境要求：CPU应在Pentium（R）4以上，物理内存在1GB以上，硬盘可用空间1GB以上；运行软件环境要求：操作系统为Windows 7或以上版本，且安装有Office 2013或以上版本。

（2）软件针对大型水库与蓄滞洪区的滞洪特点以及河道洪水传播特性，采用水库静库调洪、蓄滞洪区溃坝滞洪与河道马斯京根洪水演进相结合的方法进行水库与蓄滞洪区联合调洪计算，既满足计算精度要求，又简化计算复杂程度与提高计算效率。

应用范围及前景

适用于水库和蓄滞洪区联合调洪演算计算，可用于水库调洪、蓄滞洪区调洪、堤围溃决流量计算、河道洪水演进及上述功能的耦合计算及计算结果可视化分析。

该技术应用于水利部重点项目《新形势下潖江蓄滞洪区启动条件与运用方案研究》等多项水利工程项目与珠江流域防汛调度工作，性能稳定，计算精度满足规范要求。

技术名称：大型水库与复合型蓄滞洪区联合调洪简易计算软件
持有单位：中水珠江规划勘测设计有限公司
联 系 人：廖小龙
地　　址：广东省广州市天河区天寿路沾益直街19号
电　　话：020-87117061
手　　机：15920138968
传　　真：020-38810724
E-mail：178462035@qq.com

68 隧洞洞穿引水钢管施工技术

持有单位

北京清河水利建设集团有限公司

技术简介

1. 技术来源

自主研发。

2. 技术原理

采用电动葫芦和滑轮在洞内运输钢管，在直线洞内布置滑轮，洞外一端同时设置与洞内高程一致的滑轮作为钢管进洞时辅助设施。隧洞的另一端布置电动葫芦，钢管由隧洞的一端通过电动葫芦拉至洞内。自密实混凝土浇筑采用一次成型的浇筑方法，根据施工现场情况确定在钢管上开孔的位置，孔口数量由直线隧洞长度来确定，泵管通过与每个开孔相连，逐一浇筑。管顶设置抗浮装置，防止混凝土浇筑过程中钢管漂浮。

3. 技术特点

（1）钢管安装精度更高。采用在洞外一端安装电动葫芦，洞内外布置动滑轮对钢管进行钢管安装，钢管安装的高程易调整，精度易控制。设置止浮装置，防止在混凝土浇筑过程中钢管漂浮。

（2）钢管焊接的质量有保障。全部采用洞外双面焊接，钢管对口及焊缝质量更有保障。

（3）钢管防腐层保护效果好。滑轮采用钢制滚轮，外带 10mm 厚橡胶保护层，可以避免钢管在滚动过程中防护层破坏。

（4）施工成本较低。采用电动葫芦作为牵引动力，更节省设备及安装费用，较传统施工方法降低了施工成本。

（5）混凝土浇筑的施工质量更高。采用自密实混凝土一次浇筑成形，浇筑饱满，可靠性高，工期短，效率高，且无接缝，混凝土质量更有保障。

技术指标

（1）洞室底部每间隔 80cm 设置一组滑动轮，腰线处每隔 80cm 设置一组滑轮组，腰线处的滑轮组交错布置。滑动轮高程为同一高程，管道轴线、高程偏差控制在 $\pm$20mm 之内，钢管圆度偏差控制在 5‰且不大于 40mm 之内。

（2）安装钢管时，纵向每隔 10m 在隧洞顶 11 点和 1 点方向各焊一组止浮杆。混凝土浇筑时，洞外泵管采用管卡固定，洞内采用砂袋压重控制管道上浮。

（3）钢管吊至就位后，使用电动葫芦水平拉至钢管外露 0.5m 处，调运下一根钢管，在洞内完成焊接后，用电动葫芦水平拉至钢管外露 0.5m 处，再进行下一根钢管吊装、焊接、拉进。

应用范围及前景

适用于直线引水管道洞穿管施工。

该项技术先后应用在北京市南水北调配套工程河西支线工程和北京市南水北调配套工程大兴支线工程。工程实践表明：钢管安装采用电动葫芦和洞内设置滑动轮组合的方法比以往采用台车运输的方法施工更加简便，节省人力和材料设备，同时该方法钢管焊接均采用洞外双面焊接，质量较洞内单面焊容易得到保证，且自密实混凝土施工采用一次成型的浇筑方法，浇筑饱满，可靠性高。

技术名称：隧洞洞穿引水钢管施工技术
持有单位：北京清河水利建设集团有限公司
联 系 人：张令肖
地　　址：北京市海淀区清河路 191 号
电　　话：010-52713201
手　　机：18003825970
E-mail：714069576@qq.com

69 高强度聚氨酯喷涂管道非开挖修复技术

持有单位

北京金河水务建设集团有限公司

技术简介

1. 技术来源

自主研发。

2. 技术原理

高强度聚氨酯喷涂管道非开挖修复技术是利用聚氨酯材料快速固化，与基体黏结强度高，材料强度高，抗化学腐蚀能力高，表面光滑度高等特点，在老化设施的表面（通常为内表面）喷涂形成一定厚度的聚氨酯涂层，不但能起到很好的耐腐蚀作用，而且能够对原有管道起到结构性补强的效果。在从根本上防止基础设施在腐蚀环境中的继续老化，结构性可以恢复甚至可以超过设计值，有效地延长老化基础设施的使用寿命。

3. 技术特点

（1）高强度聚氨酯喷涂管道非开挖修复技术是原位固化修复技术的延伸技术，也称为原位喷涂修复方法，由于是喷涂施工，施工时一体化程度高，不会在管道中留有施工死角，不受形状限制。根据技术的物理性能和化学性能，它可以很好地给管道提供结构修复、结构补强、防渗和防腐性能。

（2）施工中所使用的材料“高强度聚氨酯”具有结构抗力和耐化性配方，能够快速固化，黏着性能强，且不含任何有机挥发物、能在高温、寒冷、易腐蚀的环境中使用，具有良好的物理、化学性能。

技术指标

（1）施工性能：流挂性能≥1mm；胶化时间@20℃≤60s；表干时间≤3min；硬干时间≤10min；喷涂后可通水时间，60min。

（2）短期力学性能：短期弯曲弹性模量＞5000MPa；短期弯曲弹性模量＞90MPa；短期拉伸强度＞50MPa。

应用范围及前景

适用于污水管道、雨水管道、饮用水管道（包括原水，输水，和供水管道）、箱涵、池体、渠道池体及新建管道。

应用工程名称案例：南水北调东线山东干线济南管理局渠道衬砌板、闸墩桥墩翼墙及堤顶道路混凝土维修工程（1198.85 m²）该工程为渠道衬砌板、闸墩桥墩翼墙及堤顶道路混凝土维修工程，修复类型涉及渠道、桥墩、道路等混凝土构筑物，投入运行时间 2020 年 10 月，并稳定运行 1 个冬季，对墙体的冻融修复具有较为理想的效果。该技术施工便捷高效，材料及施工过程符合国家相关修复标准要求，施工过程安全环保，对周边环境无污染，具有较好的应用前景。

技术名称：高强度聚氨酯喷涂管道非开挖修复技术
持有单位：北京金河水务建设集团有限公司
联 系 人：张喆
地　　址：北京市昌平区昌平路 84 号
电　　话：010-80762026
手　　机：13439612357
传　　真：010-80762420
E-mail：jhswzgb@163.com

70 紫外光固化管道非开挖修复技术

持有单位

北京金河水务建设集团有限公司

技术简介

1. 技术来源

自主研发。

2. 技术原理

紫外光固化管道非开挖修复技术，属于 CIPP（Cured-in-Place Pipe）原位固化管道修复技术的一种。将工厂定制的内衬软管拖入需要修复的管道内部，经过紫外光灯的照射，利用紫外光固化技术将内衬软管固化，在原有管道内部形成没有接口的玻璃钢管，不开挖路面快速修复原有管道的内衬技术。

3. 技术特点

（1）施工时间短：通过紫外线灯照射内衬管材，紫外线灯的牵引速度为 1m/min，因此固化一段管道一般需要 30 ~ 50min。

（2）施工灵活性高：对应不同的现场情况，可以任意选择修复材料的厚度与长度。

（3）施工全程摄像观察：紫外线灯架设备的最前端，安装有 CCTV 摄像检测系统，可以在施工中对管道情况进行全程观察。

（4）优越的流水性：采用玻璃钢材质，硬化后材料内壁光滑。根据粗糙度系数测定实验，采用曼宁的流速公式计算得出，修复后的新管道能够达到或超过原有管道的设计性能。

（5）硬化后收缩小：光硬化工法中所使用的修复材料中含有作为增强材料的玻璃纤维，硬化后几乎没有收缩。

（6）设备占地面积小：施工时，仅需 3 辆工程车，占用道路面积小（规划占道面积为：在检查井边的位置，宽 2.5m，长 12m 的矩形区域），噪声低，对道路交通影响小。

（7）内衬管耐久实用：内衬材料具有耐腐蚀、耐磨损等优点，材料强度大，根据设计最大可以使用 30 年，彻底解决管道的地下水渗入问题。

（8）保护环境，节省资源：该工艺施工时不开挖路面，不产生垃圾，不堵塞交通，二氧化碳排放量小，改变和提升了管道施工的总体形象。

技术指标

（1）弯曲弹性模：23℃，＞8000MPa。

（2）弯曲弹性强度：23℃，＞125MPa。

（3）拉伸弹性强度：23℃，＞80MPa。

（4）材料曼宁系数：0.009。

应用范围及前景

适用于直径 200 ~ 1800mm 的圆形管、蛋形管等的修复。

该技术已应用于长安镇茅洲 2019 年河流域截污主干管修复工程非开挖修复项目Ⅰ标专业工程[（DN600 ~ 1000）：1100m]、珠海高新区 2018—2019 年水环境综合整治工程[拉入式紫外光固化（DN300 ~ 1500）：2472m]等项工程，与其他非开挖技术相比，管材强度高，施工简单，速度快，质量有保证。

技术名称：紫外光固化管道非开挖修复技术
持有单位：北京金河水务建设集团有限公司
联 系 人：张喆
地　　址：北京市昌平区昌平路 84 号
电　　话：010-80762026
手　　机：13439612357
传　　真：010-80762420
E-mail：jhswzgb@163.com

71 埃德尔在线漏损监测与定位系统

持有单位

北京埃德尔黛威新技术有限公司

技术简介

1. 技术来源

“十二五” 水专项课题“供水管网漏损监控设备研制及产业化”科研成果之一。

2. 技术原理

该系统包括在线渗漏预警系统、多功能漏损检测仪、供水管网 DMA 分区计量漏损监控运营管理系统。当管道泄漏时，流体介质高速穿过泄漏空隙，由于振动、减速、膨胀、撞击等，流体产生雷诺应力或剪切力，形成泄漏噪声。泄漏声波以非频散的平面波和频散的高阶声模态形式在管道流体中传播，当把噪声传感器吸附在泄漏点两端的管道或管道连接件时，噪声传感器自动记录漏水声波信号，并通过无线网络上传至云端服务器，在云端通过时间误差修正技术和声波相关技术，获得精确漏点位置。

3. 技术特点

（1）在线渗漏预警系统，通过拾取管道泄漏的微弱噪声，并依据泄漏噪声的特点：持续性、稳定性、频谱一致性等特征，综合评估管道泄漏状态，及时预警管道泄漏故障。

（2）多功能漏损监测仪，提供流量、压力、噪声等多种传感器的综合采集与分析，并结合埃德尔研发的专用供水管网 DMA 分区计量漏损监控管理系统对区域内的漏损情况进行分析处理，以实现对供水系统的精细化管理、监控漏损、节能降耗、提高效益。

（3）供水管网 DMA 分区计量漏损监控运营管理系统（DOMS 系统是 wDMA 的升级版）。该系统是国家“十二五”水专项课题“供水管网漏损监控设备研制及产业化”的重要组成部分，是基于我国供水企业实际发展状况，参考 DMA 管理指导要点，融合国内外成熟经验，应用夜间最小流量原理，根据 ALR 理论，利用物联网技术的高端智能管理系统。

技术指标

（1）在线渗漏预警系统参数：灵敏度＞70V/g，频率范围 0～5kHz，定位精度＜1m，内置锂电，防护级别 IP68。

（2）流量测量参数：精度±1%～±2%，压力等级 1.6MPa，电导率≥5μS/cm，防护等级 IP68，介质温度－25～＋80℃，反复性和重复性±0.01%±0.25%。

（3）压力测量参数：量程 0～3MPa，精度 0.1%F·S，环境温度－20～＋85℃，密封等级 IP68。

应用范围及前景

适用于利、市政、工业等领域输配水与供水管道，在线漏损监测并实现泄漏点位置的精准定位。

埃德尔漏损监测产品在国内得到广泛推广和应用，包括南昌洪城水业、伊通自来水、济南自来水、淮南自来水、大冶自来水、阳新自来水、山东德州水务、黄石自来水、四川绵阳自来水、抚顺自来水、南口自来水、门头沟自来水等二十多个项目，节水效益明显。

技术名称：埃德尔在线漏损监测与定位系统
持有单位：北京埃德尔黛威新技术有限公司
联 系 人：刘晓娇
地　　址：北京市海淀区中关村南大街甲 6 号铸诚大厦 B 座
电　　话：010-51581255
手　　机：13466642095
传　　真：010-51581255
E－mail：liuxiaojiao@adler.com.cn

72 水利工程工业信息安全态势感知平台

持有单位

北京安帝科技有限公司

技术简介

1. 技术来源

自主研发。

2. 技术原理

该平台按照“设备自身感知、数据就地采集、平台统一管控”的原则，通过大数据智能安全分析实现各个分离的安全系统数据的统一管理、统一运营；深度检测安全威胁，智能分析辅助安全决策，感知整体安全态势，提高安全运营效率；将安全战略由被动防御转向主动智能，全面保障客户智慧水利业务系统安全。

3. 技术特点

（1）智能分析：持续采集来自水利工业网络、关键基础设施数据，通过大数据方法对发生事件的相关性、严重性进行智能分析，做到事件的实时定位与事件关联分析等功能。

（2）威胁管理：对水利工控网络、关键基础设施上的恶意代码、漏洞、攻击方法等进行搜集、整理和分析，根据漏洞严重性、影响范围等综合因素给出量化评估。

（3）态势感知：通过物联网大数据手段对水利工控网络、物联网和关键基础设施数据进行风险评估，实时识别预测潜在风险，感知工控安全态势。

（4）预警应急：基于深度学习的专家分析和准确及时的威胁情报支持，将严重安全事件等进行预判，通过安全通告、实时信息推送等方式提供安全警报，并提醒用户采取相应的防范应对措施。

技术指标

（1）平台功能：平台通过收集多种安全数据，依托大数据技术，结合威胁情报进行集中处理、关联分析，最终将各种安全事件进行可视化呈现，为企业安全提供可靠的网络安全风险评估、态势感知、监测预警及应急处置能力。

（2）平台性能：设备数据吞吐量≥10000 条/s 设备可监管资产对象数量≥1000 个；对上传事件信息的处理时间≤1s；对远程调阅的处理时间≤3s；本地日志审计记录条数≥10000 条。

应用范围及前景

适用于水利水电、泵站、闸站、水库、水利调度、综合监控、梯级水利工程信息化监控系统等。

案例：“中能融合智慧科技有限公司工业信息安全态势感知平台项目”通过将工业信息安全态势感知平台部署至云南华润电力（红河）有限公司—云鹏水电站、葛洲坝伊犁水电开发有限公司斯木塔斯水电站、天生桥一级水电开发有限责任公司水力发电厂、贵州深能洋源电力公司懂托水电站、拉纳水电站、浙江分区五里亭水电厂、中电（福建）电力开发有限公司沙溪口水电站、广东粤电青溪发电有限责任公司（青溪电厂）、江西赣能股份有限公司抱子石水电厂等水利水电工程中。平台从建成到运行，达到了设计的各项功能指标。

技术名称：水利工程工业信息安全态势感知平台
持有单位：北京安帝科技有限公司
联 系 人：饶志波
地　　址：北京市朝阳区亮马桥路甲 40 号二十一世纪大厦 A 座 16 层
电　　话：010-8207 4880
手　　机：13552936998
传　　真：010-8207 4880
E-mail：raozb@andisec.com

73 内河淡水区水工中低强度等级混凝土高性能化施工技术

持有单位

江苏省水利科学研究院
江苏省水利建设工程有限公司
南京市水利建筑工程有限公司

技术简介

1. 技术来源

在南京市水务科技项目“酸性环境下水务工程混凝土防裂缝防碳化高性能技术研究”、江苏省水利科技项目“新孟河界牌水利枢纽水工混凝土高性能化施工技术研究与应用”、江苏省省级工法《内河水工建筑物中低强度等级混凝土高性能化施工工法》以及总结10余座应用工程基础上形成该技术。

2. 技术原理

选择优质常规原材料，采用“二掺三低一中（大）”高性能混凝土配制技术，加强施工过程质量精细化管理，采取综合技术措施，实现内河淡水区水工中低强度等级混凝土高性能化，并从设计、生产和实体结构质量三个方面进行高性能化评价。

3. 技术特点

（1）该技术选择优质常规原材料，采用复掺粉煤灰与矿渣粉、掺优质引气剂，低用水量、低水胶比、较低水泥用量、矿物掺合料掺量40%~55%，设计使用年限为50年、100年的混凝土用水量分别不宜大于165kg/m^3、155kg/m^3，水胶比分别不宜大于0.48、0.42，带模养护时间分别不宜少于10d、14d。

（2）有温度控制要求时宜采取掺入抗裂纤维、降低入仓温度、通水冷却、降低外约束等综合技术措施。

（3）整体技术包括内河淡水区水工中低强度等级100年寿命混凝土高性能化施工成套技术、酸性环境下水务工程混凝土防裂缝防碳化高性能化施工成套技术、内河淡水区水工中低强度等级100年寿命混凝土高性能化评价方法。

技术指标

（1）C30混凝土28d人工碳化深度＜10mm，56d电通量＜1000C，氯离子扩散系数＜4.5×（10~12）m^2/s，抗渗＞W12，抗冻＞F200。结构C30混凝土580~630d自然碳化深度＜5mm。

（2）C40混凝土28d人工碳化深度＜10mm，56d电通量＜800C，氯离子扩散系数＜3.5×（10~12）m^2/s，抗渗＞W12，抗冻＞F200。结构C40混凝土645~710d自然碳化深度＜5.5mm。

应用范围及前景

适用于内河淡水区水工、交通、水运中低强度等级混凝土实现高性能化，以及沿海受氯盐侵蚀混凝土实现高性能化。

该项技术于2016年开始在南京市九乡河闸站工程应用，先后在新孟河拓浚延伸界牌水利枢纽、扬中市万福桥闸站工程、江阴定波水利枢纽工程等10余座国家和省重点水利工程中应用，应用工程混凝土抗碳化、抗氯离子渗透能力显著提高。

技术名称：内河淡水区水工中低强度等级混凝土高性能化施工技术
持有单位：江苏省水利科学研究院、江苏省水利建设工程有限公司、南京市水利建筑工程有限公司
联 系 人：朱炳喜
地　　址：江苏省南京市南湖路97号
电　　话：0514-87361902
手　　机：13951435276
传　　真：0514-87361902
E-mail：13951435276

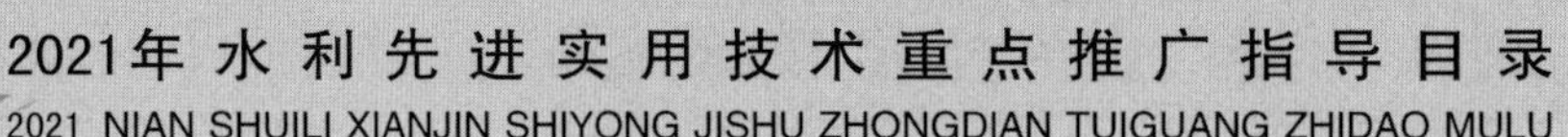

74　面向节能环保的湖库底泥防堵可控真空快速固结关键技术

持有单位

南水北调东线江苏水源有限责任公司

江苏鸿基水源科技股份有限公司

技术简介

1. 技术来源

自主研发。

2. 技术原理

技术在实施时，将环保排水材料按照一定间距插入淤泥中，上部用真空管路连接，真空管路与节能真空泵连通，场地表面及周边用密封膜密封，然后开启节能真空泵真空抽水。为克服淤堵问题，在施加真空荷载时，根据淤泥的含水率特点，通过节能真空泵调节真空在最佳初始抽水压力，随着淤泥骨架强度增长逐步增加后续真空压力直至到最大真空压力（90kPa 左右），进而保证淤泥在最佳真空压力下持续快速排水。

3. 技术特点

该技术采用可降解的防堵排水板替代了传统的不可降解的塑料排水板，同时采用防堵可控的负压加载方式替代了传统的直接高真空负压加载方式，能有效解决现有真空预压技术处理高含水率、高黏粒含量的流态疏浚淤泥存在的排水通道淤堵、塑料白色污染及耗能问题，尤其适用于河湖疏浚淤泥以及新近吹填造陆地基的快速加固处理。

技术指标

（1）提出的集防堵技术、环保排水材料、节能真空泵于一体的淤泥快速处理技术可以在 3~5 个月内对湖库底泥完成固结处理，尤其适用于目前经常采用绞吸式疏浚产生的高含水率湖库底泥的固结处理，处理后的淤泥地基承载力达到 50~80kPa，满足土地还耕利用的承载力条件。

（2）使用的环保排水材料在不影响排水性能的前提下，具有可降解性，可在 1~2 年内完成降解，满足后续土地资源的生态利用；

（3）节能真空射流泵真空控制范围为 0~90kPa，控制精度±5kPa，相比传统真空装置节能 10%。

应用范围及前景

适用于湖库疏浚淤泥排泥场的处理，以及其他工程产生的排泥场的处理，如河道疏浚工程、港口航道清淤、沿海滩涂开发等。

技术于 2009 年首次在淮安四站开展了现场工艺性试验，总结形成了成熟的施工工法，而后陆续成功应用于南水北调东线金宝航道工程、淮河干流行洪区整治工程、淮河入江水道整治工程、浙江近海岸淤土加固工程等国家及省级重点工程应用，总计应用规模超过 3000 亩，采用技术处理，避免了淤堵现象，确保了淤泥的加固效果，实现土地资源化利用，经济和社会效益显著。

技术名称：面向节能环保的湖库底泥防堵可控真空快速固结关键技术

持有单位：南水北调东线江苏水源有限责任公司、江苏鸿基水源科技股份有限公司

联 系 人：吉锋

地　　址：江苏省南京市建邺区云龙山路 58 号

手　　机：13776673382

传　　真：025-86550612

E-mail：623315636@qq.com

75 区域内多标段多用户工程建设期安全监测预警系统

持有单位

南京瑞迪建设科技有限公司

水利部交通运输部国家能源局南京水利科学研究院

技术简介

1. 技术来源

根据水利工程安全建设、运行与管理需求，自主开发软著平台"瑞迪监测及预警系统 V2.0"。

2. 技术原理

针对中小河流域治理、地级市或县级区域内水利建设工程，具有数量大、分布广、参与单位多、技术水平参差不齐、信息化水平低、资金紧张、时间周期相对短、人工测量为主的等特点，开发了该监测与预警系统，满足目前工程安全、信息化要求，包括 PC 端后台数据上传、分析、格式报表等功能，手机端在线快速报表、流程处理、预警等功能。

3. 技术特点

（1）工程人员以手机号、微信号为账号登录系统。结合区域内工程管理特点，相关人员可多角色参与不同工程的安全监测、复核、管理，并以相应身份获得相关项目针对性报表。如同一管理者可以同时管理工程多个标段。同一总监管理其中的不同标段。

（2）同一施工方总工可对应多个项目以及不同标段。项目参与人员可方便地建立项目，分配项目角色，开展监测技术、管理工作。

（3）监测参数覆盖测斜、土斜、沉降、水位、钢支撑轴力、混凝土支撑轴力等，系统兼顾人工测试数据输入以及自动化采集数据接入。

技术指标

（1）系统满足多项目、多标段、多用户功能，可由用户独立部署，也可向现有平台申请账号进行数据快速代管。

（2）具有 PC 端上传数据工作层、分析层、报表层；手机端报表查看、工作流程处理功能，工作巡视拍照上报功能。

（3）具备 5 种以上参数，根据项目可选择、扩展。常用的 3 种国产测斜仪数据快速导入接口，预留多种测斜仪数据统一接入标准模板。

（4）基于多参数时空分布信息，系统支持多参数、多维度的分析与报表专家系统功能。纵、横断面监测点变化趋势分析，异常点沉降、水位、深层水平位移随时间变化间的关系报表。

应用范围及前景

适用于大型水利枢纽工程、区域内多项目多标段同期施工水利工程的建设期安全监测及预警管理。

该系统管理的工程标段有 15 个，包含耿楼复线船闸施工监测、南通市如东县刘埠渔港一级船闸基坑，无锡地铁 1 号南延线南泉站、万达城站、万泉区间，3 号线长江路站、区间风井等工程。其中，无锡地铁、刘埠船闸等项目自 2017 年，系统开发初期成果即起到了重要作用。系统平台的运用，起到信息流、人流、设备、管理的作用。

技术名称：区域内多标段多用户工程建设期安全监测预警系统
持有单位：南京瑞迪建设科技有限公司、水利部交通运输部国家能源局南京水利科学研究院
联 系 人：刘海祥
地　　址：江苏省南京市鼓楼区虎踞关 34 号材料结构研究所
电　　话：025-85829646
手　　机：13851552579
传　　真：025-85829666
E-mail：121716028@qq.com

76 基于BIM模型的可视化监理服务提升技术

持有单位

江苏科兴项目管理有限公司

技术简介

1. 技术来源

自主研发。

2. 技术原理

基于BIM模型的可视化监理服务提升技术以手持终端开发为基础，将传统复杂工程建设过程结合现代的信息技术，放到相应的计算机当中，并通过可视化仿真的方式，模拟整个项目建设过程，再通过手持终端将工程实施过程的详细信息进行采集，实现项目可视化分析管理以及手持终端和后台对工艺、产品和组织三个维度的信息实时共享。该终端根据应用场景的不同主要分为前台现场取证与后台数据管理。

3. 技术特点

（1）BIM模型可视作为传统监理模式与现今信息数据化监理工作模式之间的“桥梁”，将数字、文字信息转化为更为直观的模型，可以使信息更加直观，并辅助进行质量、安全、进度等方面的监理，更有利于找出并分析现场施工存在的问题，使监理工作更加准确可靠。

（2）该终端具备便携的优势，不受场地条件的限制，适合工地现场随时随地通过便携终端的简单、明了的可视化环境。让监理人员更直观地实时监管项目情况，为监理管理人员提供决策参考，将智能化管理水平再提升。

技术指标

（1）前端设备采用Linux操作系统，支持32位和64位硬件，可进行数据采集和简单BIM建模。

（2）前端设备包括图像采集设备、数据存储设备，微处理主板（YS-A60智能终端设备主板），数据传输器（支持Type-C数据线和Bluetooth传输），电源设备（5000mAh电池和5V/1A直流充电电源）。

（3）前端设备包含功能：3D初步建模（支持3DS、DWG或DXF格式），数据集成（对工程构筑物尺寸、主要边线、棱角等进行标注）、信息标注（对拍摄的内容进行简单信息标注）。

（4）后端可视化软件支持手机系统包括Android 10及以上，iOS 13及以上，支持与AutoCAD、Revit、3DMax等软件进行连接和数据导入。

应用范围及前景

适用于监理行业，如各类水利工程监理工作。

该项技术自2018年6月开始运用在京杭运河浙江段三级航道整治工程杭州段（八堡船闸段）中进行应用，已推广应用工程实例数 3 个。八堡船闸项目通过BIM项目管理系统进行信息协同和共享，减少近 20%的沟通协调会议时间，大大提高了管理效率。并且积累了水运工程BIM专业工具应用技术，探明了BIM与项目管理的融合技术，为工程项目的精细化、规范化管理扫清技术障碍，为工程建设产业发展提供了技术支撑。

技术名称：基于BIM模型的可视化监理服务提升技术
持有单位：江苏科兴项目管理有限公司
联 系 人：黄建红
地　　址：江苏省南京市鼓楼区广州路225号
电　　话：025-68953805
手　　机：18913947163
传　　真：025-68953800

77 欣皓管网漏损监测诊断系统

持有单位

苏州欣皓信息技术有限公司

技术简介

1. 技术来源

自主研发。

2. 技术原理

通过沿管道铺设分布式监测光纤，在管道阀门（调流调压阀、蝶阀、偏心半球阀、空气阀）安装振动、压力、高频压力计、水听器等传感器，在控制中心部署监测主机与分析平台，定位管道漏损、断丝、振动、沉降等位置，发现水锤等压力瞬变隐患，配合5G控制柜远程控制阀门，从而减少漏损水量。

3. 技术特点

（1）水锤（压力瞬变）实时监测。输水管线关键位置安装高频压力计，监测和识别水锤（压力瞬变）信号，包含阀门开关、水泵停起、大客户用水引起的流量波动等造成的压力波动。

（2）实时爆管监测和定位（高频压力监测识别漏点）。高频压力计采集频率高达64~256Hz，每个高频压力传感器能覆盖约3km管线，监测突发的爆管事故，并快速定位爆管区域。

（3）瞬变源分析。系统内置管线的水力模型及水锤（压力瞬变）分析工具，通过时针同步技术找到压力瞬变产生的源头，分析产生危害性水锤（压力瞬变）的原因。

（4）爆管风险评估。统计压力瞬变事件发生次数，识别可疑破坏性水锤，结合管网数据，评估现有水锤对管线的破坏风险，以GIS地图展示并标记高危（有爆管风险）的管道或区域。

（5）分布式光纤振动传感技术利用光纤中的高相干瑞利散射光干涉现象对振动特征敏感的特点，实现振动传感。

技术指标

（1）分布式光纤监测主机：最长反应时间5s；定位精确度±10m；可检测管道距离50km内；可检测管道最大压力10MPa；综合误报率＜3%；综合漏报率＜10%。

（2）放大器：增益平坦度＜2dB；机架式1U。

（3）单模声学特制光缆：12芯，磷化钢丝加强件，PE护套。

（4）采集通信装置RTU： 有连接高频压力计、水听器接口，支持Modbus接口。

（5）高频压力计：采样频率64/128/256Hz；量程0~200psia；精度0.25%F·S。

（6）水听器灵敏度：－172.91dB Vre: 1V/μPa，响应频率范围20Hz~20kHz。

应用范围及前景

适用于原水输水管道、污水管道、自来水管道。

案例：青城市柘林水库引水工程智慧平台系统建设项目。工程输水管线采用球墨铸铁管，主管管径为DN1600，分水口管径DN1400，应用规模全线42.371km管道及检修阀井10套、空气阀58套。需要对管线漏损、压力瞬变源进行监测分析，全线水利高程展现，协助运行管理人员分析管线易堵塞、易漏损处，辅助定位管线漏损位置。通过项目实施，使运行管理人员充分了解了管线的"健康"状态。

技术名称：欣皓管网漏损监测诊断系统
持有单位：苏州欣皓信息技术有限公司
联 系 人：于博文
地　　址：江苏省苏州工业园区东长路18号36幢
电　　话：0512-67603528
手　　机：15156020969
传　　真：0512-67609068
E-mail：yubowen@xinhaogroup.com.cn

78 HL400-4F5000L 自落式预冷混凝土搅拌楼

持有单位

杭州江河机电装备工程有限公司

技术简介

1. 技术来源

自落式混凝土搅拌楼（站）是四级配混凝土筑坝系统中必备设备，为了满足水利水电工程大体积混凝土快速施工要求，自主研发装备。

2. 技术原理

利用现代设计技术对结构进行分析，根据受力及载荷变化，优化主体结构，实现结构稳定，布置合理和维护方便；研制的搅拌机应能实现单罐拌制捣实常态混凝土 5m^3，碾压混凝土 4.5m^3；针对骨料、粉料和搅拌机进料设计新型除尘技术和装备；开发设计骨料预冷技术和新型储冰装置，提高预冷混凝土生产效率；利用现代控制技术开发智能化控制系统及数字接口，提高搅拌楼运行效率，降低设备维保成本。

3. 技术特点

HL400-4F5000L 自落式预冷混凝土搅拌楼生产效率高、运行可靠、控制技术先进、环保性能好、维护运行操作简单，适合生产各种类型的水工混凝土，采用自主知识产权的 5m^3 大容量自落式混凝土搅拌机，为最大的自落式预冷混凝土生产设备。

技术指标

（1）混凝土生产能力：常温常态混凝土 400m^3/h，常温碾压混凝土 320m^3/h，温控混凝土 300m^3/h。

（2）混凝土搅拌时间：＜180s。

（3）物料配料精度：符合 SL 242—2009。

（4）粉尘排放：符合 SL 242—2009。

（5）设备噪声：符合 SL 242—2009。

应用范围及前景

适用于水利水电工程、城市建设、交通建设工程等混凝土生产。

2017 年 3 月首批 4 套 HL400-4F5000L 自落式预冷混凝土搅拌楼在白鹤滩水电工程中投入使用，是目前最大的混凝土生产系统，已经完成生产任务，截至 2021 年 6 月 25 日，4 套设备累计生产各类优质混凝土 832 万 m^3，完成大坝混凝土生产，年最大强度突破 270 万 m^3、月最大强度超过 27.3 万 m^3，均为同类坝型第一，年最大上升高度超过 102m，多项指标创同类工程施工纪录。随后研究成果在新疆 JH 等水电工程中再次推广应用。

技术名称：HL400-4F5000L 自落式预冷混凝土搅拌楼
持有单位：杭州江河机电装备工程有限公司
联 系 人：冯新红
地　　址：浙江省杭州市学院路 102 号 609 室
电　　话：0571-88052365
手　　机：13515817112
传　　真：0571-88841248
E-mail：jhgsdq@126.com

79　先张法椭圆形混凝土啮合围护管桩

持有单位

杭州迪莹科技有限公司

技术简介

1. 技术来源

自主研发。

2. 技术原理

管桩环形截面为椭圆形，由主筋、螺旋外钢筋和混凝土组成；内部为圆形空心结构，椭圆长轴的两侧，设置一侧凸形，另一侧凹形，凹凸二侧互为卯榫相连接，使两根相邻的围护管桩紧密啮合在一起。并且以第一、第二、第三、……、第 n 形成一道桩列式围护挡墙。桩与桩相互啮合、相互牵制，以及利用椭圆圆弧面受力分散至相邻的管桩上，使管桩间相互传递形成合力，增强了整体围护能力。

3. 技术特点

（1）通过 430kN 张拉力的先张法预应力，使每一根钢棒受力均匀，并且都产生较大的预应力，从而提升椭圆形啮合管桩抗弯强度、抗剪能力及荷载能力。

（2）离心力浇注使混凝土颗粒分布均匀密实度更高，用高温高压养护确保混凝土达到更高的等级和抗裂能力。

（3）该管桩啮合处有填充槽。根据不同的要求可填入止水材料或者透水材料，达到较好的效果。

（4）可因地制宜采用管桩内套桩、间隔套桩等方法，特别是港口、码头、基坑施工时，无需围堰，施工更为方便快捷，达到大高程差围护的要求。

技术指标

（1）检测管桩型号为 TNPC400×560A95-8 椭圆啮合管桩，结构尺寸为 400mm×560mm，长 8m，自重 2.7t。

（2）管桩抗裂弯矩为 54kN·m，极限抗弯 81kN·m。

应用范围及前景

适用于河、湖、海、港口、码头、岛礁护岸，道路、山体护坡，基坑围护和场地物料围挡等围护工程。

案例 1：海宁市周王庙镇联民区块人居环境提升工程。该工程护岸材料采用 TNPC400×560A95-8 椭圆啮合管桩 238 根，管桩尺寸为 400mm×560mm，长 1.8m。管桩植入基础 1.0 ~ 1.1m，桩与桩啮合成连续桩墙，形成整体围护合力，有效保护土质河岸坍塌。

案例 2：浙江惠联新材料科技有限公司场地堆放（黄沙）等物料围挡工程。考虑黄沙堆积产生的挡土压力和车辆装卸推力等荷载，选用 TNPC 560×400A95-8 管桩 80 根，施工做了 600m^3 的 U 形场地堆放物料的半封闭式围挡，达到了环保要求，提升了场地整洁，节约了场地。

技术名称：先张法椭圆形混凝土啮合围护管桩
持有单位：杭州迪莹科技有限公司
联 系 人：洪泽斌
地　　址：浙江省杭州市艮山东路 180 号（天达大厦）二号楼
电　　话：0571-88962735
手　　机：18258851781
传　　真：0571-88962735
E-mail：1583124635@qq.com

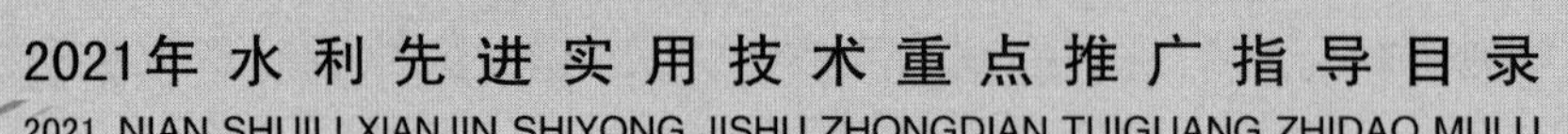

80　地面三维激光扫描技术在水利水电工程测绘中的应用研究

持有单位

江河水利水电咨询中心有限公司

贵州省水利水电勘测设计研究院有限公司

技术简介

1. 技术来源

自主研发。

2. 技术原理

该项目技术研究主要包括两个方面：一是三维激光扫描技术在山区绘制1∶500地形图的方法及关键技术研究；二是山区地物田坎（陡坎）自动化提取方法研究。为了能够在三维点云中自动编绘田坎边界，针对山区田坎的基本特征，利用一种新的基于概率论的三维空间聚类算法，提出了一种在三维点云中自动编绘山区田坎的方法。本算法的基本思路，即将所采集的点云数据处理成从高处往低处采集的点云数据这种情况，再借助空间聚类和统计学的相关方法，达到自动提取田坎的目的。

3. 技术特点

（1）采用地理信息系统中空间聚类理论、统计学理论来实现田坎特征自动化信息提取技术。根据田坎的特点，提出来一种在三维点云中自动编绘山区田坎的方法。其中，在对点云聚类的算法中，提出了正态分布边长的概念，作为边长约束的一个条件，使得过滤效果更好。

（2）成果与工程实际相契合，可操作性强，科研价值高。三维激光扫描仪在多地物地区绘制1∶500比例尺地形图的方法研究成果的效益：地形点提取合理，生成的地形图质量更高，减少了后期编辑量，缩短内业时间。外业速度是常规测量10倍以上，内业速度也提高1～2倍。

技术指标

（1）总结出一套三维激光扫描仪在山区测绘1∶500地形图的作业流程和方法，提高了内业数据处理工作效率。

（2）利用FME编制出移民征地土地面积自动量算的桌面应用程序，有效解决了基于CAD矢量地形图实现面积量算的自动化，提高准确度和精度。

（3）总结出一套利用GPS建立山区长距离输水线路精密控制网的技术方法。

应用范围及前景

适用于水利水电工程复杂山区大比例尺地形图测绘、地物信息提取等方面。

水利工程建设征地移民土地数据处理方法研究成果，在德江观音滩水库工程、兴义木浪河水库加高工程和荔波平林水电站工程的库区土地指标量算和统计应用中得到应用与验证，能将征地移民土地指标量算和分类汇总阶段所花的时间控制在一个星期之内，甚至更短，大大提高了工作效率。

技术名称：地面三维激光扫描技术在水利水电工程测绘中的应用研究

持有单位：江河水利水电咨询中心有限公司、贵州省水利水电勘测设计研究院有限公司

联 系 人：李囡囡

地　　址：北京市西城区六铺炕北小街2-1号

电　　话：010-63206561

手　　机：18518756814

传　　真：010-82027187

E-mail：93875912@qq.com

81　混凝土抗渗防腐保护层施工技术

持有单位

山东创元水务有限公司

技术简介

1. 技术来源

自主研发 CY-DPS 和 CY-RMO 两种产品。

2. 技术原理

CY-DPS 是一种一次使用、永久密封的渗透结晶型抗渗防腐外涂型产品，能够促使产品原料渗透到混凝土中，与“游离”碱及氢氧化钙发生反应，形成结晶渗透厚度不小于 20mm，属于结构性永久防水防腐层，形成坚实、无空隙的整体，增强混凝土的密度、硬度、抗压、抗折等力学性能，起到防渗防腐的效果。CY-RMO 是一种高性能浓缩型缺陷修补产品，与砖、石、混凝土等不同的基材具有极好的结合性能，掺加产品原料改性后的水泥砂浆，反应生成膜状结构，有效与基材结合，形成黏结强、韧性高的整体保护层，显著提高基材的耐水性、抗渗性、抗冻性、抗碳化、抗化学侵蚀、抗干湿循环等耐久性。

3. 技术特点

（1）CY-DPS 抗渗防腐材料：渗入混凝土表内部，反应后形成不溶性硅酸钙晶体，密封混凝土内的所有孔隙，增强抗渗效果；CY-DPS 材料无毒、无味、环保，符合生活自来水规范要求，可用于饮用水工程；施工简易便捷，省工省料，施工效率高；防止霉菌污染及藻类附着。

（2）CY-RMO 防碳化维修材料：与基材结合性强，不仅能与混凝土基面结合密实，还能与砖、石材结合成为整体结构，提高结构表面强度，不易脱落、开裂，耐潮湿、耐老化。

技术指标

（1）CY-DPS：抗压强度比≥100%；抗渗深度≥20mm；48h 吸水量比≤65%；抗渗水压力比≥200%。

（2）CY-RMO：抗压强度≥MPa35；抗拉强度≤5MPa；黏结强度≥2.5MPa；抗渗等级≥1.5MPa；吸水量率≤5%。

应用范围及前景

适用于砖、石、混凝土等结构修复及防渗工程，特别适用于任意形状基面、滨海建筑的修复及抗渗防腐工程。

案例 1：德州市李家岸灌区配套节水改造项目：对渡槽等水工建筑物进行抗渗防腐施工，施工面积约 20000m^2，施工后防渗效果显著。

案例 2：广饶县工业水源转化工程：对本项目的清水池、吸水井、污泥浓缩池等池体内壁进行 CY-DPS 施工，施工面积约 30000m^2，效果显著。“水池内侧防水保护层新技术的研发”获 2020 年度中国水利协会优秀质量管理小组Ⅱ类成果。

技术名称：混凝土抗渗防腐保护层施工技术
持有单位：山东创元水务有限公司
联 系 人：侯媛媛
地　　址：山东省济南市历城区工业北路 88 号东都国际 4-802
电　　话：0531-87163622
手　　机：15169075170
E-mail：cyshuiwu@163.com

82 堤坝白蚁隐患无损探测与防治技术

持有单位

河南省水利科学研究院

技术简介

1. 技术来源

自主研发。

2. 技术原理

工程物探是工程地球物理勘探的简称，它是以地下岩土层（或地质体）的物性差异为基础，通过仪器观测自然或人工物理场的变化，确定地下地质体的空间展布范围（大小、形状、埋深等）并可测定岩土体的物性参数，达到解决地质问题的一种物理勘探方法。由于白蚁蚁巢与周围的岩土体在物性上存在较大的差异，尤其是在电阻率和电磁波波速上的差异。这种差异的存在为采用探地雷达和高密度电法探测蚁巢提供了物性前提。

3. 技术特点

（1）结合探地雷达和高密度电法的高分辨率、智能化、无损、快速、连续探测的独特功能，通过对电磁波的基本理论、探地雷达和高密度电法工作原理的研究，结合以往探测现场经验，总结出了不同填坝料对应的探地雷达和高密度电法参数的设置范围，包括介电常数、滤波、时窗、天线行进速度、布线方式等，总结出了蚁巢色谱与其他干扰因素的不同特征。

（2）该技术主要采用雷达法和高密度电测法相结合的综合物探法对白蚁巢穴进行探测，对采集的数据进行数据处理及图像分析，根据巢穴的成像特征来判断巢穴的位置及深度，然后对发现的白蚁巢穴进行锥探药物灌浆等综合防治。

技术指标

该技术提出了探地雷达的介电常数、采集频率、时窗值的设置范围，选定了高密度电法的数据采集排列形式，规范了堤坝白蚁巢穴无损探测数据的采集过程，优化了设备组合方法，给出了相应图像分析判别标准。

应用范围及前景

适用于各类水库大坝、堤防等工程的白蚁巢穴及隐患探测。

案例 1：2015 年 10 月—2016 年 10 月，在河南省白龟山水库 2＋000～6＋300 段，共计 4300m，利用探地雷达和高密度电法设备联合探测，共探测出 57 处异常点，对异常点进行开挖验证共有 41 处是白蚁蚁巢，成功率 72%。

案例 2：2017 年，在河南省白龟山水库 2017 年白蚁防治项目 1 标（桩号 0+600～2+200 段），采用探地雷达法进行蚁巢无损探测，共探测出蚁巢 21 个。

案例 3：2019 年，在南水北调中线建管局河南分局宝丰段白蚁防治试验项目中，渠道左右岸长度共计 13.457km，防治面积为 336425m^2，其中采用探地雷达法对防护堤堤顶和绿化带区域进行无损探测白蚁巢穴，长度共计 5km。

技术名称：堤坝白蚁隐患无损探测与防治技术
持有单位：河南省水利科学研究院
联 系 人：吕正勋
地　　址：河南省郑州市金水区纬五路 39 号
电　　话：0371-65571235
手　　机：15138998298
传　　真：0371-65571235
E－mail：skyyts@126.com

83　水利工程 InSAR 毫米级变形监测关键技术

持有单位

深圳市水务规划设计院股份有限公司
深圳市水务科技发展有限公司
深圳市北斗智星勘测科技有限公司

技术简介

1. 技术来源

自主研发。

2. 技术原理

基于合成孔径雷达干涉测量（InSAR）技术，采用高分辨率和超高分辨率雷达卫星影像，从坝面雷达散射特性、数据处理效率提升、专用变形监测设备开发、工程化应用软件开发等方面开展技术攻关，建立了针对土石坝、库岸边坡等水利工程的 InSAR 监测技术方案、数据处理算法和软硬件应用平台。

3. 技术特点

（1）定期 InSAR 变形监测效率高；可信监测点更为全面；独特的土石坝散射特性分析功能；土石坝角反射器高精度监测；大坝变形监测专用北斗接收机；基于北斗及 InSAR 的水库群变形监测模式。

（2）结合北斗监测、渗流传感器和物联网监测技术，根据不同的水库等级、大坝特性以及管理要求，对重要水库开展表面变形和渗流渗压的实时在线监测，对全部水库实现全覆盖 InSAR 监测，主次有别地构建空间连续、时间连续、要素齐全的安全监测系统。

技术指标

（1）表面变形监测精度优于 3mm。

（2）小型角反射器，直径 55cm，支持升降轨卫星 2 个方向的观测，信号增强能力高于 10dB，变形监测精度优于 2mm。

（3）研发的面向水利工程的高精度 InSAR 监测系统软件，变形速率监测精度优于 1mm/a，单次变形监测精度优于 3mm。

（4）水务智星 SWZX-18 型大坝监测专用北斗接收机，静态精度：平面：±（$2.5\text{mm}+1.0\times10^{-6}D$）RMS；具备 WiFi 数据传输、定时开关机、自主基线解算、外接传感器等功能。

应用范围及前景

适用于水利工程安全监测，包括土石坝、堤坝、边坡、渡槽等。

关键技术已应用于龙岗区水库群（38 座水库）坝体动态安全监测服务项目、铜锣径水库大坝及库岸边坡安全监测项目、萍乡市重点煤矿区地表沉陷变形 InSAR 测量及水准测量项目、深圳机场飞行区沉降 InSAR 监测应用系统建设等 20 余个项目，社会、经济效益显著。

技术名称：水利工程 InSAR 毫米级变形监测关键技术
持有单位：深圳市水务规划设计院股份有限公司、深圳市水务科技发展有限公司、深圳市北斗智星勘测科技有限公司
联 系 人：龚春龙
地　　址：广东省深圳市罗湖区笋岗东路华凯大厦 1102 室
电　　话：0755-25890439
手　　机：13926531049
传　　真：0755-25890439
E-mail：gongcl@swpdi.com

84 超长隧洞岩石顶管施工技术

持有单位

重庆市观景口水利开发有限公司
重庆大学
中铁十八局集团有限公司
中水北方勘测设计研究院有限责任公司

技术简介

1. 技术来源

重庆市技术创新与应用示范专项社会民生类重点研发项目——“特大山地城市供水安全保障超长隧洞顶管关键技术研究与应用示范”。

2. 技术原理

超长隧洞岩石顶管施工就是借助于主顶和中继间油缸等的推力，把掘进中的顶管机及其随后的管节，从始发工作井顶进到预设位置，再把顶管机取出的一种敷设地下管道的非开挖施工方法。

3. 技术特点

（1）该技术是一套完整地适用于超长岩石隧洞修建的顶管技术，包含顶管设备选型及优化改造技术、顶管管节和润滑减阻材料设计技术、顶管管节预制及拼装技术、长距离顶进信息化监测体系及精确制导技术、复杂地质顶管施工技术和防卡管技术。

（2）具有可回退、可变径功能。顶管机主机可沿已成隧洞回退至始发井吊出，实现了超长隧洞无中间接收井条件下对顶施工方法。

（3）施工效率高、质量可靠。单台顶管施工最高日进尺 32m、月进尺 608m。隧洞开挖与预制管道顶进同步进行，一次成型，质量可靠。

（4）地质适应性强。对于土层、泥岩、砂岩和强度≤90MPa 岩层等地质条件均有较好的适应性。

（5）安全性能好。正常顶进施工中，隧洞内无人作业。通过地面自动控制系统进行操作和监控，有效保证了作业人员的安全。

（6）与钻爆法相比，同样的洞径，开挖量减少 30%以上，减少了弃渣量。

技术指标

具有可回退、可变径功能，可根据隧洞设计要求定制顶力、尺寸等参数合适的设备进行施工。适用于水压 0.3MPa 以下、岩石单轴饱和抗压强度≤90MPa、最小转弯半径 R≥600m、单洞长度≤4000m 的顶管隧洞施工，适用地层为土层、软硬交错、全断面岩石等地质条件。

应用范围及前景

适用于水利工程各类超长距离、长距离、大直径水工隧洞施工及其他行业的超长距离、长距离隧 洞施工。

该技术成果已在重庆市观景口水利枢纽工程和渝西水资源配置工程建设中应用。工程共完成了 10 条隧洞的施工，总长 16.32km，通过应用可变径、可回退顶管施工方法，优化了输水线路空间布置，有效缩短了输水线路 4.7 km、缩短了工期 12 个月。

技术名称：超长隧洞岩石顶管施工技术
持有单位：重庆市观景口水利开发有限公司、重庆大学、中铁十八局集团有限公司、中水北方勘测设计研究院有限责任公司
联 系 人：唐上丁
地　　址：重庆市南岸区茶园新区新天泽国际总部城A6 栋 4 单元
电　　话：023-66456331
手　　机：17784081853
传　　真：023-66456331
E-mail：335692164@qq.com

85 顶管卡管脱困处理技术

持有单位

中铁十八局集团有限公司

技术简介

1. 技术来源

自主研发。一种隧道施工中顶管卡管脱困处理方法（发明专利：ZL201711381203.X）

2. 技术原理

在初步确定受困管材区域管材内部安装应力计监测管材内表面应力，分析应力曲线确定具体受困点，开孔冲洗受困管材底部沉渣降低管材周围的挤压和摩擦力，拆除受困点一节管节安装临时中继间，通过临时中继间位置裸露区域，处理破碎围岩，立钢支撑并进行喷锚支护，底部施做导向弧形台，边推进边支护，实现顶管施工脱困。

3. 技术特点

顶管施工具有安全、快速、一次成型和质量可靠等显著优点，尤其是长距离、小直径隧洞更加凸显其优越性。但是在断层破碎、自稳能力差、变形大的软弱围岩及破碎带不良地质段中适应性较差，特别是在软弱富水疏松围岩中掘进极易出现卡管事故，顶进距离和顶进效率大大受限。卡管后脱困处理困难，需要花费大量的时间、人力及物力，施工安全隐患多，严重影响工程进度。“顶管卡管脱困处理技术”成功破解了顶管机在复杂地质条件下卡管后必须通过竖井或者对面人工开挖救援的难题，提升了顶管施工的适应性。

技术指标

（1）在受困区域管材上安装应变计，监测管材在不同推力情况下管材表面所受的应力，分析应力趋势，判断管材具体受困点。

（2）在受困区域管材底部开孔，检查确认管材被困所处的状态。通过所开的孔利用高压水冲洗、清理管材底部沉渣，降低管材四周挤压力，从而降低摩擦力。

（3）通过冲洗无法脱困时，结合应力监测分析结果，在具体受困点附近拆除一环管材，进行扩挖、支护，并在该位置安装临时中继间，增加顶推力使受困管材脱困。

（4）及时处理在临时中继间位置出露的破碎围岩，便推进边支护，支护一段推进一段，确保操作人员的安全，直至全部处理完受困段，实现脱困。

应用范围及前景

适用于顶管施工由于摩阻力过大导致管节被卡死无法正常顶进的卡管事故处理。

案例：重庆市观景口水利枢纽工程。该工程 2 号无压隧洞试验段岩石顶管机在 2017 年 5 月 17 日发生卡管事故，计划 2017 年 11 月 20 日实现脱困，恢复掘进。经过反复研究论证，提出了长距离硬岩顶管卡管脱困施工技术，具有实用性强、技术先进、效率高、安全可靠的特点，达到了施工速度快、综合效率高的效果，最终在 2017 年 9 月 26 日完成脱困，恢复正常掘进，比预定工期提前了 2 个月处理了卡管事故。卡管处理期间未发生一起安全事故，大大减少设备和人员窝工及其他间接费用损失，节约施工成本 650 万元。

技术名称：顶管卡管脱困处理技术
持有单位：中铁十八局集团有限公司
联 系 人：杨庆辉
地　　址：天津市河西区柳林中铁十八局
电　　话：022-60283328
手　　机：18623381782
传　　真：022-60283328
E-mail：cr18gkejibu@163.com

86 预制装配式生态护岸和栈桥

持有单位

建华建材（中国）有限公司

技术简介

1. 技术来源

自主研发。

2. 技术原理

预制装配式栈桥是一种新型的预制装配式结构，整体采用工厂化制造的预制桩、预制梁、预制桩帽、预制栈道板、预制栏杆等部品构件，在现场通过机械化安装成型的一种新型的栈桥结构。简化了传统施工工艺，在丰水期也可进行水上作业，突破了传统现浇作业限制。同时部品构件在工厂制作，可将图案、纹路、颜色等预制到结构上，可实现栈桥结构个性化、定制化，与环境融合度更好。

3. 技术特点

（1）部品构件采用工厂化流水线生产，质量可靠。

（2）下部支承结构桩柱一体，且可带水作业，施工效率高，无需围堰。

（3）上部梁、桩帽、板、栏杆等可采用预制拼装成型干作业施工，无需模板，连接可靠。

（4）可进行定制化，根据周边环境特点，采用不同的造型和色彩。

（5）相较于传统木栈桥结构，经济，耐久。

技术指标

（1）立柱直径从 300 ~ 600mm，混凝土强度等级不小于 C80。

（2）预制梁、预制桩帽、预制栈道板、预制栏杆等构件混凝土强度等级不小于 C30，截面尺寸及配筋根据荷载、跨度等因素计算确定。

应用范围及前景

适用于水利、市政、工业与民用建筑、港口、铁路、公路等工程领域的边坡、码头、临水平台的生态护岸及景观栈桥等工程。

案例 1：徐州市鼓楼区月河整治工程。项目地址位于江苏省徐州市天齐北路，栈桥总长 450m，项目采用 PHC300A70 的预应力高强混凝土管桩作为立柱，临水一侧桩长采用 6m，临土一侧桩长采用 4m。因栈桥临水，当河面水位较高时栈桥有被淹没可能性，在梁设计的过程中考虑到以后的耐久性，故采用钢筋混凝土的梁，梁截面尺寸 400mm×540mm×5980mm。预制板完成之后表面有仿木的花纹形状，预制板尺寸规格 100mm× 300mm×2900mm。制栏杆截面尺寸 1.5m×1.8m 的成品交叉型仿木栏杆。

案例 2：潜江马拉松水上装配式赛道。项目位于湖北省潜江市万福河路，由于赛事在四月份将要举行，距离开赛仅剩三个月左右，工期紧张，故采用全预制装配式栈桥。栈桥总长度 2.5km，宽度 6m，采用梁板式结构，立柱采用 PRC I 400（95）管桩，长度为 14m，近 2000 根，桩帽尺寸为 600mm×700mm。栈道板尺寸为 1990mm× 6000mm×150mm，共计 1250 块；预制梁 400mm× 350mm，长度 3.6m。

案例 3：南昌鱼尾洲湿地公园清水栈道板。项目地址位于江西省南昌市青山湖区艾溪湖西湖，为以滨水人行步道。项目采用预制和现浇组合的型式，桥面宽度 2m，下部基础为 PHC 400（95）管桩，桩长 3 ~ 4m，承台和桥墩为现浇，上部桥面采用预制清水混凝土板，直接搁置于桥墩，清水板的尺寸为 2000mm×3000mm/3600mm/ 4000mm×140mm。

技术名称：预制装配式生态护岸和栈桥
持有单位：建华建材（中国）有限公司
联 系 人：余涛
地　　址：江苏省镇江市润州区工人大厦 12 楼
电　　话：0511-85098575
手　　机：18661056223
传　　真：0511-85098575
E-mail：yutao@jianhuabm.com

87 河流湖库水污染事件应急预警预报关键技术

持有单位

中国水利水电科学研究院

技术简介

1. 技术来源

国家计划、省部计划。

2. 技术原理

该技术涵盖多泥沙水体水质自动采样及监测技术、水污染突发事件应急水力调度耦合模拟技术、湖库富营养化分区预警预测技术、基于三维动态纹理映射技术的污染水团三维可视化动态仿真技术等多项子技术，研发了由有毒有害化学品数据库-水质自动监测与信息传输-预警预报模型-数据集成管理系统-三维可视化展示-信息发布等组成的水污染突发事件决策支持平台，并研发了松花江、辽河太子河、黄河小浪底以下干流、海河于桥水库等河湖的水污染突发事件预警预报系统，为流域水污染突发事件应急处置管理能力的提升提供技术支撑。

3. 技术特点

该关键技术主要包括以下 6 项子技术：水质自动监测与数据管理技术；水污染事件应急处理基础数据库及其管理系统；河流突发性水污染事件预测预报模型；湖库富营养化与突发性水污染事件预警预报模型；水污染事件应急预警预报虚拟仿真技术；水污染事件应急综合管理集成系统。

技术指标

（1）采样点隔沙网粗滤-前处理装置主动离心分离—采样杯沉降处理的多泥沙水体水质自动采样集成技术，可有效解决水质指标受泥沙干扰、监测设备堵塞问题。

（2）水动力、水质与水工程调度的动态耦合仿真模型技术，可实现对污水团运移演进过程的准确捕捉、反演与水力应急调度的定量评估。

（3）基于生态动力学模型、多元线性回归模型和人工神经网络模型有机结合的湖库富营养化预警预报模型，可实现对湖库富营养化状况变化程度快速预测与水华预警。

（4）由有毒有害化学品数据库-水质自动监测与信息传输系统-预警预报模型系统-数据集成管理系统-三维可视化展示系统-信息发布系统等组成的水污染突发事件决策支持平台。

应用范围及前景

适用于水污染应急处理工作。

该项关键技术已在国家水体污染控制与治理重大科技专项的多个课题中予以应用。同时，在水利部水文局、黄河流域水资源保护局、松辽流域水资源保护局、辽宁省水利厅信息中心、辽宁省水文局等单位的水资源保护管理工作中得到了进一步的实际应用和检验。

技术名称：河流湖库水污染事件应急预警预报关键技术
持有单位：中国水利水电科学研究院
联 系 人：刘晓波
地　　址：北京市复兴路甲 1 号
电　　话：010-68781897
手　　机：13811120218
传　　真：010-68572778
E-mail：xbliu@iwhr.com

88　河湖水系连通规划布局方案优选平台

持有单位

中国水利水电科学研究院

技术简介

1. 技术来源

水利部公益性行业专项。

2. 技术原理

根据生态系统的整体性原则，考虑物质流、物种流和信息流3种生态过程，在河湖水系纵向、侧向、垂向和时间4个维度上的变化特征与规律，提出了河湖水系三流四维连通性生态模型；研发了分析水网蓄滞交换、循环净化、提供栖息地等功能的河湖水系水量-水质-水生态耦合模型；为了实现河湖水系连通路径的优选，基于GIS技术、无人机数据采集技术、SOA开发技术和软件集成技术，研发了包括数据库、模型库、案例库和交互层、功能层、支撑层的河湖水系连通三库三层规划布局方案优选平台（RLCPP）。

3. 技术特点

（1）构建既包括河湖水系生态系统各个组分之间相互联系、相互作用、相互制约的结构关系，也包括与结构关系相对应的生物生产、物质循环、信息流动等生态系统功能特征，并考虑水系沿水流纵向、横向、垂向及不同时期动态变化的河湖水系4维连通性概念模型。

（2）利用河湖水系连通规划布局方案优选平台，对研究区域水系、湖泊等连通要素进行分解组合，以实现河湖水系的连通性计算；对项目收集的案例进行管理，支持案例的查询对比；实现对河湖水系水量-水质-生态耦合分析模型的集成，支持对不同模型的查看、对比、分析等；在此基础上，进行总体布局方案优选，并能支持多种方案的设置、分析、对比，最终支持连通路径的优选。

技术指标

（1）整体性：考虑了物质流、物种流和信息流3种生态过程，在河湖水系纵向、侧向、垂向和时间4个维度上的变化特征与规律。

（2）自动化：采用图论方法，结合水量-水质-生态耦合模型，可对多情景、多工况计算结果分析、对比和优选。

（3）模块化：采用模块化、组件式设计，保证系统模块的低耦合度，同时保证各个计算模型的灵活集成。

应用范围及前景

适用于以水生态环境修复与保护功能为主，同时兼顾水资源配置和防洪减灾功能的河湖水系生态连通规划。

“河湖水系连通规划布局方案优选平台”于2015年开始在扬州市、平顶山市、丽水市、珲春市等4个推广示范点进行实际应用。

案例：应用于江苏省扬州市城区河网水系，使河道的整体进水能力和河网水体更新速率分别增加了56.0%、88.5%，提高了城区水旱灾害抵御、水资源调配和河湖生态保障等能力。

技术名称：河湖水系连通规划布局方案优选平台
持有单位：中国水利水电科学研究院
联 系 人：赵进勇
地　　址：北京市复兴路甲1号
电　　话：010-68781880
手　　机：13661253928
传　　真：010-68572778
E-mail：Zhaojy@iwhr.com

89 水库深层水体增氧及水质改善装置

持有单位

中国水利水电科学研究院

上海库克莱生态科技有限公司

技术简介

1. 技术来源

自主研发。

2. 技术原理

该装置通过水泵抽取湖库深层的缺氧水，同时通过气泵注入高压空气或氧气，利用核心专利的气液混合技术，将缺氧水和氧气充分混合形成超高浓度溶氧水，经由排水口射流和溶解氧浓度梯度差实现水平扩散和高效增氧，能够最大限度地改善水体的缺氧环境、有效增加含氧量，并在底泥表面形成氧化膜，抑制底泥中污染物的释放。

3. 技术特点

（1）装置可根据实际需要实现对湖库等深层水体不同位置、不同深度的高效增氧，较大幅度提高深层水域的溶氧水平，能较好地抑制氮、磷、重金属等内源污染的释放。

（2）通过物理技术对深水水体的底层充氧，对水体扰动较小，不会因产生大量气泡破坏水体成层结构，不会卷起底层污染水或底泥将高浓度营养盐带入表层。

（3）主要由岸上控制中心、富氧装置、升降机、水质自动监测系统等组成，运行状况和监测数据实时传送到智慧管理平台，实现无人值守和在线监控。

技术指标

（1）适宜水深≥10m，充氧水层可调节。

（2）曝气器功率≤40kW。

（3）供氧能力≥$5m^3/h$（供气量）。

（4）供水量≥$100m^3/h$（高浓度溶解氧水生成量）。

（5）曝气室尺寸 0.6m×0.6m×0.8m。

（6）复氧服务半径 500m。

（7）氧转移效率≥40%，理论动力效率≥$4kgO_2/(kW\cdot h)$。

应用范围及前景

适用于水库、湖泊等深水水域的水质改善和内源污染控制等。

该技术装置已在我国各类型水库得到推广应用。2014 年该装置在江苏省宜兴市太华镇龙珠水库投入使用，经过半年运行后水库总磷、总氮等各项指标明显改善，优于国家饮用水取水标准。2019 年应用于江苏省如皋市长青沙水库应急水源地，运行后水库溶解氧得到了较大幅度提升，底泥污染状况得到显著改善。2019—2020 年应用于河北省唐山市大黑汀水库，装置在水库坝前局部区域的应用，对取水口局部区域的水质改善效果显著，有效保障了引滦入津工程供水水质的安全。2020 年应用于四川省资阳市四合水库，装置的应用使得水库水质提升显著，较好保障了水库供水水质安全。

技术名称：水库深层水体增氧及水质改善装置
持有单位：中国水利水电科学研究院、上海库克莱生态科技有限公司

联 系 人：刘晓波
地　　址：北京市复兴路甲 1 号
电　　话：010-68781897
手　　机：13811120218
传　　真：010-68572778
E-mail：xbliu@iwhr.com

90 地下水数值模拟模型 COMUS

持有单位

中国水利水电科学研究院

技术简介

1. 技术来源

自主研发，从根本上解决了河流渠系耦合、湖泊一地下水交互、坎儿井取用水等几个关键问题。

2. 技术原理

COMUS 模型为基于面向对象的 C＋＋语言编写的专业地下水数值模拟模型，采用有限差分算法对三维地下水动力学方程组进行求解，软件代码完全国产化。模型采用模块化设计架构，基础模块包括单元间渗流模块、井模块、面状补给模块、潜水蒸发模块、通用水头模块、排水沟模块等，能够实现地下水模拟软件模拟的地下水模型单元间流动、开采井抽水、面状补给、潜水蒸发等模拟功能。

3. 技术特点

干旱区地下水补给主要来自盆地周边高山融雪形成的河流渗漏，盆地内部地下水、人工绿洲、生态植被、尾闾湖泊之间水分转化利用关系复杂、交互作用强烈。COMUS 模型针对我国干旱区的特点，自主开发了适用于干旱区盆地地表-地下水分布式模拟耦合技术，实现的特色功能包括：地下水-季节性河流耦合模拟；地下水-湖泊相互作用模拟；渠系输水和引水过程智能模拟；坎儿井取用水全过程模拟。

技术指标

（1）通过模块化设计架构，实现了各功能的高度模块化和通用化。

（2）采用数据库方式（SQL Sever）作为输入输出系统接口，便于直观展示和高效处理模型的各项输入参数和输出内容。

（3）实现了智能识别河网/渠系中河段的模拟顺序，简便了复杂河道和渠系模拟的输入准备工作。

（4）针对传统湖泊-地下水耦合模拟作出了重大改进，湖泊水面面积和湖水水深的模拟精度大幅提高。

应用范围及前景

适用于干旱内陆盆地地下水与季节性河流、尾闾湖泊、人工绿洲之间的复杂相互作用关系研究和地下水资源评估。

地下水数值模拟模型 COMUS 最早于 2010 年应用在海河流域供水格局变化下的地下水响应研究，之后 10 年间模型在不断的实践应用过程中日益完善，近年来分别应用于淮南采煤沉陷区水资源利用关键技术研究、白洋淀-大清河生态流量调控与水资源保障、引哈济党调水工程影响下大苏干湖水位预测、石家庄市地下水三维数值模拟计算、三江平原地下水保护与利用研究、西辽河流域“量水而行”以水定需方案管控等 7 个工程项目，应用地点遍布我国北方地区如河北、天津、内蒙古、黑龙江、甘肃等省（自治区、直辖市），有效支撑了当地的水资源/地下水管理工作，取得了良好的社会效益与经济效益。

技术名称：地下水数值模拟模型 COMUS
持有单位：中国水利水电科学研究院
联 系 人：何鑫
地　　址：北京市海淀区玉渊潭南路 1 号
电　　话：010-68781030
手　　机：13683630962
传　　真：010-68483367

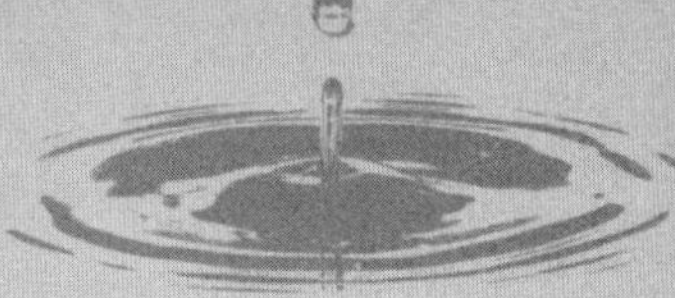

91　河网水动力-水质指标调控阈值确定技术

持有单位

水利部交通运输部国家能源局南京水利科学研究院

技术简介

1. 技术来源

国家“十三五”重大专项“苏州区域水质提升与水生态安全保障技术及综合示范”课题三子任务四“河网水动力优化与活水工程调控技术研究与示范”。

2. 技术原理

通过底泥污染释放室内试验揭示河道底泥污染物释放规律，基于泥水界面的临底流速与切应力作用机理，建立扰动强度与实际河道表面流速的关系，提出以抑制平原城市河道底泥快速释放为准则的水动力调控上限阈值范围；采用最小水环境容量理论，考虑河道沿程点源污染、面源污染、直接入河的粉尘、底泥污染物释放、河道水体自净、水生植物吸收等影响河道水质的因素，利用总体达标方法推导了改善城市水环境水动力调控下限阈值计算公式。

3. 技术特点

（1）阐明了水动力驱动条件下平原城市河网水体总氮、总磷、氨氮、溶解氧和浊度等主要水质指标的基本特征，识别了随水动力强度变化的敏感水质指标，揭示了各敏感水质指标随水动力驱动而变动的基本规律。

（2）基于泥水界面的临底流速与等效切应力，建立了扰动强度与河道表面流速的关系，提出了河道底泥污染物释放约束下的水动力调控上限阈值；首次采用最小水环境容量理论，考虑多种影响河道水质的因素，推导得到了改善城市水环境的水动力调控下限阈值计算公式。

技术指标

（1）若平原城市河道底泥颗粒的平均粒径为0.013～0.028mm，TP和TN的浓度分别为646.09～1594.96mg/kg和1230.41～2768.94mg/kg，水动力调控上限阈值为0.13～0.15m/s。

（2）上海和苏州市典型河道的水动力调控下限阈值为0.03～0.04m/s。

应用范围及前景

适用于平原河网地区，面向平原河网地区城市水环境改善提出水动力调控上限阈值和水动力调控下限阈值。

该技术已在苏州、常州、上海等多个平原城市应用，利用该技术对城区河网进行水动力优化调控，更合理高效地分配水资源量，提高了水资源利用效率，改善了城区河网水环境。

案例：苏州古城区（14.2 km^2）主要河道达到优质水源同等水质类别所需的平均时间提高至 4h 以内，同时水资源利用率提高了 25%，按优化调控方案全年运行计算，每年可新增水资源当量效益显著。

技术名称：河网水动力-水质指标调控阈值确定技术
持有单位：水利部交通运输部国家能源局南京水利科学研究院
联 系 人：范子武
地　　址：江苏省南京市广州路223号
电　　话：025-85828202
手　　机：13951800961
传　　真：025-85828222
E-mail：zwfan@nhri.cn

92 地下水取用水总量控制指标确定技术

持有单位

水利部水利水电规划设计总院

技术简介

1. 技术来源

该技术作为全国地下水管控指标确定工作的指导技术之一，来源于水利部开展全国地下水管控指标确定工作中制定的《地下水管控指标确定技术要求（试行）》。

2. 技术原理

在确定地下水合理水位基础上，根据地下水合理水位对应的最大允许开采量，结合区域水资源配置，提出能够反映经济社会发展、地下水系统健康、生态环境保护等相适应的地下水取用水总量控制指标。

3. 技术特点

（1）基于合理水位的地下水可开采量确定技术。通过对不同地区合理水位的分析和确定，按照“多种方法、综合分析、从严选用”的原则，以满足分区分类生态环境保护和地下水资源可持续利用要求，合理确定区域地下水可开采量。

（2）确定省级行政区和水资源一级区规划年地下水取用水总量控制指标技术。在分析现状地下水开发利用情况与全国或流域水资源综合规划、全国地下水利用与保护规划以及已批复的江河水量分配成果等协调性的基础上，按照不同区域的经济社会发展对地下水开采利用状况、地下水超采治理要求、水资源总体配置要求，确定规划年地下水取用水总量控制指标。

（3）区域地下水取用水总量分解技术。依据制定的上一级的取用水总量指标，采用规划分析、权重分解、趋势分析等科学方法，逐级、逐年分解到水资源分区套行政区。

技术指标

（1）基于合理水位的地下水可开采量确定技术。

（2）地下水取用水总量确定技术。

（3）地下水取用水总量指标分解技术。

应用范围及前景

适用于矿化度不大于 2g/L 的浅层地下水和深层承压水；地下水管控指标确定；地下水超采治理；地下水规划等。

该技术集成了“定基准”“定总量”“双分解”等多种实用技术措施，建立了地下水取用水总量控制指标体系，重点解决我国地下水开发利用无序、超采问题突出以及保护与管理基础薄弱等问题，增强对地下水的涵养保护能力、高效利用能力、战略储备能力和监控管理能力。

作为全国地下水管控指标确定工作的指导技术之一，于 2020 年 2 月 24 日，以《水利部办公厅关于开展地下水管控指标确定工作的通知》（办资管函〔2020〕30 号）印发实施。在各省（自治区、直辖市）确定区域地下水取用水总量控制指标过程中具有较高的适用性，取得显著成效。

该技术也已应用于水利部组织编制的《重点区域地下水超采治理与保护方案》，以及相关部门编制的《地下水预测预警技术与超采区治理对策研究》。

技术名称：地下水取用水总量控制指标确定技术
持有单位：水利部水利水电规划设计总院
联 系 人：唐世南
地　　址：北京市西城区六铺炕北小街 2-1 号
电　　话：010-63206812
手　　机：15001043261
传　　真：010-63206820
E-mail：tangshinan@giwp.org.cn

93 基于多目标的中小河流受损生境多维生态修复技术

持有单位

长江水利委员会长江科学院

技术简介

1. 技术来源

自主研发。

2. 技术原理

基于“自然、生态、自修复”的原则，根据中小河流原始的地貌形态特征，从空间尺度予以划分不同的地貌单元类型，保留和恢复河流地貌单元的异质性，实现了受损河流生态近自然修复；根据河流地形地貌、生态系统现状及生境修复目标，明确河道的生态需水量，基于不同生物的生态需水过程，提出适合不同河流河道横向分带分区的修复技术方法；综合满足了防洪、护岸、生态、景观、防污染、控钉螺等多目标需求，根据过滤吸附和生态抑螺原理，研发了具有污染自修复功能和生态抑螺的生态护岸技术。

3. 技术特点

（1）河流地貌的自然化修复。

（2）污染自修复和生态抑螺护岸。

（3）河道分带分区修复。

（4）河道内栖息地修复。

技术指标

（1）满足防洪、护岸、水生态、水环境、水景观提升多方位的需求，实现中小河流多目标生态修复。

（2）可塑造多样化的河流地貌和水流条件，并结合分区分带的修复技术，有效改善河流生境，优化和提升河流生态系统的结构及功能。

（3）基于过滤吸附和生态抑螺原理，研发具有污染自修复功能和生态抑螺的生态护岸技术。

应用范围及前景

适用于中小河流防洪、生态修复、水环境改善、水景观提升、血吸虫病疫区钉螺防控等方面规划设计。

该技术自2012年以来，已成功应用于湖北、云南、广东等多项中小河流生境修复工程：湖北兴山古夫河县城段重要生境修复、富水河下游防洪灭螺工程、通顺河和府澴河水利血防工程；云南省景洪市勐养河勐养坝段治理、勐海县流沙河和南开河综合治理、景洪市莱阳河综合整治方案研究、景洪市南木冷河河道治理；深圳市灶下涌和四兴涌综合整治等中小河流生境修复工程等。在推广应用过程中，该技术满足了防洪、护岸、水生态、水环境、水景观提升等多方位的需求，实现中小河流多目标的生态修复，取得了良好的生态环境效益和社会经济效益。

技术名称：基于多目标的中小河流受损生境多维生态修复技术
持有单位：长江水利委员会长江科学院
联 系 人：王家生
地　　址：湖北省武汉市江岸区黄浦大街23号
电　　话：027-82829145
手　　机：13517240139
传　　真：027-82621603
E-mail：wangjiasheng2002@126.com

94 基于原位识别的弃渣场勘测与植被快速修复技术

持有单位

长江水利委员会长江科学院

技术简介

1. 技术来源

水利部“948”计划、技术示范项目、国家自然科学基金。

2. 技术原理

该技术基于无人机、探地雷达和高密度电法，集成完整的大型弃渣场生态修复技术体系，可简便、快速、准确测量弃渣场地形、渣量、物质组成和渗流场分布，精确制定弃渣堆置和产汇流路径优化方案，保证渣体安全稳定。研发的坡脚加固、内部增强、表面减蚀和植被优选为一体的工程弃渣水土流失防护和生态修复技术体系，可降低水土流失危害和滑坡、泥石流等地质灾害。

3. 技术特点

（1）将物探技术引进弃渣场水土保持设计与管理，创新研发了联合无人机、探地雷达及高密度电阻率仪的弃渣场原位识别技术，获取弃渣场地表形态参数、渣体物质组成和底面形态。构建弃渣渗流场三维可视化模型，精准指导盲沟、暗管等内部排水设施布设，最大限度排除渣体内部水分，保证渣体的安全稳定。

（2）阐明弃渣场边坡面蚀→沟蚀→重力侵蚀链和失稳机制。按照“坡脚加固→内部增强→表面减蚀→植被优选”的思路，集成生态混凝土护坡技术、纤维加筋固土技术、减蚀抗冲技术和植物智能优选技术为一体的弃渣场生态修复关键技术体系。

技术指标

（1）提高弃渣场抗蚀性 86%～97%，抗冲性 70%～80%，孔隙率 45%～50%，透水能力 350%～420%。

（2）植被覆盖率提高至 90%～97%。

应用范围及前景

适用于建设项目扰动边坡生态修复、施工迹地快速修复、弃（取）土场原位识别及生态修复、矿区生态修复等。

该成果紧密围绕国家“生态文明建设”“无废城市建设”“水利工程补短板、水利行业强监管”等重大需求，相关成果已成功在道安高速公路、鄂北水资源配置、引江济淮、西气东输二线与川气东送管道互联工程、京新高速（G7）大黄山至乌鲁木齐段改扩建工程、西藏天圆矿业公司谢通门县雄村铜矿项目等 100 余项不同类型大中型项目中推广应用，同时也应用于湖南省岳阳市水务局、湖北省水利厅水土保持处及恩施市水土保持局相关业务工作中。相关成果有效改善了工程建设区域的生态环境，减少工程投资，创造经济效益。各项技术成果及取得的经济、生态、社会效益均取得了项目建设方和水行政主管部门的高度认可和赞赏。

技术名称：基于原位识别的弃渣场勘测与植被快速修复技术

持有单位：长江水利委员会长江科学院
联 系 人：王志刚
地　　址：湖北省武汉市江岸区黄浦大街 289 号
电　　话：027-82926137
手　　机：15072400980
传　　真：027-82926357
E-mail：371381624@qq.com

95 入河排污口优化布设与影响预测集成技术

持有单位

长江水资源保护科学研究所

技术简介

1. 技术来源

自主研发。建立的入河污染事件应急模拟技术在千丈岩水库（20140813）、西汉水（20151127）、嘉陵江（20170508）、湘江（20180907）等污染事故决策中得到了全面应用。

2. 技术原理

基于系统协调的入河排污布设分区理论和入河排污口位置、入河污染负荷量、入河方式多元优化与影响预测关键技术。技术采用入河位置-负荷-方式三元优化的 Lattice Boltzmann 方法，建立模拟动水浮力射流流动的二维水动力-水质耦合数学模型，探寻入河排污口设置对受纳水体的最小影响方式。

3. 技术特点

（1）基于层次分析法耦合模糊评判的排污位置优化，对入河排污口位置进行优选。该方法将定性与定量相结合，同时将模糊因素客观化，使排污位置更为合理。

（2）基于启发式优化算法的入河污染位置和负荷整体优化，求解得出不同位置组合条件下的排污负荷最优组合。

（3）采用入河位置-负荷-方式三元优化的 Lattice Boltzmann 方法。在位置和负荷优化的基础上，开展入河排污口近区污染物稀释机理研究，提出排污口最佳入河方式。

（4）首次综合应用 AHP、FA、NGA 和 Lattice Boltamann、LES 等模型，研发的入河排污位置-负荷-方式等多元优化技术，指导了长江流域入河排污布设分区规划。

技术指标

（1）提出入河排污口布设分区理论。

（2）构建基于协调函数的入河排污布设分区理论框架。

（3）形成入河排污口优化布设和影响预测的成套技术。

应用范围及前景

适用于河流湖库的入河排污口优化布局规划，建设项目入河排污口设置论证及污水排放对水质影响预测相关工作。

应用工程案例累计达 20 余项，典型应用项目如：武汉中芯国际污水处理厂入河排污口设置项目、岳阳绿色化工园入河排污口布设工程、武汉市沌口第二污水处理厂入河排污口设置、长江经济带沿江取水口排污口和应急水源布局规划等项目。通过该技术，使该水域水功能区水质得到提升，突发水污染事件的影响得到了及时响应，水环境得到改善，取、用水安全得到保障，水域富营养化风险降低，社会效益和环境效益显著。

技术名称：入河排污口优化布设与影响预测集成技术
持有单位：长江水资源保护科学研究所
联 系 人：蔡金洲
地　　址：湖北省武汉市汉阳区琴台大道 515 号
电　　话：027-84872078
手　　机：13429842014
传　　真：027-84872078
E-mail：525816253@qq.com

96 生态清洁小流域氮磷污染生态调控技术

持有单位

长江水资源保护科学研究所

技术简介

1. 技术来源

国家科技支撑计划课题“丹江口库区生态修复与环境保护关键技术研究与示范”、水利部技术示范项目“丹江口库区水土保持与面源污染生态阻控技术示范”。

2. 技术原理

氮磷污染生态调控技术按照污染来源诊断-关键源区识别-源汇结构调控的思路，提出生态清洁小流域建设的面源控制方案。污染来源诊断以同位素示踪等为手段，追踪径流水体中营养盐，尤其是硝酸盐的来源；关键源区识别综合运用输出系数法和分布式水文模型 SWAT，确定氮磷负荷重点分布区域；源汇结构调控基于小流域沟、塘、湿地系统的空间网络结构和源汇属性，通过“源”景观和“汇”景观的合理配置和生态化改造，提升沟塘湿地单元氮磷负荷滞留和消纳能力，使氮磷等物质在进入水体之前达到平衡状态，实现污染负荷系统调控。

3. 技术特点

（1）利用不同污染来源的氮同位素分馏率的差异，能够辨识雨水、土壤、化学肥料、有机肥（畜禽养殖粪便）以及生活污水中硝酸盐贡献特征。

（2）借助遥感和 GIS 等技术手段，运用面源污染输出系数对氮磷负荷输出强度空间分布进行解析。

（3）从两个方面开展调控：一是力求使氮磷等物质在每一个景观单元上达到盈亏平衡；二是从流域层面对景观单元进行优化布局。

技术指标

（1）该技术各项氮磷生态调控措施中，对总氮的去除率在 24%～56%，对总磷的去除率在 16%～84%；对氨氮的去除率在 30%～85%。

（2）通过各项生态调控措施的联合作用，小流域出口污染物浓度能够得到较大幅度削减，其中总氮浓度下降 37%，总磷浓度下降 68%，氨氮浓度下降 48%，各项污染物能够基本稳定在较低浓度水平。

应用范围及前景

适用于我国南方丘陵地区的生态清洁小流域建设工作，尤其是在水质保护要求较高区域如饮用水水源地等。

技术成果被丹江口市水利和湖泊局（原丹江口市水务局）、原国务院南水北调办、湖北省水利厅、长江委水土保持局、十堰市农业局等多家单位采纳和应用，应用于丹江口库区的生态清洁建设工作，对库区生态清洁小流域建设起到良好的示范作用。技术成果的应用为《丹江口库区及上游水污染防治和水土保持规划》“十一五”“十二五”“十三五”“十四五”期间的实施提供了有力的技术支撑。至 2019 年年底，成果应用于南水北调中线水源区多个县（市、区）生态清洁小流域建设以及水土保持和小流域综合治理项目，在丹江口库周及丹江上中游综合治理胡家山、肖河、张沟、余家湾等小流域 234 条，实施生态清洁型小流域 50 余条。

技术名称：生态清洁小流域氮磷污染生态调控技术
持有单位：长江水资源保护科学研究所
联 系 人：蔡金洲
地　　址：湖北省武汉市汉阳区琴台大道 515 号
电　　话：027-84872078
手　　机：13429842014
传　　真：027-84872714
E-mail：525816253@qq.com

97 DM优势微生物生态环保修复技术

持有单位

长江勘测规划设计研究有限责任公司

广东中微环保生物科技有限公司

技术简介

1. 技术来源

DM（domimant microoranism）优势微生物生态环保修复技术是长江勘测规划设计研究有限责任公司和广东中微环保生物科技有限公司联合研发，通过长期对自然界中存在的优势菌种进行筛选、驯化、培育、测试并运用创新的复合技术。

2. 技术原理

DM优势微生物环保技术主要通过优势微生物自身的代谢合成作用降解污染物中的COD、氨氮、总氮、总磷等，微生物降解污染物的机理包括：碳传递与转化、氮传递与转化和磷传递与转化。

3. 技术特点

（1）适用性强。含生物促进剂和抗毒性缓冲剂，抗毒性、抗冲击能力强，快速适应环境，启动系统，挂膜迅速。有效活菌数多，优势微生物繁殖速度快。

（2）高效快速。标本兼治，可快速构建和强化系统微生物体系，有效提高污染物可生化性，降解目标污染物，提高COD、氨氮、总磷及有毒有害物质去除率。耐低温高盐。最高可耐受100‰的盐度，可耐受5℃的低温。

（3）成本低。与其他治理工艺相比在土建、设备、人工、污泥处置、药剂等方面的费用投入低。

安全便捷。原菌均来自中国本土自然界，对人、动植物有机环境均无害，本身亦可以被生物彻底降解。

（4）种属丰富。具有庞大菌种数据库，近60种具备高净化能力DM专属优势微生物菌剂。

技术指标

（1）有效活菌数达到9.2×10^9CFU/g。

（2）硝化菌有效硝化活力达到40.56（NH_3—N）/（L·h）。

（3）pH值适应范围：5.0～11.0，最佳pH值7.0～8.0。

（4）抗毒性：可以较有效的抗化学毒性物质，包括氯化物、氰化物和重金属等。

（5）电导率适用范围：小于3000μS/cm。

应用范围及前景

适用于城市水体生态修复，如：城市黑臭水体治理；湖泊、水库生态修复；水质提升等。也能配合实际工艺用于市政污水和工业废水处理、挥发性有机物（VOCs）及恶臭气体治理和石油污染类土壤修复。

DM优势微生物生态环保修复技术已成功应用如下项目：①黑臭水体治理项目：“番禺兰陵涌（含福涌）水体生态修复项目（广州市）”和“东莞市谢岗镇银山湿地公园黑臭水体应急治理工程（东莞市）”等。②大气治理项目：“环境保护部北京会议与培训基地油烟废气处理工程（北京市）”等。③污水治理项目：“广东省东莞市大朗食品公司屠宰场污水处理工程”和“正邦科技养殖污水处理工程”等。

技术名称：DM优势微生物生态环保修复技术

持有单位：长江勘测规划设计研究有限责任公司、广东中微环保生物科技有限公司

联 系 人：万艳雷
地 址：湖北省武汉市江岸区解放大道1863号
电 话：027-82820891
手 机：17786361399
E-mail：wanyanlei@cjwsjy.com.cn

98　长距离输水渠道边坡除藻多功能专用车

持有单位

黄河机械有限责任公司

技术简介

1. 技术来源

针对性解决南水北调边坡除藻技术难题，自主研发，是国际首创的一种清除调水工程渠道边坡藻泥混合物的新型作业装备。

2. 技术原理

边坡除藻多功能专用车基于水下空化射流清洗工艺，系统由汽车底盘以及安装在底盘上的机械液压复合传动装置、机械手装置、高压水泵系统、空化射流清洗小车装置、吸污泵系统、藻水分离装置、自动卸料装置、绿化喷洒装置、液压传动、电气控制和视频监控系统等组成。利用机械手控制末端的清洗盘，在边坡上按最优轨迹往复行进，行进过程中将边坡上附着的藻类和泥污清除掉，并将清除掉的污物抽吸到岸上进行过滤处理，经过滤处理后的清水排回干渠，并对分离的泥污及藻类进行打包处理。

3. 技术特点

（1）该车采用机电液一体化设计，结构新颖独特，整机机电液系统集成技术先进实用。

（2）机械手臂恒压力控制系统，能将空化射流清洗小车以一定的预压力压紧在渠道边坡上，从而对作业平台非直线行驶及渠道边坡角度具有一定的冗错能力。

（3）在水下空化射流清洗、机械液压复合传动技术、行走静压驱动、负载敏感液压系统、清洗小车预压紧自动调节、可变频调幅藻水分离系统和机械手控制等方面拥有多项核心专利技术。

技术指标

（1）边坡除藻多功能专用车能够实现边坡水下除藻、边坡水上清洁、藻水回收、藻水分离、边坡绿化灌溉喷洒等功能。

（2）整机边坡清理范围：距渠道边坡顶点1000～7590mm的清理范围。

（3）最小颗粒直径：60目；清洗效率不低于300m^2/h。

（4）作业行驶速度：最低速度：0.22km/h，最高速度：5.0km/h。

（5）绿化灌溉范围0～24m。

应用范围及前景

适用于南水北调边坡藻类的治理及淤泥处理，以及其他边坡作业对多功能专用车的需求。

边坡除藻多功能车项目试制成功后，先后在南水北调河南分局郑州、禹州、宝丰、叶县等管理处及渠首分局南阳管理处等地渠段上进行推广应用，均取得较好的使用效果。首批量产20台用于清理南水北调中线工程渠道边坡应用。

技术名称：长距离输水渠道边坡除藻多功能专用车
持有单位：黄河机械有限责任公司
联 系 人：陈松
地　　址：河南省郑州市中原区淮河路29号
电　　话：0371-69558188
手　　机：15838957918
传　　真：0371-69558116
E-mail：244898424@qq.com

99　河湖清淤后生态修复系统

持有单位

珠江水利委员会珠江水利科学研究院
深圳市金乔水务工程有限公司
广东华阳路桥建设有限公司

技术简介

1. 技术来源

自主研发。

2. 技术原理

河湖生态修复的总体目标是恢复河湖生态系统稳定健康河流生态修复主要技术包括：生态岸线修复、缓冲区修复、植被恢复、河道补水、生物-生态修复、生境修复、水生生物群落修复技术等。其中生态护岸的修复为：河湖清淤易出现超挖，为了边坡稳定，所以在后续修复中加入了石笼生态护岸。格宾石笼还可营造河湖中水生物的栖息场所。

3. 技术特点

（1）针对河湖清淤造成的边坡不稳定，清淤后底泥上浮、污染物悬扬导致水质肥化，水体自净能力消失等负面影响，提供一种修复效果好，可长期维持健康、稳定的河湖清淤后水生态修复系统。

（2）发明的湖库清淤后生态修复系统，施工简单，能够快速改善水质，调节和恢复生态平衡，能增加水体透明度，提高水质，重建水生生物多样性系统。建立稳定健康生态系统，提升生态系统质量，对清淤后的河湖进行生态系统修复，水质改善效果显著，维持时间长，维护成本低。

技术指标

（1）水质主要指标优于地表Ⅴ类水：COD≤40mg/L，NH_3-N≤2.0mg/L，TP≤0.4mg/L，DO≥2.0mg/L。

（2）水体透明度≥0.5m。

应用范围及前景

适用于河道、水库、湖泊清淤后的生态复，以及黑臭河道综合整治工程、水环境治理工程等。

应用工程实例：广州增城区仙村河，深圳茅洲河流域（东坑水），罗田水，大空港片区的德丰围涌、沙涌、石围涌等十几条河涌，东莞北海仔河，同沙河水环境综合整治工程等，所实施项目水质优于地表水Ⅴ类。

技术名称：河湖清淤后生态修复系统
持有单位：珠江水利委员会珠江水利科学研究院、深圳市金乔水务工程有限公司、广东华阳路桥建设有限公司
联 系 人：陈高峰
地　　址：广东省广州市天河区天寿路80号
电　　话：020-87117188
手　　机：15920179188
传　　真：020-87117512
E-mail：285968697@qq.com

100 河口潮流物理模型试验技术

持有单位

珠江水利委员会珠江水利科学研究院

技术简介

1. 技术来源

自主研发。

2. 技术原理

河口潮流物理模型试验技术包括径流控制系统、潮汐模型自动控制系统、造波控制系统、水流表面流场采集系统，通过控制径流、潮汐、波浪、流场等边界，形成一套河口潮流物模试验自动控制技术，利用径流控制系统调节上游闸门开度，实现恒定流/非恒定流来流过程控制，利用潮汐控制系统模拟下游海水涨落过程，实现基本的径潮水动力模型，再通过造波控制系统加入波浪作用，再利用水流表面流场采集技术、数字图像分析形成不同水域涨潮、落潮流速矢量场，实现径、潮、浪综合作用下的河口典型水动力环境。

3. 技术特点

（1）径流自动控制系统，建立闸门开度-水位-流量之间的关系曲线，建立闸门调控-流量变化之间的时间响应关系，实现精确控制上游来流过程。

（2）潮汐控制系统，采用高精度监测水位仪监控模型潮位变化，调节变频器频率、水泵转向及转速，实现潮量过程控制，模拟外海潮位变化及潮流动力过程，具有较高精度和重复性。

（3）利用造波系统调节推波板的组合方向和输出频率，可较高精度的控制波浪要素。

（4）采用拉格朗日法、欧拉法，形成示踪粒子运动迹线及流场矢量图。

（5）系统具有高度兼容性，实现全自动化控制。

数据通过光纤＋以太网模式进行无线、高质量传输。

技术指标

（1）径流控制系统的运用，使模型实现高精度的恒定流/非恒定流过程，量水堰流量误差±0.6%。

（2）通过潮汐控制系统，不仅实现涨落潮量的连续性变化，同时潮量误差±4.7%。

（3）流速测量精度＜8%，时间同步误差＜4%。

（4）高度自动化过程的控制与管理，减少人工投入和人为因素的干预，节约人工成本20%～35%。

应用范围及前景

适用于径流、潮流、波浪等多因子作用的河口感潮区物理模型试验，或单因子作用下的水流物理模型。

河口潮流物理模型试验技术已应用于200余项河工、水工模型试验，对河口的保护与合理开发、利用做出了重要贡献，相关规划成果、指导工程建设等在粤港澳大湾区、国际合作等方面产生显著的社会效益。

案例：动床浑水模型生潮加沙辅助造波系统。该系统应用于“加纳MPS特马港扩建工程防波堤稳定性整体物理模型试验”“宁波鹤头沙滩景观改善研究项目波浪泥沙动床物理模型试验”“漂浮摆式波浪能发电装置的水动力性能研究”等多个物理模型试验，实现了全自动控制，造波、控制效果良好。

技术名称：河口潮流物理模型试验技术
持有单位：珠江水利委员会珠江水利科学研究院
联 系 人：陈高峰
地　　址：广东省广州市天河区天寿路80号
电　　话：020-87117188
手　　机：15920179188
传　　真：020-87117512
E-mail：285968697@qq.com

101　基于太阳能的智慧型水生态修复成套装置

持有单位

珠江水利委员会珠江水利科学研究院

技术简介

1. 技术来源

自主研发。

2. 技术原理

该设备通过直流无刷电机带动提水叶轮不断旋转，产生负压，深层水体在大气压作用下经导流装置不断提升，在水面快速扩散，循环出的水体经过复氧，受重力作用向下扩散，最终形成横向、垂向的往复循环。 水体循环过程使得好氧微生物得到激活，厌氧微生物受到抑制，促使水体中食物链健康发展，实现生态修复的良性循环。

3. 技术特点

（1）装置通过水体循环改善水体的表面张力，提高气水界面的氧浓度，并利用深层水体交换提升底层溶解氧，促使水体均匀化，破坏蓝藻的生存环境，提高水体自净能力。

（2）装置功耗低，利用太阳能充电，维护成本低，通过闭环控制技术实现水体交换，提升底层水体的溶解氧含量。

（3）配置了水质多参数监测设备，可同时监测多种水质参数，全部水质数据及设备状态信息会通过无线通信模块实时传回云平台，信息通过微信公众号进行发布。

技术指标

（1）运行功率：最高 100W，自适应调节；蓄电池容量：200Ah@12V；太阳能板功率：300W。

（2）影响半径：30m；循环水量：最大 500m^3/d。

（3）水质监测参数：溶解氧、水温、电导率、pH 值、浊度、氧化还原电位（ORP）。

应用范围及前景

适用于黑臭水体治理、城市景观水体循环改善、湖泊水库水生态系统修复等场合。

目前产品已在多个不同地区的项目中进行应用，累计用量 10 套。

案例 1：2018 年产品被应用在广州市天河区暨南大学华文学院龙湖生态治理工程，实现了在低成本条件下的水质改善与藻华防控，节省了电费与人力成本。

案例 2：2019 年产品被应用在佛山市禅城区石湾镇街道深村涌生态治理项目，主要用于提升水体活力，增强底层水体溶解氧，维持水质。并将监测的多种水质数据实时地上报到微信公众号平台，实现了水生态修复过程的全程跟踪。

技术名称：基于太阳能的智慧型水生态修复成套装置
持有单位：珠江水利委员会珠江水利科学研究院
联 系 人：陈高峰
地　　址：广东省广州市天河区天寿路 80
电　　话：020-87117188
手　　机：15920179188
传　　真：020-87117512
E-mail：285968697@qq.com

102　小微水体水下森林构建生态修复技术

持有单位

广州珠科院工程勘察设计有限公司

技术简介

1. 技术来源

自主研发。

2. 技术原理

小微水体水下森林构建生态修复技术采用生物＋生态组合技术，并辅以水体底泥微生物改良、人工增氧、复合生态内循环滤床等技术，其中，水下森林构建技术是生态修复的核心，通过构建水下森林，来达到水下植物对氨氮、总磷等富营养物质的吸收，进而实现对水体污染物的降解和水质提升。

3. 技术特点

（1）通过“底改微生物＋水下森林＋复合循环生态过滤增氧系统”构建复合型生态修复系统，以植物吸收为主，依靠系统微生物的硝化、反硝化作用，提高脱氮等净化效果，改善小微水体黑臭和富营养化等问题。

（2）适用性：地域特征及水体的环境条件将直接影响水体治理的难度和工程量，该技术根据水体受污染程度、污染原因和整治阶段目标的不同，有针对性地对水体进行处理。

（3）综合性：该技术根据受污染小微水体治理的特点，系统考虑不同技术措施的组合，多措并举、多管齐下，实现小微水体的长治久安。

技术指标

（1）水质指标：常用水质指标 COD、氨氮、溶解氧等达到地表Ⅲ类水标准（GB 3838—2002）。

（2）水体透明度≥0.8m。

（3）其他指标：水体不黑不臭，清澈透明，自净能力显著提升，景观优美。

应用范围及前景

适用于公园、学校、小区及城中村景观湖、池塘和小河涌、湖泊等小微水体的水生态修复和环境改善。

该技术先后完成小微水体水生态修复项目 13 项，应用工程项目生态修复水体面积既有 $1000m^2$ 的微小水体，也有 $15000m^2$ 的水体，整体上改善了修复的小微水体生态环境质量。典型工程项目有：广州市东山湖公园锦鲤湖水质生态净化治理、维护工程、佛山市禅城区石湾镇街道国土城建和水务局石湾镇街道深村涌生态治理项目等。

技术名称：小微水体水下森林构建生态修复技术
持有单位：广州珠科院工程勘察设计有限公司
联 系 人：闫晓满
地　　址：广东省广州市天河区天寿路天寿大厦 1801 室
电　　话：020-85116613-815
手　　机：15918573424
E-mail：yanxioaman88@163.com

103　河湖底泥高效处理及资源化利用技术

持有单位

广州珠科院工程勘察设计有限公司

广州市水电建设工程有限公司

珠江水利委员会珠江水利科学研究院

技术简介

1. 技术来源

自主研发。

2. 技术原理

针对河湖底泥的物化性质，采用“淤泥垃圾分选＋泥砂分离＋板框脱水＋建材利用”来对淤泥进行处理处置，通过采用泥砂分离和洗砂装置设备，实现淤泥中河沙的分离和资源利用，同时采用板框脱水设备，实现淤泥减量处理，并采用免烧建材处理工艺，将板框脱水泥饼处理成为可以应用于工程建设的免烧建材，最大限度地实现淤泥减量处理和资源利用的双重目标。

3. 技术特点

（1）淤泥处理处置高效：本项目技术将河湖污染底泥的清疏、运输、预处理、处理、资源利用以及尾水处理技术集成起来，形成系统化、标准化和成套化的泥水综合处理系统，实现了河湖淤泥的全流程处理处置，大大缩短了淤泥的处理处置时间。

（2）淤泥处理处置经济效益明显：本技术在实现对淤泥处理的同时，也实现了对淤泥中砂石资源的回收利用和销售，且处理后的淤泥既可以作为工程填土、园林用土来使用，也可以制作成满足不同工程需要的建材产品进行销售，同传统的淤泥处理处置方式相比，经济效益明显。

（3）淤泥处理过程环保：淤泥处理处置技术系统运行的整个流程不扰民、不碍民、无噪声，淤泥运输和处置不存在污染物的二次转移，淤泥固化土利用率达到95%以上，可用作路基、园林土、堤防加固和培植、回填土等。

技术指标

（1）淤泥中砂石回收利用率达到90%以上。

（2）淤泥减量化程度达到80%以上。

（3）淤泥土的承载比可以达到8%以上，可制备成压实度高于93%的路基回填土和园林绿植土进行资源利用。

应用范围及前景

适用于河涌、湖泊、水库的底泥处理及资源化利用，以及深隧淤泥、钻井泥渣的处理和资源利用。

2013—2020年，该技术已应用于广州市峨眉沙岛淤泥处理项目、广州市天河区河涌清淤项目、常德穿紫河清淤及淤泥处理项目、湖北省黄石市江湖连通和磁湖清淤项目、佛山市禅城区小西湾固体废物处理中心河道淤泥尾水处理等项目，带动了当地淤泥处置技术的发展，为改善水生态环境做出了贡献。

技术名称：河湖底泥高效处理及资源化利用技术
持有单位：广州珠科院工程勘察设计有限公司、广州市水电建设工程有限公司、珠江水利委员会珠江水利科学研究院
联 系 人：闫晓满
地　　址：广东省广州市天河区天寿路天寿大厦1801室
电　　话：020-85116613-815
手　　机：15918573424
E-mail：yanxioaman88@163.com

104　基于水文学法的太湖流域洪水淹涝快速评估模型

持有单位

太湖流域管理局水文局（信息中心）

技术简介

1. 技术来源

自主研发。

2. 技术原理

模型包括 3 项内容：实时洪水淹涝快速评估模型构建、洪水风险模型计算、淹没范围提取与可视化。通过自动生成预见期内洪水淹没时空动态分布图，统计淹没水深、历时与面积，实现风险区域的提示和快速预警。

3. 技术特点

（1）实时洪水淹涝快速评估模型构建。根据地形资料，构建太湖流域数字高程模型；再根据历史洪水资料，针对不同前期降雨和降雨强度，采用时空序列数据挖掘技术中的决策树技术，分析推求降雨径流系数曲线簇。在此基础上构建洪涝风险快速评估模型。

（2）洪涝风险模拟计算。根据预见期降雨预报成果、前期实况降雨以及研究提出的降雨径流系数曲线簇，计算各分区产水量。根据产水量、初始水位场等，结合圩区和区域排涝能力，利用洪涝风险快速评估模型计算风险区域、影响程度等，自动生成预见期内洪水淹没时空动态分布图。

（3）淹没范围提取与可视化。将淹没范围信息在 GIS 中转换成矢量数据，叠加在太湖流域水利一张图上，点击洪水演进，即可实现淹没范围、面积动态显示。

（4）既解决了水动力法洪水风险模拟速度慢等问题，同时也解决了水文学水量平铺法的精度问题，实现了洪水风险由静态评估向实时动态分析转变，同时模型可满足流域洪水风险预测预警的要求。

技术指标

（1）模型对未来 3d 全流域近 3 万 km^2 区域的洪水淹涝预测预警计算和展示仅需 4 ~ 5min。

（2）洪水淹涝风险快速评估模型功能和流程满足业务需求。

应用范围及前景

适用于我国河网地区，特别是圩区、蓄滞洪区的洪涝风险预警。

太湖流域洪水淹涝快速评估模型已在太湖流域多个分区得到了应用，有力指导了太湖流域、区域的防洪风险分析等相关工作，为流域和区域防洪调度决策提供了依据。在 2018 年“安比”“云雀”“摩羯”“温比亚”台风，2019 年“利奇马”台风，2020 年太湖流域性大洪水以及“黑格比”台风，2021 年“烟花”台风期间，开展了洪水淹涝风险评估试点应用，预测结果与实际情况基本吻合。

技术名称：基于水文学法的太湖流域洪水淹涝快速评估模型
持有单位：太湖流域管理局水文局（信息中心）
联 系 人：吴娟
地　　址：上海市虹口区纪念路 486 号荣振大厦 11 楼
电　　话：021-25101267
手　　机：13636658138
传　　真：021-55133135
E-mail：tbasq@tba.gov.cn；wujuan@tba.gov.cn

105 输水干渠硬质边坡着生藻类机械清除技术

持有单位

中国科学院水生生物研究所

南水北调中线干线工程建设管理局

技术简介

1. 技术来源

自主研发。

2. 技术原理

该技术相关的设备主要包括四大部分，即运载系统、着生藻类收集系统、藻-水分离系统和动力系统。所有的功能组件均固定在运载系统上，首先利用动力系统驱动收藻装置移动至作业场所，再通过动力系统进行着生藻收集工作（剥离、收集、传送和储存藻水浆），最后通过动力系统进行藻水分离工作，实现“清水还渠，藻渣移除”的技术目标。

3. 技术特点

（1）针对性强：区别于浮游藻类的清除，该技术是针对干渠边坡着生藻类异常增殖状况而研制出的藻类清除技术。

（2）绿色环保：未使用任何化学药剂，具有绿色环保特性，对于饮用水输水干渠尤其适用。

（3）高效节能：着生藻类清除效率和藻水分离效率均可达 90%以上，并且兼有处理后清水还渠的节水措施。

（4）一机多用：通过对清洗装置的改造实现“一机多用”，对闸前淤泥也可以进行处理。

技术指标

（1）根据边坡藻类的藻类组成、生物量、黏合强度，适时调节着生藻类清除设备的运行功率和设备的移动速率。

（2）特定条件下对干渠边坡着生藻类清除效率（以叶绿素或干重计算）达 90%以上。

（3）对氮磷营养盐清除效率达 90%以上。

应用范围及前景

适用于对大型输水干渠硬质堤岸内侧边坡水下着生藻类异常增殖状况。

输水干渠硬质边坡着生藻类机械清除技术在南水北调淝河倒虹吸和沙河渡槽渠段应用后，藻类清除效果显著，氮磷移除作用明显，干渠水质及景观效果得以明显改善。该除藻设备主要针对大型饮用水输水干渠藻类异常增殖而研发，在饮用水水质保障方面有巨大的经济效益、社会效益和生态效益。

技术名称：输水干渠硬质边坡着生藻类机械清除技术

持有单位：中国科学院水生生物研究所、南水北调中线干线工程建设管理局

联 系 人：李勋
地　　址：湖北省武汉市武昌区东湖南路 7 号
电　　话：027-68780713
手　　机：15271066897
传　　真：027-68780123
E-mail：lixun@ihb.ac.cn

106　南水北调中线浮游藻类 AI 识别技术

持有单位

生态环境部长江流域生态环境监督管理局生态环境监测与科学研究中心

南水北调中线干线工程建设管理局

睿克环境科技（中国）有限公司

技术简介

1. 技术来源

自主研发。

2. 技术原理

以基于深度神经网络的特征检测方法为核心，以专家知识辅助建立的人工特征检测方法为补充，进行决策层融合后产生最终的目标检测结果，进而实现藻类人工智能识别的针对性途径。

3. 技术特点

（1）开发的智能设备在多通路藻类样本进样、聚焦、拍摄、识别及计数等方面突破性实现了自动化，能在无人值守条件下实现藻类的种类、比例、藻密度等多指标自动分析输出，可为藻类水华监测预警与防控提供有力支撑。

（2）15 路样品自动更换扫描，批量检测识别，仅需 4h 全部完成；400 倍光学显微镜，600 万像素高灵敏度相机，配合 XYZ 微步进电机及闭环控制，实现样本内藻类图像精确定位；显微观测卡匣可同时检测 3 条流道内藻液样本。

（3）精度自动扫描和图像筛选处理，配合浮游藻类 AI 智能识别软件，可实时显示样本内藻类的种类、比例、藻密度等多指标，自动统计生成报表输出并储存；样本加载装置具备自动振荡功能，能保证藻类均匀进样。

技术指标

（1）15 路样品自动更换扫描；3 通路微流道同时批量检测识别；600 万像素高感光灵敏度相机。

（2）获得精确到属种的藻密度分布数据；融合深度神经网络技术与专家知识的全新算法；识别准确率比对人工镜检，误差低于 30%。

应用范围及前景

适用于全国河湖藻类水华监测预警与防控，并可拓展至浮游动物、鱼类等水生生物的自动监测。

浮游藻类在线监测设备于 2019 年 10 月起已在生态环境部长江流域生态环境监督管理局生态环境监测与科学研究中心、南水北调中线干线工程建设管理局水质与环境保护中心、南水北调中线干线工程建设管理局河南分局、新加坡水务局等多家权威机构进行应用，应用水体涉及南水北调中线、丹江口水库、汉江中下游及巢湖等水体，加快了水生态监测的自动化进程。

技术名称：南水北调中线浮游藻类 AI 识别技术
持有单位：生态环境部长江流域生态环境监督管理局生态环境监测与科学研究中心、南水北调中线干线工程建设管理局、睿克环境科技（中国）有限公司
联 系 人：王英才
地　　址：湖北省武汉市江岸区永清小路 13 号
手　　机：15927309739
E-mail：120314933@qq.com

107 工程扰动区植生水泥土生境构筑技术

持有单位

三峡大学

湖北润智生态科技有限公司

技术简介

1. 技术来源

自主研发。主编国家能源行业标准 NB/T 10490—2021《水电工程植生水泥土生境构筑技术规范》。

2. 技术原理

通过在生态修复基材中加入水泥使其具有一定强度又适应植物生长，考虑到水泥的添加对基材肥力持续性的影响研发了生态修复基材肥力持续性限制克服技术，考虑到基材养分水分易流失研发了生态修复养分水分固持技术，考虑到北方冻融环境研发了生态修复基材抗冻强度耐久性改良技术，考虑到生态修复工程完成后，植物自然演替生长、景观性较差研发了扰动边坡景观营造技术。

3. 技术特点

（1）生态修复基材肥力持续性限制克服技术。通过掺入包膜缓释复合肥和微生物菌剂，有效改善基材理化性质、生物特性，活化基材，提升基材肥力持续性。

（2）生态修复基材养分水分固持技术。改善生态修复基材结构，提升养分水分固持能力，显著降低坡面减少坡面水土流失。

（3）生态修复基材抗冻强度耐久性增强技术。通过使用新型护坡结构和生态修复基材抗冻强度耐久性改良技术，基材结构良好，抗冻强度耐久性得到增强。

技术指标

（1）基材孔隙度 37%～48%。

（2）生境基材活化方法使养分转化细菌总数提高约为 5～8 倍，基材酶活性提高了 0.7～2.1 倍，微生物量 C、N 含量增加了 2.1～7.6 倍。

（3）采用新型生态护坡基材构筑方法使得基材整体稳定性提高 15%以上，植物根系生长空间增加 15%，种子发芽及成活率提高 20%～30%，速效养分固持能力提高 15%～25%，综合抗冻性能提高 10%～15%。

（4）植生水泥土湿喷工艺使喷播效率提升了 3～4 倍。

应用范围及前景

适用于水电、交通、采矿、市政等工程建设产生的坡度不大于 60°的各类土质、岩质、土石混合、人工硬化边坡的人工生态恢复。

相关技术成果已经在水利、交通、采矿、市政等领域累计推广示范逾 20 万 m^2，涉及湖北、湖南、重庆、四川、陕西、江西、广西、福建、河南、天津等地。

技术名称：工程扰动区植生水泥土生境构筑技术
持有单位：三峡大学、湖北润智生态科技有限公司
联 系 人：许文年
地　　址：湖北省宜昌市大学路 8 号/中国（湖北）自贸区宜昌片区桔乡路 519-10 号楼 405 室
电　　话：0717-6392123
手　　机：13972603699
传　　真：0717-6393022
E-mail：13972603699

108 装配式植草混凝土生态护岸技术

持有单位

南昌工程学院

技术简介

1. 技术来源

自主研发。装配式植草混凝土生态护岸技术来源于工程实际和项目研究，集成了多项核心成果，已获得发明专利 4 项、实用新型专利 5 项。

2. 技术原理

该技术遵循草本根系自然生长规律，从混凝土细观结构特征和植被生理生长特征角度综合考虑，提出了基于草本根系构型的分层结构和内置式空腔结构设计新技术，同时将植生型多孔混凝土和装配式混凝土预制技术相融合，通过拼装镶嵌的方式，单体相互卡锁、整体联锁，形成凹凸有致的立体坡面，增强了岸坡消能、防冲、保土和植生功能，植物根系穿透预制构件孔隙与岸坡土体形成“草本-混凝土-岸基”为一体的新型复合体生态岸坡。

3. 技术特点

（1）提出了遵循草本根系自然生长规律的植草混凝土护岸新理念，首次提出了装配式植草混凝土（PGC）概念。

（2）创建了遵循草本根系构型的分层结构、内置式空腔结构、消能保土的立体坡面结构。

（3）拥有自主配方的混凝土，立式成膜施工工艺，可免灌注种植土和草籽的精准施工方法。

（4）利用三维激光扫描和云计算技术，实现植草混凝土有效孔隙率的无损检测，并研发了混凝土其他关键参数同步检测装置。

技术指标

（1）混凝土主要指标：28d 抗压强度≥7MPa，连续孔隙率 15%~30%，块体密度≥1.8t/m^3，pH 值 8.5~10。

（2）构件稳定性好，地基沉降适应性强，结构可靠性高。

（3）岸坡保土抗冲刷性强，全植草混凝土结构，植被覆盖率≥95%。

（4）凹凸表面有效防止人和动物滑落，保证安全。

应用范围及前景

适用于中小河流、渠道、湖泊的岸坡生态防护和生态修复，市政、交通工程的边坡生态治理工程。

该技术已应用在江西省黎川县樟溪水山洪沟岔治理工程、会昌县湘水系统治理工程、会昌县农村河道治理工程庄口镇大排村农村河道治理工程、九江市联圩堤防护岸项目等护岸工程建设中。该技术为工程草本植物护岸选定提供技术支持，缩短了施工工期，降低了施工成本，提高了施工效率。

技术名称：装配式植草混凝土生态护岸技术
持有单位：南昌工程学院
联 系 人：江辉
地　　址：江西省南昌市高新开发区天祥大道 289 号
电　　话：0791-88130356
手　　机：15079155425
E-mail：jh@nit.edu.cn

109　BSC 生物基质生态修复系统

持有单位

北京福仕汀科技有限公司

技术简介

1. 技术来源

自主研发。

2. 技术原理

该系统以发明专利“BSC 大骨料生物基质植生混凝土及其制备、施工方法（简称 BSC 生物基质混凝土）”为基础，修复（恢复）微生物系统和植被系统，兼具安全效益和生态效益，满足生态型护岸、护坡、护底的安全防护、大流速水下防护和植被修复、海滨防护和植被修复的需求。

3. 技术特点

（1）技术系统组成主要有三部分：骨料层、生物基质和多样植被，三者互为融合缺一不可。通过专有配方获得高强度的水泥混凝土骨料层满足水利工程安全要求，通过富含专有的 BSC 活性菌剂的基质保证植被在具有连续孔隙的水泥混凝土骨料层中生长良好，通过工程措施使得大骨料层和基质完美结合。

（2）实现基础为“BSC 生物基质混凝土”，相当于是整个河岸护岸生态修复系统基础平台。其主要功能：一是骨料层有足够的抗压强度满足河岸、堤坝的基本堤防安全要求；二是在骨料层之内可以生长花草等植物，进而诱导昆虫恢复，使得工程区域食物链逐步建成，满足生态修复植被恢复需求。

技术指标

（1）骨料层：28d 抗压强度≥10MPa；连续孔隙率≥25%，在 30%±5%；抗水流冲刷速度≥5m/s；抗冻融 F≥100 次。

（2）BSC-J 菌落，微生物个数≥3000 千万个/g。

（3）播种植被恢复种类≥3 科属 5 品种；乡土植被恢复种类≥7 科属 12 品种；植被恢复年限≥10 年。

应用范围及前景

适用于生态型护坡、护岸、护堤、滨海防护和生态修复，公路、铁路边坡防护和生态修复，桥梁等立交系统、建筑体的立面绿化美化，矿山复 绿复垦、矸石山植被生态修复、采石场植被恢复等。

BSC 生物基质生态修复系统在国内除西藏青海几个少数省份外已经应用将近 100 余个项目，国内已应用面积超过 30m^2，技术优势明显。并于 2019 年起在深圳又开展了涉及海水咸淡水体交替的区域进行生态修复和植被恢复试验，采用海水型骨料层配方、海岸型植物配置方案、类红树植物种植措施已取得较好的生态、植被修复效果。

技术名称：BSC 生物基质生态修复系统
持有单位：北京福仕汀科技有限公司
联 系 人：袁彬鸿、吴金栋
地　　址：北京市海淀区天秀路 10 号
电　　话：010-62827060
手　　机：13095517701
传　　真：010-62828813
E-mail：39608945@qq.com

110 气动吸泥泵生态清淤组合系统

持有单位

天津海辰华环保科技股份有限公司

技术简介

1. 技术来源

自主研发。

2. 技术原理

核心技术为气动吸泥泵，该泵采用活塞类工作原理，依次启闭阀件，连续吸、排泥。进泥是靠水深产生的负压差，排泥以压缩空气为动力，有别于传统挖泥船的叶轮转动离心泵或机械传动。

气动吸泥泵，泵体呈长圆柱状，中间为可移动圆形隔板（活塞板），两端为进出泥空间与充放气空间。进出泥空间端连有一根钢管，钢管上下端装有同方向活塞板，为排泥阀和进泥阀，与吸泥铲和排泥管相连。

泵体置于水底，放气时，受水底压力圆形隔板向充放气空间移动，排泥阀关闭，进泥阀打开，进泥；充气时，在高压空气推力下，圆形隔板向进出泥空间移动，进泥阀关闭，排泥阀打开，排泥。

一组气动吸泥泵由 3 ~ 4 个泵体组成，按序轮换充气和放气，形成连续的进泥、排泥过程。

3. 技术特点

（1）取吸泥铲前底面平移方式，对清淤层无扰动，全封闭作业，无溢流工序，不产生二次污染。

（2）重量轻、体积小，可拆卸、载体要求简易。

（3）三是排泥浓度高，低能耗。

（4）四是作业水深可达 200m，深度越大，效率越高。

（5）采用 GPS 定位、测深仪控深等手段保证精准疏浚，分条、分区、分时施工，可确保水底生态培育空间，可解决疏浚底泥减量化、无害化、资源化处理处置等问题。

技术指标

（1）排泥浓度：13.0 ~ 14.0kN/m^3（装驳）或 12.0 ~ 13.0kN/m^3（管输）。

（2）作业水深：＜200m。

（3）清淤精度：挖深＜15m±0.1m、15 ~ 30m±0.2m、30 ~ 50m±0.3m、＞50m± 0.4m。

应用范围及前景

适用于水库环保疏浚与库容恢复、湖泊河道的生态清淤、港口的高效环保疏浚。

案例：2017 年泉州市山美水库生态环境保护项目——库区底泥疏浚工程。该工程清淤方量 55.18 万 m^3（水下方）。要求将山美水库疏浚区底部含较高氮、磷、有机物及重金属底泥清除，消减内源污染。利用气动吸泥泵生态清淤组合新技术，实施山美水库水深大于 25m 的底泥的生态清淤；采用双船并联新技术实施输送距离大于 6000m、爬高近 20m 的超距输送；采用全线封闭运行新技术，实现了无二次污染环保性能良好的饮用水源水库生态清淤。

技术名称：气动吸泥泵生态清淤组合系统
持有单位：天津海辰华环保科技股份有限公司
联 系 人：林涛
地　　址：天津市自贸试验区（中心商务区）旷世国际大厦 2-2311
电　　话：022-66864484
手　　机：13901383081
传　　真：022-66864484
E-mail：lintao@haiyi－intl.com

111 智能科技湿地单元组合的河道生态修复系统

持有单位

苏州德华生态环境科技股份有限公司

技术简介

1. 技术来源

自主研发。

2. 技术原理

该技术采用“控源＋生态治理”的解决思路。智能科技湿地构建了一种固定床反应器，生物膜固定在滤料颗粒表面，是稳定的生物反应系统。净化污水的主要组成部分是生态滤料、植物、微生物。由于植物根系的输氧作用以及好氧生物膜对氧的利用，根系不同距离的区域形成好氧/缺氧/厌氧的微环境。污水在湿地单元下渗的过程中，污染物主要通过生态滤料和植物根区生长的无数去污“微生物膜单元”进行降解，浓度逐渐降低。

3. 技术特点

（1）系统化：全循环的系统设计，使规划、设计、施工、运行、出水循环利用、数据管理各环节都具有整体性。

（2）精准化：湿地单元组合、布水系统、出水循环利用系统均通过计算进行精确设计。

（3）智慧化：整个系统具自我学习的能力，根据各湿地单元的设计参数，对进水进行分配、对出水进行循环利用，通过自动化控制实现智慧运维。

（4）稳定化：保持智能科技湿地单元组合不堵塞，在不同气候条件下运行稳定、运行成本低且维护简单，能保证稳定运行25年以上。

技术指标

河道水体主要指标可长期优于地表Ⅳ类水（即DO≥3.0mg/L，COD≤30mg/L，氨氮≤1.5mg/L，TP≤0.3mg/L）。

应用范围及前景

适用于治理仍未见效的黑臭河道、不达标的省考/国考断面、缺乏生态空间却亟须恢复活力的集镇。

案例：周市镇珠泾中心河河道水体生态修复工程项目。周市镇珠泾中心河位于江苏省昆山市，河道全长1720m，平均宽度11m，深度0.9～2.2m不等；2017年前，河内鱼虾绝迹，两岸垃圾遍地，河水又黑又臭。通过将智能科技湿地单元（垂直流湿地单元、表面流湿地单元、水平流湿地单元、饱和流湿地单元、截留湿地单元）组合成“两点、一带”的生态修复系统，2018年8月该项目实施完成后，当年主要指标达到地表Ⅳ类水，呈现“珠泾湿地亲水河岸”的美景。同年9月，成为国家重大水专项黑臭水体系统解决方案中心智能生态湿地示范基地。

智能科技湿地单元组合还可再延伸至工业尾水提标、面源污染治理、农村生活污水治理等不同的场景，且已成功应用于20余项，技术应用场景广泛。

技术名称：智能科技湿地单元组合的河道生态修复系统
持有单位：苏州德华生态环境科技股份有限公司
联 系 人：张瑛
地　　址：江苏省苏州工业园区九华路110号幢402室
电　　话：0512-62897355-8007
手　　机：15850080360
传　　真：0512-67422583
E－mail：rd@dehua－eco.com

112　市政尾水处理生态芯湿地

持有单位

南京领先环保技术股份有限公司

技术简介

1. 技术来源

省部级科研计划，自主研发。

2. 技术原理

生态芯湿地是一种市政尾水深度处理的新型湿地，融合了人工湿地工艺和微生物滤池工艺。该湿地分为上下两层，上层为潜流湿地层，配有植株及特定的级配介质，主要完成对尾水中磷的去除。下层为固定化微生物滤池层，对尾水中COD、NH_3-N、TN、SS进行削减去除。在实际运行过程中，生态芯湿地根据进水水质特征和出水水质要求以及季节的变化灵活分配上下层给水比例，实现综合调控与优化处理。

3. 技术特点

（1）同步硝化反硝化脱氮。采用的多孔海绵体介质载体填料比表面积大，达到230 m^2/g，孔隙率较高，为90%，可附着微生物量超过10^9 cfu/mL。通过调节氧气供给量营造微生物滤池中不同的溶氧条件，附着于载体填料表面的微生物可优先利用池体中的氧气进行硝化作用。与此同时，附着于载体填料内部的微生物由于处于缺/厌氧环境，进行反硝化作用。同步硝化反硝化可以减少系统运行的曝气量和碳源，降低能耗和运行成本。

（2）生物质炭除磷。采用的改性生物质炭粒径4～6mm，磷吸附饱和量为50 mg/g，TP去除率可达到60%以上。磷吸附饱和后可资源再利用，省去了化学除磷费用。

（3）高效有机碳源。采用具有极高COD当量的高效有机碳源，降低反硝化过程的碳氮比，尤其是在冬季水温低于10℃的情况下，TN去除率保持在60%以上，大大减少了脱氮碳源的成本。

技术指标

对于一级A标准的进水，经本工艺处理后，污水中TP去除率≥60%，COD去除率≥40%，NH_3-N去除率≥80%，TN去除率≥60%。出水达到地表准Ⅳ类水标准，TN≤6 mg/L。

应用范围及前景

适用于尾水提标类项目。

案例：生态芯湿地首次被应用于南京市江宁区“科学园污水厂生态湿地修复及污水厂排水口生态修复示范性工程”污水厂尾水提标项目。项目于2019年4月开始建设，2020年5月完成验收，该项目的合同约定处理量为10000 m^3/d，处理目标为将污水厂一级A标准尾水提标至地表水Ⅳ类标准。项目自2020年6月至今已实现连续稳定运行，其中，COD、NH_3-N和TP实际出水指标优于地表水Ⅳ类标准，TN≤6mg/L。项目建成后，大大削减了污染物进入秦淮河的负荷量，助力了秦淮河断面达标。

技术名称：市政尾水处理生态芯湿地
持有单位：南京领先环保技术股份有限公司
联 系 人：孙飞燕
地　　址：江苏省南京市江北新区丽景路2号研发大厦B座6层
电　　话：025-58746389
手　　机：13776686272
传　　真：025-58741230
E-mail：397281119@qq.com

113 Algae-Hub 藻类人工智能分析系统

持有单位

江苏宏众百德生物科技有限公司

江苏省无锡环境监测中心

太湖流域水文水资源监测中心（太湖流域水环境监测中心）

技术简介

1. 技术来源

自主研发。

2. 技术原理

Algae-Hub 藻类人工智能分析仪是基于高精度三维电动载物台、平场复消色差高倍物镜、深度学习算法的一体化浮游植物智能鉴定设备，集成了样品放大、扫描、信息数字化、物种鉴定、计数统计等多种功能，可为环境保护、水利水文等专业领域提供浮游植物自动鉴定分析的全方位解决方案。

3. 技术特点

（1）硬件上，电动扫描平台具有移动快、运行稳定的特点，保证扫描快速、成像清晰；对样品池内的样品进行全区域扫描，获取样品的完整信息，满足质控溯源需求。

（2）软件上，可靠的图像拼接算法实现上千张视野图无损拼接；借助 Faster R-CNN 人工智能模型算法，可识别 60 种常见藻种。

（3）收集了超过 100 万张高倍显微镜拍摄的藻类图片，样品涉及国内多个重点湖库、河流及流域。

技术指标

（1）通量：1 ~ 5 个样品/次；样品池：20mm×20mm，0.1 mL；分辨力：≥1.8μm；放大倍率：≤5%；最大示值误差：2.0μm；优势物种识别率：≥90%。

（2）相机：500 万 CMOS；物镜：40 倍平场复消色差物镜；图像分辨率：<0.30μm/pixel；扫描时间：<5 min。

（3）识别物种：60 个属；计数方法：全片法、视野法、对角线法、行格法；分析结果：物种中文名、拉丁名、分类水平、单细胞长宽高直径面积体积、藻密度、生物量；评价指数：Shannon-Wiener、Margalef 丰富度、Pielou 均匀度、Simpson 生态优势度指数。

应用范围及前景

适用于水利、生态环境领域藻类分析及科研。

2020 年 6 月起，该系统在全国生态环境监测、水利、水务系统、高校科研院所等 20 多家单位进行了应用，在“2020－2021 太湖夏季蓝藻监测预警”“太湖流域藻类业务化监测”“太湖浮游植物群落演替分析”“引江济太调水监测评估”和“江苏省水生生物集中分析”等项目中发挥了重要作用。

技术名称：Algae-Hub 藻类人工智能分析系统

持有单位：江苏宏众百德生物科技有限公司、江苏省无锡环境监测中心、太湖流域水文水资源监测中心（太湖流域水环境监测中心）

联 系 人：孙蓓丽
地　　址：江苏省无锡市南湖大道 501 号扬名创智园 D 栋 102
电　　话：0510-85389535
手　　机：19952707183
传　　真：0510-85389535
E-mail：blsun@metahub.cn

114 可网格化巡航的水质监测船

持有单位

无锡德林海环保科技股份有限公司

太湖流域水文水资源监测中心（太湖流域水环境监测中心）

技术简介

1. 技术来源

自主研发。

2. 技术原理

可网格化巡航的水质实时监测船主要是利用船载的水质光谱快速分析系统对水体进行走航式检测，在行船过中，对行驶路径上的水体进行氮、磷、COD、叶绿素 a 等水质监测，同时，其还集成了卫星遥感监测预警系统，由于蓝藻水华的暴发区域叶绿素 a 的含量都极高，系统主要通过卫星遥感的手段对湖库叶绿素 a 进行反演，从而对湖库是否有蓝藻水华暴发进行判别，对湖库实现监测预警。

3. 技术特点

可网格化巡航的水质实时监测船为基于多光谱遥感监测诊断下的蓝藻水华综合治理成套技术及装备，是通过研发网格化水质监测及遥感监测诊断系统平台，为湖库蓝藻暴发及富营养化水体治理提供预测预警及解决方案，设计内容主要分为水环境监测预警系统平台、无人机巡航、水质监测、水下柱状取样、水下可视、水下测深测淤泥等模块，利用可网格化巡航的水质实时监测船搭载的各项系统及设备，将水质数据回传数据中心进行综合分析。对湖库的变化进行了解，跟踪治理，防范突发事件。

技术指标

（1）无人机：无人机最大载重 2.7kg，飞行速度 17～23m/s，最大飞行时间 55min（空载），最大图传距离 15km。

（2）水质监测：搭载在线水质多参数探头，航行过程自动检测，5min 即可测得水温、电导率、总磷、总氮、COD、溶解氧、pH、浊度、氨氮、叶绿素 a 等 10 个参数；数据精度误差率±20%。

（3）双频变频测深仪： 工作频率 25kHz（低频）～200kHz（高频），测深范围 0.3～600m（高频）、0.7～2000m（低频），精度范围$\pm 0.01m + 0.1\% \times h$（$h$ 为水深值）。

（4）监测预警船：总长：13.00m；船宽：3.80m；型深：1.30m；设计吃水：0.50m；满载排水量：10.42t；主机（功率×数量）： 60HP×2 台；设计航速：15km/h。

应用范围及前景

适用于湖库富营养化及蓝藻水华监测预警。

该可网格化巡航的水质监测船已于 2020 年 4 月起在玉溪星云湖原位控藻及水质提升项目、太湖（贡湖湾经开区段）2020 年度蓝藻应急工程项目中得到应用，提高了湖泊水环境治理及监测的效率，为星云湖和太湖的蓝藻水华防控以及水质提升的精准治理做出了贡献。

技术名称：可网格化巡航的水质监测船

持有单位：无锡德林海环保科技股份有限公司、太湖流域水文水资源监测中心（太湖流域水环境监测中心）

联 系 人：潘正国

地　　址：江苏省无锡市滨湖区梅梁路 88 号

电　　话：0510-85505177

手　　机：17768509760

传　　真：0510-85505177

E－mail：panzhengguo@wxdlh.com

115　KtLM 强化脱氮除磷系统

持有单位

杭州银江环保科技有限公司

技术简介

1. 技术来源

自主研发。首创了 KtLM 强化脱氮除磷系统技术，项目成果获得发明专利 1 项。

2. 技术原理

“KtLM 强化脱氮除磷系统”包括高效能生物反应器和水体净化器，解决了溢流污染处理稳定达标的难题，实现了溢流污染处理技术的突破。

3. 技术特点

（1）生物反应器采用多级式 MBBR 工艺，结合国内外先进的高效溶氧系统、高效流化传质系统与均质布水系统，在组合工艺中通过培育附着在 MBBR 填料上的混合兼性菌种，形成高效生态系统，能够迅速有效地对污水进行深度处理，确保出水达标。

（2）水体净化器是高效絮凝及浮选技术，属于水处理中物理法一级处理程度的范畴，该技术基于向待处理的水中投入混凝剂及絮凝剂，利用絮体层流分流技术，实现水流截面的层流，形成二次絮凝反应，增大颗粒物的尺寸，提高分离效率，表面负荷可以达到 20～30$m^3/(m^2 \cdot h)$，同时能去除部分的有机物和氮、磷等污染物。

（3）该产品全部为可移动设备化的处理方式，可以根据现场条件调整设备位置及进出水方式。

技术指标

（1）KtLM 强化脱氮除磷系统规格：1000t/d、2500t/d、5000t/d、10000t/d、20000t/d。

（2）出水水质标准：一级 A 标准、地表准Ⅳ类标准。

（3）SS 去除 90%以上。

（4）压泥机采用板框压滤机，将污泥压榨至含水率 80%以下。

应用范围及前景

适用于城市河道排污口，污水泵站就地净化扩容、污水处理厂尾水提标。

KtLM 强化脱氮除磷系统在国内应用项目 50 余个，主要分布在长三角、珠三角、京津冀。典型项目有：天津东排系统雨水泵站水处理设施工程五大街泵站、东海路泵站、十一大街泵站三个站点总处理水量（12000t/d）、鞍山市中心城区水环境综合治理项目（15000t/d）、南京江宁开发区新兴圩泵站前池水处理项目（6000t/d）、广东肇庆四会市 2.5 万 t/d 污水处理项目（25000t/d）。2020 年初，银江环保高效保质在 7d 之内完成武汉定点医院火神山、雷神山医院污水处理全流程系统装备的设计、供货、安装任务，模块化、标准化、产业化的优势得到了充分体现。

技术名称：KtLM 强化脱氮除磷系统
持有单位：杭州银江环保科技有限公司
联 系 人：刘静芝
地　　址：浙江省杭州市西湖区益乐路 223 号 A 座 7 楼
电　　话：0571-88220146
手　　机：18958003180
传　　真：0571-88071719
E-mail：18079371@qq.com

116　古伽水面清理长臂船

持有单位

杭州古伽船舶科技有限公司

技术简介

1. 技术来源

自主研发。

2. 技术原理

古伽智能牌水面清理长臂船根据流体力学和电动力学的精准运用，结合现代人工智能技术、信息传感技术及新能源技术的工程设计，自动收集打捞各种漂浮物和差异化自动处理各种漂浮物。

3. 技术特点

（1）性连接的两具拦截臂在保证伺服牵引机器人实施各种打捞作业姿态的同时始终处于垂直悬浮状态，从根本上阻止了各种漂浮物逃逸的可能。

（2）两具牵引机器人可以根据各种作业场景，在满足 30m 深度以上的浅岸即可开展作业，最大限度提升了作业的覆盖率、打捞率、高效率。

（3）该设备能大面积、自动化、高效率无缝地毯式收集处理：蓝绿藻、黑臭河浮泥、油污、染料、浮萍、水葫芦、落叶、花絮、生活垃圾及其他微细无序状水面漂浮物。

（4）产品实际运行成本相对传统作业方式节约了数十倍，纯电动作业低噪声，无二次污染。

技术指标

（1）舱室密闭性要求：单独密闭，不串气。

（2）推进电机：水未进入电机内部，绝缘电阻不小于 2MΩ。

（3）运转噪声平均值：66.7dB（A）。

（4）臂展宽度：最大臂展宽度超过 30m。

（5）作业速度：风速不大于 2m/s、水流速度不大于 1m/s 的前提条件下，平均速度 3.37km/h。

应用范围及前景

适用于水深 60～90cm 江河湖泊一切漂浮物的打捞清理、蓝藻暴发治理、油污泄露应急保障、水生态修复治理、水质检测监控。

杭州古伽船舶科技有限公司研发生产了满足各种水环境作业条件的系列画舫款、折叠款、现代款水面清理长臂船，累计已有 146 套水面清理长臂船应用于水面保洁行业，个别船只依据需求，还配置了藻类打捞、干化处理、智能服务等项功能，在水环境治理中创造了全新的工作模式。

技术名称：古伽水面清理长臂船
持有单位：杭州古伽船舶科技有限公司
联 系 人：陈柏龙
地　　址：浙江省杭州市萧山区所前镇三泉王村
手　　机：18868177681
传　　真：0571-86631351
E-mail：cbl821@163.com

117　全膜法处理反渗透浓水及循环排污水技术

持有单位

山东泰禾环保科技股份有限公司

技术简介

1. 技术来源

自主研发。

2. 技术原理

首先用调节池调节来水的水量和水质，然后加碱，在反应池中与水中的钙、镁离子发生反应，生成氢氧化镁与碳酸钙晶体，该混合液进入陶瓷膜过滤装置，水中的氢氧化镁，碳酸钙等晶体被陶瓷膜过滤后，浓缩液用板框压滤处理，透过液经加酸调节后进入一级反渗透装置，反渗透纯水回用，反渗透浓水进入纳滤，纳滤浓水返回到调节池中，纳滤产水进入二级反渗透装置浓缩，反渗透产水回用，浓水进入正渗透进一步浓缩，正渗透产水回用，剩余微量浓水进入蒸发装置蒸发或用作其他用途，使废水最终达到零排放。

3. 技术特点

（1）该技术采用大通量陶瓷膜水处理装置，充分发挥陶瓷膜机械强度高、化学稳定性好、透水性高、耐氧化、抗污染性好、易于清洗再生、使用寿命长等优点。

（2）有效利用各工艺单元间的协同增强作用，合理调控进水水质，优化膜组件运行条件，为后续纳滤和反渗透等深度处理稳定运行提供了新的技术保障。

（3）解决了传统工艺极易使砂滤器板结、堵塞超滤膜，使超滤膜通量降低和断丝，致使整体设备无法正常运行的难题。

技术指标

陶瓷膜产水：浊度＜0.2NTU，色度＜5 度，总大肠菌群未检出，耐热大肠菌群未检出。

应用范围及前景

适用于地表水、中水回用、海水淡化、饮用水处理等各个领域。

该全膜法处理反渗透浓水及循环排污水技术已应用于中国化工集团德州实华化工有限公司 6600m^3/d 全膜法处理循环水及高盐水项目、中化集团盛华公司 2400m^3/d 高盐废水＋循环水回用项目、石家庄柏坡正元化肥有限公司 70m^3/h 浓浓水水处理零排放项目、中国化工集团德州实华化工有限公司 11000m^3/d 黄河水制纯水预处理项目、元利化学集团股份有限公司 400m^3/d 高盐水回用等 9 个项目，已投入使用的设备装置均取得了良好的应用效果。

技术名称：全膜法处理反渗透浓水及循环排污水技术
持有单位：山东泰禾环保科技股份有限公司
联 系 人：尹飞
地　　址：山东省淄博市桓台经济开发区
电　　话：0533-6129506
手　　机：13053342121
传　　真：0533-6129500
E-mail：2218742929@qq.com

118　垂线平均流速分布模型

持有单位

河南省水文水资源局

技术简介

1. 技术来源

由河南省水文水资源局自主研发。

2. 技术原理

对于一已知断面，当测速垂线 i 位置确定后，其他任一垂线 m 某时刻的垂线平均流速 $\overline{v_m'}$，与该垂线的垂线影响系数 k_{cm} 成正比，与该垂线水深 h_m 的 2/3 次方成正比，与测速垂线该时刻的动力因子 k_v 成正比。通过该模型，在已知大断面的情况下，只要测量出测速垂线的垂线平均流速，即可计算出断面上任一条垂线的平均流速及水深，进而计算断面流量。

3. 技术特点

（1）对断面上任意一条垂线 m，其垂线平均流速可用下式计算：$\overline{v_m'}=k_{cm}\cdot k_v\cdot h_m^{2/3}$，其中 k_{cm} 为垂线 i 对垂线 m 的影响系数，与河底的质地、地形、糙率及能坡不均匀分布有关，可通过实测资料进行率定；k_v 为动力因子，是垂线产生流速的动力因素，与垂线平均流速、水深有关。

（2）垂线平均流速分布模型是利用断面上一条垂线的平均流速，依据测验河段的大断面数据，可计算出断面上任一条垂线的平均流速，进而推算出断面流量。该模型极大地缩短了测流历时，自动监测时只需 1 台流速传感器。

（3）提出了有实测流量资料用最小均方差法率定垂线影响系数，无资料时用断面形状系数推算垂线影响系数的方法。

技术指标

（1）测流历时缩短为原来的 1/5 ~ 1/10，减少了测流期间因水位涨落而带来的测验误差。

（2）分析用单波束流速仪测得流速的脉动规律，确定采用 5min 测流历时，面积包围法进行滤波，以消除脉动影响。

（3）分析坐底式 ADCP 数据规律，研究波束上各单元流速与平均流速的内在关系，对单次测流质量进行自检验，为单波束 ADCP 的应用提供理论依据。

（4）研究了流速仪、浮标、雷达等测流仪器用于垂线平均流速分布模型的使用方式。

应用范围及前景

适用于河段顺直、断面规整、受冲淤影响较小的水文测站或水资源监测断面。

2012 年河南省水文水资源局在潢川、龙山、鲇鱼山、南湾、泼河、北庙集、淮店、沈丘等省内水文站点采取边研究、边验证、边完善的方法完成了重要研究成果“垂线平均流速分布模型”的开发，并于 2013 年投入使用。2014 年在淮河干流安徽省小柳巷站、江苏省新安站和大兴站、2016 年在河南省北庙集站、2020 年在河南省焦作市武陟县何营水文站采用本技术建设了流量自动监测系统。以上监测成果（水位、流量）数据均符合国家相关标准和行业标准。

技术名称：垂线平均流速分布模型
持有单位：河南省水文水资源局
联 系 人：姚广华
地　　址：河南省郑州市金水区纬五路 10 号
电　　话：0371-65571710
手　　机：18737100286
E-mail：swkj@hnsl.gov.cn

119　河湖清淤底泥资源化高效脱水减容技术

持有单位

长江河湖建设有限公司

技术简介

1. 技术来源

自主研发。

2. 技术原理

该技术由机械筛分、调理浓缩、助滤脱水、尾水处理 4 个相互关联的单元组成，各工艺单元可视实际需求进行优选调整。通过逐次调理、助滤、减容以及重金属钝化的方式，大幅降低后续脱水处理量、提高设备工效，来实现高效快速脱水。最终使含水率降至 50%左右，且不破坏其土壤团粒结构和理化性质，为底泥的资源化利用奠定基础。

3. 技术特点

（1）底泥调理材料是以沸石、硅藻土为主的多种矿物质复合而成，通过其强大的物理化学吸附能力和离子交换容量，促进泥水快速絮凝分离和吸附阻止臭味外溢。同时，络合捕捉重金属，形成稳定矿化物，降低底泥中重金属的迁移性和生物有效性。

（2）底泥助滤理材料是以海泡石骨架材料、稀土酶活性材料为主的多种矿物质复合而成。骨架材料易形成支撑，减少水阻，压滤时不逃逸，有助于压滤脱水；酶活性材料可激活干化土中有益厌氧菌或兼性菌，脱水后的干化土松软透气、生物活性高。

（3）尾水处理材料以多孔硅铝酸盐矿物为主体，其环境友好，特殊的晶格结构，具有较高的离子交换和选择性吸附能力，易与金属阳离子或阴离子生成表面配位络合物，可有效降低悬浮物、碳污染源、氮磷以及有毒有害重金属含量。

技术指标

（1）脱水后土壤：含水率降至 50%以下，有毒有害重金属迁移性和生物有效性显著降低，且未破坏土壤团粒结构和理化性质，为资源化利用创造了条件。

（2）脱水后尾水：基本不改变尾水 pH 值，大幅提高了尾水透明度，异味消除，尾水达标可直接排放。

应用范围及前景

适用于对河湖清淤底泥有资源化利用需求的建设项目。

该技术已得到推广应用，规模相对较大的工程项目为南京市秦淮区秦淮河干流整治工程（总清淤量 40 万 m^3）和武汉东湖水环境提升工程（总清淤量 334.83 万 m^3），均涉及底泥环保疏浚、淤泥脱水减容、尾水处理及排放等，项目社会效益和经济效益显著。

技术名称：河湖清淤底泥资源化高效脱水减容技术
持有单位：长江河湖建设有限公司
联 系 人：张曦
地　　址：湖北省武汉市江岸区解放大道 1863 号
电　　话：027-82828911
手　　机：18602765369
传　　真：027-82927961
E-mail：47803591@qq.com

120 改良型生物接触氧化污水处理技术

持有单位

长江生态（湖北）科技发展有限责任公司

技术简介

1. 技术来源

自主研发。

2. 技术原理

该生物接触氧化工艺是介于活性污泥法和生物滤池之间的生物膜法工艺，该工艺池内设有填料，部分微生物以生物膜的形式固着生长于填料表面，部分则是絮状悬浮生长于水中，兼有活性污泥法与生物滤池特点。是一种运行管理较简单，出水水质较稳定的污水处理技术。

3. 技术特点

（1）改良型生物接触氧化污水处理技术在实际应用中采用一体化设备形式，集混合区、缺氧区、好氧区、沉淀池、滤池、消毒池、设备间于一体，其中缺氧池和好氧池中均布置有生物填料。污水中污染物去除是在一个连续缺氧（厌氧）好氧（厌氧）环境中进行。

（2）脱氮。在缺氧生物接触池中主要靠兼氧微生物将污水中难溶解有机物转化为可溶解性有机物，将大分子有机物水解成小分子有机物，以利于后续好氧生物处理池进一步氧化分解，同时回流的硝态氮在反硝化菌的作用下转化为氮气。

（3）除磷。通过运行参数的调节，反硝化聚磷菌（DPB）在厌氧/缺氧交替环境中，可以通过独特的新陈代谢功能同时完成过量吸磷和反硝化脱氮双重目的。

（4）改良型生物填料与传统生物填料对比具有比表面积大（$>500m^2/m^3$）、适合微生物生长、相对密度轻、耐腐蚀强的特点，好氧池容积负荷达到 6～10kgCOD/（$m^3 \cdot d$），是传统活性污泥法的 2～4 倍。

技术指标

经处理后出水水质可达 GB 18918—2002《城镇污水处理厂污染物排放标准》一级 A 排放标准。

（1）进水水质：$BOD_5 \leqslant 170mg/L$，$COD_{Cr} \leqslant 350mg/L$，$NH_3-N \leqslant 30mg/L$，$TP \leqslant 3.0mg/L$，$TN \leqslant 40mg/L$，$SS \leqslant 200mg/L$。

（2）出水水质：$BOD_5 \leqslant 10mg/L$；$COD_{Cr} \leqslant 50mg/L$；$NH_3-N \leqslant 5mg/L$；$TP \leqslant 0.5mg/L$；总 $N \leqslant 15mg/L$；$SS \leqslant 10mg/L$。

应用范围及前景

适用于乡镇、农村、城市近郊生活区等地区中小规模生活污水处理，以及污染水体的控源截污等。

该技术设备已应用 24 套。其中：2019 年上海市崇明区长兴镇临时污水处理规模 $3000m^3/d$，采用 15 套处理规格为 $200m^3/d$ 的一体化设备；2020 年奉节县康乐镇长沙村污水处理规模为 $100m^3/d$，采用 $100m^3/d$ 规格设备 1 套；2021 年奉节县兴隆镇庙湾社区污水处理规模为 $300m^3/d$，采用 $150m^3/d$ 规格设备 2 套。目前 24 套设备均处于正常运转状态，处理出水水质均稳定达到排放标准要求。

技术名称：改良型生物接触氧化污水处理技术
持有单位：长江生态（湖北）科技发展有限责任公司
联 系 人：王静
地　　址：湖北省武汉市解放大道 1863 号水文楼 1405 室
电　　话：027-82820737
手　　机：13277955629
传　　真：027-82820113
E-mail：wangjg027@163.com

121　自动曝气复合介质精滤水处理机

持有单位

武汉沃特工程技术有限公司

技术简介

1. 技术来源

自主研发。

2. 技术原理

该设备采用自然曝气溶氧、浮选去泡、复合介质精细过滤二次溶氧、自动反冲洗等技术，能有效去除原水中的有害物质，达到国家相关饮用水标准，设备结构紧凑、能耗小、易维护、适用性强的特点，可解决传统过滤产品占地面积大、能耗高、运行不稳定、管理维护量大、操作复杂、处理效果欠佳等问题。

3. 技术特点

采用自然曝气溶氧、浮选去泡、复合介质精细过滤二次溶氧、自动反冲洗等技术，能有效去除原水中的有害物质，达到国家相关饮用水标准。设备材质为 304 不锈钢，结构紧凑，能耗小，易维护，适用性强。

技术指标

（1）经检测产品焊缝外观质量合格，使用的石英砂、无烟煤、磁铁矿、生物炭滤料均合格。

（2）各型号产品出水水质中浊度指标在 0.3NTU 左右，均满足国家标准中浊度＜1NTU 的要求。

应用范围及前景

适用于各地区乡镇、农村的中小型自来水厂生活饮用水处理的过滤单元。

该精滤水处理机目前已在湖北、甘肃等地的 15 个工程案例中使用了 20 台套，处理规模从 $1000m^3/d$ 到 $20000m^3/d$，如湖北省十堰市子胥水厂为 20000t/d、罗堰村水厂为 1000t/d、谭家湾水厂为 5000t/d、曹家湾水厂为 3000t/d、湖北省松滋市曲尺河水厂为 3000t/d、南闸水厂为 5000t/d、郑家铺水厂为 1200t/d、甘肃省碌曲水厂为 16000t/d 等。

案例：湖北省十堰市郧阳区子胥水厂工程。子胥水厂总占地约 8.77 亩，一期和二期设计规模各 $10000m^3/d$，合计 $20000m^3/d$，分别建成于 2018 年和 2020 年，水源地为谭家湾水库，采用重力流输水方式，原水浊度约为 20NTU，工艺流程采用“原水→管式静态混合器→网格絮凝池→斜管沉淀池→自动曝气复合介质精滤水处理机→活性炭滤池→消毒→清水池→加压泵房→用户”，出水浊度长期稳定在 0.3NTU 左右，优于 GB 5749—2006《生活饮用水卫生标准》对浊度小于 1.0NTU 的要求。设备水力全自动运行，出水水质优良，不耗电，易维护管理，综合效益显著。

技术名称：自动曝气复合介质精滤水处理机
持有单位：武汉沃特工程技术有限公司
联 系 人：瞿毅然
地　　址：湖北省武汉市洪山区文化大道 555 号融创智谷 C8-2-2204
电　　话：027-87537456
手　　机：13307148285
传　　真：027-87537456
E-mail：wt@wuhanwater.cn

122 淤泥原位处理与生态护坡成套技术

持有单位

湖北久树环境科技有限公司

技术简介

1. 技术来源

自主研发。

2. 技术原理

该技术解决河道淤泥处理处置成本高，资源化不足等难点问题。淤泥原位处理与生态护坡成套技术，原位修复淤泥，消除河道内源污染，解决河道水质黑臭的根源问题；并就地取材，对固化淤泥进行资源化开发利用，不存在大方量的淤泥外运，生态护坡比传统的砼护坡和浆砌石护坡单价低，且生态稳定性更好。

3. 技术特点

（1）原位处理。对淤泥进行原位处理，使其满足工程和生态要求，达到减量化和资源化再利用的目的，同时杜绝淤泥因为转移而造成的环境二次污染。

（2）多渠道消纳。根据添加材料和施工工艺的不同，固化后的淤泥可用于水底修复、坡面稳定、生态廊道建设，提高淤泥再利用量，降低淤泥后处置成本。

（3）适合底栖生物生存。固化后的淤泥存在很多固定孔隙，这些孔隙在水下满足好氧微生物栖息，使其对水体有机物进行更有效分解。

（4）适合植物生长。淤泥本质上是含有大量有机物的泥土，经过固化修复处理后，有机物缓慢释放，其中的沙质和土质颗粒使得植物根系可以在其中生长发育。

（5）生态稳定性增强。生态护坡技术的应用使得坡岸抗剪强度增强，坡岸稳定性增强，河道水质净化提升，河岸生境得到改善，生物多样性增加，生态稳定性增强。

技术指标

经过修复固化后的坡面淤泥技术指标：pH值：7～9；氨氮吸附率：1.3mg/g；承载强度：20～100kPa（柔性基层）；孔隙率：≥30%（具有过滤性）；吸水率：≥25%；密度：1.1～1.4g/cm^3。

应用范围及前景

适用于生态河道建设，包括河道淤泥处理、河道生态修复治理、原位整体固化护坡、生态廊道建设等。

案例 1：荆州市岑河镇西引渠位于湖北省荆州市岑河镇荆沙大道靠近岑桑线，渠道总长 1000m，宽 15.2m，水体动力较差，黑臭淤泥厚度达到 80～120cm，为劣Ⅴ类水质。根据渠道的功能规划、地形地貌、水深等实际情况，建立了“强化处理-深度净化-稳态化”三位一体水质净化系统，使渠道水体维护达到了低成本和长效可持续目的。

案例 2：江陵县资市镇青山村生态整治工程。青山村鱼塘长 359m、宽 25m，整治前鱼塘水质富营养化，边坡水土流失严重。生态整治完工后，鱼塘水生态系统具有较强的抗逆性，具备持久净化水质的能力，呈现自然、生态的景观效果。

技术名称：淤泥原位处理与生态护坡成套技术
持有单位：湖北久树环境科技有限公司
联 系 人：贺厚安
地　　址：湖北省荆州市经济开发区王家港曙光路南
电　　话：0716-8331299
手　　机：18972361000
传　　真：0716-8331299
E-mail：821183229@qq.com

123 微动力平板陶瓷膜净水设备

持有单位

湖南京昌生物科技有限公司

技术简介

1. 技术来源

自主研发。

2. 技术原理

该设备含次氯酸钠发生器自动配比投加消毒、不锈钢前置预处理、膜池（结构微絮凝＋内置斜管二次沉淀、平板陶瓷膜过滤）等装置，在过滤阶段和投加阶段减少人工劳动力，保证出水稳定性和提高出水水质，且各装置之间可直接利用地势落差，减少能耗，节约运行成本。

3. 技术特点

（1）系统集成化。集消毒、净水、在线监测、自清洁系统、物联网管理、外围监测于一体。

（2）膜池内含微絮凝二次沉淀结构，设备将微絮凝沉淀和平板陶瓷膜过滤集中于膜池内，并在微絮凝后增加二次沉淀工艺，避免大量矾花进入膜池，使通量稳定。

（3）使用过滤的陶瓷膜为无机材料，亲水性强，通量大，使用寿命长。且陶瓷膜可回收再利用，不会造成二次污染。

（4）高标准电解次氯酸钠发生器，原材料仅为食盐与水，消毒全过程安全、环保。

（5）利用平板陶瓷膜适应生活饮用水的净化特色：低压、通量大，设计各设备间相对落差，并利用虹吸，降低能耗。

（6）纯物理过滤，出水浊度稳定小于 0.1NTU，与原水水质无关。

技术指标

（1）整机：出水余氯控制在 0.4～0.6mg/L（可调）；出水浊度≤0.1NTU；设备出水细菌总菌落数及大肠杆菌数等指标 100%合格。

（2）嵌入式次氯酸钠发生器：生产单公斤有效氯盐耗：≤3.5kg；生产单公斤有效氯电耗：≤5kW·h；电极通过美国 NSF 涉水批件，使用年限大于 5 年。

应用范围及前景

适用于农村、乡镇等地生活饮用水水质处理和学校、医院等公共场所水质升级、提标。

案例：富阳区 2019—2020 年度农村饮用水达标提标工程一体化净水设备、消毒设备年度供应商招标项目（第二批）。该项目覆盖富阳地区 13 个村委会或社区，惠及广大农民群众饮水安全，项目提供 100～200t/d 型共 30 套设备，实现了对富阳地区 30 个农村供水站的消毒、净化、反冲等制水过程的全自动控制，以及进出水水质的实时监测。

技术名称：微动力平板陶瓷膜净水设备
持有单位：湖南京昌生物科技有限公司
联 系 人：苏秋霞
地　　址：湖南省长沙市雨花区新兴路 109 号
电　　话：0731-88826548
手　　机：18817103193
传　　真：0731-88826548
E-mail：shangwu-01@hnjc-china.com

124 江湖淤泥理化调理及复合固化处理技术系统

持有单位

广州珞珈环境技术有限公司
广州市水电建设工程有限公司
广州水电设计咨询有限公司

技术简介

1. 技术来源

自主研发。

2. 技术原理

该系统是集高效固化剂固化技术、淤泥固化设备和工艺技术为一体的淤泥固化处置集成技术，通过向河道疏浚淤泥中添加高效的复合型固化材料来改善淤泥的物化性质，使淤泥中的有害物质固定化、稳定化，使固化处理后的淤泥的土工力学性能得到大幅度的提高，不仅可避免淤泥的二次污染，也可使淤泥实现资源化的目标。

3. 技术特点

（1）根据城市河道底泥的物化特性，河道淤泥固化技术设备选用高效的单轴螺旋管道搅拌机、粉料自动供给机、空压机、格栅振筛机、拖泵、淤泥输送管道等与板框压滤机系统组成复合型的淤泥固化工艺技术设备集成系统。

（2）自动化处理程度高。技术系统装备国产化和运行全程自动化、分选、添加剂、脱水、固化、运输流程等可以做到“无缝”连接。

（3）无害资源化利用高。受污江湖湖泊淤泥经过处理处置，不仅大幅度减量和稳定性强，而且淤泥资源土可无害利用，利用率达到 90%以上，可用作路基回填用土、园林绿化用土、建材原料等。

技术指标

（1）处理后的淤泥：含水率＜40%；pH 值 6≤pH≤9；自然膨胀率＜15%；承载比（CBR）＞8；7d 无侧限抗压强度＞150kPa 。

（2）处理后淤泥臭气浓度、粪大肠杆菌、重金属等污染物浸出毒性等项目的检测值低于国家和地方的相关环境标准。

应用范围及前景

适用于江河、湖泊、水库以及城市河道疏浚淤泥的处理处置工程。

该技术已应用于深圳市宝安区大空港片区水环境综合整治项目河道底泥脱水固化处理（12 万 m^3），增城区东江北干流 33 条一级支流水环境治理工程 EPCO 项目河涌淤泥脱水固结无害化处理（20 万 m^3），江门高新区（江海区）龙溪河、麻园河、马鬃沙河黑臭水体综合治理工程淤泥无害化处置（18 万 m^3）等项目，并实现了淤泥固化土的资源化利用，产生明显的经济环境效益。

技术名称：江湖淤泥理化调理及复合固化处理技术系统
持有单位：广州珞珈环境技术有限公司、广州市水电建设工程有限公司、广州水电设计咨询有限公司
联 系 人：林健汉
地　　址：广东省广州市越秀区寺右新马路南二街 18 号广兴华大厦三楼
电　　话：020-31650412
手　　机：13570337960
传　　真：020-31650412
E-mail：13570337960@163.com

125 河湖生态清淤及淤泥脱水固化技术

持有单位

广东大禹水利建设有限公司

广州粤水建设有限公司

技术简介

1. 技术来源

自主研发。

2. 技术原理

河湖生态清淤及淤泥脱水固化技术是基于生态清淤技术、淤泥脱水固化技术，对河湖淤泥清理、脱水、固化等施工工艺上，融入了纤维加筋的疏浚淤泥改性及资源化技术。

3. 技术特点

（1）该技术是基于生态清淤技术、淤泥脱水固化技术，在河湖淤泥清理、脱水、固化等施工工艺上，集高频筛分、泥水调节、淤泥脱水余水循环处理等技术于一体。

（2）基于板框式压滤机脱水固化的模式，利用管道将板框压滤机底部过滤滤液回收利用，相比于传统将含有添加剂或有害物质的尾水，直接排放至余水车间进行处理后排放至河道，既减少及纤维的添加量，一定程度上降低余水处理车间的污水处理耗能，从而减少成本投入，做到资源利用最大化，推动疏浚工程的可持续发展。

（3）利用纤维的加筋与固化淤泥之间的界面作用，让纤维表面与淤泥颗粒之间发生黏结和摩擦作用，从而提升淤泥的强度，而过量的纤维掺入，同样会导致固化淤泥强度降低。

技术指标

通过研究最优比例的聚丙烯纤维聚合物脱水效果较传统脱水相比，成品含水率可达到 35%左右。湖泊淤泥压滤周期约为 1h，选用 600m^2 型号的板框压滤机，其工作效率为 12.5m^3 泥饼/h，pH 值 5≤pH≤10；自有膨胀率＜15%，泥饼含水率≤40%。

应用范围及前景

适用于江河、湖泊、水库等环保清淤，河道疏浚淤泥处置工程。

于 2018 年 1 月展开技术研究，最早于 2018 年 11 月在汕头市潮阳区北港河综合整治工程（清淤）项目中得以应用，后续在金坑水库清淤工程施工专业总承包工程、汕头市潮南区金溪水（司马陈店截流）达标加固工程 EPC 总承包等多个项目进行推广应用，截至目前，已在 8 个工程项目取得良好施工效果，处理淤泥总量规模大，约累计节省成本 400 多万元，采用封闭式淤泥施工管理方式，减少了施工过程中泥浆、尾水对周边环境的影响，避免造成的二次污染，节能环保，社会效益显著。

技术名称：河湖生态清淤及淤泥脱水固化技术
持有单位：广东大禹水利建设有限公司、广州粤水建设有限公司
联 系 人：陈泽标
地　　址：广东省汕头市龙湖区黄山路荣兴大厦 16 楼
电　　话：0754-88698268
手　　机：13829062339
传　　真：0754-88698268
E-mail：gddygcb@qq.com

126 城市黑臭水体治理关键技术

持有单位

广东大禹水利建设有限公司

技术简介

1. 技术来源

自主研发。

2. 技术原理

以水体自净为根本目标，采用物理和生物生态修复手段和措施，在前期控源截污、中期内源治理补水调水的基础上，后期以生物-生态组合的方式进行水环境生态修复，以提高自我净化为主要方式，将生态护岸、曝气充氧技术、悬浮填料和微生物修复有效结合起来，与单一的修复技术相比，该技术具有更稳的治理效果，从根本上实现水体的自净能力，起到长效预防城市河道水体黑臭的作用。

3. 技术特点

（1）技术将生态护岸、曝气充氧技术、悬浮填料和微生物修复有效结合起来，对水体的底泥进行环保清疏，降低水体纳污负荷，利用无土栽培的生态浮床技术让水生植物吸收黑臭水体中氮、磷元素，物根系和浮床基质等对水体中悬浮物的吸附作用，富集水体中的有害物质，植物释放的有机分泌物加速污染物的分解，增加溶解氧微生物，微生物分解水中污染物，起到吸收净化，澄清水质、抑制藻类作用。

（2）结合曝气充氧技术，根据不同微生物含量、温度、曝气量、曝气方式和水体流速的因素研究制备的微纳米曝气和生态颗粒净水剂，高效进行水体截滤循环净化，在河湖整治中起到活水循环，维系净化水体的作用，改善水环境质量，促进水生态修复，提高水体的透明度。

技术指标

（1）治理后河流水体的微生物种群丰富度明显提高，COD、NH_3-N 和 TP 的去除率分别为 99%、83%、96%，出水可达到Ⅴ类水，水体恢复正常。

（2）通过选取已治理不同河段的废水进行检测，检测结果性状为清、无色、无气味、无浮油，其中列入国家标准的透明度、溶解氧、氧化还原电位、氨氮等主要指标均达到国家和地方标准要求。

应用范围及前景

适用于江河、湖泊、水库等环保清淤，河道疏浚淤泥处置工程。

该技术已应用于“汕头市潮南区南山截洪河（陇田-成田段）综合整治工程项目”“汕头市潮阳区官田坑综合整治工程 EPC 总承包”等 6 个工程。施工中遵循“控源截污、水质净化”技术原理，将生态护岸、曝气充氧、悬浮填料、微生物修复及净化剂等技术组合，有效提高了河道水环境质量，美化了河道生态景观。

技术名称：城市黑臭水体治理关键技术
持有单位：广东大禹水利建设有限公司
联 系 人：陈泽标
地　　址：广东省汕头市龙湖区黄山路荣兴大厦 16 楼
电　　话：0754-88698268
手　　机：13829062339
传　　真：0754-88698268
E-mail：gddygcb@qq.com

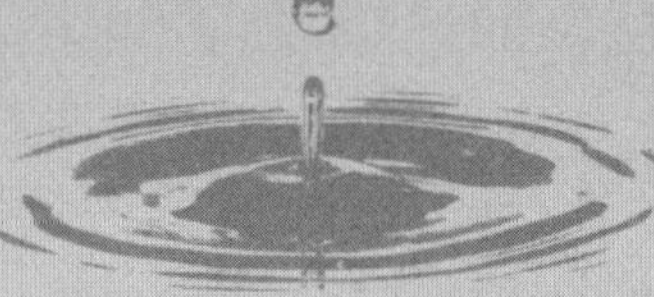

127　生态混凝土制备及生态护坡施工技术

持有单位

广东大禹水利建设有限公司

技术简介

1. 技术来源

自主研发。因常用的混凝土进行施工时的硬化处理容易造成自然生态的破坏，从而将生态混凝土与护坡进行结合运用。

2. 技术原理

通过研究出的常规生态混凝土的最佳配合比和三种新型生态混凝土的最佳配合比，使生态混凝土的基本力学性能、孔隙率、透水系数和碱度达到最优适于植物生长的条件，然后再进行植生工艺，选择出适于植物生长效果最好的生态混凝土配比、研究植生基材配比、最适用于生长环境的植物，并与混凝土框格护坡相结合，对其施工方法以及过程进行严格控制，从而来营造一个既具有防护功能，又具有生物多样性的边坡生态系统。

3. 技术特点

（1）采用胶凝材料把粗骨料胶结起来形成连续孔隙结构，为植物在其中生长创造了条件。

（2）组成绿色生态混凝土原材料的种类和用量的不同将直接影响其孔隙结构和性能。通过选择合适的原材料、优化配合比参数来提高生态混凝土的强度、保证连续孔隙率、透水系数及降低孔隙内碱度，是生态混凝土配合比设计的关键。

（3）技术涵盖节能和资源环保，在保证工程防护安全的同时，能在生态混凝土上实现植生绿化，加强坡面稳固。

技术指标

28d 抗压强度不小于 35MPa；有效孔隙率不小于 20%；透水系数不小于 10mm/s；孔隙内水环境的碱度为 7.0 ~ 8.5。

应用范围及前景

适用于城市河道防洪排涝、河坡生态系统建立，也可以用于加强岸坡稳定性、河道污水净化，城市生态景观营造。

该技术已应用于“汕头市潮阳区北港河达标加固工程（达标加固堤防 22.2km）”“潮南区金溪水司马截流达标加固工程（全长 5.1km）”等项目。施工中利用生态混凝土（或混凝土构件）的制备工艺过程及控制要点、生态混凝土的植物工艺及要点，最终使生态混凝土与护坡成功结合应用，取得良好的生态效益、防护效益、景观效益和经济效益。

技术名称：生态混凝土制备及生态护坡施工技术
持有单位：广东大禹水利建设有限公司
联 系 人：陈泽标
地　　址：广东省汕头市龙湖区黄山路荣兴大厦 16 楼
电　　话：0754-88698268
手　　机：13829062339
传　　真：0754-88698268
E－mail：gddygcb@qq.com

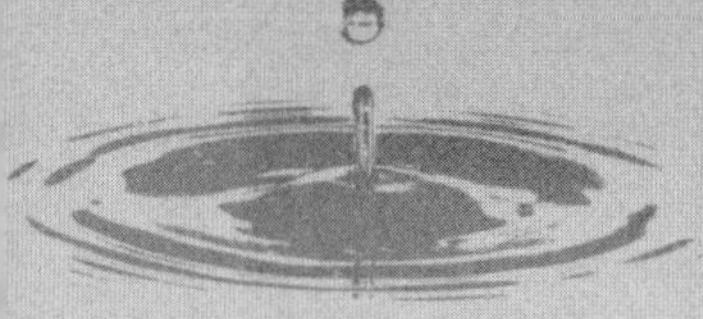

128　升鱼机式鱼道成套技术

持有单位

新疆额尔齐斯河流域开发工程建设管理局
新疆水利水电勘测设计研究院
中国水利水电科学研究院

技术简介

1. 技术来源

水利水电工程拦河建筑物使河流水生生境片断化，阻隔鱼类洄游通道，阻碍上下游鱼类种质交流。由此自主研发鱼道技术。

2. 技术原理

升鱼机设置集鱼池，和与下游河段相连的诱鱼道，各类设备有集鱼池集鱼浮箱、浮式阻水板、集鱼斗、回转吊、自行转运小车、提升扶架、坝顶提升运输及放游设备等，为机电一体智能化系统。

3. 技术特点

（1）根据感应流速、临界游泳速度、突进游泳速度、持续游泳时间 4 种指标得到过鱼设施最大流速、平均流速以及进出口流速。

（2）通过二维、三维数值模拟，研究鱼道进口不同数量、不同布局情况下的集诱鱼系统流场，得出每年的 4—7 月诱鱼流态清晰、无集鱼“死水区”的最优流场。

（3）研发出一种集鱼池自浮诱鱼道及带有自浮诱鱼道的集鱼池。集鱼池自浮诱鱼道能随水位变化自动沉浮定位，从而保持流道稳定的水深和流速。

（4）研发出一种自动集放鱼装置，通过浮球和卡轮结构自动集鱼和放鱼，提高了工作效率。

（5）建成一套主要由诱鱼道、供水泵站、可调鱼道、浮式阻水板、集鱼斗、回转吊、水平转运小车、抗风扶架、坝顶固定门机等构成的操作方便、效果良好的升鱼机系统。

技术指标

（1）诱鱼池宽度：宽 2 ~ 10m，也可按河道大型鱼种体长 5 倍确定。诱鱼池深度：水深 2 ~ 20m。运鱼小车载重量：1 ~ 10t。运鱼小车运行速度：40m/min，V_{max}=60m/min。

（2）运鱼小车动力装置：超级电容电池，充放电次数：≥10000 次；充电 1min，充满 90%电量；充满运行距离≥2000m。

（3）自动集放鱼装置工效：每年运鱼总量约 2 万条。

应用范围及前景

适用于高坝过鱼、较大水位变幅的水库。

案例：布尔津山口水利枢纽在厂房尾水处依次布置诱鱼泵房、升鱼机、集鱼池、鱼道。为了提高诱鱼效果，将鱼道平分为横向鱼道、纵向鱼道，其中横向鱼道于厂房尾水垂直衔接，纵向鱼道于河床衔接，净宽分别为 1m 和 4m。升鱼机自 2018 年 5 月投入试运行，根据制定的试运行方案，采用分高、中、低水位、分时段、改变集鱼池流量、投放鱼饵等方式进行诱鱼。每日分两班组运行 10 ~ 12 次，根据水位变化每 2 ~ 3d 改变一次集鱼池内流量。单次往返运行时间约 45min。截至 2021 年 6 月，升鱼机实际运鱼总量达在 45000 条左右。

技术名称：升鱼机式鱼道成套技术
持有单位：新疆额尔齐斯河流域开发工程建设管理局、新疆水利水电勘测设计研究院、中国水利水电科学研究院
联 系 人：全永威
地　　址：新疆乌鲁木齐市沙依巴克区扬子江路 241 号
电　　话：0991-5989993
手　　机：13579224128
传　　真：0991-5989980
E-mail：89219636@qq.com

129 生产建设项目水土保持“天地一体化”监测技术

持有单位

长江水利委员会长江流域水土保持监测中心站

技术简介

1. 技术来源

自主研发。

2. 技术原理

生产建设项目水土保持“天地一体化”监测技术主要包含 2 块内容，其一是信息化系统，其二是自研的水土保持分布式组网自动化监测设备。总原理是利用信息化技术，同时研究开发和整合利用各种适宜于野外水土流失自动监测的技术设备，基于分布式组网和高速全天候通信技术，对生产建设项目水土流失情况进行实时监测。

3. 技术特点

（1）结合 4G、5G、北斗卫星通信技术，利用分布式监测设备站网布局，将各监测设备的激光、超声波等高频数据处理后发回网站服务器，并进行后台处理和数据可视化。

（2）监测频次高达 5min/次，监测面积可达 50km^2，土壤厚度变化监测精度达毫米级，位移变化监测精度达毫米级，在无人为介入管护情况下，可自主连续运营 5 年以上，与人工监测对比，监测频次提高 60 倍，精度提升约 30%。

（3）可实现生产建设项目水土保持监测的高频化、精准化、稳定化、长期化、可视化，整套监测系统及新研监测设备成本较低，管护要求低，适宜范围广，可推广性强。

技术指标

（1）水土保持监测系统：系统数据接受更新频率达 5min/次，最大处理面积达 50km^2。

（2）野外径流泥沙自动监测设备（自主产权）：泥沙测量范围为 0～1kg/L，测量精度 1g，泥沙量测定值与真实值相对误差≤7.8%；径流测量范围为 0～200mL/s，测量精度 1mL/s，径流量的测量值与真实值相对误差≤4.1%。

（3）土壤侵蚀自动监测装置（自主产权）：土壤厚度监测精度 1mm；降雨量监测精度 0.1mm，响应时间≤1ms；土壤含水率测量精度 3%RH，测量范围 0～100%RH；土壤侵蚀量测量综合误差率≤5%。

应用范围及前景

适用于生产建设项目水土保持监测及小流域水土保持监测。

案例：结合白鹤滩水电站项目所在地赤水河流域保土蓄水、人居环境改善的要求，2016 年 10 月，白鹤滩水电站工程投入生产建设项目水土保持“天地一体化”监测技术。该技术已在白鹤滩水电站项目区（30km^2 流域范围）连续执行监测任务达 5 年，完成了 100 余次地面定点观测，100 余次调查巡视监测，20 余次遥感解译监测，50 余次实地量测，50 余次资料分析监测，400 余次弃渣场弃渣监测和 400 余次水土保持措施效果监测。该监测技术对白鹤滩水电站项目区水土流失的成因、数量、强度、影响范围、危害及其防治成效进行了动态监测和评估。

技术名称：生产建设项目水土保持“天地一体化”监测技术
持有单位：长江水利委员会长江流域水土保持监测中心站
联 系 人：张勇
地　　址：湖北省武汉市江岸区惠济路 63 号永成精英汇 B 栋二楼
手　　机：13554399733
E－mail：yongzchn@163.com

130 “天空地”一体化水土保持监管技术

持有单位

黄河水利委员会黄河水利科学研究院

技术简介

1. 技术来源

依托国家自然科学基金“基于同质区分析的高光谱影像混合像元稀疏分解研究”、水利部公益性行业科研专项“多尺度空间流域侵蚀模型耦合技术与应用研究”等项目，自主研发。

2. 技术原理

该技术紧密结合星载遥感影像智能解译（天）、无人机遥感数据高效分析（空）、野外精准快速调查（地）等技术，可流程化处理星载遥感影像和无人机遥感影像数据，在野外调查先验知识基础上、精准分析获得水土保持措施定量数据，及时高效给出区域水土流失状况和变化情况，为政府水土保持宏观决策、水土流失精准治理及生产建设项目精细化监管提供一站式系统性服务。

3. 技术特点

（1）创新性：“天空地”一体化水土保持感知能力。该技术可以通过星载遥感影像智能解译（天）、无人机遥感数据高效分析（空）、野外精准快速调查（地）协同对区域水土流失状况和水土保持措施效益进行监测、评价。

（2）独特性：海量星载遥感影像智能解译能力。通过软件算法开发和功能模块定制，在易康系统集成基础上，形成适合丘陵地区的高分辨率遥感影像变化检测、林草耕等土地利用快速提取、水土保持扰动图斑解译能力。

（3）领先性：生产建设项目监督检查和验收核查指标精准提取和快速分析。通过小型无人机航测遥感能力集成，实现了项目区无人机航线自动规划、空三计算和快拼图处理、三维模型 4 分析等，为生产建设项目监督检查和验收核查提供了水土保持措施定量获取技术支撑。这体现了该技术的领先性。

（4）不同点：基于“地理国情普查”数据的水土保持土地利用同化技术。通过分析国家地理国情数据的类型特点和处理过程，提出了水土保持土地利用数据的快速转换和结果分析方法，在基于遥感影像解译之外，形成了水土保持土地利用获取技术。

技术指标

影像处理和信息提取精度满足 GB/T 17941.1《数字测绘产品质量要求　第 1 部分：数字线划地形图、数字高程模型质量要求》和 CH/Z 3003—2010《低空数字航空摄影测量内业规范》要求，水土流失分析满足或高于 SL 277—2002《水土保持监测技术规程》和 GB 50433—2018《生产建设项目水土保持技术标准》要求。

应用范围及前景

适用于区域水土流失动态监测、水土保持率、生产建设项目水土保持遥感监管、监督检查、验收核查等。

“天空地”一体化水土保持监管技术自 2018 年以来，先后在河南省、江苏省、江西省、山西省、新疆维吾尔自治区等地进行推广应用，推广应用工程实例数 11 个，推广应用面积达 100 万 km^2，提升了相关省（自治区）的水土保持监管、水土流失动态监测效率，相关数据成果为地方人民政府水土保持目标责任制考核提供了依据。

技术名称：“天空地”一体化水土保持监管技术
持有单位：黄河水利委员会黄河水利科学研究院
联 系 人：孔祥兵
地　　址：河南省郑州市顺河路 45 号
电　　话：0371-66020460
手　　机：18538123622
传　　真：0371-66225027
E-mail：guokai_450690186@qq.com

131 水土保持监管监测信息移动采集与交换平台

持有单位

太湖流域管理局太湖流域水土保持监测中心站
北京北科博研科技有限公司

技术简介

1. 技术来源

自主研发。

2. 技术原理

该平台以水土流失动态监测、典型监测站点检查、遥感监管监测为导向，实现了不同水土保持监管监测外业调查全流程、实时化、可视化、协同化现场调查信息采集、数据显示，不同专题基本信息及历史数据查看、叠加对比与统计分析，促进了水土保持监管监测工作流程标准化及数据规范化。

3. 技术特点

（1）J2EE B/S 主程序开发架构，平台具有完全的可移植性、良好的扩展性和稳定性。

（2）多源数据标准化处理及一体化管理技术。对多源、多尺度、多时相海量遥感影像、专题栅格数据及空间矢量数据进行几何校正、坐标投影转换、数据格式转换等处理，实现一体化存储和管理。

（3）海量空间数据的快速配位显示及调用技术。基于云计算和3S技术，针对不同水土保持业务需求，在一张图上综合显示相关专题空间数据，为全面综合分析外业调查对象、获取目标关注信息提供基础支撑。

（4）专题矢量空间数据信息采集快速编辑与统计分析技术；全流程线上监管监测外业调查与智能辅助决策；管理端与移动端数据交换与同步。

技术指标

响应时间：<4s；并发用户数：1000；安全性较好；交互友好。

应用范围及前景

适用于各级水土保持行政管理、监测机构、科学研究等单位水土保持监管、监测外业调查工作。

该平台已在2020年太湖流域片国家级重点防治区水土流失动态监测外业调查、2020年上海市水土流失动态监测外业调查、2020年上海市生产建设项目信息化监管以及太湖流域片生产建设项目现场监督检查、典型监测站点现场检查等工作中得到深度应用。

技术名称：水土保持监管监测信息移动采集与交换平台
持有单位：太湖流域管理局太湖流域水土保持监测中心站、北京北科博研科技有限公司
联 系 人：杜婧
地　　址：上海市虹口区纪念路486号
电　　话：021-25101396
手　　机：18221978436
E-mail：446308424@qq.com

132 省级生产建设项目水土保持智能遥感解译平台

持有单位

内蒙古自治区水土保持工作站
北京北科博研科技有限公司

技术简介

1. 技术来源

自主研发。

2. 技术原理

省级生产建设项目水土保持智能遥感解译平台，基于卫星遥感、地理信息空间技术和AI智能遥感解译技术，实现了生产建设项目扰动信息的自动提取和信息整合，实现了省级生产建设项目水土保持遥感影像扰动图斑解译自动化，大幅缩短遥感图像解译周期，提高了自动解译精度，为生产建设项目监管工作提供便捷服务。

3. 技术特点

（1）J2EE B/S主程序开发架构：系统采用SOA可扩展系统路线和J2EE B/S多层分布式应用体系架构，其主体应用基于J2EE企业级应用开发框架，独立于操作系统和数据库平台，系统安全稳定，支持本地标准化，具有完全的可移植性、良好的扩展性和稳定性等特点，且应用门槛低，普通服务器即可满足系统运行要求。

（2）卫星和无人机遥感影像标准化处理技术：遥感影像包括高分辨率卫星遥感影像数据和无人机航片。数据处理主要包括几何校正、正射校正、坐标投影转换、数据格式转换、图像增强、影像融合、影像裁切和镶嵌、影像瓦片切割及服务发布等处理。

（3）在线智能遥感解译：系统支持在B/S端开展遥感影像智能解译工作，通过简易的操作，实现扰动图斑自动化解译，响应信息化监管技术规定要求。

（4）AI智能遥感解译技术：通过结合人工智能技术，开发提供面向行政区、自由区域不同尺度范围的土地利用识别、变化检测、对象识别等智能服务。以基础时空数据、物联网实时感知数据、日常水土保持业务、相关行业数据等为基础，可提供获取、感知、存储、处理、共享、集成、挖掘分析、展示等服务的遥感智能解译平台。

技术指标

响应时间：<4s；并发用户数：1000；安全性较好；交互友好。

应用范围及前景

适用于各级水土保持行政管理、科学研究及生产建设单位的水土保持监管、监测和分析研究应用。

平台自2020年2月建成后已在“内蒙古自治区生产建设项目水土保持信息化监管项目”“内蒙古自治区生产建设项目水土保持加密解译项目”等工作中得到深度应用，为水土保持监管、监测提供了高效的信息化手段。

技术名称：省级生产建设项目水土保持智能遥感解译平台
持有单位：内蒙古自治区水土保持工作站、北京北科博研科技有限公司
联 系 人：刘斌
地　　址：内蒙古自治区呼和浩特市赛罕区呼伦南路119号水利厅大院
电　　话：0471-5259476
手　　机：15148037043
E-mail：15148037043@163.com

133　土壤侵蚀自动计算分析与成果管理系统

持有单位

宁夏回族自治区水土保持监测总站

北京北科博研科技有限公司

技术简介

1. 技术来源

自主研发。

2. 技术原理

该系统基于卫星遥感、地理信息空间技术，实现了模型在线计算系统建设，实现了对区域水土流失各类计算结果管理与可视化交互展示，并为各级单位监管工作提供便捷服务，在水土流失模型计算、成果调整与输出及成果管理等工作中发挥了重要作用，为区域动态水土流失监测工作提供了技术支持。

3. 技术特点

（1）J2EE B/S 主程序开发架构。系统采用 SOA 可扩展系统路线和 J2EE B/S 多层分布式应用体系架构，其主体应用基于 J2EE 企业级应用开发框架，具有完全的可移植性、良好的扩展性和稳定性。

（2）水土流失计算模型嵌入技术。系统将中国水土流失方程嵌入系统，结合科学研究基础，实现水土流失系统自动化计算。

（3）系统模型参数可配置化技术。水土流失模型计算中，区域的差异对模型中各因子的系数具有个性化需求，系统将模型参数开发为可配置模式，满足水土流失区域动态监测的个性化需求。

（4）系统成果平差自动计算技术。实现对系统矩阵报表数据的自动平差计算，弥补普通办公工具烦琐、反复计算的缺陷，结合相应平差规律，实现报表数据自动计算矩阵平差。

（5）地图服务与成果数据表联动技术。系统支持对成果数据表与地图服务实时联动展示，明确、生动展示系统成果与地图服务的对应关系及变化情况等。

（6）多因子协同可视化调参。通过九宫格或四宫格等多元可视化形式，实现多因子调参操作，实时调整实时展示，为参数调整提供高效的操作技术。

技术指标

信息产业信息安全测评中心分别对软件产品用户文档、功能性、易用性和中文特性 4 个方面进行了测试，测试结果表明：软件提供了登录、模型管理、基础数据、方案管理、侵蚀计算、成果管理、报表管理和工具箱的功能，所有功能可稳定运行。

应用范围及前景

适用于水土流失预测预报模型自动计算。

2020 年 5 月以来，土壤侵蚀自动计算分析与成果管理系统已在宁夏回族自治区各级单位应用，为各单位提供了土壤侵蚀动态分析计算工具，减少了人力物力投入，提高了工作效率。彭阳县水土保持工作站及固原市水土保持工作站也对该软件进行了扩展应用。

技术名称：土壤侵蚀自动计算分析与成果管理系统
持有单位：宁夏回族自治区水土保持监测总站、北京北科博研科技有限公司

联 系 人：任正龑
地　　址：宁夏银川市金凤区枕水巷 159 号
电　　话：0951-5552336
手　　机：15349690034
传　　真：0951-5552336
E-mail：15349690034@163.com

134　灌区用水模拟调控技术

持有单位

中国水利水电科学研究院

技术简介

1. 技术来源

自主研发。

2. 技术原理

灌区用水模拟调控技术集成水动力全过程模拟技术和闸群协同调控技术，基于灌区渠系/沟网和闸群/泵群的水力参数及几何参数，灌溉制度，天气预报，控制区域需水情况，构建了灌区用水过程云计算系统，实现了灌区常规调度运行方案和应急调度运行方案的制订及推演，技术成果主要包括灌区水动力多过程模拟技术、灌区用水多过程协同调控技术、灌区用水多过程云计算系统。

3. 技术特点

（1）实时交互：基于全能量梯度驱动机制，实现了网络形式 Saint-Venant 方程组、地表浅水方程组和土壤水动力学方程组的统一表征，融合 Semi-Lagrange 数值方法与人工智能技术，实现了该统一表征式的高精度实时求解。

（2）协同调控：针对渠网水动力学过程调控的复杂性，建立了灌区用水调控矩阵，耦合了灌区水动力多过程模拟方法与闸群前馈-反馈控制方法，构建了灌区用水多过程协同调控技术，实现了灌区用水全局最优和局部均衡的目标。

（3）云计算：借助 GPU 并行计算技术，搭建了灌区用水多过程云计算系统，实现了灌区用水多过程实时交互云端模拟仿真。

技术指标

（1）云计算系统可靠性：冗余服务器切换时间小于 2s；主备网络的切换时间小于 2s。

（2）云计算系统稳定性：并发 10 用户，系统运行 7d 无故障。

（3）计算效率：以计算时间 2min 来实时推演 100km 渠道未来 24h 的输配水过程。

（4）渠系及田块模拟精度：水位模拟误差≤5%，流量模拟误差≤5%。

（5）管理记录数：1000 万；数据增长频率：3.4 万条/月。

应用范围及前景

适用于灌区管理部门、设计院、水利信息化公司和科研机构等。

灌区用水模拟调控技术已分别在山西省回龙灌区、河北省冶河灌区、四川省东风水库灌区和江苏省洪金灌区进行推广应用 2～3 年。涉及我国南方和北方大中型灌区，具有代表性。

案例 1：河北省冶河灌区应用灌溉面积 6.2 万亩，2017 年 1 月投入运行，累积运行 4 年，减少无效弃水 10%以上，实现灌区增产 2%，年增收节支总额 218 万元。节水增产效果显著。

案例 2：四川省东风水库灌区应用灌溉面积 11.62 万亩，2018 年 3 月投入运行，累积运行 3 年，减少无效弃水 10%以上，实现灌区增产 2%，年增收节支总额 325 万元。节水增产效果显著。

案例 3：江苏省淮安市洪金灌区应用灌溉面积 3 万亩，2019 年 5 月投入运行，累积运行 1 年 6 个月，减少无效弃水 10%以上，实现灌区增产 2%，年增收节支总额 85 万元。节水增产效果显著。

技术名称：灌区用水模拟调控技术
持有单位：中国水利水电科学研究院
联 系 人：章少辉
地　　址：北京市海淀区车公庄西路 20 号
电　　话：010-68786765
手　　机：13522571561
传　　真：010-68451169
E-mail：zhangsh@iwhr.com

135 基于耗水控制的农业用水优化调配系统

持有单位

中国水利水电科学研究院

技术简介

1. 技术来源

依托世界银行贷款新疆坎儿井保护及节水灌溉工程水资源综合管理子项目研究课题“基于ET的农业配水方案”，自主研发。

2. 技术原理

该项目引入了ET（蒸散耗水）管理的理念。这一理念推行由“供水管理”向“供水＋耗水双管理”转变，为我国资源性缺水地区的水资源管理提供了新的方法和手段。项目目标是在吐鲁番地区基于ET定额的农业节水规划和高效节水灌溉定额控制方案的基础上，制定基于ET的农业配水方案，从供水源头控制农业用水和耗水。

3. 技术特点

（1）系统基于VS 2010集成开发环境，采用地理信息系统二次开发、数据库技术，整合了径流、农田面积、灌溉制度、遥感ET监测数据等基础资料，提供了基于ET的农业配水方案以及遥感ET的监测预警方案。

（2）通过地表水和地下水联合调配，减少地下水开采，增加地下水回补；减少在输配水过程中的无效流失和消耗，提高农业供水的产出效益。

（3）基于ET红线约束、作物需水优化调整等约束条件，提出了适用于多水源、多用户的流域水资源优化配置方法。

（4）实现了不同目标ET的灌溉需水过程优化，提出了满足ET红线下的灌区或子流域配水方案推荐。

技术指标

（1）配水指标设定。配水周期：全生育期；最小时间步长：旬；配水空间单元：田块、村、灌区到流域。

（2）灌溉数据管理，包括径流数据、水库特征值、基本农田面积、非基本农田面积、灌溉制度、ET红线数据和用户数据等数据的更新修改和查询。

（3）农业ET优化；农田需水量预测预报；资源配置方案优选；农田耗水监测预警。

应用范围及前景

适用于流域地表水地下水联合调配方案、灌区续建配套与现代化改造项目及其他农田水利项目的水资源配置方案。

该研究成果取得了良好的经济、社会和生态效益，得到了大面积推广和应用。成果主要在新疆、山西、内蒙古、青海等多地辐射推广，其中，新疆已覆盖吐鲁番全市的1区2县，应用效果明显。不仅减少了洪水期地表水的无效蒸发蒸腾，降低项目区的ET值，减缓地下水超采，而且增强了项目区灌溉农业节水能力，提高了项目区农民的收入水平，获得了当地农民对基于ET水资源管理的赞同。

技术名称：基于耗水控制的农业用水优化调配系统
持有单位：中国水利水电科学研究院
联 系 人：杜丽娟
地　　址：北京市海淀区车公庄西路20号
电　　话：010-68785226
手　　机：13611369282
传　　真：010-68451169
E-mail：ljdu@iwhr.com

136 智能灌溉施肥机

持有单位

中国水利水电科学研究院

技术简介

1. 技术来源

自主研发。

2. 技术原理

“智能灌溉施肥机”采用一种动比例注肥方法，通过电控机构控制阀门执行器的开度，以控制施肥量，适用于基于混合溶液浓度稳定输出的注肥控制以及基于作物耗水的总施肥动态分配注肥控制。施肥机分为加压单元、注肥单元、过滤单元和控制单元，具有精量、高效、智能注肥的特点，节省人力，提高了机械化和自动化水平。

3. 技术特点

（1）智能灌溉施肥机采用自主研发的动比例注肥方法，结合监测机构和电控机构，集增压、注肥、过滤、灌溉控制于一体，实现了精量、高效、智能注肥。

（2）智能灌溉施肥机采用无肥液混合罐设计，节省了施肥机结构空间，实现了肥液 pH、EC 值的高稳定性控制。

（3）智能灌溉施肥机采用分布式高效精准注肥算法，显著提高水肥利用效率。

技术指标

（1）水肥比例快速精准调控模型，稳定供肥。

（2）基于时序/辐射/ET 的灌溉施肥决策方法。

（3）集增压、注肥、过滤、控制等多功能于一体。

（4）独特的安卓系统软件界面，便于操作。

（5）系统故障在线诊断和云平台功能。

（6）支持多通道温、光、湿、气环境控制。

应用范围及前景

适用于农业园区和规模种植农户，应用于蔬菜、果树、花卉、药材等经济作物灌溉施肥控制与水肥高效管理。

该产品已在北京市大兴区、通州区、山西、河北等地开展推广应用，经过近几年的应用，该产品整体应用良好，节水、节肥、增产效果十分显著，平均节水 15%，肥料利用率提高 18%，增产 10%以上。

技术名称：智能灌溉施肥机
持有单位：中国水利水电科学研究院
联 系 人：胡雅琪
地　　址：北京市海淀区车公庄西路 20 号
电　　话：010-68786511
手　　机：13121939530
传　　真：010-68451169
E-mail：huyaqi@iwhr.com

137 东北半干旱区马铃薯中心支轴式喷灌集成技术

持有单位

中国灌溉排水发展中心

中国农业大学

黑龙江省水利科学研究院

技术简介

1. 技术来源

国家重点研发计划——旱田高效节水灌溉技术集成应用。

2. 技术原理

以水利适用先进技术“圆形喷灌机精准灌溉施肥技术与装备”为基础，集成马铃薯农艺农机、灌溉施肥、病虫防治等多项技术，形成适合高寒地区的薯种拌种、催芽技术，田间耕后起垄、播种、中耕培土、灌溉、施肥、打药、杀秧和分级收获等全程机械化作业，提出了马铃薯高产集成技术模式。

3. 技术特点

（1）选种、栽培技术因地制宜。经过多年田间试验，优选了适合东北半干旱地区大面积推广的优质高产马铃薯品种，提出了中耕培土、多次追肥等增产农艺措施。

（2）灌溉机械化，水肥一体化。中心支轴式喷灌机机械化程度高，集成泵注式施肥装置，实现水肥同步供给，根据马铃薯不同生育期水肥需求，实现水肥少量多次，相比传统灌溉施肥技术，节水、节肥、增产。

（3）马铃薯种植全程机械化。中心支轴式喷灌机的应用，突破了灌溉和水肥一体化机械化技术瓶颈，实现了起垄、播种、中耕培土、灌溉、施肥、打药、杀秧和分级收获等全程机械化，大幅提升了作业效率。

（4）高效病虫防治。提出了生物、物理、化学、机械等手段相结合的病虫害防治方法，早疫病、晚疫病、疮痂病等常见病害防治效果达97%；蚜虫、28星瓢虫和地下害虫防治效果达98%。

技术指标

（1）集成技术综合指标：平均产量达3000kg/亩，商品薯率达85%；相比传统种植模式，节水20%，省肥25%，化肥利用率平均提高5.5个百分点，省工30%。

（2）泵注式施肥装置技术指标：在行程100%情况下，ZFB300×2额定流量为600L/h，最大工作压力1MPa；当出口相对压力为0 MPa时，实测流量为623L/h，泵行程在10%～100%范围内可调，注肥流量偏差在1%以内，施肥均匀性大于85%。

应用范围及前景

适用于黑龙江省中西部、内蒙古东部和吉林省西部等东北半干旱半湿润的马铃薯种植区。

该集成技术结合黑龙江省2016—2017年的旱田高效节水灌溉项目，已在克山、依安、讷河等县市推广应累计70处（套）2.1万亩，其中：克山推广应用43处（套）1.3万亩；依安推广应用17处（套）0.5万亩；讷河推广应用10处（套）0.3万亩。据调查，应用本技术与常规灌溉和种植技术相比，实现增产20%以上，节水10%以上，节肥25%以上，省工30%以上，技术经济效益显著。

技术名称：东北半干旱区马铃薯中心支轴式喷灌集成技术

持有单位：中国灌溉排水发展中心、中国农业大学、黑龙江省水利科学研究院
联 系 人：顾涛
地　　址：北京市西城区广安门南街60号
电　　话：010-63203335
手　　机：13681199291
E-mail：gutao1@mwr.gov.cn

138 东北寒区马铃薯滴灌集成技术

持有单位

中国灌溉排水发展中心

中国农业大学

黑龙江省水利科学研究院

技术简介

1. 技术来源

国家重点研发计划——旱田高效节水灌溉技术集成应用。“一种寒区马铃薯滴灌节水高效栽培方法”获国家发明专利授权。

2. 技术原理

该技术以小流量低压滴灌系统为基础平台，融合在东北寒区马铃薯生产中的“中耕培土”农艺技术，以“大垄双行＋中耕培土”为核心种植模式，结合全程机械化工艺流程与智能化管理技术，提出了适用于东北寒区马铃薯种植的“东北寒区马铃薯滴灌集成技术模式”。

3. 技术特点

（1）“大垄双行＋中耕培土”种植模式。将大垄双行种植模式与中耕培土农艺技术进行创新融合，在提升结薯空间，合理密植，促进增产提质的同时，实现了无地膜覆盖条件下的关键时期保温保墒，进一步提升了水分利用效率。

（2）小流量、长毛管低压滴灌平台。筛选了适用于寒区马铃薯规模化生产的小流量滴灌带产品，通过试验提出了适用的低压工作条件下的流量选择和毛管铺设长度，提升了滴灌灌水单元的控制面积和灌水精度，为规模化生产工艺与管理提供了平台。

（3）全程机械化与智能化管理。提出了覆盖“种植-中耕-喷药-杀秧-收获”全生产链条的机械化工艺路线，配合“智慧滴灌云服务管理平台”软硬件系统，实现灌溉施肥智能化决策与控制，降低了劳力。

技术指标

（1）增产节水：亩均产量可达 3.5t 以上，相比传统模式（单垄单行地表滴灌与大垄双行膜下滴灌，下同）提升 11.95%～24.7%，水分利用效率提升 18.15%～30.16%。

（2）品质提升：商品薯（薯块＞75g）比率可达 85%以上，相比传统模式提升 9.28%～10.58%；青薯率小于 8%，下降 30.77%～46.02%；维生素 C 含量提升 5.11%～6.71%。

（3）节能省工：滴灌毛管铺设长度最长可达 180m（平地），小区控制面积提升 80%以上，运行压力可低至 0.06MPa 的同时灌水均匀度可保证 80%以上，人工投入相比传统种植模式降低 14%～26%。

应用范围及前景

适用于黑龙江省中西部、吉林省西部等东北寒区马铃薯产区。

结合黑龙江省 2017—2018 年的旱田高效节水灌溉项目中建成的马铃薯滴灌工程，该技术仅在克山、依安、讷河等县市推广应用累计 50 处（套）1.0 万亩，其中：克山应用 26 处（套）0.52 万亩；依安应用 8 处（套）0.16 万亩；讷河应用 16 处（套）0.32 万亩。据调查，应用该技术与常规灌溉和种植技术相比，实现增产 20%以上，节水 20%以上，节肥 25%以上，省工 20%以上，技术经济效益显著。

技术名称：东北寒区马铃薯滴灌集成技术
持有单位：中国灌溉排水发展中心、中国农业大学、黑龙江省水利科学研究院
联 系 人：顾涛
地　　址：北京市西城区广安门南街 60 号
电　　话：010-63203335
手　　机：13681199291
E-mail：gutao1@mwr.gov.cn

139 灌溉用多级复合网式过滤装置

持有单位

水利部农田灌溉研究所

中国农业科学院农田灌溉研究所

技术简介

1. 技术来源

"十三五"国家重点研发计划"适宜西北典型农区的绿色高效节水灌溉装备研制与开发"。

2. 技术原理

多级复合网式过滤装置是利用筛网的筛分截留作用，采用分级过滤思路，在一个过滤壳体内设有多层网式滤筒，滤筒为同轴嵌套设置，各层滤网可设置成不同目数，如"50 目-80 目-120 目"，满足初滤、粗滤、精滤等不同需求。利用过滤器刷式自清洗的原理，每个滤筒均匹配有分段式刷体，刷体与滤筒同轴，轴与动力装置连接。清洗时，通过动力装置的驱动，使毛刷转动，利用毛刷刷除滤网上的污物、杂质等颗粒，实现了边清洗边工作，不影响灌溉系统的正常运行。

3. 技术特点

（1）可根据水源和灌溉系统需要，在单个过滤器壳体内灵活配置不同规格的滤网组合，通过分级过滤，延长过滤时间，保障过滤精度和过滤流量，节省了过滤器安装空间，减少了各类连接管件，降低了投资和运行成本。

（2）可实现刷式自清洗，利用内置双面刷体，有效清除滤网上的固体颗粒，使过滤器恢复正常工作状态，同时，自清洗工作不需要拆卸过滤器壳体，也不需要停止灌溉作业，保证了灌溉效率，节省灌溉系统工作时间。

（3）设计有手动和自动清洗功能，配置有自动报警装置，可对过滤器清洗时间进行预警和报警，作业时无需专人值守，提高了过滤装置的自动化、智能化程度，降低了滤网损坏风险。

技术指标

（1）多级复合网式过滤装置，金属壳体，"50 目-80 目-120 目"三级复合滤芯。

（2）1.5 倍额定压力，保压 5min 条件下，无损坏和变形，过滤器壳体、壳盖密封垫和排污阀无泄漏，耐水压和密封性能符合 SL 470—2010 等标准要求，在过流量 26m^3/h 时，过滤器水头损失 52kPa。

应用范围及前景

该装置可有效拦截不同水源中的固体杂质，主要应用于管道灌溉系统有过滤需求的地方，尤其是微灌系统上。

灌溉用多级复合网式过滤装置自开发完成，2018 年始先后在河南等地的示范园区、种植合作社推广应用 12 台套，应用面积 2500 亩。根据水源水质，该产品应用的主要有"50 目-80 目"双级复合网式和"50 目-80 目-120 目"三级复合网式，应用过程表明，过滤精度完全可以满足灌溉系统需求，水头损失不高，安装节省泵房空间，运行省时省工，管理方便，深受用户欢迎。

技术名称：灌溉用多级复合网式过滤装置

持有单位：水利部农田灌溉研究所、中国农业科学院农田灌溉研究所

联 系 人：韩启彪

地　　址：河南省新乡市牧野区宏力大道（东）380 号

电　　话：0373-3393078

手　　机：13782521819

传　　真：0373-3393344

E-mail：hanbiaoedu@126.com

140 农田作物水分亏缺智能感知技术

持有单位

水利部农田灌溉研究所

中国农业科学院农田灌溉研究所

东方智感（浙江）科技股份有限公司

技术简介

1. 技术来源

自主研发。

2. 技术原理

该技术产品通过安装在农田里的土壤墒情监测仪实时监测不同土层的土壤体积含水量和土壤温度，根据土壤水分的变化智能计算出不同时间段作物耗水量以及不同时间点的土壤储水量，当土壤水分下降到作物适宜水分指标下限时，装置会实时发出灌溉预警，提示用户及时进行灌溉，以保障作物正常生长发育所需的水分。

3. 技术特点

（1）装置可以直接绑定手机微信，通过微信实时发布农田作物需水信息并预测未来7d作物的耗水量，接收灌溉预警。

（2）装置内嵌不同作物（小麦、水稻和玉米等）的灌溉决策预警模块，用户可根据种植作物需要选择相应的服务模块后即可全程指导作物灌溉。

（3）装置可拓展至跟自动灌溉系统连接，当土壤水分下降到作物适宜水分指标下限时自动开启灌溉系统，最终实现无人值守智能化灌溉。

技术指标

（1）土壤水分（体积含水率）测量范围：干土-水分饱和土，室外测量精度±2%；土壤温度测量范围：－20～60℃，测量精度±0.5℃。

（2）无线数据传输：GPRS方式与服务器通信，通过PC网或手机微信均可随时查看本地数据；远程设置5min～4h的采集时间间隔，且采集频率和功能更新等设置均通过远程方式进行。

（3）定位及防盗：内置GPS及振动传感器，当设备发生振动、移除等外力操作时，设备立即自动发送报警；防水防尘：防护级别为IP68。

（4）电池及续航：内置5Ah大容量磷酸铁锂电池，可独立工作45d以上。外接太阳能供电版，可实现连续供电。

应用范围及前景

适用于农田土壤水分监测、作物耗水量计算和灌溉决策。

2017年1月起，在我国累计推广应用500多套农田作物水分亏缺智能感知技术装备。内蒙古水科院有284套作物水分亏缺智能感知装备分布在内蒙古自治区的12盟市；云南省水利水电科学院使用作物水分亏缺智能感知装备100多套，遍布省内各地灌溉试验站；中国农业科学院新乡综合试验基地使用作物水分亏缺智能感知装备120多套。通过该装备使农田得到及时适量的灌溉，保障了作物高产稳产，同时减少了水源浪费。

技术名称：农田作物水分亏缺智能感知技术

持有单位：水利部农田灌溉研究所、中国农业科学院农田灌溉研究所、东方智感（浙江）科技股份有限公司

联 系 人：刘战东

地　　址：河南省新乡市宏力大道380号

电　　话：0373-3393321

手　　机：15537319936

传　　真：0373-3393321

E-mail：liuzhandong@caas.cn

141　非常规水源一体化绿色利用技术

持有单位

黄河水利委员会黄河水利科学研究院

技术简介

1. 技术来源

自主研发。

2. 技术原理

非常规水源一体化收集处理再利用技术包括雨水收集处理、楼房灰水收集处理、废水净化处理三个方面，涵盖了雨水、灰水等非常规水的收集、净化处理及再利用的全过程。在雨水收集处理中利用安装浊度仪实现了自动的、有选择性的雨水收集利用；在楼房灰水收集处理中设计了结构简单、过滤效果好、能耗低的灰水收集装置；在废水净化处理中通过多个净化腔内的不同滤芯执行分离式过滤任务，避免了净化处理装置中不同滤材寿命不同造成的浪费，并通过设置上下往复水体流通方式，延迟过滤长度，提升了过滤效果。

3. 技术特点

（1）可对机关、社区等载体非常规水源进行一体化收集、处理和利用，根据不同类型非常规水源，进行不同处理和利用。

（2）雨水收集处理技术和装置是一种可将初期污染浓度高的雨水去除而收集较清洁雨水的初期污浊雨水弃除自动控制装置，将收集的较清洁雨水用作浇花、清洗车辆等。

（3）楼房灰水收集处理技术和装置是一种收集回用楼房内洗漱水、纯净水尾水的节水装置，收集的水可用于本楼冲厕，结构简单，对建筑的改造少，成本低，过滤效果好，过滤器寿命长。

（4）污水净化处理技术和装置可处理生活污水，进行绿化灌溉、道路清洁等再次利用。另外复合净水箱可埋放在地面下，露出槽形上盖，覆盖绿植等。

技术指标

（1）节能高效：将楼面雨水、楼房内洗漱水、保洁废水等灰水收集后用于绿化灌溉、洗车、本楼冲厕等，减少对新鲜水的使用量，有效提高了水资源利用率。

（2）过滤效果好：污水处理可以达到 GB 18918—2002《城市污水处理厂污染物排放标准》一级 A 标准的要求。

（3）使用寿命长：楼房灰水过滤装置采用低进高出，先沉淀后过滤，提高过滤器的使用寿命，复合净水箱通过多个净化腔内的不同滤芯执行分离式过滤任务，延迟滤材使用时间。

应用范围及前景

适用于机关、社区等非常规水源收集、水质净化处理与利用等。

非常规水源一体化绿色利用技术首先在黄河水利科学研究院进行了示范应用，对雨水进行了收集利用并用于景观绿化和洗车，取得了良好的效果。在此基础上，通过扩充、完善相关措施，于 2019 年进一步在黄委和河南河务局节水机关建设中进行了应用，收集处理雨水、灰水、冷凝水和尾水，用于草坪智能灌溉和冲厕等，当年建成，当年发挥效益，节水效益显著。目前，黄委会防汛大楼每日处理非常规水源约 18m^3，全年处理约 4500 m^3。

技术名称：非常规水源一体化绿色利用技术
持有单位：黄河水利委员会黄河水利科学研究院
联 系 人：王军涛
地　　址：河南省郑州市顺河路 45 号
电　　话：0371-66029303
手　　机：19939367727
传　　真：0371-66029311
E-mail：wjt4317@163.com

142　水稻灌区智能水肥一体化灌溉施肥器

持有单位

河海大学

昆山市城市水系调度与信息管理处

技术简介

1. 技术来源

自主研发。

2. 技术原理

基于“灌溉流量监测－施肥流量计算－液态肥精准抽取”的基本原理，针对稻田灌溉施肥的特点与环境，研发了适用于渠道、低压管道灌溉的水稻灌区智能水肥一体化灌溉施肥器。

3. 技术特点

（1）水稻灌区智能水肥一体化灌溉施肥器主要由四部分组成：测流系统、控制系统、施肥执行单元与人机交互模块。

（2）根据用户输入的稻田灌水定额与单次施肥总量，计算得出施肥过程中需要保持的水与肥液的体积比；在灌溉过程中，由测流系统实时高频监测灌溉流量，控制系统根据测得的灌溉流量实时计算每个周期的液态肥施肥量，并控制蠕动泵/隔膜泵泵送相应体积的液态肥到农田灌水口中。

（3）液态肥施肥流量与灌溉流量始终保持固定比例，从而保证进入农田的水中肥料浓度不变，因此水肥一体化灌溉施肥结束后，能够显著提高田间肥料浓度分布均匀度。

（4）适用灌溉流量调节范围广；施肥控制精准；使用环境温度5～60℃；人机交互良好。

技术指标

（1）数据处理系统：STM32F1系列单片机；人机交互系统：5英寸IPS电容触摸，分辨率800×480；通信接口与协议类型：RS485串口，Modbus协议，可与远程数传模块连接，实现远程控制。

（2）输肥系统：步进电机驱动蠕动泵/调速直流电机驱动隔膜泵；蠕动泵：转速范围1～300r/min，流量范围0～18L/h；隔膜泵：吸程2m，流量16～240L/h。

（3）供电系统：12V锂电池（容量30Ah），充满续航20～30h，可以外接太阳能电池板充电；流量计：测流堰或涡轮流量计（精度±5%）。

（4）适用灌溉流量：0～50m^3/h；施肥量区间：0～200L/h；施肥流量控制精度：±2%以内；适用肥料类型：常规可溶氮肥溶液或者有机液态肥。

（5）施肥器外壳材质：304不锈钢；储肥罐：聚乙烯材质塑料桶，容量10～200L可选。

应用范围及前景

适用于渠道、低压管道输水的水稻灌区，以及使用沟灌、畦灌等灌溉方式的旱作物水肥一体施肥。

该技术于2020年7月在昆山市千灯镇刁市灌区示范面积30亩，千灯镇歇马桥灌区示范面积20亩。两处示范区共应用10台水稻灌区智能水肥一体化灌溉施肥器，每台控制面积均在5亩左右。比较于人工撒施施肥，节约氮肥约15%，节约劳动力成本约90%，提升均匀度效果明显。

技术名称：水稻灌区智能水肥一体化灌溉施肥器
持有单位：河海大学、昆山市城市水系调度与信息管理处
联 系 人：徐俊增
地　　址：江苏省南京市鼓楼区西康路1号
电　　话：025-83772056
手　　机：13584012436
E－mail：Xjz481@hhu.edu.cn

143 自适应光伏驱动干深-时域智能控制精准节水灌溉关键技术

持有单位

广州大学

技术简介

1. 技术来源

自主研发。

2. 技术原理

利用光伏电池板将光能自适应转换成电能，以驱动水泵和干深-时域灌溉器等成套装备，并提供应急供电。通过土壤干深度、水胁迫时长、灌溉湿点时长，形成基于作物-时间-空间-水分-肥药的干深-时域的轮歇灌溉，使水肥药减量增浓提效实现省水肥药、优质高产等。

3. 技术特点

（1）原创技术：提出了干深时域智能灌溉新原理新方法，研发出抗钝化、抗雷击，精准的新型电荷集化迁移式容组传感器。

（2）精准智能：融合土壤-水分-环境-气象数据，建立作物生长模型及干深时域算法。实现人机交互，自诊断、自修复、自适应，远程遥控。

（3）轻巧便携：采用拆合嵌套式一体化新结构，具有轻量化，易安装的特点，适合偏远丘陵地区。

（4）水肥一体：引入干深度，湿点时长、肥药配比等参数，实现水肥药一体化高效利用。

（5）绿色高效：首创仿生向日葵光伏跟踪采集光能，设计微功耗电路实现激振励磁、超级节能。

技术指标

（1）工作水压：0.04～0.8MPa；运行功率：＜0.8 W；干深湿点时长 0～30min，4 级可调；灌溉控制器干深度传感探头精度为±2.5%。

（2）智能识别准确率≥90%；喷灌强度：18.4～26.6 mm/hr；流量 20～120m^3/h。

（3）耐高低温性能：－10～60°C；在天阴180d、无太阳光照情况下，能正常工作。

（4）外形尺寸：最小 120mm×120mm×120mm，最大 300mm×300mm×300mm。

应用范围及前景

适用于瓜果种植、蔬菜作物培育、粮食生产，以及农林实验基地、城乡园林绿地、都市水利、水环境治理等。

自 1996 年开展研发以来，该技术已在 120 多家单位开展技术推广、示范应用和社会服务，累计装机 12000 台（套），示范区覆盖 25000 余亩，布局全国 10 多个省市自治区，以及“一带一路”沿线国家。

案例：2015—2021 年广东岭南丘陵地带光伏驱动干深-时域智能精准灌溉示范工程（1500 亩）。该工程面向我国岭南丘陵地区地理气候环境，围绕现场土壤条件及广东特色作物（包括香蕉、柑橘、水稻、甘蔗、荔枝等），开展应用示范。通过研制光伏驱动灌溉协同控制、水的净化处理、变频智能洁净、智能水肥药一体化、物联网（IoT）监控与环境预报等（成套）装备等，安装和使用灌溉装备系统累计达到 450 台（套），实现节水68%，省人工 39%，省肥 45%，省药 42%，增产23%，效益显著。

技术名称：自适应光伏驱动干深-时域智能控制精准节水灌溉关键技术
持有单位：广州大学
联 系 人：刘晓初
地　　址：广东省广州市大学城外环西路 230 号
电　　话：020-39366923
手　　机：13342881937
传　　真：020-39366923
E-mail：gdliuxiaochu@163.com

144　多要素墒情监测分析系统

持有单位

北京农业智能装备技术研究中心

技术简介

1. 技术来源

“十二五”国家科技计划农业技术领域“农业高效用水精量控制技术与产品”主题项目。

2. 技术原理

多要素墒情监测分析系统主要由土壤墒情采集设备和土壤水分轮廓线软件平台两部分构成，土壤墒情采集设备可以实现土壤-环境-作物等多元数据的采集，通过 5G、4G 以及 GPRS 多网络路径传送至土壤水分轮廓线软件平台，以实现土壤含水量、土壤温度以及空气温度、湿度、风速、风向、降雨、辐射、PM2.5/10、负氧离子、NDVI 等参数的解析，为用户提供墒情评价、预测、灌溉指导等服务。

3. 技术特点

（1）土壤墒情采集设备可满足多参数协同监测，具备多个采集通道，可以同时采集 4 路土壤含水量、4 路土壤温度以及空气温度、湿度、风速、风向、降雨、辐射、PM2.5/10、负氧离子、NDVI 等信息，并同步安装图像传感器，实时监测作物长势情况，解决了传统土壤墒情和农田气象需要单独采集的问题。

（2）设备平均功耗仅 14mW，比传统设备降低了 60%以上，采用 10W 太阳能供电，有效地降低了设备成本和安装难度。

（3）面向土壤-植物-大气连续体（SPAC）系统，由土壤墒情单一信息感知向农田土壤-环境-作物全要素信息综合感知与融合，并制定了物联网传输框架，建立了一点（土壤水分轮廓线软件平台）与多点（土壤墒情采集设备）之间的无线通信，并且对采集设备接入数量无限制，可同时支持 500 个并发连接。

技术指标

（1）功耗：平均功耗 14mW。监测范围：饱和含水量，测量精度达到±2.5%。

（2）工作环境：8MB 存储空间；支持 MODBUS 协议，可扩展无线传输功能、设置自动采集间隔；传感器功耗低，可使用内置电池。

（3）监测指标：土壤含水量、土壤温度、空气温湿度、风速风向、降雨、辐射、PM2.5/10、负氧离子、NDVI。

（4）反演指标：田间持水量、作物根系动态识别、作物蒸腾过程反演、蒸腾日志、墒情预测、计算最佳补水点和灌溉量、优化灌溉制度。

应用范围及前景

适用于各级农业、水利政府部门，科研单位、高校及农户等，提供最佳灌溉制度与掌握农田墒情和旱情分布趋势。

自 2017 年以来，多要素墒情监测分析系统在全国范围进行了推广，累计应用 2583 台，有效推广辐射面积达 2437 万亩，新增粮食产量近 2400 万 kg。典型应用包括新疆农六师、宁夏农垦平吉堡农场、北京顺义万亩方建设的节水灌溉项目，利用该系统监测数据对灌溉施肥进行指导，实现亩均节水 15%，节肥 25%。

技术名称：多要素墒情监测分析系统
持有单位：北京农业智能装备技术研究中心
联 系 人：张钟莉
地　　址：北京市海淀区曙光花园中路 11 号北京农科大厦
电　　话：010-51503607
手　　机：18501306153
传　　真：010-51503750
E-mail：zhangzll@nercita.org.cn

145 智能无线节水灌溉控制系统

持有单位

北京农业智能装备技术研究中心

技术简介

1. 技术来源

“十二五”国家科技计划农业技术领域“农业高效用水精量控制技术与产品”主题项目。

2. 技术原理

智能无线节水灌溉控制系统主要由可编程灌溉控制器和无线阀门控制器组成，根据灌溉决策的需要，系统可以接入田间气象站、墒情监测仪等田间监测设备。可编程灌溉控制器通过手机移动网络与系统服务器建立连接。系统根据田间监测设备获取的环境数据，利用基于水量平衡或土壤墒情的智能灌溉决策方法，结合作物生育期等信息对灌溉作出决策。当需要灌溉时系统中央服务器将灌水量、灌溉区域等相关信息发送给可编程灌溉控制器，灌溉控制器向无线阀门控制器发送灌溉指令，开启灌溉。

3. 技术特点

（1）智能无线节水灌溉控制系统采用低功耗无线通信技术控制田间阀门开关，同时通过无线移动网络与服务器建立连接实现远程通信。

（2）在接入传感器后，系统利用田间监测设备获取的环境数据利用基于水量平衡或土壤墒情的智能灌溉决策方法，结合作物的生育期等信息对灌溉作出智能决策，实现按需的节水灌溉。

（3）系统具有开放的接口协议，能够集成各种农业物联网系统，使系统应用具有灵活性。

技术指标

（1）48 路无线阀门控制，可编制 48 个轮灌组。16 路模拟量信号输入，可根据需要采集标准信号输出的田间环境监测传感器。

（2）多种灌溉启动方式，支持整机轮灌和轮灌组独立灌溉。

（3）支持时序逻辑和基于传感器反馈的自动化灌溉控制，支持基于土壤轮廓线和水量平衡的智能灌溉决策方法。

（4）灌溉的用水量由灌溉控制器通过采集水表数值控制，灌溉控制器与无线阀门控制器之间采用 433M 的无线数据传输实现。

（5）采用无线阀门接入，无线通信距离 600m，干电池供电下，阀门开关 2000 次，续航超 1 年。

（6）支持手机无线网络和有线宽带网络通信，支持通用网络交互协议。

应用范围及前景

适用于各级农业、水利管理部门、科研单位、高校及农户等。

2017 年以来智能无线节水灌溉控制系统产品在全国 24 个省市进行推广应用，累计推广应用超 5430 多台，有效推广面积 26.7 万亩，新增粮食产量近 990 万 kg。以智能无线节水灌溉控制系统与传统人工灌溉相比，亩均可节水 20%～30%，节肥 20%以上。系统并可通过手机 App 远程操作，可以在任意时段进行无人值守的自动轮灌，大幅提高了灌溉效率。

技术名称：智能无线节水灌溉控制系统
持有单位：北京农业智能装备技术研究中心
联 系 人：张石锐
地　　址：北京市海淀区曙光花园中路 11 号北京农科大厦
电　　话：010-51503607
手　　机：18501306153
传　　真：01051503750
E-mail：zhangsr@nercita.org.cn

146　一体化净水设备智慧水站集成装置

持有单位

浙江华晨环保有限公司

技术简介

1. 技术来源

自主研发。

2. 技术原理

源水经管道流入水站内，经电动阀、电磁流量计、源水浊度传感器、絮凝剂投加后经一体化净水设备进行处理，之后投加消毒剂、出水浊度、余氯指标监测，进入到清水池内，由清水池向用户供水。

3. 技术特点

（1）智慧水站集成装置，设计日供水 40 ~ 500t，选用了 HC 不锈钢一体化净水设备，配套电动阀、电磁流量计、浊度传感器、余氯传感器、电接点压力表、液位仪、自动絮凝剂投加装置、自动次氯酸钠发生器等，组成一个完整的智慧水站。

（2）山区农村水站的原水水量不稳定、水质波动比较大，因降雨等影响，原水浊度会在 20 ~ 4000NTU 范围内变化。在这样剧烈变化的源水条件下，智慧水站智控核心通过在线仪表数据采集、PLC 核心运算、自动型加药消毒装置自动变量投加药剂，协助净化工艺自动运行，有效地解决了絮凝剂自动投加、高浊水净化、源水水量不稳定等问题。

（3）智慧水站选择次氯酸钠发生器，通过电解无碘盐制取次钠溶液，通过余氯传感器、流量计来控制消毒液自动投加。

（4）智慧水站可接入县级统管智慧水务大数据平台，用户也通过智能手机终端进行监控，实现远程监控功能。

技术指标

（1）HC-2 ~ 25 型，净水量 2 ~ 25m^3/h，额定总净水量 345600 ~ 864000m^3，工作压力 0.1 ~ 0.3MPa。

（2）出水浊度：≤0.5NTU，其他出水水质指标符合 GB 5749—2006《国家生活饮用水卫生标准》的相关要求。

（3）反应时间：12 ~ 20min；斜管沉淀区液面负荷：5 ~ 7m^3/（m^2·h）；过滤滤速：6 ~ 10m/h；冲洗强度：12 ~ 16L/（m^2·h）；冲洗时间：5 ~ 8min。

应用范围及前景

适用于农村水站的建设及自动化升级，解决饮水安全问题。

从 2018 年开始，智慧水站已经在云南昌宁、永胜、腾冲、沾益、重庆石柱、江津、贵州习水、浙江三门、诸暨等地实施案例建设，已建成 40 余个智慧水站，日供水能力达 2 万 t。智慧水站将农村水站建成无人值守的数字化水站，方便了操作人员对水站的管理，大大减轻了操作人员的工作负担，并提高了水站的水质、水量保证率，保障了农村供水安全。

技术名称：一体化净水设备智慧水站集成装置
持有单位：浙江华晨环保有限公司
联 系 人：叶开良
地　　址：浙江省绍兴市上虞区东关街道傅张村
电　　话：0575-82058899
手　　机：13705859196
传　　真：0575-82058899
E-mail：291865026@qq.com

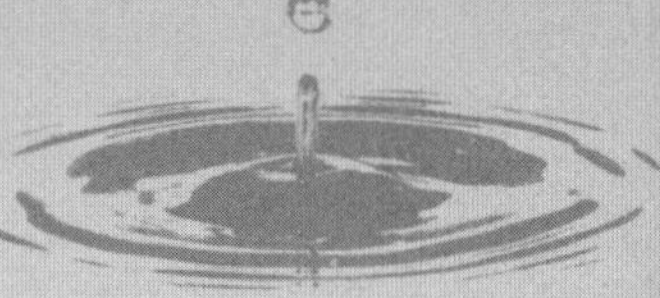

147 精量低压低耗滴灌灌溉系统集成技术

持有单位

大禹节水集团股份有限公司

技术简介

1. 技术来源

国家科技支撑计划项目——“规模化农业综合节水技术集成与示范”。

2. 技术原理

该技术利用专门设计的小口径管道配合内镶贴片式倒刺型滴头，将作物生长所需的水分和养分以较小的流量均匀、准确地输送到作物根部，使作物根部处在最佳水、肥环境的灌水方式。通过研制专用低压灌水器，降低整个滴灌系统工作压力，同时过滤系统配套使用低水阻叠片过滤器，减小系统过流水头损失。采用以PLC为控制中心，触摸屏为人机界面的注入式比例调节施肥机，具有自动补水、混肥和精准施肥的功能，实现灌溉施肥一体化管理，提高了水肥耦合效应和水肥利用效率。

3. 技术特点

（1）系统能够应用于末端压力水头在5m的灌溉系统中，能够大面积应用于地表滴灌及地下浅埋滴灌，也能应用于自压滴灌和清洁能源提水滴灌等系统中。

（2）采用数值模拟、正交试验等方法，设计开发的低压滴灌灌水器，实现了水力性能最优的流道结构，提高颗粒杂质在流道内的通过率，保障了灌水器的灌水均匀性和抗堵塞性能。

（3）集成配套低水阻高效叠片过滤器，具有过滤可靠、清洁度高、维护简单、运行成本低等优点，同时也能克服清洗频率高、水力损耗大等缺点。

（4）采用注入比例施肥机进行施肥灌溉控制，能够精确高效地进行灌溉施肥管理。采用旁路注入式施肥方式，能够实现较大的施肥流量，有利于大系统大面积地应用推广。

技术指标

工作压力：40～440kPa；压力调节范围：50～550kPa；额定流量：8.6L/h；流量均匀性偏差：0.5%；流态指数：0.01；使用寿命：10～15年；灌水器自洁净率：≥95%；堵塞率：≤0.45%。

应用范围及前景

适用于大田、温室、园林、城市绿化的地表滴灌及浅埋滴灌。

精量低压低耗滴灌灌溉集成技术，应用于大禹公司200余个中标项目中，遍布云南、吉林、内蒙古、甘肃、新疆、重庆、宁夏等省份的高效节水、高标准农田建设、节水增粮、灌区改造等项目。

案例：肃州区2018年高效节水灌溉项目。项目涉及酒泉市肃州区下河清科技师范农场、总寨镇店闸村、清水镇沙山村、上坝镇酒运司农场、玉米原种场、果园镇西沟村等地建设的高标准农田项目，应用精量低压低耗滴灌系统集成技术实施4.4万亩。项目实施后，年综合亩均投入下降17.5%，经济和生态效益显著。

技术名称：精量低压低耗滴灌灌溉系统集成技术
持有单位：大禹节水集团股份有限公司
联 系 人：朱海霞
地　　址：甘肃省酒泉市肃州区解放路290号
电　　话：0937-2688658
手　　机：13830753111
传　　真：0937-2688963
E-mail：149103884@qq.com

148　储施一体智能精准施肥机

持有单位

新疆天业智慧农业科技有限公司

技术简介

1. 技术来源

国家重点研发项目“大田作物精准灌溉施肥控制技术与装备”子课题“微灌系统施肥装置改进及首部枢纽优化”研究成果。

2. 技术原理

同一种作物在相同施肥量条件下，随着施肥次数的增加，肥料利用效率及产量随着施肥次数的增加而增加。因此，通过滴灌系统随水施肥，可按照作物不同生育期对水分和养分的需求规律，在作物营养生长和生殖生长的关键阶段，将水肥多次适时适量地供给，有效提高水肥利效率。根据这一原理，开发能够高频次精准施肥的装置，通过人机交互界面，根据用户设定好的施肥比例、施肥时间及循环模式等各种逻辑组合，由控制器通过一组专用注肥泵、电磁阀门和监测系统适时适量定比例地将各种肥料精确注入灌溉管道中，自动完成施肥任务，合理控制水肥供应。

3. 技术特点

（1）储施一体化，注肥泵、测量装置、控制器、显示装置、控制阀等集成于控制柜中，与储肥罐融为一体，外部没有可见连接点，外接管路以地埋形式同滴灌管路相连，满足设备户外使用特点。

（2）该产品设置通信网卡，具备物联网功能，方便物料及时供应；一键化操作，用户输入施肥量，按启动键即可进行施肥操作。

技术指标

（1）在正常使用状态下，注肥装置倾斜 10°不倾翻，能平稳工作。

（2）工作性能：出口压力 0.00MPa 时，流量 429.43L/h，精度 0.53%；出口压力 0.05MPa 时，流量 433.31L/h，精度 0.35%；出口压力 0.10MPa 时，流量 431.94L/h，精度 0.02%；出口压力 0.15MPa 时，流量 428.29L/h，精度 0.34%。

应用范围及前景

适用于大面积种植区域的水肥一体化作业。

项目已在新疆建立新疆昌吉地区呼图壁县棉花滴灌水一体化核心示范基地和新疆石河子市蘑菇湖高效节水及施肥一体化核心示范基地。项目的试验示范和辐射推广面积累计推广示范面积 1.5 万亩。

案例：2020 年 4 月承接喀什地区叶城县阿克塔什镇千座大棚水肥一体化工程。项目区整体占地约 $210hm^2$，已建立大棚 1400 多座，棚区设立公共管网，全区域有 4 处集中配水处，采用集中供肥模式，100 座棚为一个单元，在每个分水阀井处安装一套以外用水肥一体化施肥设备和自动配水设备，实现项目区千座大棚水肥一体化系统全覆盖。千座拱棚种植区节水 30%，节肥 9.7%，实现了施肥模式的系统创新。

技术名称：储施一体智能精准施肥机
持有单位：新疆天业智慧农业科技有限公司
联 系 人：马占东
地　　址：新疆石河子高新区火炬路 130 号
电　　话：0993-2810010
手　　机：13579453208
传　　真：0993-2810010
E-mail：2394848009@qq.com

149 灌区实际灌溉面积遥感监测技术

持有单位

中国水利水电科学研究院
中国灌溉排水发展中心
陕西省地下水保护与监测中心

技术简介

1. 技术来源

自主研发。

2. 技术原理

灌溉面积遥感监测技术从管理业务实际出发，充分考虑灌区实际工作所需要的业务流程以及管理层级，面向象元尺度、行政区划及渠系控制范围，集成卫星遥感解译技术、数据融合技术，以及多模态、多源空天地数据产品，提出了遥感影像高效全链条处理技术，构建了作物耗水、土壤墒情反演算法，形成了基于作物需耗水驱动的区域灌溉农田灌溉面积即时性、自动化、高效化监测技术。

3. 技术特点

（1）充分挖掘作物耗水、土壤墒情、气象因子等多源数据的关联特征，并充分利用大数据、云平台技术以及据此研发的自动下载、高效解译、多源融合算法，将遥感影像（空）、气象因子（天）、地面监测（地）融合驱动灌溉面积计算，实现农田灌溉面积及灌溉水量的即时化、自动化、智能化的时空序列以及统计分析的图形化展示。

（2）解决当前灌溉面积计算实时性差、专业技术门槛高造成推广应用难的问题。技术提出的多源遥感影像全链条处理技术，效率提升 80 倍，实现了遥感影像解译技术应用的即时性；一键式作物耗水、土壤墒情计算方法，使得管理者无需具备专业技术背景，运行维护方便，大幅地提升了技术落地性。

技术指标

（1）空间分辨率：全国范围数据产品空间分辨率 1～5km，灌区范围数据产品空间分辨率 250～500m，功能特定产品可高于 30m。

（2）时间分辨率：全国范围数据产品≥8d，灌区范围时间分辨率可≤3d。

（3）计算效率：全国范围≤3h，灌区及灌域范围≤0.5h。监测精度：灌溉面积≥75%。

（4）发布周期：标准化产品每日更新，精细化产品每小时更新。使用环境：无需本地安装，支持各种主流浏览器访问。

应用范围及前景

适用于政府机关、大中型灌区管理部门，以及规模化种植户。

实际灌溉面积遥感监测技术已经被涉水主管机关、灌区管理部门、企业及国际组织在内的多家单位推广应用。

案例 1：在涉水主管机关方面，实际灌溉面积遥感监测技术已被陕西省水利厅水资源处应用，大幅提高了服务效率效益。

案例 2：在灌区管理部门方面，该技术已经在内蒙古河套灌区、陕西泾惠渠灌区、山东潘庄灌区、安徽淠史杭灌区等多个地区/灌区开展应用，取得良好社会、经济效益。

技术名称：灌区实际灌溉面积遥感监测技术
持有单位：中国水利水电科学研究院、中国灌溉排水发展中心、陕西省地下水保护与监测中心
联 系 人：魏征
地　　址：北京市海淀区复兴路甲 1 号
电　　话：010-68785226
手　　机：18710047605
传　　真：010-68451169
E-mail：weizheng@iwhr.com

150 超声波时差法明渠（河流）测流系统

持有单位

长江水利委员会水文局

武汉先达监测技术股份有限公司

技术简介

1. 技术来源

自主研发。

2. 技术原理

该系统基于声学工程技术，在满足明渠（河流）测流规范的基础上研发的流速监测新产品。通过河渠两岸设置的换能器，同时相向发射穿透水体的声脉冲信号，根据声脉冲顺流和逆流的时间差值，从而计算出水层的流动速度，再结合断面数据与水位数据，使用流量算法模型，实时计算出河渠流量。

3. 技术特点

（1）超声波时差法明渠（河流）测流系统由超声波时差法明渠（河流）测流仪、遥测终端机（RTU）、卫星授时通信系统、无线数据交互系统、水文测验应用软件系统等组成。

（2）解决三大难题：通过卫星定位授时同步通信等多种无时差通信模式的集成创新，解决了时差在 ns（纳秒）级精确识别的技术难题；通过优化换能器声性能和特定声信号标定技术，解决了声信号衰减快以及枯水期测量精度低的技术难题；通过创新设计的自适应迁移轨道结构，解决了超声波时差法二岸水下换能器难以相互对准的技术题。

（3）在线测流系统长期运行稳定、测流精度较高，总体流量测验系统误差小于 3%。

技术指标

（1）工作频率：500kHz、200kHz、80kHz；声道作用距离：0.5 ~ 1000 m；声波指向性角：7° ~ 10°。

（2）测量流速范围：0.01 ~ 10 m/s；分辨率：1cm/s；声波与水流方向夹角：30° ~ 60°。

（3）系统工作温度：−20° ~ 50°；换能器工作水深：30 m；含沙量：0 ~ 15kg/m^3（依型号）。

（4）卫星授时同步：≤20ns；二岸数据传输模式：LORA 无线网或者有线电缆。

（5）工作电压：DC 24V、AC 220V；功率耗电：25 W。

应用范围及前景

适用于渠道和河流（水面宽≤1000 m）的流量在线监测、跨省（市）的水量分配及调水量监测、灌溉输水渠系收费计量等。

已成功投入使用 22 台套超声波时差法明渠（河流）测流系统在水文系统 10 余个项目中成功应用。典型应用如：重庆市开州花林水文站时差法测流项目、贵州沿河水文站时差法测流项目、山东滨州簸箕李引黄灌区输水干渠测流项目等，可有效满足项目工况下的流量在线监测需求。

技术名称：超声波时差法明渠（河流）测流系统
持有单位：长江水利委员会水文局、武汉先达监测技术股份有限公司
联 系 人：李雨
地　　址：湖北省武汉市江岸区解放大道 1863 号
电　　话：027-82829681
手　　机：15807161653
E-mail：liyuwhu@163.com

151　坡地高效生态农业的基础设施配套技术

持有单位

长江水利委员会长江科学院
中国科学院水利部成都山地灾害与环境研究所
西南大学
华中农业大学

技术简介

1. 技术来源

国家“十一五”科技支撑计划项目“坡地高效生态农业的基础设施配套技术研究”。

2. 技术原理

根据壤中流形成特点，研发了既能截、排地表径流，又能排、蓄壤中流的截排水沟设计新技术。提出了基于细沟侵蚀临界坡长的截排水沟布局技术，核心原理是通过调整截排水沟纵向间距，即坡面单元的地块坡长，拦截地表径流与壤中流，减少细沟形成的坡面径流量，防止坡面细沟侵蚀的产生，从而达到减少坡面水土流失的目的。

3. 技术特点

（1）运用微分方程稳定性理论，提出了小流域坡耕地田间道路网密度设计方法，通过分析研究路面（基）控制、边坡防护等道路结构工程设计技术，构建了区域坡地农业机械化道路体系、布局和防护体系。

（2）构建了以细沟发育临界坡长为间隔布设半透水型截水沟，沿沟下缘配套田间道路，并配套排水沟、沉沙池、蓄水池等措施的径流、泥沙梯级网络化调控体系。

（3）研发的半透水型截排水沟新技术，既能截、排地表径流，又能排、导壤中流，能提高坡面径流调控率 12%～15%，降低建造成本 32%，节省耕地 10%。

（4）基于细沟侵蚀临界坡长的新型截排水沟布局技术，可使坡面径流调控效率提高 10%以上，侵蚀产沙降低 30%～90%。

技术指标

（1）新型截排水沟修建以后，对应 5 年、10 年、20 年一遇降雨，降雨径流调控效率可分别增加 0～53.9%、0～41.6%和 0～36.4%，坡面土壤流失量可分别减少 46.2%、34.1%和 21.7%。

（2）以坡度 15°的坡耕地为例，修建新型截排水沟与传统坡改梯相比，增加 10%耕地面积且造价更低。

应用范围及前景

适用于长江上游坡耕地改造、土地整治和生态建设等相关工程中坡面水系和田间道路网布设。

2018 年后，技术成果相继在陕西省国家水土保持重点工程 2019 年南郑区大河坎和黄官小流域水土流失综合治理项目、湖南古丈县坡耕地水土流失综合治理工程、四川自贡市大安区庙坝项目区水土流失综合治理项目、重庆市巫溪县 2019 年国家水土保持重点工程羊桥河小流域项目、湖南龙山县坡耕地水土流失综合治理工程等 5 个坡耕地水土流失综合治理项目中推广应用 70 余 km^2。坡面水土流失量减少 70%以上，降雨径流利用率提高 10%以上。

技术名称：坡地高效生态农业的基础设施配套技术
持有单位：长江水利委员会长江科学院、中国科学院水利部成都山地灾害与环境研究所、西南大学、华中农业大学
联 系 人：丁文峰
地　　址：湖北省武汉市江岸区黄浦大街 23 号
电　　话：027-82926643
手　　机：18971689795
传　　真：027-82926357
E－mail：wenfengding@163.com

152 封闭式智能集成闸井系统

持有单位

中科信德建设有限公司水工设备制造厂

四川省都江堰东风渠管理处

技术简介

1. 技术来源

自主研发。

2. 技术原理

该系统是将土建、机械、计量、控制集为一体模块化的放水洞闸门，用于水利灌溉渠系放水洞的智能化管理，满足可控、可测、可视要求。新材料玄武岩纤维的壳体内集成了太阳能供储电瓶、低能耗启闭机、玄武岩纤维密闭式闸门、电磁流量仪、防雷接地系统、视频监控系统、不锈钢伸缩节、高压冲淤接口、智慧测控系统等配置，使用时深埋于渠堤下，采用配备防盗密码锁的井盖进行防护。整体在厂内组装，现场只需挖坑回填掩埋。太阳能供电、手机 App 远程操控开关闸门，可时刻监控。

3. 技术特点

（1）封闭式智能闸井系统是将闸井、闸门启闭机、流量计、监控设备、控制系统集为一体模块化的放水洞闸门。

（2）闸门电机有多种控制方式，包括现场控制和远程控制。现场控制可以通过按键直接控制，也可以通过 RS232 串口发送控制指令。远程控制则通过监控平台发送控制指令。

（3）闸井、闸门采用新型材料玄武岩纤维材质。

技术指标

（1）闸井、闸门采用玄武岩纤维材质。

（2）系统使用管道式非满管电磁流量计；使用 12V 直流无刷电机；电源 200W 及以上 12V 光伏电池；闸位仪使用分辨率 16 位、12 圈绝对值编码器。

（3）传感器接口支持：一路 RS485、一路 RS232、两路 4～20mA、两路开关量输入、一路继电器控制输出、一路视频电源控制输出。

（4）Modbus RTU 标准协议的传感器数据采集；视频监测具备图像运动侦测功能，通信上支持 4G 和 WIFI；远程的测控平台由服务器软件和手机端软件组成；支持 WEB（网页）控制和手机控制。

应用范围及前景

适用于渠道直径 ϕ600 以下的涵道式放水洞，解决灌区末端用水计量问题。

2018 年以来，封闭式智能集成闸井系统投入应用：四川省都江堰东风渠龙泉站安装 ϕ300 两套；四川省温江水务局万春镇安装 ϕ300 两套；四川省都江堰人民渠二处中江站安装 ϕ600 一套；成都大运会东风渠东干渠改线工程安装 ϕ300 三套、ϕ600 一套；四川省通济堰灌区眉山站安装 ϕ300 五套、ϕ500 四套；天府大道眉山段道路涉及东风渠改建工程安装 ϕ300 九套、ϕ600 两套。该集成闸井系统的安装，巡渠人员可通过手机 App 远程操控开关闸门，精准供水，计量用水，充分展示了灌区量测水站点建设成果。

技术名称：封闭式智能集成闸井系统
持有单位：中科信德建设有限公司水工设备制造厂、四川省都江堰东风渠管理处
联 系 人：郭庆
地　　址：四川省德阳市广汉市小汉镇高槽村 17 社
电　　话：0838-5702778
手　　机：13679055198
E-mail：1802170380@qq.com

153 灌区配水调度管理系统

持有单位

北京润华信通科技有限公司

哈尔滨鸿德亦泰数码科技有限责任公司

技术简介

1. 技术来源

自主研发。

2. 技术原理

该系统按照灌区用水单位的需水情况和灌区供水能力（水库蓄水或渠首引水情况），可以及时快捷地辅助工作人员制定灌区各用水单位的用、配水计划，通过系统向灌区直属站（水库、渠首管理站）和基层站下达配水指令，并根据遥测设备上各用水计量点测报的数据情况，对配水计划和执行情况进行分析和考核，以提高灌区用、配水管理效率和统计分析数据的准确性。

3. 技术特点

（1）灌区配水调度管理系统是一个面向灌区用水管理的综合信息管理展示平台，将灌区配水调度过程中相关业务整合到统一平台中。支持云端架构和单点架构，提供了二三维 GIS 展示、可视化平台展示、基于业务应用功能的仿 Windows 桌面展示。

（2）灌区配水调度管理系统在一次用水结束后对各用水单位及下属各用水户本次（轮）实际用水量进行自动计算，生成各用水单位和用水户的实供水量情况和应交水费情况，彻底解决日常管理过程中的水量统计复杂度大、难度高、计算不准确问题。

技术指标

（1）标准数据交换接口：可以同时接收不同厂家不同类型的监测监控设备上报的数据。

（2）动态装配：平台运行时，实现根据用户角色实现模块的动态装配、按需加载。

（3）二次开发：定义了标准的二次开发框架，以应对灌区业务的不断变化，拓展与其他软件开发。

（4）多数据库支持：同时数据存储支持 Oracle、SQL Server 等多种关系型数据库。

（5）多种数据融合：将空间数据、监测数据、人工数据和遥感数据等多种数据进行融合，多维度展示灌区业务管理情况。

（6）AI 人工智能。语音识别应用：语音上报，语音播报，语音报警等；图像识别：水尺识别、越界识别、区域识别、水源地人车识别等。

应用范围及前景

适用于灌区从水源至田间的各级输配水的信息化、智能化管理。

“灌区配水调度管理系统”已在全国 16 个省区 111 处大中型灌区成功应用。将灌区输配水调度业务纳入平台中进行统一集中管理，为建设规范化、现代化、智慧化的新型灌区提供了技术支撑。

技术名称：灌区配水调度管理系统
持有单位：北京润华信通科技有限公司、哈尔滨鸿德亦泰数码科技有限责任公司
联 系 人：孙晶晶
地　　址：北京市丰台区菜户营 58 财富西环大厦 1907 室
电　　话：010-83494677
手　　机：18611626480
传　　真：010-83494677
E-mail：14623186@qq.com

154　奥特美克智慧灌区管理系统

持有单位

北京奥特美克科技股份有限公司

技术简介

1. 技术来源

自主研发。

2. 技术原理

奥特美克智慧灌区管理系统基于 B/S 构架模式，支持分布式部署，具有一张图、大屏系统、监测中心、控制中心、运维系统、灌区综合业务、系统管理等功能，任何拥有权限的用户都能通过 Internet 访问系统。平台建设以应用服务为目的，在成熟技术基础上采用先进的面向对象的分析技术和设计工具，进行应用系统的开发。系统通过监测中心将遥测硬件设备的数据进行统一收集处理归类。系统配套手机客户端，采用 App 方式进行开发与部署，主要功能包括灌区水利工程空间定位、灌区工程运行调度管理信息查询、移动巡检、预警预报。

3. 技术特点

（1）奥特美克智慧灌区管理系统整体框架采用 SOA 的结构体系，系统结构采用模块化，模块间相对独立且低耦。可根据不同需要进行不同模块的组合拼接。

（2）系统数据中心建设模式基于大数据技术可实现多渠道数据共享，应用平台以微服务的方式实现业务化的配置化开发使系统可扩展性大大提高。

（3）使用云服务器部署系统，有效保证了数据及服务的安全，方便后期运营维护。

（4）先进的通信方式 4G 网络/5G 网络 ，基于移动 OneNET 平台技术的水文水利监测无线数据传输网络。

技术指标

（1）系统响应：常规操作的响应时间小于 3s；周期性数据报表实时分析响应时间小于 5s；大数据统计分析响应时间小于 10s；系统支持并发访问量 QPS＞200。

（2）系统数据存储：各类基础数据永久保存；监测监控数据（除视频数据外）永久保存；视频监控数据至少保存 30d；统计报表和汇总分析数据至少保存 3 年。

（3）系统可靠性：系统保证每周 7×24h 连续不间断工作；系统重大故障恢复时间＜30min。

应用范围及前景

适用于大中小型灌区续建配套、节水与现代化改造等。奥特美克智慧灌区管理系统已在我国多个地区推广应用，其中包括河北、山东、新疆、宁夏、云南、海南、东北、四川等地。

应用实例：巨鹿县现代农业“田田通”智慧节水灌溉项目；云南省楚雄州姚安县万亩农田高效节水灌溉项目；甘肃省疏勒河流域水权试点实时在线监测系统建设项目；贺兰县现代化灌区量测水设施建设项目；新疆第三师 46 团灌区信息化建设项目；黑龙江省富锦市锦西灌区管理信息系统建设项目；夏津县引黄灌区农业节水工程建设项目等。各地建设项目的区管理系统运行良好，遥测数据准确，统计分析数据及时，能够第一时间反映出当地现场的实时运行情况，为灌区管理提供了有效的技术支撑。

技术名称：奥特美克智慧灌区管理系统
持有单位：北京奥特美克科技股份有限公司
联 系 人：郝强
地　　址：北京市海淀区西北旺东路中关村软件园二期互联网创新中心 6 层 601
电　　话：010-82894255
手　　机：15810547492
传　　真：010-82894252
E-mail：Haoqiang@automic.com.cn

155　奥特美克闸门监控管理系统

持有单位

北京奥特美克科技股份有限公司

技术简介

1. 技术来源

自主研发。

2. 技术原理

奥特美克闸门监控管理系统基于物联网技术实现自动化闸门设备远程控制、监测数据自动上报、用水数据存储及统计分析、工况报警、运行维护管理等功能。采用 B/S 架构，构建基于网络应用的软件系统。使用 TCP 网络，实现与闸门终端网络通信。对外开放 API 接口，以 REST 服务方式供外围系统无缝集成。

3. 技术特点

（1）支持开度控制、流量控制、闸前水位控制、闸后水位控制及时间、过闸水量等多种控制方式。结合视频监控，实现闸门现场运行情况实景展示。

（2）支持 modbus、SZY206 等多种通信新协议，可以集合实际项目建设要求，进行灵活扩展、定制。

（3）操作简单、易用，配套移动 App 进行手机端闸门远程控制、状态查看。

技术指标

（1）同时在线通信闸门的数量＞3000 台；数据处理吞吐量（QPS）＞500；用户操作并发请求量＞100。

（2）闸控响应时间＜2s。

（3）系统持续稳定运行时长＞7×24h；系统异常恢复时间＜1h。

应用范围及前景

适用于大中小型灌区续建配套、节水与现代化改造、灌区量测水、农业水价综合改革等项目建设。奥特美克智慧灌区管理系统已在博河大型灌区续建配套与节水改造（七期）工程第七标段、贺兰县现代化生态灌区建设工程（投建管服一体化）PPP 项目、察布查尔县伊犁河灌区续建配套与节水改造工程项目、唐徕渠第二农场渠量测水设施建设及设计施工运维总承包项目等15个信息化工程建设项目中应用。系统配套自动化闸门流量计量设备，实现用水数据自动上报，增强监测数据获取的及时性，同时彻底克服了传统方式下用水高峰期依靠人工开闸关闸延迟性较严重的现象。

案例：唐徕渠第二农场渠量测水设施建设及设计施工运维总承包项目。该项目奥特美克提供从现代化灌区规划设计到项目建设及后续运维全过程服务，建设内容包括：安装测控一体化闸门 48 套、安装测控分体式闸门 16 套、干渠量测水断面 4 处、31 套电磁流量计、新建三号桥节制闸 1 座、建设管理所管控中心 4 处、升级开发及部署灌区业务管理系统 1 套。通过该项目的建设，量测水设施改造后的干渠渠段，自动化覆盖率达到 90%以上、干渠灌溉水利用系数有了较大的提升，通过自动化及远程操控闸门，提高了管理水平，节省了人工成本，同时节约了用水量。

技术名称：奥特美克闸门监控管理系统
持有单位：北京奥特美克科技股份有限公司
联 系 人：郝强
地　　址：北京市海淀区西北旺东路中关村软件园二期互联网创新中心 6 层 601
电　　话：010-82894255
手　　机：15810547492
传　　真：010-82894252
E-mail：Haoqiang@automic.com.cn

156　渠道断面自动测流车

持有单位

天津水运工程勘察设计院有限公司

技术简介

1. 技术来源

自主研发，先后推出大型测流车、中型测流车、固定式测流仪等系列化产品，形成了覆盖大中小灌区干渠及支渠的成套渠道断面自动量水解决方案。

2. 技术原理

渠道断面自动测流车是结合水利灌区量水需求研制的一款适用于大中型灌区的全自动无人值守自动测流系统，其基于工控技术、无线通信技术及最新的人工智能技术，实现了渠道断面流量的高精度自动测量。

3. 技术特点

（1）遵照 GB 50179—2015《河流流量测验规范》、SL 61—2015《水文自动测报系统技术规范》等相关国家及行业标准，采用流速仪精测法进行断面流量测量，提高了总体测量精度。

（2）通过自主创新，增加渠底淤积补偿、绳长倾斜补偿功能。淤积补偿功能使其能适应河床变化频繁的高含沙量灌区，绳长补偿功能使其具备在不同流速下精确测量。

（3）可集成含沙量测量仪器，实现一机多用；可集成接入水利管理系统，适用性更高；具备大型、小型、固定式多种产品形态，可适用于大中小型灌区及支渠流量测量。

（4）具备自动充电、定时测量、自动报表生成、设备自诊断功能，智能化程度更高；配套软件功能丰富，实用性强，可集成视频监控、水量、水费管理等丰富功能。

技术指标

（1）水位采集精度：5mm；泥位采集精度：5mm；流速采集精度：±1%F·S；水深跟踪精度：10mm；水深跟踪速度：10cm/s。

（2）数据实时显示：水位、泥位、流速、流量；流量自动换算：根据预先设定参数。

（3）数据上传功能：RS232/485、GPRS、GSM 短消息、4G、zigbee 等方式。

应用范围及前景

适用于明渠、河道、水文等流量监测。

渠道断面自动测流车自推出市场以来，先后在山东、河南、新疆、安徽等省区获得应用，累计现场运行设备超过 150 台，覆盖国内大中型灌区 20 余个。

在灌区典型应用中，一般在干渠渠首或主要分流断面上设置渠道断面自动测流车，每个干渠上根据实际情况安装 1 台到多台测流车。在渠道断面自动测流车应用及推广应用过程中，用户普遍反映测流车能够满足现场实际量水需求、极大提高了现场量水工作效率，是非常实用的新型量水设备。

技术名称：渠道断面自动测流车
持有单位：天津水运工程勘察设计院有限公司
联 系 人：张璇
地　　址：天津市滨海新区塘沽新港 2 号路 2618 号
电　　话：022-59812308
手　　机：13682059013
传　　真：022-59812308
E-mail：747506026@qq.com

157　手动螺杆测控一体闸门总成

持有单位

唐山现代工控技术有限公司

技术简介

1. 技术来源

自主研发。

2. 技术原理

采用单片机、微电子、自动控制、低功耗、机械驱动传导及蓝牙/GPRS 通信技术研制了“测控一体闸门总成”。“测控一体闸门总成”实现手动闸门闸前闸后水位、闸位的自动实时监测，通过内置的水力学算法计算过闸流量、累积流量，并按照闸位、水位、流量等不同调控要求对闸门进行动态智能现地及远程控制，管理人员通过安装有手机 App 平台软件的智能手持设备，对闸门运行参数及状态进行查看和监管，并通过 GPRS 通信与监控中心进行通信。

3. 技术特点

（1）“测控一体闸门总成”核心测控单元为遥测终端机。

（2）产品采用了闸位编码、闸位物联及 2.4G 通信技术，实现了压力式、超声波及雷达水位计的接入，完成闸位、闸前闸后水位、过闸流量的监测，以及闸门的自动控制，嵌入了多种先进的软件算法，集成灌区常用过闸水流流态流量计算公式自动计算出瞬时流量和累计流量。

（3）具有闸位、水位及流量等三种调控模式，实现闸门恒闸位、恒水位、恒流量的动态运行；采用了蓝牙通信技术，通过手机 App 平台软件实现了闸门参数查看、设置及校正；集成了 GPRS/GSM 通信模块，通过无线通信网络实现设备监测水情信息的定时和应答式上报。

技术指标

安装载体：启闭机；现地数据显示：智能手持设备；水位计类型：物联非接触式；水位计量程及测量精度：2m，0.3%；闸位传感器：自带；闸位量程及测量精度：2m，±5mm；过闸流量计算：自动；量水设施：量水堰槽或明渠；调节方式：闸位、水位、流量；供电电压：12VDC（1T、3T），24VDC（5T）；通信接口：无线及 GPRS 网络；控制方式：现地、远程；工作温度：－20～＋50℃；防护等级：IP65；通信协议：方便融入第三方监测软件。

应用范围及前景

适用于手动闸门智能测控及流量计量。

自 2008 年 6 月以来，“测控一体闸门总成”已在河北、河南、山东、山西、辽宁、吉林、内蒙古、青海、甘肃、宁夏、新疆等 32 家水管单位的手动闸门监控现场得到应用，累计推广应用 725 台套，实现了对水库、灌区、河道等场合手动闸门闸位水位流量的精确监测以及闸门的智能控制，同时根据闸门水位、闸位及流量等控制要求，实现闸门恒水位、恒闸门、恒流量的动态调节和控制，为水管部门不同引水配水方案实施提供了技术支撑和设备保障。

技术名称：手动螺杆测控一体闸门总成
持有单位：唐山现代工控技术有限公司
联 系 人：姬宪龙
地　　址：河北省唐山市高新区火炬路 122-1 号
电　　话：0315-3855165
手　　机：13513392879
传　　真：0315-3855180
E-mail：2470180205@qq.com

158 卷扬闸荷重传感器

持有单位

唐山现代工控技术有限公司

技术简介

1. 技术来源

自主研发。

2. 技术原理

针对卷扬闸闸门运行卡顿，采用微电子、传感等项技术研发的卷扬闸荷重传感器。卷扬闸荷重传感器在闸门调节过程中，监测钢丝绳拉力变化，监测拉力负荷超过限定负荷时，输出信号断开闸门运行电路，停止闸门运行，保护闸门设备。

3. 技术特点

（1）卷扬闸荷重传感器由支架、荷重传感器、电路板、室外IP65防水壳体和防水电缆构成，使之成为一个完整的一体化钢丝绳张力监测传感器。

（2）卷扬闸荷重传感器安装在钢丝绳平衡轮的下部，用于监测钢丝绳的张力。卷扬闸荷重传感器包括上行卡闸保护和下行松绳保护。

（3）产品具有一体化、智能型、安装简单维护方便等特点。

技术指标

（1）传感器类型：静压型；信号输出：上行干接点和下行干接点；供电电压：12VDC/24VDC；连接电缆：6×0.5。

（2）调试指示：蓝绿红三色LED灯；调节方式：M8不锈钢螺栓；安装位置：钢丝绳平衡轮下部钢丝绳上。

（3）防护等级：IP65；工作环境温度：－20～＋60℃。

应用范围及前景

适用于卷扬闸门的负荷监测及过载保护。

自2010年7月以来，“卷扬闸荷重传感器”主要应用于水库、灌区、河道等场所的卷扬闸门的荷重监测，目前产品已在河北、河南、山东、辽宁、吉林、青海、甘肃、宁夏、新疆等地的31家水利管理部门得到推广和应用。截至目前已累计推广应用该产品235台套。实现了对水库、灌区、河道等场合卷扬闸门荷重精确监测，解决了卷扬闸门运行出现卡顿，闸门不能及时停止运行，卷扬闸钢丝绳荷重过载造成的钢丝绳断裂的问题，提高了卷扬闸运行的安全性。

案例：2015年3月，白城市白沙滩灌溉排涝区管理站对下辖的白沙滩灌区的一、二、三干渠5孔卷扬闸电动闸门进行了改造，项目中采用“卷扬闸荷重传感器”。设备具有一体化、操作简单、自动化高、维护量小的特点，实现了卷扬闸运行过程中启闭机拉绳荷重的实时监测，同时监测荷重超过设定值时，停止闸门运行，避免闸门超负荷运行引起的闸门设施损伤。

技术名称：卷扬闸荷重传感器
持有单位：唐山现代工控技术有限公司
联 系 人：姬宪龙
地　　址：河北省唐山市高新区火炬路122-1号
电　　话：0315-3855165
手　　机：13513392879
传　　真：0315-3855180
E-mail：2470180205@qq.com

159 SSCK-12AA磁致伸缩式电子水尺

持有单位

太原尚水测控科技有限公司

技术简介

1. 技术来源

自主研发。

2. 技术原理

SSCK-12AA 磁致伸缩式电子水尺根据磁致伸缩效应，即指铁磁体在被外磁场磁化时，其体积和长度将发生变化的现象。根据韦德曼效应，当应力波传输到检波线圈位置时，通过检波线圈的磁通将发生变化，在检波线圈两端将产生一个可以被检测到的感应电动势。由于这个应变机械波脉冲信号在波导丝的传输时间和游标磁环与检波线圈之间的距离成正比，通过测量传播时间，并乘以固定传播速度就可以高度精确地确定磁环到线圈（浮子）的距离。

3. 技术特点

（1）非接触式测量，无摩擦磨损，寿命长；具有高可靠性，密封，强度高，三防处理，抗腐蚀，特别适合野外无人环境应用。

（2）组态方式先进，电子水尺结合明渠量水规范，将量水计算公式固化在存储器中，在自动完成对灌区渠系水位数据实时监测的基础上，按照预先设置好的量水公式进行计算、存储和发送至信息中心。现地可显示时间、水位、瞬时流量和累积流量。

（3）现地液晶显示（时间、水位、瞬时流量和累积流量），公开用水量，减少用水纠纷。

（4）防浪涌、防射频干扰；不需定期标定和维护；GPRS/SMS 无线数据转存，远程通信协议支持国家水资源协议标准。

技术指标

（1）水位测量精度：±2 mm ；水位分辨能力：0.5mm ；流量测量精度：±1%（和选择的渠道测量类型有关）。测量数据可长期保存 10 年以上。

（2）电源：锂电池 3.7V/2200mAh×8 节（电池容量节数可选），可外接太阳能板；功耗：采样时≤5mA，非采样时≤500μA，通信时≤200mA。

（3）外型尺寸：630（L）mm×1350（W）mm×140（H）mm（以测量体长度1000mm计算）。重量：2.3kg（带1000mm长传感器，外带ϕ90的PVC管）。

（4）记录数值范围：水位：0.01～3.00m，瞬时流量：0～99.99m^3/s，累积流量：0～4.29×10^{7}m^3；采样间隔：60～1200s；环境温度：－35～＋70℃ 。

应用范围及前景

适用于水利工程中的水位监测，也可用于自来水、城市污水处理、城市道路积水等市政工程的液位监测。

案例 1：河南焦作市引沁灌区管理局 2018 年购买了 29 套磁致伸缩式电子水尺，安装在灌区的各支渠，监测水位及流量，并在局供水科安装一套数据采集软件，接收水位流量数据。

案例 2：北京润华信通科技有限公司 2018—2019 年购买了 174 套磁致伸缩式电子水尺，分别安装到承建的个信息化项目，电子水尺应用情况良好。

技术名称：SSCK-12AA 磁致伸缩式电子水尺
持有单位：太原尚水测控科技有限公司

联 系 人：杨尧凯
地　　址：山西省太原市高新区技术路 20 号天佳科技大厦 2 层 2 号
电　　话：0351-7282330
手　　机：18603473800
传　　真：0351-7282330
E-mail：tyssck@163.com

160 LDM-51 智能化明渠流量测量系统

持有单位

开封开流仪表有限公司

技术简介

1. 技术来源

2017 年经过公司不懈努力国内第一台 LDM-51 型全渠宽箱式电磁明渠流量计自主研发成功，并可与闸门形成联动，达到测控一体精准控制的效果。

2. 技术原理

LDM-51 型智能化明渠流量计显示仪中微处理器根据水位计测出的实际水位值、流速值和已置入的渠道几何尺寸（边坡系数、渠道精度、水力坡道、流速垂直平面修正系数），以及预定的数学模型计算出渠道的流量。

3. 技术特点

（1）LDM-51 智能化明渠流量测量系统是由流量显示仪、电磁流速传感器、液位仪组成的流速面积法测流量的明渠测量流量系统。

（2）采用流速面积法，适应各种标准渠道：如矩形、长方形、三角形、梯形等。在渠道底部加装流速仪测量流速，适应各种水质，在渠道顶部安装水位监测仪（一般雷达、超声波、投入式均可），依据是流量等于某一过水横断面上流速的积分，换算流量数据。

（3）测量范围 0.01 ~ 50m/s，精度高、便于安装，施工成本低、维护成本低，可同时显示水位、流速、瞬时流量、累计流量。

（4）明渠流量计测量不受水中漂浮物、泥沙、气泡和水位变化的影响，标准渠道不需要改造可直接安装。

技术指标

（1）测量精度：流速 ±1.0%，水位 ±0.5%，系统 ±2.5%；测量范围：流速 0.05 ~ 10m/s；渠宽：0.5 ~ 30m。

（2）电源：AC220V、DC12V、DC3.6V（DC 电池供电）；功耗：≤5W。

（3）流速显示最大值：19.99；流量显示：1000；累计流量显示最大值：999999999。

（4）通信方式：GPRS 通信、RS485 [MODBUS（RTU）]通信接口。

（5）水位测量：超声波液位计、压力式液位计、浮球液位计、磁致伸缩液位计等选件。

应用范围及前景

适用于矩形、梯形、U 形的明渠断面及涵洞的流量测量。

LDM-51 型智能化明渠流量测量系统适已应用于都江堰灌区（27 套）、来龙灌区（23 套）、花凉亭灌区（68 套）、淠史杭灌区、河套灌区、宁夏唐徕渠、打渔张灌区、胜利渠、引沁灌区，赵口灌区，陆浑灌区，花园口灌区、中牟灌区以及定远县 2020 年农业水价综合改革及续建配套节水改造（155 套）、襄阳市 2018 年农业水价综合改革及续建配套节水改造（126 套）等多个重点工程项目。该测量系统的高精度计量使各级水管部门能够准确掌握实时流量查询、报表管理等服务，为管理工作提供了技术支撑。

技术名称：LDM-51 智能化明渠流量测量系统
持有单位：开封开流仪表有限公司
联 系 人：靳永锋
地　　址：河南省开封市东郊工业园区皮屯桥南
电　　话：0371-22919056
手　　机：18937821131
传　　真：0371-22959056
E-mail：1587034561@qq.com

161 农田灌溉渠道树脂复合材质分水闸

持有单位

湖北楚峰水电工程有限公司

技术简介

1. 技术来源

自主研发，2017 年“一种树脂复合材质的灌溉渠道分水闸及制备方法”获得国家发明专利。

2. 技术原理

分水闸由闸板、闸板框、过水孔、衔接管、销钉、操作柄和闸板限位台组成。闸板框为一矩形体，闸板框上设置有过水孔，过水孔一侧的闸板框上设置有衔接管，过水孔另一侧的闸板框上通过销钉活动安装有闸板，闸板一侧的过水孔沿口上设置有闸板限位台，闸板与闸板限位台接触连接。闸板限位台呈圆弧形，闸板和闸板框分别由树脂材料制成，闸板上设置有操作柄。该分水闸门使用时，根据所需水量大小，通过人工转动闸板，即可方便地完成闸板启闭操作，特别适用于节水灌溉渠道安装使用。

3. 技术特点

（1）复合树脂具有质轻，可塑性强，环保，能够回收利用，使用寿命长等许多优点，是手动式灌溉渠道分水闸的最佳原材料。

（2）复合树脂材质的手动式灌溉渠道分水闸，采用树脂材料由成型机一次冲压成型，与现有技术相比，具有结构简单、重量轻、耐腐蚀，生产制造成本低的特点。

技术指标

（1） 配比为： 不饱和聚酯树脂 15%～25%、过氧化甲乙酮 0.2%～0.5%、玻璃纤维丝 2%～5%、重质碳酸钙 65%～75%、苯乙烯 3%～5%、硬脂酸 1%～2%，经过拌和机、捏合机、压模机生产制作而成。

（2）根据农田毛渠灌溉所需，手动式灌溉渠道分水闸出水口直径规格为：30～80cm。

（3）每件重量为：3～5kg。

应用范围及前景

适应于田间灌溉渠道及城市排污管道，更适合混凝土 U 形渠配套使用。

一种树脂复合材质的灌溉渠道分水闸进行了大范围推广应用，主要用于高标准农田、灌区节水配套改造、土地整理等工程。如：荆州区 2015 年新增千亿斤粮食产能规划田间工程；襄北监狱高标准农田东吴项目；沙洋县新增千亿斤粮食产能规划田间工程 2015 年建设项目施工四标段；江北农场 2016 年度国家农业综合开发邓家湖高标准农田建设项目；荆州区李埠镇金双村生产路（田间道）铺碎石改造工程；荆州区弥市灌区节水配套改造项目施工第二标段；荆州区八岭山镇 2017 年度高标准农田建设项目四标段胡家土地标；公安县永和垸重点中型灌区节水配套改造项目第一标段项目；沙市区 2018 年国家农业综合开发观音垱镇天星观片区高标准农田建设项目等。

技术名称：农田灌溉渠道树脂复合材质分水闸
持有单位：湖北楚峰水电工程有限公司
联 系 人：邵大金
地　　址：湖北省荆州市荆州区城南高新园金江路 62 号
电　　话：0716-8498866
手　　机：18688889781
传　　真：0716-8498899
E-mail：409343901@qq.com

162　星陆双基智慧灌区应用一张图

持有单位

国科星图（深圳）数字技术产业研发中心有限公司

技术简介

1. 技术来源

自主研发。

2. 技术原理

星陆双基智慧灌区应用一张图是基于星陆双基数字地球信息系统开发，应用于智慧灌区的一张图系统，由星基微纳卫星物联网与陆基物联网异基同构联结，卫星物联网由多个搭载不同探测器的低轨微纳卫星组成，地面物联网依需要配置不同类型的传感器，由5G和自主研发的C－Mesh协议组成。为数字服务总平台，旨在面向基层提高供给效率，突出移动互联网应用，便利性和可选择性，提升数据支撑服务效能。灌区一张图系统的主要功能是为灌区管理部门的日常管理提供信息服务。

3. 技术特点

（1）星陆双基：综合应用微纳卫星技术，陆基无线传感器网络技术、多源卫星遥感定量反演技术、时空耦合和数据同化技术，人工智能，大数据等前沿技术建立数字地球服务平台，为智慧地球产业提供动态化服务准确动态监测。

（2）根据信息的业务分类，功能模块可以分为检测站点、水工建筑、企业工程点、星空及监视图表五类，同时，在地理信息系统（GIS）的基础上，将所有信息查询功能集中在一张地图上表现，形成基于地图的信息显示门户，即星陆双基智慧灌区应用一张图。

（3）解决了既往与灌区相关系统操作复杂的问题，将工程监测站点、水利数据、河流信息或水路、公路信息、地理空间信息集成为可视化的一张图，提高管理效率。是相关政府部门实现业务流程化、管理规范化的基础。符合国土资源部倡导的“一张图”工程的政策。

技术指标

（1）Web服务器：系统版本：Centos 8.0；处理器：kc1.4xlarge.2 | 16vCPUs | 32GB；硬盘：600GB；带宽：5M。

（2）客户端-PC：操作系统：Windows 10 专业版；处理器：Intel Core i5-9400F（2.9GHz）；内存容量：32GB；硬盘容量：1TB；屏幕尺寸：23.4英寸。

应用范围及前景

适用于灌区日常管理。

该产品符合国土资源部倡导的“一张图”工程的政策，已在新疆相关灌区以及重庆华芯大数据有限公司相关业务中应用。

技术名称：星陆双基智慧灌区应用一张图
持有单位：国科星图（深圳）数字技术产业研发中心有限公司
联 系 人：周郑奇
地　　址：广东省深圳市福田区香蜜湖街道竹林社区紫竹七道17号求是大厦西座1503-1506
电　　话：0755-83044377
手　　机：15989717657
传　　真：0755-83044377
E－mail：lagump@126.com

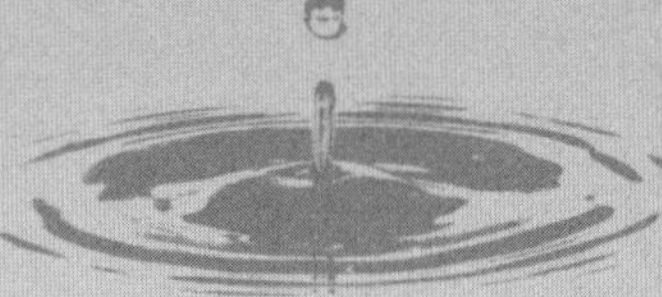

163　万江智控一体化测控智能闸门

持有单位

成都万江智控科技有限公司

成都万江港利科技股份有限公司

技术简介

1. 技术来源

自主研发。

2. 技术原理

一体化测控智能闸门（包含一体化测控智能闸门智能监控云平台 App、Web 软件）是精确计量和精准控制于一体的自动化计量灌溉设备，结合了铝合金闸门、太阳能供电、水位测量、流量测量、无线通信、远程控制、智能图像监控等功能，是闸门联动控制和灌区信息化解决方案的基础。

3. 技术特点

（1）支持太阳能、风能或交流电形式，解决灌区闸门自动化升级改造的能源供电难题；支持无线、有线或局域网通信，解决偏远区域远程组网难题；支持多种明渠计量方式，因地制宜推荐最优方法，解决闸门与计量联动的难题。

（2）依托四川大学水利水电学院的科研成果，通过测量闸前、闸后水位和闸门开度，利用水工模型流场数值模拟技术，在国内首次推出"计算机三维数值模拟测量法"动态改变流量系数，计算得到过闸门流量，其实验室计量的精度误差可以达到 2%。

（3）利用超声波多阵列交叉测流技术，在测流箱体中对不同水位高度的水流进行流速采样，从而得到水流在箱体内垂直流速分布，内置水位传感器，可以满足满管和非满管的流态测量。

（4）一体化测控智能闸门采取开放式的计量形式，可以接入市面上大多数明渠测流仪器。

技术指标

承压力：大于 10t；启闭力：大于 5t；启闭速度：大于 0.3m/min；计量精度：大于 95%；远控延时：小于 8s；控制精度：小于 1mm；止水效果：小于 0.02L/min。

应用范围及前景

适用于灌区支、斗渠分水口测控。

万江智控一体化测控智能闸门已经在国内四川、山东、湖南、内蒙古、新疆、甘肃、河南、宁夏、安徽等 26 个省（自治区）推广应用，共计安装各类一体化测控智能闸门产品累计 2565 台。经过大批量大范围的应用表明：即使在新疆、内蒙古等偏远地区，设备收发信号正常，完全支持实时视频的播放和远程实时控制；在东北和西北环境较为恶劣的地区使用，冬天超过 −50℃，夏天超过 60℃的高温条件下，设备工作正常，整体性能优良。

技术名称：万江智控一体化测控智能闸门
持有单位：成都万江智控科技有限公司、成都万江港利科技股份有限公司
联 系 人：淡浚
地　　址：四川省成都市天府新区启阳恒隆广场 3 栋 27 层 14、15 号
电　　话：028-87820177
手　　机：18908010980
E-mail：danjun@irricontro.com

164　自动化改造型一体化测控智能闸门

持有单位

成都万江智控科技有限公司

德州市潘庄灌区运行维护中心

技术简介

1. 技术来源

自主研发。

2. 技术原理

自动化改造型一体化测控智能闸门（螺杆型）是针对原传统手摇启闭的铸铁闸门或者钢制闸门（启闭力最小 0.1t，最大不超过 30t）而研发的螺杆型一体化测控智能闸门，其特点为太阳能供电、4G 无线通信，在不改变原有的建筑物结构、不动大量土建的基础上实现闸门的远程精确控制，整体建设成本小，自动化程度高，并且可监测到闸门前后水位水情等数据，实现闸门的精确计量。可对灌区已有的绝大部分老式手动闸门实现自动化，智能化。

3. 技术特点

（1）自动化改造型一体化测控智能闸门（螺杆型）主要包括启闭装置、控制系统、水位计、闸位计、限位开关等装置，每一个装置都是标准产品，现场安装调试方便，后期保养维护简单。

（2）增加自动启闭装置和太阳供电系统，将原来的手动闸门变为自动启闭闸门。

（3）增加闸位计和限位开关，实现精确控制和多重保护作用；安装闸前闸后水位计，实现水位、流量数据统计；增加控制系统，实现远程控制，数量通信，视频图像采集功能。

（4）基于前端边缘计算和大数据技术实现图像智能识别，前端自动识别水位高度、水面漂浮物、危险堤岸、非法闯入等场景，并向管理人员预警。

技术指标

（1）启闭力：≤30t；启闭速度：大于 0.3m/min；计量精度：大于 95%；远控延时：<8s；控制精度：<1mm；止水效果：<0.02L/min。

（2）通信协议：数据传输和通信符合现行国际通用标准。如：modbus; RS-485 通信协议；（4～20mA），接口类型 RS-232、RS-485 等。不接受企业自有通信格式和接口模式。

（3）计量方式：支持水工建筑法、闸后堰槽法、表面流速法和断面平均流速法四种方式。

应用范围及前景

适用于原传统手摇启闭的铸铁闸门或者钢制闸门的智能化改造。

自动化改造型一体化测控智能闸门，已经在四川、山东、湖南、内蒙古、新疆、甘肃、河南、宁夏、安徽等 26 个省（自治区）推广应用，共计安装 600 余台。

案例：德州市潘庄灌区 2020 年度续建配套节水改造项目。全灌区应用 77 台套一体化测控智能闸门，采用太阳能供电解决了野外设备拉电的问题；采用全网通无线通信解决了野外设备布网的问题；配备手机 App 减少了一线闸门管理人员的工作量。

技术名称：自动化改造型一体化测控智能闸门

持有单位：成都万江智控科技有限公司、德州市潘庄灌区运行维护中心

联 系 人：淡浚

地　　址：四川省成都市天府新区启阳恒隆广场 3 栋 27 层 14、15 号

电　　话：028-87820177

手　　机：18908010980

E-mail：danjun@irricontro.com

165　引黄灌区干渠测控调一体化平台

持有单位

陕西德通信息科技有限公司

技术简介

1. 技术来源

自主研发。

2. 技术原理

采用工业互联网技术赋能农业水利建设，基于 modbus、opc-da、opc-ua 等工业标准协议，实现灌区自动化测控设备远程统一集控。基于水文、水资源等行业数据采集、通信、传输规约，实现灌区量测水设施数据统一采集、存储管理。基于 Web3.0、Canvas、WebSocket 等新一代网页技术，实现自动化组态和监控 Web 化，实现远程监控的可扩展轻量化管理。

3. 技术特点

（1）屏蔽了灌区不同类型、不同厂商、不同年代的自动化设备接入的复杂性和差异性，采用标准统一的工业协议、接口规约，实现干渠量测控设备统一远程集中管理。

（2）采用 B/S 架构，集中部署、分级授权、多级用户使用，大大降低系统使用的复杂度，减少了运维升级的工作量，提升了用户体验。

（3）统一全渠道量测水设施数据，如断面流量、水位、流速、测控数据等进行统一整合，建立全渠道视图模型，对数据进行全方位监控和预警。

（4）建立全渠道控制模型场景，通过全渠道水位和全渠道模型视图，实现了灌区从渠道监测到运行调度，从用水申报到开闸放水，从安全生产到高效管理的全自动化、流程化的升级。

（5）建立便捷的移动端应用管理，提供 App 数据监测、告警及远程控制功能。

技术指标

（1）6 大子系统：安全管理子系统、调度管理子系统、水闸远控子系统、直开口测控子系统、测流计量子系统、工程管理子系统、信息管理子系统、移动 App 应用。

（2）系统高效性：在网络带宽保证的情况下，一般响应时间在 3s 以内，复杂的大数据量运算，响应时间在 8s 以内。

（3）系统兼容性：能够适配于不同类型、厂商、年代的自动化备（PLC）、采集传感器、物联网 IoT 设备、采集转换网关、关系型数据库的数据接入。

应用范围及前景

适用于灌区的信息化、自动化平台系统建设，实现远程监测、远程控制、联合调度等。

目前引黄灌区干渠测控调一体化平台主要应用项目有："2019 年汉延渠干渠量测水设施建设项目自动控制、信息化建设、系统集成及运维"项目，"农业水价综合改革 2020 年汉延渠量测水设施建设项目综合自动化工程"项目、"银川都市圈城乡西线供水-西干渠扩整改造工程综合自动化与信息化工程"项目、"农业水价综合改革 2020 年河西总干渠量测水设施建设项目"，已完成项目为灌区向数字智能灌区转变奠定了技术基础。

技术名称：引黄灌区干渠测控调一体化平台
持有单位：陕西德通信息科技有限公司
联 系 人：高登义
地　　址：陕西省西安市高新区科技一路 40 号盛方科技园 B 座二层东
电　　话：029-84502767
手　　机：15389249951
传　　真：029-88605524
E-mail：gaodengyi@163.com

166　全渠道控制技术-TCC®

持有单位

宁夏潞碧垦自动化灌溉设备有限公司

北京绿谷源水利科技有限公司

技术简介

1. 技术来源

2017 年由澳大利亚将世界先进的全渠道控制技术及其核心硬件测控一体化闸门引入中国（Total Channel Control，简称 TCC）。

2. 技术原理

该技术是由完善的水利基础设施、硬件产品、通信系统、采集控制系统及需配水管理系统等组成。通过应用水联网理念，进行水位及水量的全渠道控制，通过将流量测量与上下游水位、闸门的控制结合为一个整体来精确控制渠道内输水效率，通过反馈和前馈控制相结合，使水位波动降至最低，确保所有农田灌溉供水的稳定。

3. 技术特点

实现全灌域控制；测控设备高度集成；系统数据量大处理功能强；运行维护简单经济；系统异常监视及报警；施工方便，工期短。

技术指标

供电：12V 直流电；太阳能板：85W 单晶板；电池组：12V28Ah 胶状铅酸蓄电池；电机：12V 直流；开度精度控制：256 位电磁编码器；密封性：每延米小于 0.02L/min；精度：±5%；传感器数量：2 个；框架：船舶工业等级的铝合金；闸板：复合板材使用船舶工业等级；密封件：EDPM（三元乙丙）橡胶；本地显示屏：液晶显示屏带键盘；数据存储：本地存储、远程数据库存储；数据通信：标准工业通信接口。

应用范围及前景

适用于大、中型灌区现代化改造。

已在国内多个省份和灌区共 16 个工程项目安装运行测控一体化闸门 2900 套。项目主要分布在山西、宁夏、甘肃、内蒙古、安徽等地，其中宁夏青铜峡灌区于 2009 年最先投入运行全渠道控制技术-TCC®。

案例：宁夏吴忠市利通区现代化灌区建设项目。宁夏吴忠市利通区现代化灌区建设项目量测水设施示范区，共安装测控一体化闸门量测水设施 1028 套，在满足条件的渠道配套全渠道控制技术-TCC®，自项目建设完成投入运行以来，取得了 2017 年、2018 年、2019 年分别节水 300 万 m^3、2600 万 m^3、4900 万 m^3 的好成效。

技术名称：全渠道控制技术-TCC®
持有单位：宁夏潞碧垦自动化灌溉设备有限公司、北京绿谷源水利科技有限公司
联 系 人：袁琪
地　　址：宁夏吴忠市利通区金银滩镇特色装备产业园
手　　机：13359292529
E-mail：158234027@qq.com

167　复杂条件下苦咸水开发利用技术及装备

持有单位

中国水利水电科学研究院

技术简介

1. 技术来源

自主研发。

2. 技术原理

针对地表河流苦咸水开发利用复杂性特点，研究提出了“调蓄处理-技术设备-实践应用”的开发利用模式。调蓄处理，用来确定适合区域地质条件的原水和尾水调蓄工程，淡化处理和浓缩水处理技术解决复杂条件下苦咸水淡化；技术设备，包括淡化处理技术和浓缩水处理技术的关键设备；实践应用，用来验证苦咸水开发利用的技术及设备的经济可行性，进而确定苦咸水大规模利用的工艺和运行参数。

3. 技术特点

（1）提出了复杂条件下苦咸水开发利用模式，研发了两段式苦咸水减容等全过程关键技术，设计并实证了苦咸水处理设备，并进行中试方案，确定了地表河苦咸水规模化开发的生产工艺、设计参数和运维成本。

（2）突破高含沙、流量不稳、水温变化、浓度波动、水量调蓄等技术难题，提出了复杂条件下苦咸水开发利用模式。

技术指标

以甘肃马莲河苦咸水开发利用系统综合运行生产为例：

（1）清水平均回收率 97.75%，综合清水 TDS 浓度降低至 90.1mg/L，优于自来水厂出水水质。

（2）浓缩尾水量仅为 $0.45m^3/h$，可显著降低制水成本。

（3）最高和优化单位水量耗电量值分别为 9.3（kW·h）$/m^3$ 和 7.5（kW·h）$/m^3$，各项指标显著优于标准值。

应用范围及前景

适用于苦咸水的开发利用，尤其是针对高含沙、流量不稳、水温变化、浓度波动、水量调蓄等复杂条件下的苦咸水利用。

项目研究设计了处理规模为20t/h的苦咸水淡化处理方案和关键工艺，2012 年在马莲河上游环县洪德乡建设了苦咸水利用设备系统，通过马莲河苦咸水利用技术及装备，可以大规模开放利用非汛期苦咸水，一方面保障了上游极度缺水地区沙井子能源基地煤电资源开发的水资源需求，年提供超过 2000 万 m^3 水量；另一方面可以显著降低流域水体矿化度，改善马莲河水生态环境。

苦咸水高含沙水开发利用技术与装备，在庆阳基地实证应用后，被迅速推广至内蒙古、宁夏等相关省份能源基地的水资源开发利用中，取得显著效益。

技术名称：复杂条件下苦咸水开发利用技术及装备
持有单位：中国水利水电科学研究院
联 系 人：桑学锋
地　　址：北京市海淀区玉渊潭南路 1 号 A 座 969 室
电　　话：010-68785712
手　　机：13581563531
传　　真：010-68785625
E-mail：sangxf@iwhr.com

168 ZLS型次氯酸钠发生器

持有单位

北京资顺晨化科技有限公司

技术简介

1. 技术来源

自主研发，投入使用的最早时间2015年7月。

2. 技术原理

次氯酸钠发生器以水和无碘精盐为原料，通过软化器装置把原水的硬度降低到50mg/L。软化水用于制备盐水，通过盐水计量泵将3%~5%稀盐水泵入到电解槽内，3%~5%稀盐水在电解槽内进行电解反应生成7~9g/L次氯酸钠溶液然后进入到次氯酸钠储液罐中，然后再通过次氯酸钠投加计量泵将次氯酸钠溶液投加到加氯点中，计量泵的投加量可根据处理水量、出厂水的余氯量自动调节，从而实现定比例投加消毒药剂的功能。

3. 技术特点

（1）原料易得：一级无碘精制食盐。

（2）选用高性能钛基复合电极，电极寿命可达5年以上，节能高效。

（3）电解液可自动循环、自动冷却；设备自动化程度高，操作便捷，可实现无人值守；具有即时排氢功能。

（4）无潜在的漏氯风险，对人及环境没有任何危害和污染；投资少、实用经济，设备占地面积小。

技术指标

（1）100g/h次氯酸钠发生器：有效氯产量100g/h，处理水量50m^3/h。

（2）200g/h次氯酸钠发生器：有效氯产量200g/h，处理水量100m^3/h。

（3）1000g/h次氯酸钠发生器：有效氯产量1000g/h，处理水量500m^3/h。

应用范围及前景

适用于农村生活饮用水、市政供水消毒等。

该技术产品在农村饮用水及市政供水的消毒等894余项工程中得到应用，累计推广应用约967套。典型案例有延庆区农村供水站升级改造与新建水源工程项目、陕西省水务集团志丹县供水有限公司关于购置化验、消毒设备采购项目、瓦房店市林业水利局次氯酸钠设备采购项目等。

北京资顺晨化科技有限公司在此类项目中提供了消毒设备的安装、调试及运行维护服务，承建了42项水质实验室检测中心，解决了饮用水中大肠杆菌和菌落总数、微生物超标的问题和数百万人口的饮水安全问题，使饮用水的各项微生物指标及余氯指标符合GB 5749—2006《生活饮用水卫生标准》。

技术名称：ZLS型次氯酸钠发生器
持有单位：北京资顺晨化科技有限公司
联 系 人：冯宗彬
地　　址：北京市昌平区回龙观镇建材城西路87号院8号楼7层2-804
电　　话：010-62712875
手　　机：13910753914
传　　真：010-62714565
E-mail：sales@zishun.com.cn

169　全自动除氟净水设备

持有单位

北京资顺晨化科技有限公司

技术简介

1. 技术来源

自 2015 年开始自主研发，并于 2017 年开始正式推向市场。

2. 技术原理

氟超标的水流经除氟设备，通过除氟设备内的活性氧化铝滤料吸附过滤水中的氟离子，设备经过一段时间运行后，活性氧化铝滤料吸附交换饱和，需要通过再生系统进行再生，再生后滤料性能恢复如初，可长期反复使用。

3. 技术特点

（1）设备配有自动冲洗控制系统和水质在线监测系统，当罐体进出口压差增大或水质浊度增高时，设备就进入冲洗的过程、防止水质变差，通过编制好的 PLC 控制程序实现过滤、正冲洗、反冲洗、过滤的全自动切换，无需人工启闭阀门。

（2）水质在线监测系统可以在线监测处理后水的氟含量，当水中氟含量接近控制限值时，说明活性氧化铝滤料的除氟效果变差，需进行再生处理，此时通过设定好的程序自动启闭相应的阀门对滤料进行再生处理，处理完毕后就可进行正常的除氟净化过程。

（3）该设备自动化程度高、出水水质稳定。除氟效率高，能有效地降低水的色度、浊度、氟离子，且运行费用低。该设备利用接触催化置换除氟工艺，不需要添加任何药剂，只需调节 pH 值即可。饮用水 pH 值大于 7.5 的用户，进水须加酸调低 pH 值为 6.5 ~ 7.0，除氟效果最稳定。

（4）滤料再生简单，自备再生系统，可以迅速地将滤料再生重复投入使用。

技术指标

除氟后使水中的氟含量达到 GB 5749《生活饮用水卫生标准》规定的标准值以内。

（1）采用的除氟滤料为：活性氧化铝（饮用水专用），滤料粒径：2 ~ 4mm。

（2）滤料吸附容量：1.2 ~ 4.5mg F/g Al_2O_3。

（3）pH 范围：pH=6.5 吸附能力最强。

（4）过滤速度：6 ~ 8m/h。

（5）除氟装置接触时间：大于 15min。

（6）再生时间：浸泡 8 ~ 12h。

应用范围及前景

适用于生活饮用水的除氟处理。

该产品和技术投入使用的最早时间是 2017 年，在农村生活饮用水的除氟处理等 75 余项工程中得到应用，累计推广应用约 109 台套设备，解决了 30 多万人的安全饮水问题。

技术名称：全自动除氟净水设备
持有单位：北京资顺晨化科技有限公司
联 系 人：冯宗彬
地　　址：北京市昌平区回龙观镇建材城西路 87 号院 8 号楼 7 层 2-804
电　　话：010-62712875
手　　机：13910753914
传　　真：010-62714565
E-mail：sales@zishun.com.cn

170　饮用水抗菌及工业抗腐蚀搪瓷拼装罐

持有单位

石家庄正中科技有限公司

技术简介

1. 技术来源

研发多款拼装罐及多种瓷釉配方获专利多件。

2. 技术原理

饮用水抗菌及工业抗腐蚀搪瓷拼装罐是由专用搪瓷钢板、箍筋、自锁螺栓、密封胶等配件现场组装而成。钢板原料采用含钛合金专用搪瓷热轧板，搪瓷钢板经过 820～930℃的高温搪烧之后，瓷釉会与钢板表面熔合在一起，形成一层牢固具有化学惰性的无机涂层，确保了饮用水抗菌及工业抗腐蚀搪瓷拼装罐抗腐蚀性强、稳定性好，罐体容积可达 20000m^3，广泛适用于不同领域的水处理项目。

3. 技术特点

（1）为更好解决饮用水安全、水资源短缺和水环境污染等问题，分别研发出两种新型搪瓷拼装罐。饮用水抗菌搪瓷拼装罐具有抗菌防霉性能，保证饮用水安全；工业抗腐蚀搪瓷拼装罐采用耐腐蚀搪瓷工艺，适用于不同浓度、不同类型的污水处理。

（2）拥有釉料和搪瓷两大核心技术，可根据客户对罐体存放介质要求进行定制化瓷釉配方研发。并成功研发出饮用水抗菌搪瓷拼装罐和工业抗腐蚀搪瓷拼装罐所需的抗菌釉料和抗腐蚀釉料。

（3）具有技术先进、经济适用性高、遵循空间均衡、标准化程度高、安全性能高等优势。采用标准化设计、标准化生产、现场标准化组装的方式。

技术指标

（1）饮用水抗菌搪瓷拼装罐抗菌率达 99%以上，符合 QB/T 2591—2003 标准 1 级标准。

（2）工业抗腐蚀搪瓷拼装罐的标准瓷釉涂层适用 pH 值为 4～9，特殊瓷釉涂层适用 pH 值可达 1～14。

（3）通过 EN ISO 28765 检测，包括电火花≥900V，表面硬度为 6 Mohs，AA 级耐酸，1 级附着水平测试，20N 冲击测试，160～500μm 搪瓷厚度。

（4）罐体抗风设计可抗 14 级台风，抗震性设计可抗 7.8 级地震。

应用范围及前景

适用于饮用水工程、污水处理工程、沼气工程、消防用水工程等。

搪瓷拼装罐技术已经在全球 65 个国家 1000 余项工程中得到推广应用。打造了高度为 34.8m 的最高搪瓷拼装罐和容积高达 21100m^3 的最大搪瓷拼装罐。并通过工艺技术创新分别研发出饮用水抗菌搪瓷拼装罐和工业抗腐蚀搪瓷拼装罐，更好地解决了饮用水安全、水资源短缺、水环境污染等问题。该技术搪瓷拼装罐已应用于众多知名企业的项目当中并稳定运行，知名企业包括温氏、新希望、伊利、玖龙纸业、可口可乐等。

技术名称：饮用水抗菌及工业抗腐蚀搪瓷拼装罐
持有单位：石家庄正中科技有限公司
联 系 人：刘志鸿
地　　址：河北省石家庄市正定华安东路 81 号
电　　话：020-84147287
手　　机：13380047180
E-mail：zjb007@unionwd.com

171　给水用高性能硬聚氯乙烯管材及连接件

持有单位

河北泉恩高科技管业有限公司

技术简介

1. 技术来源

自主研发。

2. 技术原理

给水用高性能硬聚氯乙烯管材及连接件（简称 PVC-UH 管材及连接件）是以聚氯乙烯（PVC）树脂为主要原料，采用经定级的混配料经挤出机挤出成型，直管通过一体成型的钢骨架密封圈扩口设备完成扩口，密封圈在承口扩口同时预制安装，与管材成型为一体；大口径 PVC-UH 管材连接件以高密度聚乙烯（HDPE）为主要原料，连接承插接头经挤塑压注机注塑并经机加工成型，再与 HDPE 管件热熔焊接形成各种类型的连接件。

3. 技术特点

（1）PVC-UH 管材产品从混配料要求、产品承口结构及产品物理力学性能等方面具有技术创新性。

（2）PVC-UH 管材规定了混配料的定级要求 MRS≥25MPa，PVC-UH 管材规格尺寸增加至 DN1600mm。

（3）采用一体成型的钢骨架密封圈承口结构，保证了安装质量和连接的密封性。

（4）大口径 PVC-UH 管材连接件具有独特的密封圈承口结构和承口外增强防蠕变措施可以有效解决大口径 PVC 连接件的腐蚀和泄漏问题。

技术指标

（1）管材物理力学性能：二氯甲烷浸渍试验（15℃，30min）：表面变化不劣于 4N；维卡软化温度：≥80℃；压扁试验（压至管材外径 40%）：无破裂；静液压试验：20℃，环应力 42MPa，1h，破裂，无渗漏；60℃，环应力 12.5MPa，1000h，无破裂，无渗漏。

（2）连接件力学性能：连接件热熔对接处的拉伸强度：试验到破坏为止，韧性破坏；静液压试验：20℃，100h，环应力 12.4MPa，无破裂、无渗漏；80℃，165h，环应力 5.4MPa，无破裂、无渗漏；连接密封性试验：40℃，试验压力 0.7MPa，1000h，连接部位应无渗漏。

应用范围及前景

广泛适用于引水工程。

案例 1：北京冬奥会张家口崇礼区输配水管网项目。项目使用 160 ~ 450mm 口径的 PVC-UH 管材及连接件，总长度为 77km，满足了冬奥核心赛区用水管道建设需求。

案例 2：宁东基地化工新材料园区综合管廊工程。项目使用的管材为 DN315mm、DN400mm 的 PVC-UH 管材，总长度为 120km。PVC-UH 重量轻，无需重型机械即可轻松放置到管廊当中，节省了安装空间。

技术名称：给水用高性能硬聚氯乙烯管材及连接件
持有单位：河北泉恩高科技管业有限公司
联 系 人：武芷萱
地　　址：河北省廊坊市新兴产业示范区，龙湖大道以北，龙台路以东
电　　话：0316-5211234-8218
手　　机：15100642801
传　　真：0316-5211234-8218
E－mail：zhixuanwu@jmquanen.com

172 智慧农饮水一体化监管平台

持有单位

熊猫智慧水务有限公司

技术简介

1. 技术来源

自主研发。

2. 技术原理

该平台以工业互联网为技术支撑，综合运用物联网、大数据、人工智能等新一代信息技术，构建智慧农饮水一体化监管平台，全面覆盖农村供水各业务环节，通过对全区的在线水质、水压、流量、泵站等监测站点进行统一数据采集和监测，以可视化的图表形式动态展示监测数据的变化状态，实现全区厂站的统筹监管和无人值守。

3. 技术特点

（1）可视化大屏，多维数据展示。以一张图的形式，直观展示包括水源地监管、水厂监控、管网监控、泵站监管、营收管理等板块的关键指标，为农村供水决策管理提供支撑。

（2）物联网平台，设备高效接入。具备海量站点快速接入的能力，可兼容市面上主流的监测设备，支持多协议接入，支持基于多站点之间的设备联动控制，通过一张网的形式，实现设备一网管控。

（3）GIS 平台，全资产管理。建立从规划设计到管网报废的全生命周期管理体系，通过桌面端、网页端和手持端的混合应用，实现农村供水管网资产的一图感知和可视化管理。

（4）在线实时监控，实现无人值守。通过对农村供水系统中的各类设备进行实时监测，及时发现异常并预警；通过远程控制供水设备的启停，降低异常事件造成的损失，实现无人值守，降低运行维护成本。

（5）水质安全监管，提升供水质量。通过对水源地、水厂、管网、加压泵站等供水环节的水质情况进行实时监测，当出现水质异常事件时，能够进行报警提示，第一时间通知管理人员进行处置。

（6）移动应用。通过移动端可对设备运行状态进行统一监管，支持远程设备控制。

技术指标

（1）在线用户数≥5000 人，在线并发用户数≥200 人；支持 10 万个以上监控点的数据存储。

（2）支持毫秒级数据采集，数据采集正确率≥98%；全区管网数据查询≤3s，单点检索每秒查询峰值超过 20 万条记录，多点检索平均每秒查询超过 10 万条记录。

（3）远程控制响应时间≤2s，远程控制正确率≥99.8%； 数据统计分析曲线加载时长≤10s。

应用范围及前景

适用于水利管理部门，以及农饮集成等领域。

2019 年 10 月起，该监管平台已在广西柳江农饮水智慧综合管控平台项目、保定市唐县迷城乡集中供水工程项目、中牟县农村饮用水安全巩固提升工程项目中应用，利用大数据实现关键数据的智能分析和科学预测，及时发现各类隐患问题，为日常的指挥调度提供决策支撑，提升了综合调度能力。

技术名称：智慧农饮水一体化监管平台
持有单位：熊猫智慧水务有限公司
联 系 人：余星
地　　址：上海市青浦区赵巷镇嘉松中路 5888 号
电　　话：18907116516
手　　机：18907116516
E-mail：1065659016@qq.com

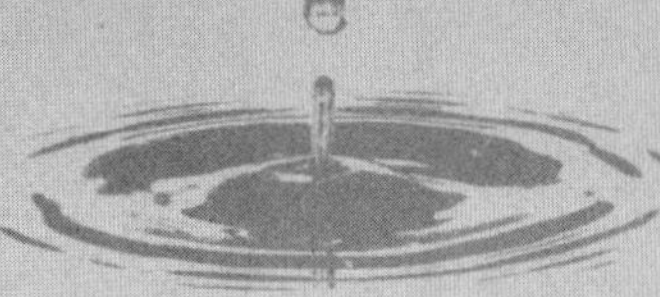

173　熊猫 PWM 无线远传超声水表

持有单位

上海熊猫机械（集团）有限公司

技术简介

1. 技术来源

自主研发。

2. 技术原理

超声波水表是通过检测超声波声束在水中顺流逆流传播时因速度发生变化而产生的时差，分析处理得出水的流速从而进一步计算出水的流量的一种新式水表。

3. 技术特点

（1）测量范围宽，量程比 1000∶1，满足大流量及极小流量测量。

（2）管段自带整流功能，不受流场扰动影响，安装通用性强，前后安装无需直管段。

（3）管段一次成型，一致性高；主材采用 SS304 不锈钢。

（4）该设备是集流量测量、压力测量和无线远传为一体的水资源管网监测设备，可同时测量累积流量、瞬时流量、流速、压力、水的流向。

技术指标

（1）公称直径：50～300mm；常用流量 Q_3：63～1600 m^3/h。

（2）准确度等级：1.0 级或 2.0 级。

（3）流场敏感度：U0/D0 或 U3/D0。

（4）测量频率：1～4 次/s；无线远传到水资源监控管理平台，形成流量分区预测报表。

（5） 工作环境温度：－40～＋70℃。

（6）气候和机械环境条件：O 级；电磁环境等级：E2；防护等级：IP68。

应用范围及前景

适用于地下水、地表水源的水量计量，以及楼宇用水、农田灌溉、工业生产的水量计量。

熊猫 PWM 远传超声水表目前广泛应用于供水企业和水资源监管单位贸易结算、管网监测、水平衡测试和农饮水等项目，应用表计数量较多的项目如易县县城供水智慧水务项目、新昌水务集团农饮水项目、宜兴水务集团 DMA 分区计量项目等。通过项目应用，推动了水利水资源相关部门对水资源流量监测，实现了对水资源的智慧监管。

技术名称：熊猫 PWM 无线远传超声水表
持有单位：上海熊猫机械（集团）有限公司
联 系 人：王运波
地　　址：上海市青浦区盈港东路 6355 号
电　　话：021-59863888
手　　机：189 64298818
传　　真：021-59867777
E-mail：18964298818@126.com

174　熊猫 PUTF 超声流量计

持有单位

上海熊猫机械（集团）有限公司

技术简介

1. 技术来源

自主研发。

2. 技术原理

超声流量计技术原理是基于超声波在流动的介质中顺流与逆流传播的时间差，从而测算出介质的流速与流量的原理。该设备结合物联网、大数据、5G 和 GIS 应用的发展，可实现水利相关部门对水资源流量测量和管网监测。

3. 技术特点

（1）计量特点：具有流速、瞬时流量、累积流量测量功能；四行显示：可在一个屏幕上显示流速、瞬时流量、累积流量和仪表运行状态。

（2）安装特点：非接触式管外安装，无需截流，断管。

（3）存储功能：可选配内置数据存储，可实时记录测量数据。

（4）选用不同型号的超声流量计，可实现口径 DN65 ~ DN6000 管道流量的测量。

（5）配接温度传感器，可实现冷热量测量。测量温度高，可测流体温度范围－40 ~ ＋120℃。

技术指标

（1）测量原理：时间差法；可测流速范围：0.01 ~ 12m/s，双向测量；分辨率：0.25mm/s。

（2）精度：±1.0%R、±0.5%R（流速＞0.3m/s）；±0.003m/s（流速＜0.3m/s）；重复性：0.10%；响应时间：0.5s。

（3）可测流体：相对纯净或有少量颗粒或者气泡的液体，浊度＜10000×10^{-6}。

（4）供电：AC 85 ~ 265V 或 DC 24V/500mA。

（5）可测管道：65 ~ 6000mm；标准传感器尺寸：ϕ58mm×199mm；传感器材料：不锈钢；IP66。

应用范围及前景

适用于水资源流量测量和管网监测。

熊猫 PUTF 超声流量计广泛应用于水利水资源监管单位水资源税费计量、管网监测、河流湖泊等原水水量监测、大型用水企业水平衡测试、供水企业原水和出厂水监测等项目。目前推广应用工程实例数 105 例，已推广应用（销售）数量 2500 台套，典型工程应用案例有遵化市地下水超采综合治理非农计量项目、中牟县 2019 年农村饮用水安全巩固提升工程、博爱县清华水务原水取水和出厂水监控等项目。

技术名称：熊猫 PUTF 超声流量计
持有单位：上海熊猫机械（集团）有限公司
联 系 人：王运波
地　　址：上海市青浦区盈港东路 6355 号
电　　话：021-59863888
手　　机：189 64298818
传　　真：021-59867777
E-mail：18964298818@126.com

175 ZHJS 型集成净水设备

持有单位

上海熊猫机械（集团）有限公司

技术简介

1. 技术来源

自主研发。

2. 技术原理

以地表水为水源，将絮凝、沉淀、过滤 3 个净化单元组合集成一体，与加药、消毒等设备组合使用，并配套数据采集与控制系统，在工厂整体预制，可移动、单体不锈钢制饮用水水处理装置，制水输水一体化、自动化、智能化。ZHJS 型集成净水设备自定义组合净水设备处理模块，面对任何条件，出厂水的水质均可以保障。净水设备的 CPU 全流程自动控制制水全过程，云端平台运行状态实时监控，实现智能生产，智能调度，智能安防，智能巡检。

3. 技术特点

（1）自主研发的软件和硬件的独特组合，能更好地对设备进行全生命周期的维护和管理。

（2）采用最先进的控制工艺和可靠的设备及控制系统，可保证设备连续不断地稳定运行，保证出水水质达标。

（3）根据原水流量、水温、浊度、药剂化学特性等指标进行处理后给出加药参数，降低药耗；以优化反洗频次和反洗时长降低水耗；结合用水端流量需求变化规律自动设定出厂水压力来降低电耗。

（4）该控制器基于国际开放式标准，可以与其他系统进行总线通信和以太网通信。

技术指标

以 2000m^3/d 为例。

（1）处理水量大于 2000m^3/d，絮凝时间为 15～25min，表面负荷为 5～9m^3/(m^2·h)，滤速为 8～10m/h。

（2）设备具有单独水冲洗、气水共洗、单独气冲洗功能，其单独水冲洗强度宜为 7～8L/(m^2·s)，整个反洗时长宜不低于 9min。

（3）渗漏实验按照设计水量的 50%缓慢进水，试水时间不少于 30min，主结构、管道、阀门及其连接焊接处无异常变形、不渗漏。

（4）水处理装置配备出水水质在线监测仪。

应用范围及前景

适用于地表水作为水源的新建水厂、传统水厂的二次改造及水厂扩建等系列集中供水工程中的设计、制造和施工安装。

案例：河南方城县根据省厅对苦咸水改水工作的要求，在 2020 年度安排了水利扶贫补短板苦咸水改水项目和水利扶贫饮水安全巩固提升项目两个项目。工程涉及独树镇、拐河镇、广阳镇、杨集镇、清河镇、杨楼镇、二郎庙镇、古庄店镇、小史店镇、四里店镇、柳河镇、赵河镇、博望镇 12 个乡镇 77 个行政村 13.7247 万人。工程整合水厂供水工程 4 处、改造供水工程 10 处，配套一体化净供水设备 4 套、次氯酸钠溶液自动投加器 12 套，压力罐 10 座。采用了上海熊猫净水设备，产品将传统的加药、混合、絮凝、沉淀、过滤、消毒等分散功能集成一体，解决了当地贫困人口的饮水问题。

技术名称：ZHJS 型集成净水设备
持有单位：上海熊猫机械（集团）有限公司
联 系 人：张玲
地　　址：上海市青浦区盈港东路 6355 号
电　　话：021-59863888 转 8058
手　　机：18149705800
传　　真：021-59867777
E－mail：rubyzhang201711@126.com

176　HD型全自动多功能净水设备

持有单位

浙江华岛环保设备有限公司

技术简介

1. 技术来源

自主研发。

2. 技术原理

HD 型全自动多功能净水设备具有一种反复曝气功能，包括储水罐、过滤罐和曝气池。储水罐上部设有进水管，底部设有出水管，储水罐一侧连接有虹吸管道。水流通过提升水管连接有喷淋装置，喷淋装置位于曝气池的上方，正对喷淋装置的曝气池中设有格栅，曝气池与过滤罐通过水管连接，过滤罐中设有过滤层，过滤罐下部与储水罐相连。通过喷淋装置在曝气池中进行充分曝气，使得水中的矿物质氧化沉淀，然后通过过滤罐进行过滤，制备的水质清澈。

3. 技术特点

（1）在传统净水器基础上，增加反复曝气功能，有利于水中矿物质氧化沉淀，特别对源水含铁锰超标地区尤其明显。

（2）设备具有射流曝气、跌落曝气、喷淋曝气、循环曝气等反复曝气功能，对水中矿物质分析具有极好的效果。

（3）设备有成熟的虹吸功能，多种曝气不会增加运行成本。

（4）传统工艺下，废水率达到 30%， 采用该技术下的废水率仅为 5%，大大提高了原水的利用率。

（5）双罐设计，便于运输、安装，占地少、上马快。

技术指标

（1）以每小时处理水量 10t 为例，允许进水浊度＜1000NTU，出水浊度≤1NTU，处理流量 Q=10m^3/h，供水压力 0.4MPa，经国家环保设备质量监督检验中心（浙江）检测，均符合要求。

（2）外观表面平整、无鼓突现象，焊缝在每米长度内的宽度偏差小于±3mm。

（3）净水流量≥50m^3/h，反应时间 8～10min，工作压力 0.1～0.3MPa，水头损失≤0.05MPa，反冲洗强度 14～16L/（m^2·s）。

应用范围及前景

适用于不能集中供水区域，农村山区，以及水源为水库水、江河水或源水铁锰超标的地区。

农村饮水安全工程对解决农村人口饮水问题、提高人民生活水平、改善生活质量具有重要的作用。HD 型全自动多功能净水设备已得到广泛应用，在浙江嵊州、安徽金寨、江苏邳州和盐城、云南泸西和文山、江西贵溪和安义、贵州大方和遵义均有该产品的工程实例。供水工程建成后已缓解该地区农村人口用水难的问题，因而得到了广大人民群众的拥护。

技术名称：HD 型全自动多功能净水设备
持有单位：浙江华岛环保设备有限公司
联 系 人：王军民
地　　址：浙江省绍兴市上虞区曹娥街道新建庄工业区
电　　话：0575-80270158
手　　机：18605753570
传　　真：0575-80270158
E-mail：zjhuadao@163.com

177 HD型智能化全自动净水设备

持有单位

浙江华岛环保设备有限公司

技术简介

1. 技术来源

自主研发。

2. 技术原理

该设备具备反应、絮凝、沉淀、集水、配水、过滤、反冲、排污等一系列运行功能，值班人员只要定时做水质监视测定工作外，无需对净水装置操作管理。高效的絮凝及沉淀效果，使沉淀出水水质一直保持良好状态。提升泵或进水阀与清水池液位实行联锁控制，设备电控系统与物联网可做到远程实时检测水流流量及水质质量，并根据用户的要求自动调整水流及投药计量。

3. 技术特点

（1）高浓度的絮凝层，能使原水中的杂质颗粒，在其间得到充分的碰撞接触，吸附的概率，因而能适应各种原水的水温和浊度，杂质颗粒去除率高，使沉淀出水水质一直保持良好状态。在一定使用条件时，还具有除藻功能。

（2）新颖独创的集水系统及最低的集水水头，使集水更均匀有效，不仅提高了体积利用系数，因其集水水头极小，累积的省电效果可观。

（3）占地面积小，与一般净水构筑物相比，可节省占地50%以上，高度在5m左右，室内外均可安置。分体装置，便于扩建、改造、再用，便于搬迁或易地再用。

（4）传统工艺下，废水率达到30%，采用该技术下的废水率仅为5%，大大提高了原水的利用率，对节省有限的水资源起着积极的作用。

技术指标

（1）以每小时处理水量50t为例，允许进水浊度＜1000NTU，出水浊度≤1NTU，处理流量Q=50m^3/h，供水压力0.4MPa，经国家环保设备质量监督检验中心（浙江）检测，均符合要求。

（2）外观表面平整，无鼓突现象；焊缝在每米长度内的宽度偏差小于±3mm。

（3）净水流量≥50m^3/h，反应时间8~10min，工作压力0.1~0.3MPa，水头损失≤0.05MPa，反冲洗强度14~16L/（m^2·s）。

（4）具有净水设备总控与手机App智能联动功能，远程实时检测水流流量及水质质量，智能化计量投药。

应用范围及前景

适用于原水浊度小于1000NTU的各类江、河、水库水净化，中小城镇及农村自来水、工矿企业自备水的制备。

HD型智能化全自动净水设备已得到广泛应用，在浙江上虞、嵊州、宁波、丽水、衢州；江苏邳州和盐城；安徽金寨县和寿县；河南林州、济源；江西上饶、贵溪和安义；贵州大方和遵义；广东新丰县和揭阳市；云南玉龙、泸西、临沧、保山和文山等均有该产品的工程实例。该设备的应用，提高了供水用水管理水平。

技术名称：HD型智能化全自动净水设备
持有单位：浙江华岛环保设备有限公司
联 系 人：王军民
地　　址：浙江省绍兴市上虞区曹娥街道新建庄工业区
电　　话：0575-80270158
手　　机：18605753570
传　　真：0575-80270158
E-mail：zjhuadao@163.com

178 SZ 型高效一体化不锈钢净水设备

持有单位

浙江神洲环保设备有限公司

技术简介

1. 技术来源

自主研发。

2. 技术原理

水库或溪沟的原水进入管道混合器前端的原水浊度仪，通过信号转变后传递给加药装置的变频计量泵，使投加量随着浊度的变化而随时改变。同时对处理量在 3 ~ 30t/h 的一体化净水设备反应区内添加 ϕ50 圆球状鲍尔环填料，极大地增强了絮体产生的碰撞机会，使反应更加彻底完善，滤池的反冲洗部分又增添了自动冲洗加手动反冲洗装置，彻底保证滤池的出水浊度小于 0.3NTU，出水水质优于 GB 5749—2006 饮用水的浊度标准要求。

3. 技术特点

水质净化中的最佳混凝剂投加量是指达到既定水质目标的最小混凝剂投量，控制显示器有进出水浊度、出水余氯及出水 pH 值，采用现场模拟量转换方式，确定和控制投加量。按出水浊度≤1NTU 为基础条件 ，当原水浊度产生变化时控制显示器马上发出信号给加药装置，促使其变频方式增减投药量，做到同步控制。

技术指标

（1）设备反应时间：t=10 ~ 15min。

（2）稳流区上升流速：V=1.8 ~ 2.8mm/s 。

（3）过滤速度：6 ~ 8m/h 。

（4）反冲洗强度：14 ~ 16L/（m^2·s）。

（5）反冲洗历时：5 ~ 7min 。

（6）密封性：净水设备无渗水、变形、开裂现象。

应用范围及前景

适用于农村、山区、集镇，新建、改建、扩建自来水厂水质净化。

SZ 型高效一体化不锈钢净水运用多项专利技术在农村安全饮用水新建、改建、扩建工程中发挥了超前的推广作用，因为设计原理为高效、高标准、低能耗、长寿命、智能化控制，是乡镇农村饮水安全巩固提升的首选设备。在近 2 年内已为浙江山区的温州瑞安、绍兴新昌、杭州临安等地提供了 2000 多套设备，解决了近 30 万人口的安全饮用水。

技术名称：SZ 型高效一体化不锈钢净水设备
持有单位：浙江神洲环保设备有限公司
联 系 人：杨金波
地　　址：浙江省绍兴市上虞区东关街道联星工业区
电　　话：0575-82563222
手　　机：13505852108
传　　真：0575-82567288
E-mail：1035038738@qq.com

179 榕水牌GXZ系列生活饮用水不锈钢净水器

持有单位

福州海恒水务设备有限公司

技术简介

1. 技术来源

自主研发。

2. 技术原理

该净水器采用食品级 SUS304 不锈钢板材制造，将投药、混合、混凝、沉淀、污泥浓缩、过滤、自动反冲洗、消毒等净水工艺流程优化组合，能方便地将水库水、山涧水或沟、河水等地表水净化成符合 GB 5749—2006《生活饮用水卫生标准》要求的生活饮用水。

3. 技术特点

（1）净水器具有结构紧凑合理、操作方便、运行稳定、管理方便、处理效果好、适应性强、能耗低等特点，同时该净水器年运行费用省、基建周期短、设备投资与常规水处理流程相比可节省 20%以上，运行成本可节省 20%～30%。

（2）配置 SK-K 型净水器智能化控制系统，配置取得计算机软件著作权的净水器自控系统 V1.0 软件，通过 4G、5G 网络通信，实现对生产过程中水质参数的在线监测、记录及数据分析，用户可使用手机端 App 对设备进行远程无线监控、操作、设置参数和维护等，实现现场无人值守。

（3）净水器配置 TYT 系列太阳能智能净水控制系统，在无电力供应的情况下做到净水设备的混凝药剂稳定投加、自动排泥和清水池满水时设备自动停止。

技术指标

（1）原水水源符合 GB 3838《地表水环境质量标准》中的Ⅰ类、Ⅱ类水标准，其原水浊度允许≤1500NTU，短期可达 3000NTU。

（2）絮凝反应时间：15～20min；稳流区流速：1.38～1.67mm/s；沉淀区表面负荷：5～6m^3/（m^2·h）；过滤速度：6～7m/h、双层滤料时：7～10m/h。

（3）滤料：ϕ2.0～ϕ4.0、ϕ0.8～ϕ1.2、均质石英砂与白煤（必要时）组合滤料；滤层高度：≥1.0m。

（4）冲洗强度：14～17L/（m^2·s）（可调）；冲洗时间：4～8min（可调）。

（5）最小进水水头：8m。

应用范围及前景

适用于Ⅰ类、Ⅱ类地表水源净化，满足农村乡镇、农场、部队生活饮用水的净化需要。

榕水牌 GXZ 系列生活饮用水不锈钢净水器 2010 年投入市场至今，已在福建、浙江、广东、河北、山东、江西、安徽、湖北、四川、湖南、陕西、贵州、青海及重庆等省份大量使用，为当地提供了符合生活饮用水卫生标准的水处理先进技术装置，社会效益与经济效益显著。

技术名称：榕水牌GXZ系列生活饮用水不锈钢净水器
持有单位：福州海恒水务设备有限公司
联 系 人：宋炜
地　　址：福建省福州市闽侯县荆溪镇厚屿村
电　　话：0591-87521222
手　　机：18558777173
传　　真：0591-87553194
E-mail：360281820@qq.com

180 混凝土开裂全过程仿真试验系统

持有单位

中国水利水电科学研究院

技术简介

1. 技术来源

自主研发，并推广应用 5 套系统。

2. 技术原理

首先采用该系统的温度测量控制组件控制并测试混凝土的温度（可进行绝热、半绝热，以及现场实测温度跟踪历程）；然后采用位移测量控制组件实时监控测试混凝土的变形，当测试混凝土的变形量达到设定的允许变形阈值时，采用位于设备端部的荷载测量控制组件立即向测试混凝土施加荷载以保证试件恢复至特定位置，往复循环多次，直至测试混凝土累积的应力超过自身强度，测试混凝土破坏，由此在实验室内真实再现了大体积混凝土浇筑-开裂的全过程。

3. 技术特点

（1）借助混凝土开裂全过程仿真试验系统，可实现一套系统同时测量测试混凝土（特别是浇筑至 3d 龄期内）的抗拉强度、弹性模量、绝热温升、线膨胀系数、干缩变形、极限拉伸值、徐变、温度应力、开裂应力、开裂温度，以及开裂敏感性等 11 项材料特性，极大提升了混凝土材料数据的有效性。

（2）借助独特的软件控制模式，可以满足混凝土任意约束度的试验要求，真实反映混凝土工程不同部位的约束历程，并评估开裂风险，提早预警。

（3）借助独特的温度、位移和荷载控制系统，可设定任意温度历程，考察混凝土温度历程对混凝土温度应力及开裂风险的影响，提前为预防混凝土浇筑过程的开裂问题提供最优材料配比和温控建议，克服了目前材料测试领域仅能进行干缩开裂测试的缺陷。

技术指标

（1）荷载量程：拉/压 200kN，控制精度：0.1kN。

（2）位移测量精度：1μm，控制精度：1μm。

（3）温度量程：－20～＋80℃，测量精度：0.01℃，控制精度：0.1℃，温控速率：最慢不大于 0.3℃/d，最快不小于 5℃/h。

应用范围及前景

适用于民用建筑、道路桥梁以及水利工程等混凝土原材料和施工期温控优化，用于混凝土温度应力试验。

该实验系统已成功应用于乌东德大坝工程、阳江抽水蓄能电站上水库大坝混凝土工程试验分析。

案例：乌东德大坝工程的低热水泥混凝土开裂风险评估。乌东德拱坝是大（1）型工程，为 300m 级特高拱坝，全坝使用低热水泥混凝土，在国内外尚属首次，新材料的使用需开展诸多开创性工作，评估低热水泥混凝土的温度开裂敏感性是确保工程安全施工的重要内容。该系统自 2017 年 10 月投入运行以来，取得的科研数据为低热水泥混凝土在大体积混凝土工程的安全有效应用提供了科技支撑。

技术名称：混凝土开裂全过程仿真试验系统
持有单位：中国水利水电科学研究院
联 系 人：王振红
地　　址：北京市海淀区复兴路甲 1 号
电　　话：01068781545
手　　机：15901201326
传　　真：010-6878588911
E-mail：wangzh@iwhr.com

181 内蒙古牧区草原旱情监测预测评估系统

持有单位

水利部牧区水利科学研究所

技术简介

1. 技术来源

依托内蒙古科技计划重点项目“内蒙古牧区草原旱情监测预警系统与防旱减灾对策研究”，自主开发。

2. 技术原理

该系统采用云计算服务平台，基于 C/S+B/S 的混合框架和可视化技术，实现牧区草原旱情的监测、预测、评估、旱灾与抗旱能力的评估、数据产品、用户与系统的管理等模块和功能，为提高牧区草原旱情监测、预警信息化水平，强化牧区草原旱情信息分析处理的能力和信息保证能力提供了技术支撑。

3. 技术特点

（1）旱情信息提取：考虑复杂地形、气候等因素，精准耦合遥感信息与地面数据。

（2）海量实时数据的高并发处理：采用高性能 Web 服务器与服务数据缓存技术，参照互联网建设模式，采用支持并行计算、异步响应的高并发处理架构，及时有效地将现场信息报送到各分系统中。

（3）影像存储与智能管理：通过高效的存储体系架构、科学的交换模型，实现对海量遥感影像数据的高效存储与管理。

（4）遥感数据自动化处理：通过并行计算、网格计算，研制面向旱情监测、预警业务的卫星遥感数据自动化处理任务分配与调度平台，实现对影像数据进行切片划分、任务分配、资源调度。

（5）面向服务架构的信息同步：采用面向服务的总体架构，保障系统的松耦合与可扩展性以应对不同业务层面、业务场景进行分析研究，实现信息报送、任务分发、应急响应、地理信息同步等功能。

技术指标

（1）可管理性：采用集中式管理加分布式实施的可管理性平台，满足一个平台三级共用。

（2）实用性：系统提供覆盖内蒙古牧区和林区的 17 种干旱指标结果，实现结果的可视化。

（3）开放性与兼容性：系统平台具有开放，兼容和可互联环境，在硬件支撑能力满足要求的前提下，保证浏览查询、汇总统计的速度不大于 5s。

（4）高效性：系统充分集成计算机容错技术和 RAID 等技术，实现了资源和信息共享，提高了设备利用率。

（5）安全性：用户可以通过浏览器随时随地访问系统信息，通过网络安全服务机制，保证数据的机密性和完整性。

应用范围及前景

适用于内蒙古自治区干旱半干旱牧区各地市级、区县级旱灾防御、水资源规划配置和生态环境保护等。

“内蒙古牧区草原旱情监测预测评估系统”已在自治区相关单位应用，如内蒙古自治区水利厅、呼伦贝尔根河市气象局、鄂尔多斯市水利局、满洲里市农牧水利局、锡林浩特国家气候观象台，有力的支撑了全区的抗旱减灾工作。

技术名称：内蒙古牧区草原旱情监测预测评估系统
持有单位：水利部牧区水利科学研究所
联 系 人：吴英杰
地　　址：内蒙古呼和浩特市赛罕区大学东街 128 号
手　　机：15804713011
传　　真：0471-4690612
E-mail：508188330@qq.com

182　基于人工智能的遥感图像分类系统

持有单位

中水北方勘测设计研究有限责任公司

技术简介

1. 技术来源

2018 年天津市科技支撑项目，自主研发。

2. 技术原理

该系统通过建设，提升地形图制作过程中各地类要素轮廓信息的勾绘效率和地形图的精度，保障工期，可解决河湖监管中存在的范围不全面，信息获取不及时、不准确等问题，提高自动化程度和识别效率，节省人力物力成本。

3. 技术特点

（1）遥感图像训练样本数据。依托湖北秭归、新疆玛纳斯、甘肃庆城等地区地理国情普查项目成果，制作了多源、多时相的高分辨率遥感图像数据集；依托天津市光伏屋顶调查项目成果，制作了高分辨率光伏屋顶数据集。

（2）研发了 4 种遥感图像分类算法，训练出相应的模型。4 种算法：深度主动学习算法、基于 FCN 和 SegNet 的 Fine－tune 算法、基于 Dense 结构和改进 Dice 损失的全卷积网络遥感图像分割算法、基于递归图神经网络的遥感图像分类算法。

（3）遥感图像人机交互半自动数据标注软件。软件实现了数据处理、数据训练、数据预标注、人工修正、结果输出整个流程，能够解决目前模型训练所需海量样本数据的问题，为模型提供数据支撑。

（4）遥感图像全自动分类软件。软件利用遥感图像人机交互半自动数据标注软件提供的最优模型，可以快速准确实现高分辨率遥感图像的分类，辅助水利、国土、生态环境等部门更好地作出决策。

技术指标

（1）制作了海量遥感图像训练样本数据集，为模型训练提供数据支撑；研发了四种遥感图像分类算法，训练出相应的模型；开发了遥感图像人机交互半自动数据标注软件和全自动分类软件。

（2）0.5m 分辨率下地理国情要素中，水体语义分割精度达到 93.71%。

（3）0.5m 分辨率下天津市光伏屋顶实例分割精度达到 87.34%。

应用范围及前景

适用于水利水电勘测设计工程、河湖监管、国土空间规划、国土资源监察、水土流失等的监测。

案例 1：河湖管理范围划界项目。2018 年起，该技术已应用于福建、甘肃、贵州、四川、西藏等 20 多个河湖管理范围划界项目，将研究成果应用于河道带状地形图制作环节。

案例 2：河湖监管卫星遥感地图智能比对项目。2019 年，该技术应用在“河湖监管卫星遥感地图智能比对项目”（水利部河湖保护中心委托），基于研究的软件成果，实现了“四乱”信息的智能解译和提取，提高了自动化程度和识别效率。

技术名称：基于人工智能的遥感图像分类系统
持有单位：中水北方勘测设计研究有限责任公司
联 系 人：张云姣
地　　址：天津市河西区洞庭路 60 号
手　　机：18630929605
E-mail：345239728@qq.com

183 基于水位、开度自动识别等场景的视频智能分析系统

持有单位

南水北调中线信息科技有限公司

技术简介

1. 技术来源

来源于南水北调中线干线工程建设管理局委托项目，自主研发。

2. 技术原理

基于水位、开度自动识别等场景的视频智能分析系统依托于目前主流的机器视觉、深度学习等人工智能技术。系统采用基于 YOLOv5、anchor-based 的深度学习算法进行目标检测，利用卷积神经网络、CSPDarknet53 等优化结构提取目标相关的特征向量，并依据不同场景的特征，有选择性地结合动态检测、电子围栏等子任务，对摄像机采集的视频画面进行分析处理，从而获取所关注的水位、闸门开度等关键信息，实现了对特定事件的自动研判、告警。

3. 技术特点

（1）基于水位、开度自动识别等场景的视频智能分析系统是基于中线现有的视频监控系统进行建设。此系统采用视频智能分析技术，实现了工程现场的事件的自动研判告警，改变了传统视频监控进行人工定期巡视的工作模式，很大程度上解放了人力。

（2）系统将事后追溯的模式转变为了事前预警，做到了对工程现场事件的早发现、早干预、早处理，缩短了事件的响应时间，提升了中线的安全管控能力。

（3）该项技术包含前端采集摄像机、智能分析算法、AI 算力三大关键因素。前端采集摄像机为系统提供基础的数据信息，其视频画面的质量直接影响算法模型分析的准确度。同时，算法模型易受现场环境的影响，需要根据不同的应用场景进行不断的迭代优化，以满足业务使用需要。系统需为智能分析算法提供充足的算力，以满足算法的运行需要。

技术指标

（1）人员入侵、火情检测、闸指示灯状态检测、控制柜故障灯状态检测准确率达到 95%以上。

（2）水尺读数与闸门刻度尺读数误差±5cm 内。

应用范围及前景

适用于需要通过视频监控系统进行自动监视的场景，智能分析算法根据需求进行定制和调整。

案例：南水北调中线干线工程视频智能分析系统项目。该项目以中线工程所辖的 5 个管理处作为试点，针对水尺读数读取、闸门刻度尺读数读取、人员入侵检测、火情检测、控闸指示灯状态检测、控制柜故障灯状态检测 6 种检测场景进行建设。涉及邓州、鹤壁、汤阴、石家庄、涞涿 5 个管理处所辖现地站的 255 路视频、542 个检测场景。为保障南水北调中线工程的安全稳定运行提供了强大的助力。

技术名称：基于水位、开度自动识别等场景的视频智能分析系统

持有单位：南水北调中线信息科技有限公司
联 系 人：王丹
地　　址：北京市海淀区玉渊潭南路 1 号 D 座
手　　机：18519086700
E-mail：wangdan6700@nsbd.cn

184　水文勘测分局生产管理信息平台

持有单位

长江水利委员会水文局长江中游水文水资源勘测局

武汉伊科诺慧通软件有限公司

技术简介

1. 技术来源

自主研发。

2. 技术原理

平台立足于水文基层勘测分局的综合生产信息管理工作需要定制开发，覆盖了勘测分局测站相关所有信息，包括测站基本信息（简介概况、历史严革、大事件、特征值、地理信息等）、业务生产管理信息（监控系统、各业务系统、仪器设备信息、任务管理、规章规范等）、数据信息（测验项目、报汛数据，测验数据、历史整编成果展示等）等，是分局综合信息的管理、查询与展示、标准化宣传与信息发布平台，也是基层分局各生产系统的门户平台。平台耦合了CMS（Content Management System）内容管理系统和数据可视化系统，并制定了数据接口规范，采用最新通用的B/S架构，完成了分局测站基本资料的收集和信息组织对外发布，多业务系统的门户集成、多渠道数据接入和可视化应用展示。

3. 技术特点

（1）基于电子地图的展示技术。通过GIS技术将流域以及分局辖区等地理信息准确描绘在电子地图上，同时支持装有GPS定位信息的装备、测量船、测量车的位置在地图界面中进行定位。

（2）基于H5的CMS内容管理技术。让测站基本信息有分类整理空间，不再是独立的文本或者PPT，随时可编辑。

（3）数据可视化技术。利用可视化模块采用可视化图表渲染技术，通过2D和3D图表控件，多维度打造数据“魔方”。

（4）二维码技术。可制定统一的测站编码，通过扫描二维码，可以访问测站对外发布的公众信息，也可单独定制微信小程序。

（5）前后端分离设计。前端采用vue框架，基于H5标准进行开发；后端采用JAVA技术开发。前后端支持分离部署，保证了系统可靠性和高可用性。

技术指标

（1）平台数据库设计满足SL 324—2005《基础水文数据库表结构及标识符标准》、SL 325—2014《水质数据库表结构及标识符》。

（2）平台生产管理的设定满足GB/T 50138—2010《水位观测标准》、GB 50179—2015《河流流量测验规范》、GB/T 50159—2015《河流悬移质泥沙测验规范》、SL 21—2015《降水量观测规范》等相关水文测报规范。

应用范围及前景

适用于水文行业监测站点基层管理单位。

该平台最早在长江委水文中游局下属的6个勘测分局投产运行，使用人数约220人，平台的运行为分局职工在综合信息的管理、查询与展示、标准化宣传与信息发布等工作上带来的便捷。随后平台在长江委水文上游局、湖北省水文水资源应急监测中心、临沂市水文局投产使用，均取得了较好的效果。

技术名称：水文勘测分局生产管理信息平台
持有单位：长江水利委员会水文局长江中游水文水资源勘测局、武汉伊科诺慧通软件有限公司
联 系 人：张驰
地　　址：湖北省武汉市江岸区胜利街316号
电　　话：027-82828925
手　　机：17764006006
传　　真：027-82820177
E-mail：beyond1989611@qq.com

185　隧道三维形变检测与仿真系统技术

持有单位

长江空间信息技术工程有限公司（武汉）

技术简介

1. 技术来源

自主研发。

2. 技术原理

该技术是一套利用高精度三维激光点云数据对隧道进行形变检测与三维仿真的方法和系统。该技术包括点云数据采集、配准、去噪，海量数据读取、存储、显示等。研发了隧道三维形变检测与仿真系统，该系统可以采用虚拟仿真技术对隧道形体数据进行曲面重建，并对三维形变信息进行全面、形象的表达。

3. 技术特点

（1）针对隧道形变检测的特点，采用三维激光扫描技术高精度、高效率获取隧洞在不同时段的点云数据和数码影像等三维立体信息，同时结合全景摄影技术，获取隧洞结构缝高清影像，并提取结构缝空间信息，评估结构缝缺陷状况。

（2）根据隧洞体本身的变化的趋势，采用三次多项式拟合从海量隧洞体激光点云数据中获取高精度隧洞体横截面，使得变化剧烈的隧洞体区域获得更多的横截面，变化缓慢的隧洞体区域获取较少的横截面，从而既保证了三维隧洞体模型成果的精度。

（3）通过OSG技术，开发了隧洞安全监测三维可视化系统，在可视化平台中为外部变形监测点和具有代表性的内部监测仪器，建立三维实体模型及对应的属性信息专题库。

（4）研发了一套结构缝检测系统，获取结构缝序列高清影像，无缝拼接全景影像并进行尺度校准，提取结构缝缝宽、轴线偏移等信息，并生成对应图表，实现了对结构缝空间信息准确、高效、直观的量测和表达。

技术指标

（1）设备指标：包含各型三维激光扫描仪可达到的指标和高清单反或微单相机可达到的指标。

（2）精度指标：隧洞内壁点云相对精度±6mm；隧洞（管径或内壁）形变分辨精度≤3cm；结构缝缝宽量测精度优于1mm/cm。

（3）三维可视化管理平台指标：支持格式（模型格式＞46 类，图片格式＞22 类）；启动时间＜6s；渲染帧率＞60 fps。

应用范围及前景

适用于输水隧洞、地铁隧洞、水电大坝、水工建筑物的变形检测，水工建筑安全监测、三维数字仿真管理等。

隧道三维形变检测及仿真系统技术已成功应用于多个工程实例中：南水北调中线穿黄工程三维数字实景模型及应用研究、2019 年南水北调中线工程穿黄隧洞 A 洞检修三维扫描形变检测、武汉地铁二号线运营监测项目、小浪底库区及枢纽区三维地理信息管理系统、郑州地铁 1 号线 2 期工后监测项目、三峡枢纽区数字平台建设（三峡大坝安全监测可视化系统）、旭龙水电站三维信息管理系统等 20 多个项目，取得了极大的社会与经济效益。

技术名称：隧道三维形变检测与仿真系统技术
持有单位：长江空间信息技术工程有限公司（武汉）
联 系 人：丁涛
地　　址：湖北省武汉市解放大道 1863 号
电　　话：027-82829561
手　　机：13807137273
E-mail：dingtao@cjwsjy.com.cn

186　全息融合跟踪 VR（pro2）全景应用技术

持有单位

山东黄河河务局山东黄河信息中心

技术简介

1. 技术来源

自主研发。

2. 技术原理

全息融合跟踪 VR（Virtual Reality，虚拟现实）全景技术，是一种基于图像技术生成真实感图形的虚拟现实技术，借助全景制作软件将数十张不同角度的视觉图拼接，生成能够 720°全方位展示的实景，可以通过鼠标或键盘进行上下左右移动，任意选择自己的视角，并进行放大和缩小，如亲临现场般的环视、俯瞰和仰视，具有很强的动感和影像透视效果。对全景图像添加各类热点设计，定制步进方式、设计前端显示、应用多类人工智能图视算法，实现多源信息融合的 VR 全景应用。

3. 技术特点

（1）多感知性。全景图片是通过对实物实景进行实地拍摄 6～10 张图片拼接生成，具有很强的真实感。

（2）交互性强。可以用鼠标或键盘等计算机外设控制实景 720°的环视，进行上下、左右、浏览，也可以进行放大缩小。

（3）沉浸感。在物理环境和感知上使得人的感官作为体验的主角。

（4）网络互联。通过计算机、手机和 iPad 等终端进行网上浏览。全景显示页面，可通过独立的二维码扫描浏览。

（5）内容展示丰富。全景图像除了可以随意控制任意视角互动性地观察画面，还能够嵌入视频、音频、文字、网页链接等多种媒体。

技术指标

（1）实现全景图像的实时无缝拼接。

（2）高度灵活、性能卓越的轻量化全景漫游浏览器。

（3）兼容 HTML5 和 Flash，支持 Webgl 下的 WebVR 展示。

（4）使用专用的 krpano xml 代码编写全景漫游，可开发出高度定制化的项目，也可利用 krpano 工具开发在线全景制作及展示平台。

（5）支持多种类型的全景图以及全景视频和环物全景。

应用范围及前景

适用于水利工程规划设计、水利工程建设管理、水利科学教育等。

鉴于该技术优点突出，创新点多，实用性强等，已制作完成 11 个单位的各场景 VR 全景应用共 15 套。其中：山东黄河河务局 2 套、山东黄河信息中心 3 套、济南黄河河务局 1 套，滨州黄河河务局 1 套、淄博黄河河务局 2 套、河口管理局 1 套、东平湖管理局 1 套等。应用于山东黄河节水型机关建设项目、济南黄河文化展馆 VR 全景系统等。

技术名称：全息融合跟踪 VR（pro2）全景应用技术
持有单位：山东黄河河务局山东黄河信息中心
联 系 人：张安妮
地　　址：山东省济南市历下区东关大街 111 号
电　　话：0531-86987222
手　　机：15653107556
E-mail：50736568@qq.com

187 基于多源图像的河道管理与监测平台

持有单位

山东黄河河务局山东黄河信息中心

技术简介

1. 技术来源

自主研发。

2. 技术原理

该平台从河道信息综合管理和决策出发，以数据整合资源中心为依托，以矢量地图、遥感图、天地图作为多源图像，综合河道信息，充分利用3S（遥感 RS、GIS、GPS）、人工智能技术，实现多源地图加载，水边线、主溜线提取和利用，河道数据综合利用，多级用户河势查勘绘制、打印、数据报送工作网上操作，重点河段河势变化对比分析，确保直观、动态地为河道管理与监测提供全面、及时、准确的数据支撑，有效提升了河道管理信息化水平。

3. 技术特点

（1）建立独立遥感数据库，并实现与其他业务数据共享、更新，实现河道信息综合管理与监测。基于 Web Service 技术实现该平台中与省局资源中心数据统一管理和共享，实现数据统一汇聚、同步更新、泛在服务。

（2）充分利用 ArcGIS for JavaScript 技术实现平台中各类地图加载、地图在线编辑，实现线上河势查勘作业。

（3）利用多源图像实现直观、动态的河道综合管理。平台采用矢量地图、遥感影像图、天地图作为参考底图，实现地图编辑完成线上河势查勘作业。

（4）借助多光谱影像及雷达影像，获取主溜线、水边线等目标河道信息；以天地图作为底图补充，实现直观、动态的河道综合管理。

（5）利用遥感图像解译河道水边线、主溜线。

技术指标

（1）功能性：多源地图加载操作、水边线主溜线遥感提取、河道信息查询定位、多级用户河势查勘线上操作、河道数据综合利用、河道对比分析。

（2）安全性：3DES 加密算法，三层架构设计，CDP 技术进行数据安全备份。

（3）可扩充性：采用国际先进技术，业务功能可灵活扩充，并可与其他系统进行无缝集成。

（4）易用性：可跨平台使用，界面、地图编辑等符合常见操作软件模式。

应用范围及前景

适用于河湖信息管理。

案例：2019 年为提高山东黄河河道管理智慧化水平，山东黄河河务局投资建设基于多源图像的山东黄河河道管理与监测平台，应用于山东黄河省市县三级用户，为沿黄市县河务局绘制编辑上报主溜线、滩岸坍塌、生产堤等河势情况提供数据支撑，使各级用户能够快速掌握洪水下泄过程中河势变化的有关情况。

技术名称：基于多源图像的河道管理与监测平台
持有单位：山东黄河河务局山东黄河信息中心
联 系 人：于苹苹
地　　址：山东省济南市历下区东关大街 111 号
电　　话：0531-86987569
手　　机：18554004003
传　　真：0531-86987569
E-mail：564139684@qq.com

188 水下地形微型声呐成图系统

持有单位

山东润泰水利工程有限公司

技术简介

1. 技术来源

自主研发。

2. 技术原理

该系统在三个方面对水下监测运用。一是静态使用，基于岸边单点实时监测险工坝头根石流失，消除工程与人员安全隐患；二是动态使用，安装在船上，同轴安装声呐和 RTK，精确测量监测水下施工情况；三是成图系统，依据声呐图片与数据资料，制作专业 CAD 工程施工图。

3. 技术特点

（1）微型声呐成图系统经全新配置在水下施工测量中达到专业级测量水平，测量成果符合水运工程施工规范要求。

（2）复合基座可使该套设备在静态和动态探测之间实现快速转换，同轴定位解决水上简易设备精确定位问题，为探测仪器实现一机多能提供有效的转换平台。

（3）分体式测量系统结构，根据任务不同可分开使用；民用级声呐设备与测量级 RTK 结合、适合基层水管单位或施工企业普及使用。

技术指标

（1）探深：清水 182m，浑水（10kg/m^3）63m；扫描类型：下扫、测扫。

（2）功率：待机 8W，扫描探头 500W，峰值 1500W；声呐频率：自动 20～800kHz，手动 83/100/455/800kHz；显示器：7”全彩液晶；输出：图片截图输出。

（3）岸边定点探测范围：＞960m^2；吊杆调节范围：1.2～20m，水平旋转 120°。

（4）定点精度：±0.02m；吊杆水下探测精度：±0.05m；船上水下探测精度：±0.1m（航速 2～3 节时和 RTK 配合）；存储断面：＞400 个，储存连续画面 24h（根据 TF 卡容量）；GPS 自带定位偏差：＞2m。

（5）电源：12V80Ah；设备重量：0.8kg；吊杆基座重量：5.2kg；电池重量：5.6kg。

应用范围及前景

适用于实时监测堤防工程水下地形变化，预防险情发生，直观查验施工过程，监督施工质量。

案例 1：在 2015 年黄河下游滞洪区工程梁山段施工中开始研制使用，并在程那里险工出险时进行监测（程那里因地理位置特殊，成为梁山黄河重要的防洪单元）。东平湖工程局机於吹填工程施工中有效监测了吸泥区域水下地形，水下监测清晰，减少了吸泥船移船次数，提高了吸泥船的工作效率。

案例 2：在 2018 年东平湖蓄滞洪区防洪工程Ⅳ标险工、控导备塌体加固施工中运用，快速实时成图、准确核算水下石方用量。

技术名称：水下地形微型声呐成图系统
持有单位：山东润泰水利工程有限公司
联 系 人：毛孟国
地　　址：山东省泰安市泰山区东岳大街 22 号
电　　话：0538-6053278
手　　机：15905383606
传　　真：0538-6053180
E-mail：415742747@qq.com

189　无人机自动巡检智慧监控系统

持有单位

中水珠江规划勘测设计有限公司
广州中科云图智能科技有限公司
广西大藤峡水利枢纽开发有限责任公司

技术简介

1. 技术来源

自主研发。

2. 技术原理

基于无人机、物联网、4G/5G、GIS、深度学习和目标检测算法等先进技术和方法，自主开展了无人机自动巡检系统集成研究、多路远程视频回传技术研究、图像异常特征物识别技术研究和正射影像分类识别技术研究，构建了无人机自动巡检技术体系，研发了无人机自动巡检智慧监控系统。

3. 技术特点

（1）集成多旋翼无人机系统、高精度起降系统、远程控制系统和智能机巢，基于无人机远程控制智能监测技术、“云-端”协同无人机集群管控技术等，研发支持 Web 和手机端的无人机自动巡检系统。

（2）应用多源巡检数据智能识别与深度分析技术，实现了照片、视频、正射影像等多种巡检数据的分析处理，并根据多期巡检数据自动对比分析生成巡检报告。

（3）基于 4G/5G/宽带通信的无人机拍摄视频实时传输和多人共享的多路远程视频回传技术，基于云计算、大数据技术的自主研发无人机自动巡检管理系统，实现了水利工程的自动化巡检。

技术指标

（1）智能基站。产品尺寸：关闭状态：1950mm×1600mm×1600mm；展开状态：3450mm×1600mm×1600mm；材料：不锈钢、铝、PE 板、复合材料；环境传感器：风速、风向、降雨（雪）、大气压、温度、湿度；产品重量：≤800kg；防护等级：IP55；运行功率：标准工况≤800W，峰值工况≤2200W；支持机型：大疆 M300 RTK。

（2）无人机控制系统 App。CPU：高通/海思/三星/Tegra/MTK 单核主频 1G 以上；移动终端软件环境支持：Android 4.4 及更高版本；安卓手机及 Pad。

（3）无人机自动巡检系统。由无人机、机场配套系统、机场后台及管控平台组成，系统采用“云-端”协同无人机自动巡检平台。

应用范围及前景

适用于河道岸线、环境和水利工程等的监控、水利建设、输配线路及变电站巡查、应急监测、国土执法巡查等。

自 2018 年起，该无人机系统先后在大型水利工程建设（大藤峡水利枢纽工程智慧监控、广东省水利水电第三工程局有限公司多个水利水电工程施工现场）、高压变电站巡查、河道岸线和环境监测等领域得到应用。累计应用项目 20 余项，效益显著。

技术名称：无人机自动巡检智慧监控系统
持有单位：中水珠江规划勘测设计有限公司、广州中科云图智能科技有限公司、广西大藤峡水利枢纽开发有限责任公司
联 系 人：赵薛强
地　　址：广东省广州市天河区沾益直街 19 号中水珠江设计大厦
电　　话：020-87117044
手　　机：13318786543
传　　真：020-38810724
E-mail：414976097@qq.com

190 水务物联网感知终端

持有单位

北京市水利自动化研究所

技术简介

1. 技术来源

自主研发。

2. 技术原理

从水务应用场景入手，基于物联网技术，通过芯片选型、硬件接口设计、驱动设计、嵌入式操作系统移植、应用程序开发，研制了水务物联网感知终端系列产品，可用于采集和整合各类水务传感器。水务物联网感知终端三种 CPU 选型满足了从超低功耗遥测、在线监测到高性能的物联网组网和大数据量处理等不同的水务应用需求。

3. 技术特点

（1）以水务物联网感知终端为核心，构建了由传感器、感知终端、通信网络、接收平台、数据库接口、展示软件组成的水务物联网感知技术架构，形成了一套全面透彻感知、稳定可靠传输、水务智慧应用的技术支撑体系。

（2）形成了 20 余种水务传感器的采集库，可全面透彻感知水务监测要素，采集雨量、水位、流量、径流、墒情、闸门开度、水质等各类水文、水资源、水利工程的实时数据。

（3）通过构建模块化应用程序软件库，实现了数据采集、存储、4G/GPRS/GSM /NB-IoT/北斗卫星/以太网通信、无线自组网等功能，实现水务数据的可靠传输。

技术指标

（1）内存：32MB-1GB 可选配。

（2）通信方式：可实现 4G/3G/GPRS/CDMA/GSM、NB-IoT（窄带蜂窝物联网）、ZigBee、无线自组网（专利技术）、北斗卫星、超短波、以太网接口等通信方式，具体通信方式可根据项目需求进行选配。

（3）电源：采用 12V 蓄电池供电或市电；工作环境：温度：－10～＋55℃；相对湿度：不大于 95%；具有低功耗模式，值守功耗不大于 5mA；具有自动校时和断线重连功能。

应用范围及前景

适用于水利工程监测、水文、气象、水资源、水土保持、水环境等领域信息感知、汇聚、传输。

水务物联网感知终端于 2015 年最早投入使用，已应用项目 20 余个，应用近千台。水务物联网感知终端成功应用于水旱灾害防御、水文水资源、取水/供水/用水/排水、水土保持、水环境等项目，为管理者提供实时数据支撑，发挥了良好的社会效益。

技术名称：水务物联网感知终端
持有单位：北京市水利自动化研究所
联 系 人：聂明杰
地　　址：北京市海淀区翠微路甲 3 号
电　　话：010-56695847
手　　机：15910653194
传　　真：010-68213350
E-mail：5910653194@126.com

191　中国联通科技赋能智慧水利的5G+四中台技术

持有单位

联通数字科技有限公司

技术简介

1. 技术来源

自主研发。

2. 技术原理

该技术利用5G网络、无人机、无人船、大数据、人工智能和四中台技术等能力优势，在智慧水利的新一代天空地一体化感知网、云网一体化、水利大数据中心建设、数据资源整合和水资源、水灾害、水环境、水生态、水工程、水服务领域的预测预报、智能分析、智慧决策、智能调度、业务协同等智能应用方面展开了广泛实践。

3. 技术特点

（1）5G是利用FDMA、TMDA和CDMA三大无线通信复用技术，使得5G在智慧水利无线传输中具有高数据速率、减少延迟、降低成本、提高系统容量和大规模设备连接等特征。

（2）物联网中台是基于微服务架构，以云+业务引擎的方式，为水利物联网打造统一服务平台及应用生态，提供安全可靠的设备连接通信能力及设备数据上云服务。

（3）数据中台从业务视角而非纯技术视角出发，智能化构建数据、管理数据资产，并提供数据调用、数据监控、数据分析与数据展现等服务。

（4）业务中台是通过通用共性业务的整合抽离、封装，标准化中间件，将可复用的业务能力沉淀到业务中台，实现业务能力复用和不同业务板块能力的联通、融合和协同。

（5）智能中台是数据中台的进一步延伸，可以将数据中台进行的一系列的相对固定的数据挖掘服务，让数据的接入、存储、分析展现、训练、到构建管道都更加自动化。

技术指标

（1）数据中台：统一的数据资产管理平台，实现从数据接入、存储系治理、分析和共享全流程的能力支撑。

（2）业务中台：业务平台整合通用业务组件和基础支撑中间件，能够简化应用开发工作量。

（3）智能中台：智能中台是业务智能化中枢，整合水利行业等模型提供专业、高效的模型计算分析服务。

（4）物联网中台：基于微服务架构，以云+业务引擎的方式，为水利物联网打造统一服务平台及应用生态。

（5）水利数据体系：采用面向水利对象的数据体系，以河湖水系、为中心建设符合水利监管特点的水利大数据组织体系。

应用范围及前景

适用于水利、水务大数据中心建设、数据资源整合、物联网感知监测体系建设、水利物联网感知平台。

“联通科技赋能智慧水利的5G+四中台技术”已在甘肃省智慧水利总承包项目、无锡市河长制管理平台项目、福建省河长制湖长制综合管理平台项目中得到应用。

技术名称：中国联通科技赋能智慧水利的5G+四中台技术
持有单位：联通数字科技有限公司
联 系 人：吕同庆
地　　址：北京市西城区西单北大街甲133号
手　　机：15611156663
传　　真：66115431
E-mail：Lvtq5@chinaunicom.cn

192 应用于水电厂的高精度北斗授时服务器

持有单位

北京中水科水电科技开发有限公司

技术简介

1. 技术来源

自主研发。

2. 技术原理

该系统主要解决水力发电厂全厂统一对时的问题。时钟源采用北斗二代作为主信号，恒温晶振等作为备用信号，并实现多时间源无缝切换。时钟系统采用分层、分布开放式网络结构，使整个时钟系统具有灵活性的扩展性，尤其解决大型水电厂对时区域分布广、对时设备多、接口种类多、安全分区多的统一对时问题。

3. 技术特点

（1）时钟主站采用双机热备，时钟分站采用双信号热备，提高了时钟系统的可靠性，实现了全厂时钟的统一。

（2）该时钟系统的主时钟采用GPS信号接收单元和北斗接收单元作为无线时间接收单元，并可接收其他时钟发送的DCLS码信号或PTP信号作为后备时间源。当时钟接收到的外部时间信号有效时，时钟被外部的时间信号同步，当外部时间信号无效时，时钟采用本地守时时钟，保持高精度的走时准确度。当时钟系统存在多个时钟源时，系统检测各个时钟源的状态，根据算法实现时间源的无缝切换，保证对时信号的高精度、高可靠性输出。

（3）该时钟系统支持 PTP 信号的输入和输出，可采用 SDH 网作为 PTP 信号传输的媒介，实现远距离信号的传输， PTP 信号的授时精度小于 1 微秒。

（4）该系统的卫星同步时钟采用插卡式结构，具备多种输出接口如脉冲对时、串行口对时、IRIG-B 对时、DCF77 对时、NTP 网络对时等，可以根据实际需要配置，组合灵活，易于扩展和维护。每个功能对时模块自带 CPU 针对不同的通信协议可单独编程，适合电厂保护及自动装置对时要求。

技术指标

（1）北斗二代接收：接收频率 1568M；冷启动 35s，热启动 1s，重捕获＜1s；信号通道 32 个；1PPS 精度 50ns。

（2）GPS 接收：接收频率 1575.42M，冷启动 200s；捕获时间热启动 25s，温启动 50s；同时接收卫星数 12；1PPS 精度 20ns（6σ）。

（3）对时精度：脉冲对时＜1μs，IRIG-B 码校时＜1μs，DCF77 对时＜1μs，NTP 网络对时＜10ms。

应用范围及前景

主要适用于大型水电厂、变电站等。

北斗授时服务器及系统已在三峡、瑞丽江、龙头石、清水塘、沙湾、葛洲坝、江亚、公伯峡、宝泉、白山、普洱、江门、向家坝、荣奇、溪洛渡、福堂、凤滩、峡江、龙羊峡、洪江、梨园、碗米坡及土耳其 GB、厄瓜多尔美纳斯等国内外 400 多个电厂、变电站广泛使用。

技术名称：应用于水电厂的高精度北斗授时服务器
持有单位：北京中水科水电科技开发有限公司
联 系 人：袁平路
地　　址：北京市海淀区玉渊潭南路 3 号
电　　话：010-68781706
手　　机：15810040971
E-mail：48158991@qq.com

193 “金证”电子证照综合管理系统

持有单位

北京金水信息技术发展有限公司

中国水利水电科学研究院

技术简介

1. 技术来源

自主研发。

2. 技术原理

“金证”电子证照综合管理系统按照 GB/T 36901—2018《电子证照总体技术架构》技术架构体系，完成部门电子证照综合管理系统建设，包含电子证照资源库、电子证照共享服务子系统、电子证照管理子系统。

3. 技术特点

（1）“金证”电子证照综合管理系统，对外提供取水许可电子证照公开公示服务及持证主体相关服务；对内依托信息资源交换体系，提供各级水行政主管部门取水许可电子证照的制证、发证以及全国取水许可电子证照信息的集中汇聚服务。建立多种证照开放式服务，构建电子证照开放平台；利用大数据技术，为部门管理提供辅助决策。依托国家政务服务平台电子证照共享服务系统，实现电子证照跨地区、跨部门共享。

（2）电子证照综合管理系统主要包含目录管理、模板管理、证照生成、证照共享等模块内容，与“电子证照管理系统”“电子证照共享服务系统”相对应。

（3）电子证照采用标准版式文档格式，通过电子印章用章系统加盖电子印章或加签数字签名，实现全国互信互认，切实解决企业和群众办事提交材料、证明多等问题。

技术指标

（1）响应时间高效性：在网络带宽保证的情况下，一般响应时间在 2s 以内，复杂的大数据量运算，响应时间在 5s 以内。

（2）系统并发量：支持 1000 人同时在线进行系统访问、操作。

（3）系统可靠性：具备抗干扰和正常运行能力。

（4）系统便捷性：实现证照数据整合共享，实现电子印章和电子证照跨部门、跨区域、跨行业互认共享。

应用范围及前景

适用于多个用户角色，主要包括社会公众、用水权人、管理部门、目录登记人员、部门审核人员、管理员等。

“金证”电子证照综合管理系统已应用于“全国取水许可证电子证照综合管理系统”，面向全国 7 个流域管理机构和地方水行政主管部门提供了电子证照签发、查询及验证服务，对提升取用水管理的信息化水平具有十分重要的支撑作用。

技术名称：“金证”电子证照综合管理系统
持有单位：北京金水信息技术发展有限公司、中国水利水电科学研究院
联 系 人：胡亚利
地　　址：北京西城区白广路二条 2 号
电　　话：010-63204907
手　　机：18611835832
传　　真：010-63202200
E-mail：huyali@mwr.gov.cn

194　基于多维数据分析的一体化水利网络安全运营平台

持有单位

网神信息技术（北京）股份有限公司

水利部海河水利委员会水利信息网络中心

技术简介

1. 技术来源

自主研发。

2. 技术原理

该平台基于大数据技术，具备海量级威胁情报收集能力，实时、快速的日志分析和查询能力，并可实现网络安全事件和风险的监测、分析、审计、预警、追踪溯源和风险可视化。平台充分利用采集的海委网络安全威胁相关数据和相关部门推送及外部获取的威胁情报数据，针对海委网络和重要信息基础设施展开动态、实时的网络安全态势感知预警，切实提升海委的安全监测和感知预警能力。

3. 技术特点

（1）平台构建了网络空间实体知识图，采用了基于IP的切片及富化技术、基于特征的IP切片同源技术、基于钻石模型的分析技术、资产画像等项技术。

（2）独特的基于大数据技术架构，平台完全符合水利行业大数据的分层解耦四层架构，形成了有别于其他国内外安全厂商独特网络安全数据资源服务（CS-DAAS）。

（3）平台通过对海量告警信息进行去噪、归并、关联操作，提取黑客基本信息、黑客基础设施信息，根据杀伤链对告警数据进行串并，实现了以“告警为中心”向以“高价值、高质量安全事件为中心”转化。

技术指标

（1）性能：平台日志实时采集性能达到3万条/s。流量采集指标：600W并发会话、9W connection/s新建会话数、8.3G（HTTP 100KB）/4.6G（HTTP 21KB）/0.7G（HTTP 1.7KB）吞吐率、6G（HTTP 100KB）/3.1G（HTTP 21KB）协议解析能力、8.8G（NSSLAB 混合流）/3G（HTTP 21KB）威胁检测能力。

（2）功能：平台具备数据治理融合、资产管理、风险感知、分析研判、通报预警、运营支持、信息共享交换等功能。

应用范围及前景

适用于网络安全等级保护、关键信息基础设施安全保护等合规需求，满足安全监管和运营体系建设需求。

该平台经过多年的推广应用，目前已有20＋部级、20＋央企、30＋省级、50＋地市级政府单位的成功案例，满足了客户单位对国家政策标准合规、安全事件处置、安全监管通报、安全态势运营等不同的业务需求场景。

技术名称：基于多维数据分析的一体化水利网络安全运营平台

持有单位：网神信息技术（北京）股份有限公司、水利部海河水利委员会水利信息网络中心

联 系 人：姜同麟

地　　址：北京市西城区西直门外南路26号院1号楼2层

手　　机：13811437543

E-mail:：jiangtonglin@qianxin.com

195 考虑水库调度和人类用水的径流模拟预报系统

持有单位

北京慧图科技（集团）股份有限公司

中国水利水电科学研究院

技术简介

1. 技术来源

省部计划，自主研发，“一种基于关联维数的水文模型参数优选方法”获国家发明专利。

2. 技术原理

采用基于 SOA 体系架构、Web 前端技术和服务式地理信息系统等先进设计理念和开放的体系结构，实现了模块化和智能化的径流模拟预报。提出了基于关联维数的水文模型参数优选新方法，考虑了水库调度和人类用水对径流模拟预报的影响，预报方式和产品的多样，可显著提高水文干旱预报预警和湖泊水安全预警水平。

3. 技术特点

（1）集成多种气候模式多模式（欧洲 EC 气候模式、美国 CFS 气候模式和中国 BCC-CPS 气候模式）预报结果，通过多种模式预报结果的交叉检验，降低了降雨预报的不确定性；基于气象 - 水文耦合模型，实现了历史径流的模拟和未来一段时间内的径流预报，有效地延长了预见期。

（2）基于关联维数的水文模型参数优选方法，引入一种反映复杂系统的动力学特征的目标函数以及与之相适应的优化算法进行参数优选，寻找到最优参数组合，提高模型的预报精度。

（3）采用确定性预报和集合预报的方式，实现了多尺度（未来 0 ~ 10d 和 0 ~ 30d）径流模拟预报。

技术指标

（1）系统提供多种气候模式预报、基于多模型的历史径流模拟、多尺度径流预报（确定性预报和集合预报）、考虑水库调度影响的径流模拟预报、考虑人类用水的径流模拟预报、多种情景下的径流过程对比分析、数据信息管理、地图显示及图层控制等功能。

（2）系统满足 7×24h 稳定正常运转；系统稳定性超过 99.95%；年故障累计时间：＜1.5d；平均故障修复时间：＜1h。

应用范围及前景

适用于中长期水文预报、防洪抗旱业务系统建设、湖泊水安全预警、水资源与水库调度、数字流域等。

考虑水库调度和人类用水的径流模拟预报系统已在智慧湖泊水安全预警、干旱预报与抗旱管理决策、节水咨询、环境影响评价、海岸带入海口地质调查等多个领域进行了推广应用，取得了很好的应用效果。已应用单位包括：中国科学院南京地理与湖泊研究所鄱阳湖湖泊湿地综合研究站、辽宁省朝阳市水文局、天津市地质研究与海洋地质中心、南京斯京水利科技有限公司、福建师范大学。

技术名称：考虑水库调度和人类用水的径流模拟预报系统

持有单位：北京慧图科技（集团）股份有限公司、中国水利水电科学研究院

联 系 人：祁彬

地　　址：北京市海淀区西三环北路 91 号 7 号楼二层 B01

电　　话：010-68985858

手　　机：13910033062

传　　真：010-88515780

E-mail：371195450@qq.com；247562713@qq.com

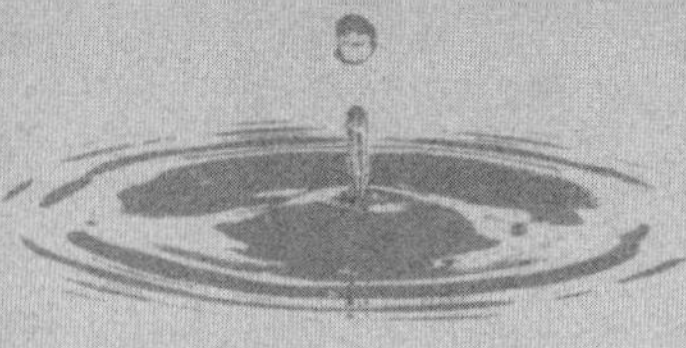

196　水利投资项目审批系统

持有单位

北京北科博研科技有限公司

技术简介

1. 技术来源

省部计划，自主研发。

2. 技术原理

采用SOA可扩展系统路线和J2EE B/S多层分布式应用体系架构，其主体应用基于J2EE企业级应用开发框架，独立于操作系统和数据库平台，系统安全稳定，支持本地标准化，具有可移植性、扩展性和稳定性等特点。系统按照审批“四统一”要求，遵循“一张表单申请、一个平台办理、一套标准监督”原则，建立“横向到边、纵向到底”，覆盖省、市、县三级的水利投资项目审批管理系统。

3. 技术特点

（1）整合资源，集约建设。统筹考虑与省级工程建设项目审批管理系统之间关系，在充分利用近年来水利信息化建设成果以及信息资源基础上，构建省级水利投资项目审批管理系统，从基础设施、数据资源、业务应用、安全体系等方面，全面整合共享现有资源，避免重复建设。

（2）充分利用云计算和“互联网＋”技术，实现与省级工程建设项目审批管理系统线上数据互通，实现跨部门协同办理、并联办理，为持续推进“放管服”改革、推动政府治理现代化提供强有力支撑。

（3）实现水利工程建设项目“一网通办”，实现与省级工改系统的线上数据互通及跨部门协同办理，统一受理、并联审批、实时流转、跟踪督办、信息共享，促进了行政审批提速，加强了事中事后监管。

技术指标

（1）软件融合了面向对象和深度学习技术，可解决建设单位一次申报后将工程各阶段的所有需要申报的事项及材料一次性汇总告知建设单位的问题，可解决建设单位不能同时申报多个事项的问题，省市县各级水利局可同时并联审批建设单位提交上来的多个事项，极大提高项目审批的效率。

（2）一般服务器都可以满足系统运行要求。响应时间：＜4s；并发用户数：100；安全性较好；交互友好。

应用范围及前景

适用于各级水行政部门用于各类工程涉水事项的统一受理、并联审批、跟踪督办、统计分析、实时监管。

“湖南省水利投资项目审批系统”自2020年2月建成后，已正式上线运行，直接服务省市县共计137家水行政主管单位，建立“横向到边、纵向到底”，覆盖省、市（14个）、县（122）三级的水利投资项目审批管理系统，为实时掌握审批状态、加强事中事后监管提供了便捷，也提升了工作效率。

技术名称：水利投资项目审批系统
持有单位：北京北科博研科技有限公司
联 系 人：刘劲松
地　　址：北京市西城区南线阁街10号楼基业大厦三层
电　　话：010-63203597
手　　机：13607310597
传　　真：010-63203597
E-mail：liujs@beiktech.com

197 太比雅水库管家

持有单位

北京太比雅科技股份有限公司

技术简介

1. 技术来源

自主研发。

2. 技术原理

水库管家是以单一水库为主体、以区县域水库联网统一运维为特征，遵循国家水库管理的相关法律法规，综合物联感知体系、信息化软件平台和物业化运维服务的水库运行管理一体化解决方案。提供信息、监测分析及巡查管理服务，保障水库安全运行，协助水库主管部门与“三个责任人”对水库进行有效监管，为水库防洪兴利保驾护航。

3. 技术特点

（1）水库管家智能云平台基于GIS水库一张图，提供：全域、全量、全时的水质、水量、汛情、工程安全等动态监控；风险预报与决策调度（上游来水预报、泄洪调度、水量供需分析、水资源优化配置、应急指挥）；多业务综合服务（巡查巡检、观测预警、安全评估、养护维护、综合管理）。

（2）小型水库标准化管理 App，针对水库日常巡查、维护养护、保洁实时性强、移动作业、工作轨迹化、记录化等特点建设水库管家 App。

（3）标准化＋物业化，运维管理专业化。基于信息化的水库物业化管理，建立专业运维团队服务，对水库相关设施进行及时的管养维护，保障水库安全。

技术指标

（1）“水库管家”通过了国家信息中心软件评测中心对其用户文档、功能性、易用性和中文特性四个方面的测试。

（2）水库管家通过运用物联网、云计算、大数据、移动互联和人工智能等现代信息技术，集成无人机航拍、机器人技术、卫星数据、专网视讯、三维 GIS 和专业水文模型等高科技产品与技术于一体，其主要功能模块有：综合监控、运行维护、预测预报、专项检测、视频会议、大数据分析、安全评估、系统管理。

应用范围及前景

适用于各级水利主管部门小型水库安全运行管理。

水库管家落地了陕西、贵州、广东、广西、福建、江苏、江西、吉林、辽宁、河南、河北、山东、云南、湖南、湖北、安徽、青海、内蒙古等 18 个省（自治区），接入 1 万余座水库。响应水利部建设小型水库管理体制改革示范县的要求，太比雅水库管家协助承担了 10 个区（县）的小型水库管理体制改革示范县创建工作，其中有 10 个区（县）荣登 2020 年 11 月水利部公布的第一批全国小型水库管理体制改革样板县名单。

案例：定远县小型水库管护创建示范县“水库管家”App 项目。在 2019—2020 年度安徽省定远县小型水库安全运行管理工作中发挥了重要作用，全县 370 座水库应用该成果进行水库巡查，解决了水库存在的安全隐患。

技术名称：太比雅水库管家
持有单位：北京太比雅科技股份有限公司
联 系 人：单建敏
地　　址：北京市海淀区玉渊潭南路 D 座 248 室
电　　话：010-68781998
手　　机：15834063618
传　　真：010-68781696

198　水资源综合监测治理智慧平台系统

持有单位

麦普锐思石家庄智能科技有限公司

技术简介

1. 技术来源

自主研发。

2. 技术原理

系统包含水面自主巡航机器人、智能泊点和可视化软件系统平台三个部分。可实现针对地表水系进行水资源相关信息的多功能监测、安全预警、应急处理、综合治理等，采集的相关数据并可建立数据模型库，与省市县等各级相关职能部门可进行数据连接，打破因地域问题带来的行政不协调。

3. 技术特点

（1）水面自主巡航机器人的基本结构是一艘双体船，内置完善的水质检测系统和多种传感器，它可以 24h 无人值守自主完成指定水域的监测巡航，并实时采集自身所处水域的各种水资源相关数据。

（2）智能泊点可以为水面自主巡航机器人提供补给，包括充电、补充水质检测系统所需的耗材、移除水质测试系统产生的废液等。此外，泊点本身可成为无人值守水资源相关指标监测站。

（3）可视化软件系统平台汇集所有水面自主巡航机器人和智能泊点获取的监测数据，可以建立相关的数据模型库，支持实时图像传输和 VR 远程控制，还可以将数据链接至政府部门相关平台系统。

（4）整套系统可 24h 无人值守自动实时监测并传输数据到数据中心，智能泊点进行架设轨道固定于岸边，漂浮于岸边水面，实现与水面机器人自动对接充电，泊点可具备和水面机器人相近功能。

（5）众多机器人和智能泊点共同构成了完全真正的无人值守并实时的动态水资源检测网络，做到水域全覆盖。

技术指标

（1）自动巡航机器人与配套泊点将水资源相关数据实时传输到云平台，检测精度不低于±3%，数据传输率可调，最高可达 1 次/s。

（2）系统平台汇总所有数据，及时发现水资源数据异常事件和水域变化趋势，还可直播机器人发回的现场全景视频，延时低于 1s。

（3）平台的承载能力：并发用户数＞5000；日均 PV＞50000；机器人与泊点总数＞1000；客户端响应时间＜3s；WebGIS 响应速度＜3s。

应用范围及前景

适用于行业监管和水资源实时监测、安全预警、应急处理、生态修复等。

案例 1：南湾湖区域水资源安全监测预警。2020 年 10 月在南湾湖区域水面 45km^2，采用 1 套水面自主巡航机器人运行，进行相关水资源环境的安全监测和预警，包括水质安全实时监测、突发性污染等实时预警及响应处理。

案例 2：朱庄水库水资源信息实时监测及预警。2020 年 9 月在朱庄水库 16km^2 水面，采用 1 套水面自主巡航机器人运行，进行相关水资源信息的综合监测和安全预警。

技术名称：水资源综合监测治理智慧平台系统
持有单位：麦普锐思石家庄智能科技有限公司
联 系 人：楚进
地　　址：河北省石家庄高新区黄河大道 136 号科技中心 2 号楼 366
电　　话：0311-82622896
手　　机：18607500025
传　　真：0311-82622896
E-mail：uv_bd@qq.com

199　TDC9678 智能边缘计算网关

持有单位

钛能科技股份有限公司

技术简介

1. 技术来源

自主研发。

2. 技术原理

该技术在传统的通信网关基础上增加边缘计算处理能力，使网关在现地应用场景直接对采集到的各种数据信息进行运算、加工处理、存储等，将数据变位信息提供给信息平台系统，减轻信息平台系统的数据处理压力，提高网关的现地响应能力。

3. 技术特点

（1）装置采用主流嵌入式架构体系（嵌入式 ARM 处理器＋Linux 操作系统）作为应用软件平台，在平台基础上采用主流的嵌入式软件开发技术通过软硬件协同工作。

（2）实现通过串口或网络通信的方式来实现对智能仪表、智能控制器、智能水表、智能电表等各种各样的智能设备的数据采集和远方控制；实现通过有线网络或无线信道将采集到的各种数据信息分类发送给各种信息平台。

（3）利用硬件 IO 实时扫描管理技术，使装置可提供一定数量的开入、开出节点和模拟量采集通道，便于现场可以直接实现简单的信息采集功能。

（4）利用可扩展的、开放式软件架构设计技术，在通信网关基础上增加边缘计算处理能力，使网关在现地应用场景直接对采集到的各种数据信息进行运算、加工处理、存储等，减轻信息平台系统的数据处理压力，提高网关的现地响应能力。

技术指标

（1）CPU：工业级 Cortex-A7；主频：528MHz；FLASH：256MB（标配）；DDR3：256MB；TF：可接 TF 存数据。

（2）无线网络：支持 TD-LTE 2600/2300MHz；支持 FDD－LTE 2600/2100/1800/900/800MHz；支持 TD－SCDMA、WCDMA、EVDO、CDMA、GPRS。

（3）接口丰富：SIM/UIM 卡接口；天线接口；以太网接口；串口；应用接口（1 路 CAN 接口，1 个 TTL 电平串口，2 路模拟量输入接口，2 路开关量输入接口，2 路继电器输出接口，1 路受控输出电源）。

（4）待机功耗：190～240mA@12VDC；通信功耗：280～330mA@12VDC；防护等级：IP30。

应用范围及前景

适用于工业自动化与行业信息化建设，以及各种物联网应用场景、工业互联网的云边协同等。

TDC9678 智能边缘计算网关已在内蒙古西辽河流域“量水而行”以水定需项目、内蒙古自治区河套灌区斗（农）口闸智能计量与远程控制及现有闸门智能化技术改造项目、南京浦口区水利信息化建设工程、南京六合区农村污水处理设施全覆盖二期工程项目、徐州欧洲城配电房智能辅助监控系统等项目中应用。产品能满足用户的应用需求，通过其具备的边缘计算能力，分担部署在云端的计算资源，在物联网边缘节点实现数据优化、实时响应、敏捷连接。

技术名称：TDC9678 智能边缘计算网关
持有单位：钛能科技股份有限公司
联 系 人：印小军
地　　址：江苏省南京市浦口经济开发区凤凰路 7 号
电　　话：025-58180882
手　　机：13505155674
传　　真：025-58180882
E－mail：103176506@qq.com

200　TAS9000 节水灌溉与水资源管理系统

持有单位

钛能科技股份有限公司

技术简介

1. 技术来源

自主研发。

2. 技术原理

该系统是利用数据采集与传输技术、计算机网络技术、数据库技术、人工智能、边缘计算、水文模型、BIM 等技术构建的一个集控管理平台，在此平台基础上通过实现各业务系统之间的数据与信息共享，构建以满足泵闸站群运行管理需求为目的的软件业务应用管理系统。

3. 技术特点

（1）系统由省级中心站服务器、采集监测终端、智能通信工作站、智能管理机、各级监测站等设备组成。系统基于移动互联物联网络，通过4G、5G 等方式采集各类数据，并存入数据库系统，形成以数据中心为核心的数据存储管理体系。

（2）基础数据管理：操作员人员管理及权限分配，乡（镇）村信息建设维护，变压器中心信息建设维护，机井信息建设维护，气象信息管理。

（3）实时采集监测：利用电子地图上展示各类工况、用水量、用电量、地下水位、土壤墒情和气象环境监测数据，分层数据汇总。

（4）灌溉用水管理：按照“四级水权”分配原则以及作物用水定额、作物种植种类面积，制定乡镇、村用水计划，机井取水情况统计分析。

（5）辅助决策管理：针对项目区种植作物所处生长周期，依据土壤成分、土壤墒情、气象环境等因素，建立作物最优需水量模型，实现科学灌溉和灌溉自动化。

（6）水权交易管理：建立水权交易中心数据库，支持水权交易，交易费用管理。

技术指标

（1）监测要素：瞬时取水量、累计取水量、取水用电量；监测方式：在线自动监测；监测频次：实时采集；信息存储：保存数据不少于 10000 条记录。

（2）组网方式：4G/5G/物联网；链路传输模式：自报/遥测式；电源电压：AC380V；机泵功率范围：7.5 ~ 45kW；IC 卡控制：射频储存卡，读卡距离≥2cm，读卡时间＜2s。

（3）通信工作站：数据格式 8 位数据位；波特率 300 ~ 38400bit/s；通信误码率$\leqslant 10^{-6}$；供电电源 10 ~ 30V DC；平均电流＜70mA/12V。

应用范围及前景

适用于水利工程的排涝泵闸站、灌溉引水泵闸站、生态换水泵闸站、泵闸站群等。

TAS9000 节水灌溉与水资源管理系统已在湖北钟祥市 2020 年农业水价综合改革服务项目、江苏东海县 2019 年度沭新渠灌区续建配套与节水改造项目、南京市浦口区水利信息化建设工程、湖北荆州市江陵县观音寺灌区续建配套与节水改造工程量测水设施建设等多个项目中应用，并取得良好效果。

技术名称：TAS9000 节水灌溉与水资源管理系统
持有单位：钛能科技股份有限公司
联 系 人：印小军
地　　址：江苏省南京市浦口经济开发区凤凰路 7 号
电　　话：025-58180882
手　　机：13505155674
传　　真：025-58180882
E-mail：103176506@qq.com

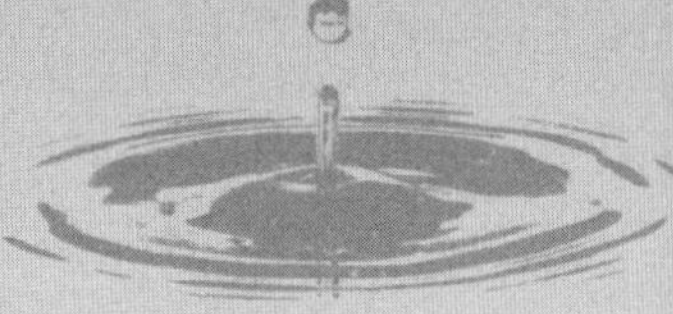

201 金库管家——优质水源地智慧监管系统

持有单位

杭州领见数据科技有限公司

技术简介

1. 技术来源

自主研发。

2. 技术原理

采用多源遥感数据，结合遥感和地面物联设备观测，综合采集相关部门数据，利用机器学习技术，对水源地的水域及集水范围进行生态环境全要素态势动态感知，包括：水环境情况、水质情况、水源地周围土地利用、植被数据和水土流失情况、气温和降雨数据、生产生活中的点源污染数据、面源污染数据等。在水源地各类要素数据采集的基础上进行定量化的研究，得到了水源地生态安全指数分值。

3. 技术特点

（1）采用以遥感为基础的多源数据采集与融合分析技术，利用地理时空大数据、机器学习、人工智能、物联 IoT 等技术手段，对水库水源地进行了现状调查和要素数字化工作。

（2）根据水源地实际情况采用 DPSIR 生态环境模型对水源地进行生态评价，分析水源地的潜在风险，为水源保护管理、决策以及应急处置提供技术支撑。

（3）系统采用高时空分辨率的遥感数据为基础的多种数据源对优质水源地的生态环境进行全方位的采集与监测，形成对整个水源地的全方位量化数据的动态监测。

技术指标

（1）水情数据：包括水位、蓄水量、降雨量、入库流量、日取水量，每天一次。

（2）水质数据：每天上报同步一次，点源污染物、污水进水量每 2min 同步一次，生活垃圾处理量每天上报同步一次。

（3）降雨数据：采用大区域高频 MODIS 数据，每半月更新，空间分辨率为 250m。

（4）面源污染物：通常每季度更新遥感影像，影像空间分辨率可达使用亚米级（0.8m）影像。

应用范围及前景

适用于重要优质水源地（水库型）的库区生态综合监管，也可延伸到水系发源区域的生态监管。

技术已应用于温州珊溪－赵山渡水库水源地水资源动态监测与数字化应用项目以及杭州千岛湖水源安全评估及对策研究两个项目。

典型案例：“数字珊溪智慧监管”系统从 2019 年 6 月开始建设，实现了“五横四纵三块二库一平台”的技术构架：“五横”指天空地感知体系层、实时数据采集接口层、水利政务云网络服务层、双中台数据业务支撑层和智慧高级应用系统层；“四纵”指多元异构采集体系、3T 融合管理体系、AI 水利智慧模型库和流程闭环化协同引擎；“三块”指总系统分为珊溪总览、水资源保护和库区综合管理三大模块；“二库”指系统将珊溪水库和赵山渡水库进行综合考虑研发；“一平台”指建设统一的数字珊溪、智慧监管平台。

技术名称：金库管家——优质水源地智慧监管系统
持有单位：杭州领见数据科技有限公司
联 系 人：陈伟
地　　址：浙江省杭州市下城区新天地跨贸小镇 11 栋南楼 7 层
电　　话：0571-86962690
手　　机：18161226022
传　　真：0571-86962690
E-mail：chenw@leadinsight.cn

202　三立河湖长制决策大数据支持系统

持有单位

中水三立数据技术股份有限公司

技术简介

1. 技术来源

自主研发。

2. 技术原理

该技术以水资源监测管理、行政执法监督、水环境监测、河湖水体污染源监测、河道及湖泊岸线监控、河/湖长日常巡查与考核、信息发布、公众参与监督等为基础功能，提供水污染状况趋势分析及预警预报、水事件实时动态监测及预案分析、应急调度指挥、远程会商、工程跨平台联合运行等解决方案，为各级河/湖长提供从规划、实施、应急处理、过程跟踪至结果评价一体化信息化管理平台。

3. 技术特点

（1）河湖长制一张图：综合展示河湖的各类专题数据：涉河工程、水质监控断面、水质现状、水源保护区、取水口、入河排污口、污染源、视频监控点、投诉事件等。

（2）动态多维统计：多维护统计分析，支持综合报表、水质报表、事件统计和巡查统计等；同时对河湖问题事件的数量、状态、时效、评价、日常巡河频率、巡河覆盖率有效率等都可进行分析统计。

（3）实时数据监测预警：各种物联网传感器探测到河湖的 COD、氨氮、溶解氧、总磷、水流速、水量、雨量、视频图像或图片等数字化信息，系统基于河湖健康评估参数，及时对水环境实施预警预报，使河长能及时监视现场情况并处理。

技术指标

（1）提出了以“河（湖）长”为主体，“河（湖）长办”为核心的管理考核模式，实现扁平化管理机制创新。

（2）利用无人机、无人船、遥感监测等新兴技术手段，提高巡河（湖）效果。

（3）提出了量化考核办法，实现量化考核办法创新。

（4）利用 directshow 技术通过对各类排污口进行实时视频采集或图像抓拍叠加，实时监控排污口水质、排放流量及监控设备状态，对照排放标准，实现对排污口污水排放自动监测预警管理。

应用范围及前景

适用于省、市、县、乡、村五级统一河湖治理。

研发的河湖长制决策大数据支持系统技术已成功运用至安徽省、广州市、海南省、云南蒙自市、合肥市、珠海、蚌埠、颍上等全国各地 40 余项工程。

案例：安徽省河长制决策支持系统项目，在推动安徽省各级河长制湖长制工作中起到重要作用。红河州河长制 App 定制软件开发项目，为红河州河（湖）长制工作的开展提供有力的技术支撑。

技术名称：三立河湖长制决策大数据支持系统
持有单位：中水三立数据技术股份有限公司
联 系 人：寿淑芹
地　　址：安徽省合肥市蜀山新产业园稻香路 1 号
电　　话：0551-65233390
手　　机：15955138785
传　　真：0551-65233332
E-mail：1442237543@qq.com

203 高校节水智能管控技术与装备

持有单位

福水智联技术有限公司

技术简介

1. 技术来源

自主研发。

2. 技术原理

基于 5G 窄带物联网技术建设智慧管网监测系统，结合学校供水管网、用水终端、计量器具、用水习惯等实际情况，安装智能计量终端及节水用水终端产品，建立用水精细化管理体系，综合治理管网漏损。

3. 技术特点

（1）严格对标《节水型高校评价标准》，并结合高校的实际情况：供水管网、用水终端、水计量器具、非常规水源利用、用水管理、节水宣传等情况制定节水解决方案。

（2）采用先进或有效的节水技术改造、节水管理和节水宣传等措施，形成“监管控运”四位一体的用水节水监测管理系统，取得“建、管、养”一体化建设成果。节水效果显著，将学校建设成为节水型高校（≥90 分）。

技术指标

（1）节水计量器具采用智能化带时间切片技术的传感器。

（2）高校节水监测平台为可视化部署。

（3）通过网络化 DMA 分区结合树形结构、VMA 分区计量监测模型和“高校节水监测系统”的大数据分析，靶向漏损区域、分析漏损类别和漏损情况，综合运用漏点定位技术：示踪气体检漏、负压波检漏、漏水相关仪及漏水噪声听漏等各种探测方法对漏点进行高效精确定位，漏点定位精度可达 $1m^2$ 以内。

应用范围及前景

适用于全国各高校节水领域。

案例 1：中央党校智慧后勤节水措施改造项目。项目提供一站式智慧水务解决方案，从“服务、管理、安全、节水”四个方面考虑，安装智能远传水表、智能井盖等智能终端产品，对校园供水管网进行分区治理，部署了高校用水节水监测系统。

案例 2：福建工程学院旗山校区合同节水项目。福建工程学院于 2019 年通过公开招投标引入节水服务企业，福水智联技术有限公司以“合同节水”模式，对标《节水型高校评价标准》全面创建节水型高校。

技术名称：高校节水智能管控技术与装备
持有单位：福水智联技术有限公司
联 系 人：何章艳
地　　址：福建省福州市高新区创业园 2 期 20 栋 8 层
电　　话：0591-88023277
手　　机：13459489319
E-mail：hezhangyan@prajna－iot.com

204 鑫源水厂远程数据采集与监控系统 V3.0

持有单位

青岛鑫源环保集团有限公司

技术简介

1. 技术来源

自主研发。

2. 技术原理

控制系统采用 PLC 和上位机的两级控制结构方式，利用 PLC 对整个水厂中的设备进行数据采集和控制，并通过上位计算机的人机接口对系统设备发出控制命令，同时系统中各设备的运行状态信息在上位机显示器上直观、动态地显示出来。上位机和 PLC 之间通过以太网进行通信。PC 担负系统的监控、管理及参数调节。PLC 为控制层，负责对整个水厂设备的启停控制及仪表信号的采集。通过 PLC 处理器对各种开关量、模拟量的处理完成水厂全部控制功能。

3. 技术特点

（1）时效性：使用该系统可以再具备以太网的地方不限时登录水厂监控计算机，对水厂设实时监测和记录。

（2）安全性：该系统设置两级安全加密，远程登录计算机需要进行密码确认，进行设备操作机画面显示也需要密码登录，安全可靠。

技术指标

（1）通过 Internet 远程监视并控制水厂的自动化控制画面，被访问方可设置权限，权限不允许，不能访问，保证系统安全性。

（2）基于 4G 网络和无线网络的手机客户端可以跨地域、无时间限制访问，保证了系统的实效性。

（3）各类传感器采集各种水质参数转换为 4～20mA 电流或者 0～10V 电压反馈给 PLC。

（4）上位机与 PLC 控制器之间采用以太网或者 Modbus 通信，传输数据。

应用范围及前景

适用于大、中、小各种规模的净水厂、污水厂自控系统。

该系统最早应用时间为 2011 年，应用于安丘华安供水有限公司净水设备，项目应用总数已达到 102 个，应用总规模达 150 万 m^3/d，帮助各区域水厂节省了大量的人力资源并有效地控制水厂能耗，节约运营成本，对于各水厂的成本控制产生了良好的经济效益。

技术名称：鑫源水厂远程数据采集与监控系统 V3.0
持有单位：青岛鑫源环保集团有限公司
联 系 人：吴莹
地　　址：山东省青岛市高新区正源路 35 号
电　　话：0532-87700827
手　　机：15753216098
传　　真：0532-87701287
E-mail：xinyuanep@xinyuanep.com

205　区块链-大数据挖掘技术在大型引调水工程水质业务管理中的应用

持有单位

河南省水利勘测设计研究有限公司

技术简介

1. 技术来源

依托“十三五”水专项课题“南水北调中线输水水质预警与业务化管理平台”，自主研发，相关成果已在实践中应用。

2. 技术原理

该技术区块链网络采用联盟链机制，以 1＋N 方式支持数据共享业务，由区块链 BaaS 服务建立起一套分布式的数据共享系统，实现数据共享及安全。大数据挖掘技术是依托大数据技术实现水质数据在大数据技术环境下的业务数据接入、存储、处理和组织，并以可视化形式对分析结果进行展现。两项技术的联合应用，实现水质数据的安全共享、综合研判，辅助决策。

3. 技术特点

（1）区块链技术保证了水质数据的安全性。区块链技术的可追溯和不可篡改的特征为区块链网络中的数据安全性提供了基础框架。共识算法能够确保所有节点都遵循系统规则并且都认可网络的当前状态，而不可篡改能够保证每个得到有效性验证的区块数据和交易记录的完整性。

（2）大数据挖掘技术能有效进行水质监测数据的价值挖掘，实现水质监测要素同一指标不同监测站点的趋势性分析、多种指标不同监测站点的相关性分析、同一站点同一监测指标的趋势性变化分析、同一站点不同监测指标的相关性分析等，并能进行监测指标极值、平均值、浮动范围等的统计。

技术指标

（1）基于上链数据安全和权限控制，提出了水质实时数据、批量数据、历史数据等上链的安全共享技术方案。

（2）提出了大型引调水工程水质监测数据时空多维度、多指标的价值挖掘技术体系。

应用范围及前景

适用于大型引调水工程、流域及区域长系列、大数据量水质数据管理和价值挖掘，并可推广到所有长系列、大数据量类监测数据的管理和使用中。

案例 1：区块链-大数据挖掘技术在水质业务管理中的应用研究成果已成功应用于南水北调中线输水水质预警与业务化管理平台项目，通过研究成果的应用实现南水北调中线水质监测数据的安全共享、综合研判，辅助中线水质业务管理决策。

案例 2：区块链-大数据挖掘技术研究成果应用于宁夏惠农渠灌区节水改造工程中，实现灌区水量、水质监测数据的上链存储和价值挖掘分析，指导灌区编制切合实际的水量分配方案。

技术名称：区块链-大数据挖掘技术在大型引调水工程水质业务管理中的应用
持有单位：河南省水利勘测设计研究有限公司
联 系 人：尚银磊
地　　址：河南省郑州市郑东新区康平路 16 号
电　　话：0371-69153978
手　　机：15938711210
传　　真：0371-69153910
E-mail：1066763598@qq.com

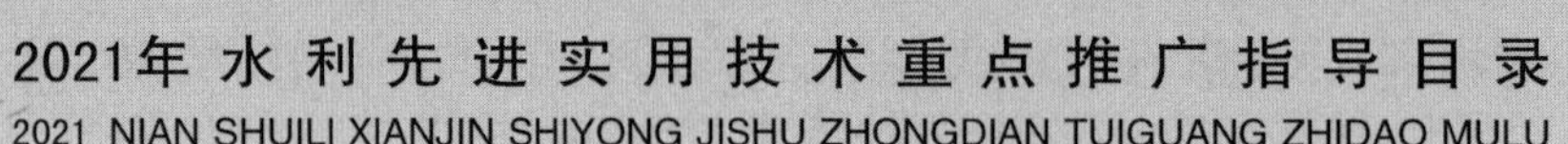

206　基于互联网＋河长信息管理系统（水陆空一体化河湖黑臭及污染源巡查综合平台）

持有单位

广州市河涌监测中心
中国水利水电科学研究院
广州粤建三和软件股份有限公司

技术简介

1. 技术来源

自主研发。

2. 技术原理

提出了网格化治水、排水单元达标等创新性治河管理方式；研发了基于中值滤波法的巡河路径优化技术以及基于数据驱动的河湖管控事务流转技术；建立了水质分类预测模型实现了河湖问题的全链条预测预警；研发了多标准、多构架的数据服务平台和“互联网＋河长制”综合管理平台，实现管理范围、工作过程、业务信息三个全覆盖。

3. 技术特点

（1）引入网格员及网格长，将四级河长拓展为五级河长，形成全覆盖、无盲区治水网格体系，首推“排水单元达标工作方案”。

（2）提出了基于无人机的人机协同移动监测模式，实现河涌管理全要素状态的数据采集，形成了为河湖管理服务的大数据监测技术能力。

（3）基于水质监测数据、巡河问题数据建立了基于大数据挖掘的成套水环境预警模型，并以“河长-河段-问题-水质”四种强关联为核心，构建了多元数据融合的内外业融合模型。

（4）构建了多标准、多构架的数据服务平台，形成了多元数据于一体的海量数据集，打造了多元异构数据融合的水务数据中心。

技术指标

（1）创建了河湖管理新模式与制度体系，实现制度护河。

（2）构建了耦合人工智能及动静结合的全方位监测体系，实现河湖问题的多途径全面感知。

（3）构建了基于大数据的水质预测及履职评价预警体系，实现河湖问题的全链条预测预警。

（4）构建了融合大数据及“互联网＋”的河长管理平台，实现河湖管理新技术的集成应用。

应用范围及前景

适用于互联网；河长制；岸线管理；河湖巡查；水环境监管；河湖监督；AI 图像识别等水利信息化领域。

案例：开发了广州河长信息系统，各级河长通过系统巡河超 187 万次，570 万 km。2017—2019 年期间，河长巡河率从 38%上升至 97%，日均上报问题数从 55 个提升至 149 个，问题办结率从 60%提升至 94%，目前稳定在 99%以上。

技术名称：基于互联网＋河长信息管理系统（水陆空一体化河湖黑臭及污染源巡查综合平台）
持有单位：广州市河涌监测中心、中国水利水电科学研究院、广州粤建三和软件股份有限公司
联 系 人：杜冬阳
地　　址：广东省广州市天河区长兴路东自编 1 号
电　　话：020-87592630
手　　机：15915765119
E-mail：kekow@gz.gov.cn

207 四创慧眼河湖智能监管平台

持有单位

四创科技有限公司

技术简介

1. 技术来源

自主研发。

2. 技术原理

该平台使用图像分析技术对特定区域（河道、水面）进行连续的长时间监控，在特定的情况下，增加基于深度学习、神经网络的再判断模块和辅助模块，例如水面区域识别、目标检测神经网络等，用于提供额外的图像信息辅助判断。

3. 技术特点

（1）根据视频图像智能分析所在的位置分为集中处理方式和分布式处理方式。集中处理方式是将视频图像信号全部传输给后端的视频图像处理软件进行处理。分布式处理方式是把视频图像信号在前端摄像设备中进行处理。

（2）摄像设备嵌入了微处理器，图像处理软件直接提取目标图像，生成、分析目标数据信息，根据判断结果产生报警事件，同时把报警关联视频一同传给后端的监控中心，监控中心对报警事件采取相应的措施。

（3）四创慧眼有一个强大、丰富、智能的使能平台，针对不同的场景内容，融合应用不同的模型算法。四创慧眼基于图像智能识别技术通过江河岸已有监控摄像头，实现对水面的智能化监控，在无需人为干预的情况下对监控的水面场景进行自动分析，快速准确，并自动取证，可为防汛、河长制、水源地以及水库的保护等河湖业务提供强有力的技术支撑。

技术指标

（1）WebGIS 方式执行 GIS 分析任务，复杂报表响应速度＜5s，一般查询响应速度＜3s。

（2）预警信息推送规则，并发量可同时处理多路视频流，时效性能 3s 内做出识别并取证，有效识别距离≥30m，漏报率＜15%，误报率平均＜5 次/d。

应用范围及前景

适用于识别河湖抛投垃圾、倒排污水、垃圾漂浮、非法钓鱼、非法游泳、水尺水位、区域入侵、“四乱”问题等场景的监管应用。

案例 1：潍坊市河湖智能监管系统。项目以推进“河湖安澜、生态健康、岸绿景美、人文彰显、智慧管护”的美丽河湖建设为目标，主要建设内容为：河湖视频感知能力提升、河湖数据服务平台建设、河湖智能分析系统建设、河湖基础运行环境建设。

案例 2：莆田市木兰溪农业水价综合改革计量设施及防汛调度平台。项目共建设了 15 个视频水位图像识别系统，由智能识别系统、水尺校验等两部分组成，新技术的应用让防汛预警工作更加智慧。

技术名称：四创慧眼河湖智能监管平台
持有单位：四创科技有限公司
联 系 人：邱华妹
地　　址：福建省福州市高新区高新大道 9 号四创科技大厦 10 层
电　　话：0591-22877213
手　　机：15806018472
传　　真：0591-22850299
E-mail：qhm@istrong.cn

208 水利信息化系统-RTU-DXS02 型

持有单位

中兴长天信息技术（南昌）有限公司

技术简介

1. 技术来源

自主研发。

2. 技术原理

该技术采用 RS485MODEBUS 采集水位信息并通过 GPRS 组网方式将数据发送到后台平台，后台平台依据采集的数据进行水资源的合理分配，十分适用于水位在线监测。

3. 技术特点

（1）配置独立便携式手持设备显示和参数设置，现场安装简单快捷。

（2）采用微功耗设计，休眠功耗＜50μA@12V，单节电池可持续工作 3～5 年。

（3）采集精度高，水位采集精度优于 1%。

技术指标

系统年可用率：≥99%；平均无故障时间≥25000h；传输模式：自报式/遥测式/混合式，报送时段间隔为 1h，遥测终端；使用环境：－30～＋70℃，≤95%RH（40℃）；通信模式：GPRS/GSM；数据存储容量 8MB；地下水监测数据传输规约；IP65 防水等级。

应用范围及前景

适用于地下水位、水库水位、河道水位的在线监测。

案例 1：鄂托克前旗 2019 年度节水增效项目信息化工程项目，采购了 28 套 RTU-DXS02 型浮子式地下水位一体机用于地下水位在线监测，水位一体机性能稳定，有效实现了水位的在线监测。

案例 2：准格尔 2019 年度节水增效项目信息化工程项目，采购了 20 套 RTU-DXS02 型浮子式地下水位一体机用于地下水位在线监测，RTU-DXS02 型浮子式地下水位一体机性能稳定，有效实现了水位的在线监测。

技术名称：水利信息化系统-RTU-DXS02 型
持有单位：中兴长天信息技术（南昌）有限公司
联 系 人：赖家铭
地　　址：江西省南昌市高新区艾溪湖北路 688 号中兴软件园
电　　话：079186178300
手　　机：17346718006
传　　真：0791-86178301
E-mail：laijiaming@czd.com.cn

209　东深水库三维信息管理与溃坝分析系统

持有单位

深圳市东深电子股份有限公司

技术简介

1. 技术来源

自主研发。

2. 技术原理

以数字高程模型、高分辨率遥感影像、高精细化BIM模型为基础，采用BIM＋三维GIS技术、融合水动力模型，用三维交互方式展示水库工程信息、运行管理信息、视频监控信息及监测信息，实现三维虚拟环境下的水库工程三维可视化仿真。同时，结合溃坝分析模型和灾情评估模型，实现在三维场景下的洪水演进、灾情分析和风险预警。

3. 技术特点

（1）利用模型转换与处理工具实现GIS地形数据与BIM模型数据的有效集成和统一。

（2）通过三维可视化展示手段，实现三维虚拟环境下的三维可视化管理，实现水库管理单位各业务数据的共享和查询统计。

（3）利用水动力模型、风险评估等模型，为水库溃坝分析、灾情评估和大坝安全运行提供决策支持。

技术指标

（1）数据库数据准确率为100%。

（2）GIS操作平均响应时间≤10s。

（3）数据更新时间≤1s。

（4）画面更新响应时间≤3s。

（5）用户一般操作的响应时间应≤5s。

（6）大数据查询操作界面响应时间≤40s。

（7）模型计算响应时间≤5min。

应用范围及前景

适用于各水库管理所、省市县水库管理单位和水行政管理部门等，主要用于水库的信息化监控、可视化展示、指挥调度决策。

已应用的项目包括深圳市铁石智慧水库建设项目、深圳市三洲田水库安全加固工程综合自动化监控信息系统综合自动信息化设备采购及安装工程项目等。

技术名称：东深水库三维信息管理与溃坝分析系统
持有单位：深圳市东深电子股份有限公司
联 系 人：刘正坤
地　　址：广东省深圳市高新区科技中二路软件园5栋6楼
电　　话：0755-26611488
手　　机：15820472004
传　　真：0755-26503890
E-mail：liuzk@dse.cn

210 大数据下贵州省水利工程全生命周期三维地理信息技术

持有单位

贵州省水利水电勘测设计研究院有限公司

江河水利水电咨询中心有限公司

技术简介

1. 技术来源

自主研发，省部计划项目。获得软件著作权三项：水利水电工程征地移民三维地理信息云平台 V2.0、河湖大数据管理信息系统 V1.0、贵州省河湖大数据管理信息系统 V1.0。

2. 技术原理

课题基于大数据、建筑信息模型（BIM）和地理信息系统（GIS）等技术，研发了水利工程全生命周期三维地理信息系统平台。

3. 技术特点

（1）实现了多源异构数据集成共享，解决水利工程全生命周期内的信息存储、传输和共享问题，为规划和设计人员提供多源的基础三维地形、地质数据等。

（2）实现了基础空间数据与三维设计数据的无缝连接和管理，建立业务数据模型。研究三维设计模型轻量化处理技术，提高三维平台渲染效果，方便快速流畅表达。

（3）实现移民信息系统、大坝安全监测系统、水雨情测报系统等多源系统的集成，实现全生命周期的完整度，提高的平台的内聚减少耦合度。

（4）基于空间分析及大数据分析挖掘技术，研究分析挖掘整个水利工程全生命周期内的数据信息，建库形成决策支持系统，支持科学决策支持。

技术指标

（1）平台自投入使用以来，规划、勘测设计、施工、运营管理等各模块的运行效率均有大幅度提升，总体运行效率相对单机版提高 20%以上。

（2）根据多个项目的业主使用情况采集，平台软件帮助提高工程建设和管理的工作效率约 40%，节约成本约 37%。

（3）平台存储的影像数据、倾斜模型数据、矢量数据、文件及音频等数据量存储达到 10TB。

应用范围及前景

适用于水利工程建设管理、运行维护、征地移民等的业务自动化管理和信息共享。

平台软件已经在贵州省多座大中小型水库中推广使用，应用项目如黄家湾水库移民信息系统、马岭水库移民信息系统、团山水库移民信息系统、黔西南州移民信息系统、黔东南建设管理云平台运营管理、小龙潭水库运维系统等，实现总合同额 2206.8 万元，平台软件有效提高了项目工程建设与管理的工作效率。

技术名称：大数据下贵州省水利工程全生命周期三维地理信息技术

持有单位：贵州省水利水电勘测设计研究院有限公司、江河水利水电咨询中心有限公司

联 系 人：王茂洋

地　　址：贵州省贵阳市宝山南路 27 号

手　　机：15285063937

传　　真：0851-85922152

E-mail：1158120305@qq.com

211　基于遥感的缺资料流域水文模拟软件

持有单位

中国水利水电科学研究院

技术简介

1. 技术来源

自主研发。

2. 技术原理

流域水文过程模拟基于水量平衡方程，包括流域的产汇流和河道内的汇流，产流计算的模型包括 SCS 和 Green-Ampt 模型，汇流计算考虑坡面汇流的滞时现象，蒸散发计算包括 Penman-Monteith、Priestly-Taylor 和 Hargreaves 等 3 种计算潜在蒸散发（PET）的方法，也可以直接读入实测的或其他的 PET 值。采用动态蓄量模型（linematic storage model）对壤中流进行计算，地下径流包括浅层地下径流和深层地下径流。通过应用 GIS 从流域的地理信息中分析确定水文模型参数，综合地形、海拔、坡度、坡长、土地利用等指标的影响，进行模型参数率定。

3. 技术特点

（1）基于遥感数据及产品，通过遥感数据和 3 个典型常用水文模型的耦合，实现了无实测数据情况下的流域水文过程模拟，为缺资料流域水文研究提供了理论和技术支持。基于平台中不同类型的遥感降水产品，能够实现 10～20 年的降水径流过程模拟。

（2）遥感数据产品包括降水数据、地形数据、土地利用数据、土壤数据等；针对不同水文模型需求，完成水文模型驱动数据准备，包括降水数据提取、气象数据提取、DEM 数据提取、土地利用数据提取、土壤数据提取、HEC 模型数据提取等；同时，实现了 SWAT、HEC 水文模型的集成与计算结果展示。

技术指标

（1）实现了遥感驱动的中国境内及跨境流域的水文过程模拟，时间尺度 20 年，模拟步长为日和月。

（2）模型自带的缺资料流域遥感水文气象和基础地理数据库数据条目约 100 万条，数据量约 2TB，包含数字地形、遥感降水数据、气象数据、土地利用/覆盖数据、土壤数据和流域河网水系等。

（3）支持 3 个国际通用水文模型，包括 SWAT、HEC 和 VIC 模型。

应用范围及前景

可用于我国国内缺资料流域水文水资源调查分析、洪水过程模拟和气候变化分析等，还可以用于我国众多跨境流域的基础水文地理信息调查、流域水文水资源分析和洪涝灾害定量监测等。

自 2011 年开始，该技术先后在澜沧江-湄公河流域、伊洛瓦底江流域、黑河流域、雅鲁藏布江流域和鸭绿江流域等开展了应用。此外，该软件还在伊江上游水电开发公司（Upstream Ayayawady Conpluence Basin Hydropower Company Limited）、北京师范大学和中国人民解放军相关部队等得到推广应用，取得了良好的社会效益与经济效益。

技术名称：基于遥感的缺资料流域水文模拟软件
持有单位：中国水利水电科学研究院
联 系 人：曲伟
地　　址：北京市海淀区玉渊潭南路 1 号 D 座
电　　话：010-68785406
手　　机：15120099182
传　　真：010-68785451
E-mail：quwei@iwhr.com

212 TDU 系列智能多声道超声流量计

持有单位

水利部机电研究所

天津水科机电有限公司

技术简介

1. 技术来源

自主研发。

2. 技术原理

TDU 系列智能超声流量计采用超声波时差法原理单声道或多声道布置，根据超声波在流动的介质中传播时，相对于固定的坐标系统（如管道的管壁），顺流传播时间与逆流传播时间之差与介质流速的对应关系，利用积分原理建立对流速及面积进行二重积分的数学模型，计算出流体的流速和流量。

3. 技术特点

（1）采用二重积分数学模型，流体分层多声道测量，使流量测量精度更加精准、稳定、可靠，测量精度可达±0.15%。

（2）采用 CDMA 锁频技术，测量信号稳定、抗干扰能力强。

（3）低流速性能好，可测量小于 0.02m/s 的始动流速，能检测管道漏损量和水锤现象。

（4）无阻流部件，压力损失小，不会发生流体堵塞现象；无机械传动部件不容易损坏，免维护，寿命长。

技术指标

TDU 系列智能多声道超声流量计按照安装方式不同，可分为内贴式超声流量计、外插式超声流量计、管段式超声流量计和明渠超声流量计等。以 TDU-300-5 为例：规格 DN300；流量范围 50～1400m^3/h；工作压力范围≤4.0MPa；工作温度 0～60℃；准确的等级 0.5 级。

应用范围及前景

适用于原水、自来水、纯水、中水、污水、冷却循环水、热水及其他密度均匀液体的流速和流量测量。

典型应用：山西黄河禹门口提水东扩（一期）工程应用了 18 台套外插式多声道超声流量计，其中 8 声道的 6 台套、4 声道的 12 台套；公称压力 1.0MPa 的 13 台套、1.6MPa 的 5 台套；最小口径 DN600、最大口径 DN2000。多声道超声流量计安装在输水主线的检修阀室前、泵站的出水总管上、调节阀前总管上和侯马、曲沃及北庄等分水口处，使用情况稳定可靠。

技术名称：TDU 系列智能多声道超声流量计
持有单位：水利部机电研究所、天津水科机电有限公司
联 系 人：李万平
地　　址：天津市蓟州区兴华大街 19 号
电　　话：022-82852586
手　　机：18920396955
传　　真：022-82852586
E-mail：1260289188@qq.com

213 水质水量标准站自动监控系统软件

持有单位

水利部南京水利水文自动化研究所
江苏南水科技有限公司
江苏南水信息科技有限公司

技术简介

1. 技术来源

自主研发。纵向项目：基于云服务的水文综合信息共享服务平台及水文大数据研究（中央级公益性科研院所基本科研业务费专项资金项目）；横向项目：陆家浜泵站水质水量自动监测项目，上海市水文总站苏州河支流水质在线监测系统建设采购合同。

2. 技术原理

水质水量标准站自动监控系统软件通过可配置模块化架构开发，形成通用型水质水量多要素数据采集技术；利用高效数据存取技术、事务调度模式，形成水质水量智能在线互馈技术；以 VS 平台下 C＋＋的底层采集软件和 eclipse-jee 平台下的 JAVA＋html5 监控软件，形成配置-采集-监控分离的数据采集与监控分层模式。

3. 技术特点

（1）该软件可支持不同厂家设备、不同通信协议、不同商用数据库、不同监测要素、不同操作系统的快速配置应用，提高了水质水量标准站自动监控软件产品的通用性和部署应用的灵活性。

（2）以配置-采集-监控分离的分层应用模式，将专业维护配置、底层采集、表层监测和控制相分离，提高了软件产品运行的稳定性、安全性和可操作性，支持平台端与现地设备的全天时在线监控和维护。

技术指标

（1）全年无故障运行；数据准确率＞95%。

（2）并发接收数不小于 10000 个；单条数据处理＜100ms。

（3）支持水利行业主流通信协议，支持各类标准通信协议，支持各种主流数据库，支持各类计算机操作系统。

应用范围及前景

适用于水文、水资源、水务、水库等水利管理部门，以及环保、城建等行业的水质水量自动监控信息化系统建设。

自 2017 年起，该成果在上海、江苏、浙江、安徽、湖北等地 8 个项目获得应用，如安徽省长江干流入河排污口在线监测建设第 1 包项目、上海市水文总站省市边界水文水质监测设备省市边界水质监测系统集成采购项目（一期及二期、太湖流域水资源监控与保护预警系统项目、洋澜湖水质在线监测系统建设项目等。项目中水质水量自动监测站系统软件实际应用 73 套，满足了水质监测的需求。

技术名称：水质水量标准站自动监控系统软件
持有单位：水利部南京水利水文自动化研究所、江苏南水科技有限公司、江苏南水信息科技有限公司
联 系 人：郭丽丽
地　　址：江苏省南京市雨花台区铁心桥街 95 号
电　　话：025-52898408
手　　机：15295512335
传　　真：025-52891891

214　单波束换能器调节固定与比测成套装置

持有单位

长江水利委员会水文局长江上游水文水资源勘测局

技术简介

1. 技术来源

自主研发，2019 年获国家发明专利。

2. 技术原理

该设备利用管（圆）水准气泡作为换能器安装、调节及使用的显示装置，通过系列调节螺母和抱箍达到安装、调节、固定为铅锤状态。利用换能器测深杆载体刻画刻度进行判读吃水深度，利用定位叉保证了比测板始终与换能器处于同一平面坐标上，比测方便快捷。选材抗压抗腐蚀，兼具成本低廉和使用寿命长。操作简便，适用性强，能较好地解决水深测量前测深设备的安装、比测以及监控工作中的实施状态。

3. 技术特点

快速固定与定位，通用性强。显示直观，操作简便。成本低廉，无需维护保养。

技术指标

（1）换能器调节固定装置检测精度（灵敏度）优于 10′。

（2）定位叉进行比测时间优于 10min。

（3）比对板张紧绳直径大于 5mm。

（4）定位叉横向受力单个优于 200kg。

应用范围及前景

适用于内陆河流、水库等水文泥沙监测、水库库容曲线复核，河道划界，水利水电工程水域监测、单波束回声测深仪测深检定与测深设备研发选型等工作。

单波束换能器调节固定与比测成套装置已广泛用于黄河流域、高原煤矿尾矿长江三峡库区干支流、金沙江下游干支流、西部地区中小型水库等河道断面、地形测量工作，已在长江三峡工程和金沙江下游梯级水电站水文泥沙监测、长江航道通航整治、河道采砂规划、区域港口规划修建、矿区尾矿水生态修复、跨河大桥修建等 40 余项生产科研项目投入，主要用于水下三维数据获取与模型构建、河道演变分析、水库冲淤计算，库容曲线复核等。

技术名称：单波束换能器调节固定与比测成套装置
持有单位：长江水利委员会水文局长江上游水文水资源勘测局
联 系 人：孙振勇
地　　址：重庆市江北区海尔路 410 号
电　　话：023-89052817
手　　机：15923390456
传　　真：023-89052814
E-mail：15923390456@163.com

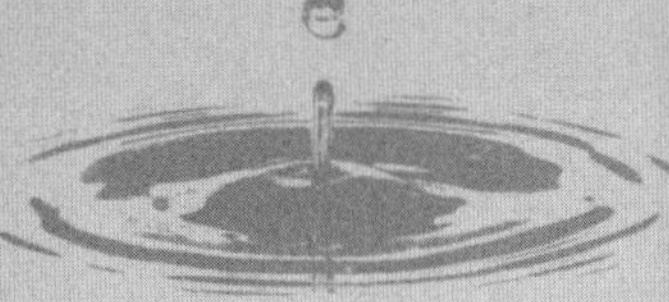

215 船基雷达实时自动化水边界测绘方法

持有单位

长江水利委员会水文局长江下游水文水资源勘测局

技术简介

1. 技术来源

自主研发，技术来源于国家重点研发计划“提防工程风险识别和监测预警技术研究（2017YFC1502604）”子题3：船载X波段雷达堤防崩岸动态水体边界监测系统研究。

2. 技术原理

通过GNSS、罗经、X波段民用航海雷达、数码相机等多传感器系统集成，通过研究多传感器标定、自动控制与数据采集、多源异构数据融合与处理理论方法与技术，实现自动数据采集、水边界智能识别与自动提取、水边界验证，从而实现自动化、高效率、高精度、实时化、全天时、全天候、低成本的水边界测绘。

3. 技术特点

（1）首次提出将航海雷达引入水边界测绘领域，融合雷达探测技术与数字摄影测量技术，从软件工程思想出发，结合结构化和面向对象方法，进行系统总体结构设计、功能模块设计、程序代码设计、数据接口设计、界面设计等。

（2）多传感器集成技术，自动化控制与数据采集；雷达影像水边界智能识别与自动提取；无IMU/控制点的多基线摄影测量方法对水边界验证；水边线提取质量控制与精度评价。

（3）具有“低成本、高效率、自动化”的显著特点。

技术指标

（1）通过探索航海雷达、GNSS、 罗经、数码相机多传感器集成与多源异构数据融合的水边界提取理论，构建雷达影像水边界智能化高精度提取模型，建立免物方控制点与无惯导（IMU）依赖的船基摄影测量水边界验证模式。

（2）实现江河水边界的实时自动采集与提取，满足1∶5000及以下比例尺地形图水边界测绘的精度要求。

应用范围及前景

适用于1∶5000及以下比例尺地形图水边界测绘。

技术成果推广应用工程实例数为5个，在南京长江河道工程建设处、江苏省工程勘测研究院有限责任公司等多家政府、科研部门、企事业单位得到应用，如长江河道南京河段水下地形测量、长江南京河段八卦洲汊道河道整治工程等，取得了显著的经济、社会和生态环境效益。

技术名称：船基雷达实时自动化水边界测绘方法
持有单位：长江水利委员会水文局长江下游水文水资源勘测局
联 系 人：周绍阳
地　　址：江苏省南京市鼓楼区大马路66号
电　　话：025-68584565
手　　机：15252488678
传　　真：025-68584565
E-mail：1132146127@qq.com

216　水文测报仪器设备检校与维护管理系统

持有单位

长江水利委员会水文局长江中游水文水资源勘测局

技术简介

1. 技术来源

自主研发。

2. 技术原理

水文设施设备管理系统利用二维码和条形码信息识别的优势，将标记唯一的二维码标签和条形码铭牌与设备绑定，依靠移动互联网技术，通过手持机或手机读取标签，实现借出、归还、清查、维修及报废等流程化管理。从设施设备管理来讲，系统的管理对象分为水文监测设备（可移动）和水文监测设施（固定安装）两类。

3. 技术特点

（1）水文测报仪器设备检校与维护管理系统能有效提升水文测报仪器设备管理的效率，规范水文测报仪器设备管理的各个环节，使单位内部的设备管理信息更加透明，有利于设备信息的共享。

（2）利用二维码和条码等技术能够随时随地对单位内部的设施设备使用情况进行查询，便于设施设备的追踪溯源。在移动互联网环境下，利用手机等移动终端设备实现对设备信息的扫描和系统的访问，方便设施设备管理人员和使用人员。

（3）随着水文测报仪器设备类型的不断更新和数量的不断增加，还可通过大数据分析方法总结分析水文测报仪器设备管理的规律，为水文建设、运行维护、安全生产、设备选型等工作提供技术支撑。

技术指标

（1）系统中仪器设备分类满足国标 GB/T 32847—2016《科技平台　大型科学仪器设备分类与代码》。

（2）仪器设备检校与维护管理的设定满足 GB/T 50138—2010《水位观测标准》、GB 50179—2015《河流流量测验规范》、GB/T 50159—2015《河流悬移质泥沙测验规范》、SL 21—2015《降水量观测规范》等相关水文测报规范。

应用范围及前景

适用于全国从事水文测报工作的单位。

该系统为水文测报仪器设备检校与维护管理系统，已在湖北水文水资源应急监测中心、长江委水文局上游局所辖的分局和临沂市水文局投产使用，均取得了较好效果，系统还有扩展和提升空间。

技术名称：水文测报仪器设备检校与维护管理系统
持有单位：长江水利委员会水文局长江中游水文水资源勘测局
联 系 人：张驰
地　　址：湖北省武汉市江岸区胜利街 316 号
电　　话：027-82828925
手　　机：17764006006
传　　真：027-82820177
E-mail：beyond1989611@qq.com

217 长江流域水文水资源分析平台

持有单位

长江水利委员会水文局

技术简介

1. 技术来源

自主研发。

2. 技术原理

采用 B/S 架构设计，以长江委水文局自主研发的 GeoHydrology 为 GIS 平台，综合归纳总结不同地区水文分析方法，融入非一致性设计洪水分析计算、变化环境的水资源模拟技术，实现多地区、多尺度、多功能水文分析计算，通过统一、简洁、美观的图表展示分析成果，提升水文分析计算工作效率，加入技术成果校审流程保障水文分析成果质量，实现长江流域水文水资源分析计算成果信息化和标准化管理。

3. 技术特点

（1）提出了标准化数据处理模式，以 SL 324—2005《基础水文数据库表结构及标识符标准》为标准，建立了统一输入输出数据文件格式。

（2）针对工程水文分析中基础数据处理及采取的分析方法各异的地域性特点，构建了多地区分析模块松耦合模式，系统融合不同省区水文手册、暴雨洪水图集等研究成果，能够适应不同地区设计洪水分析计算需求。

（3）自主研发了雨水情信息库与 7 大功能模块的标准接口以及松耦合交互配置技术，实现了以暴雨、径流、洪水、水位等水文观测数据为基础，耦合插补延长、统计分析等数据处理模式，融入非一致性设计洪水分析计算、变化环境的水资源模拟技术，实现了以径流、洪水、水位流量关系为多功能核心的水文水资源分析计算。

技术指标

（1）客户端硬件平台适用于普通微机（CPU 不低于 3.4GHz，内存≥4GB，硬盘≥1TB），操作系统采用 Windows 操作系统，普通商用工作站即可担任服务器（CPU 不低于 2.0GHz，内存≥8GB，硬盘≥100GB）。

（2）软件提供了“插补延长、暴雨洪水、统计分析、频率分析、设计洪水过程线、实测数据水位流量关系分析、大断面数据水位流量关系分析、受顶托影响的水位流量关系分析”等功能，可稳定运行。

应用范围及前景

适用于水利、电力、交通等多行业涉水工程水文设计、流域防洪抗旱减灾调度、水生态保护、水资源管理等方面的水文分析计算工作。

自 2018 年系统平台投入使用以来，已经成功应用于引江补汉工程可行性研究、国家重点研发计划课题“面向水库群调度的水文数值模拟与预测技术”等多个省部级以上重点项目，取得了显著的社会效益、经济效益。

技术名称：长江流域水文水资源分析平台
持有单位：长江水利委员会水文局
联 系 人：欧阳硕
地　　址：湖北省武汉市解放大道 1863 号
电　　话：027-82829667
手　　机：13476184496
传　　真：027-82820061
E-mail：sponge_oy@foxmail.com

218 CK-ELG 型 CCD 引张线仪

持有单位

长江水利委员会长江科学院

武汉长江科创科技发展有限公司

技术简介

1. 技术来源

CK-ELG 型 CCD 引张线仪由长江水利委员会长江科学院自主研发，由武汉长江科创科技发展有限公司生产及销售。

2. 技术原理

CK-ELG 型 CCD 引张线仪是一款新型的智能式位移传感器，能够测量引张线在水平方向的位移。产品采用投影原理，以精密的 CCD 器件为核心，配合数字电路检测，采集精度高，无电学漂移，实现非接触式自动化位移测量。

3. 技术特点

（1）仪器具有微处理器和存储器，可自动采集及存储。

（2）采用精密 CCD 传感器，配合数字电路检测，无电学漂移。

（3）真正的非接触式测量，运行时不影响引张线的工作状态。

（4）具有温湿度传感器，设有防潮及驱潮措施，适应高湿度环境下长期连续工作。

（5）具有目标自动判别和故障诊断功能，自动输出故障类型。

（6）配备手机 App，可现场配置引张线仪，实时读取采集数据。

（7）具有 RS485 数字接口及 CAN 总线两种通信方式，适合远程遥测、组网，经过通信接口转换模块后，可直接将采集数据传输至软件系统。

技术指标

标准量程：0～50mm；测量精度：0.1mm；分辨力：0.01mm；电学漂移：无；输出接口：RS485/CAN 总线；工作温度：－20～＋60℃；环境湿度：0～95%RH；供电电压：AC220、50Hz；钢丝直径：ϕ1.2～ϕ2.6mm；外形尺寸：（L）129mm×（W）138mm×（H）201mm。

应用范围及前景

适用于大坝、堤防、地下厂房、码头、地铁等建筑物精密水平位移的长期自动化监测。

CK-ELG 型 CCD 引张线仪在江垭水电站、高生水电站等水利工程中成功应用，配备的软件系统具备数据采集、数据管理、仪器管理、数据整编等功能，便于安全监测仪器的统一管理。

技术名称：CK-ELG 型 CCD 引张线仪

持有单位：长江水利委员会长江科学院、武汉长江科创科技发展有限公司

联 系 人：黄跃文

地　　址：湖北省武汉市江岸区黄浦大街 289 号

电　　话：027-82926140

手　　机：13545073580

E-mail：aky100@163.com

219　多泥沙明渠流量智能化精确计量系统

持有单位

河南黄河河务局信息中心

技术简介

1. 技术来源

自主研发。项目获河南局科技进步一等奖。经过黄委及河南省科学技术信息研究院评定，该项目利用自动控制技术、网络传输技术、人工智能神经网络及数据库技术，建立明渠流量精确计量数学模型、实现流量精确计量与预测和明渠断面冲淤变化实时智能精确检测，达到国际先进水平。数据经过水文水资源勘测局率定，达到了标准要求。

2. 技术原理

该系统通过设计 6 个子系统（走航系统、淤积监测运算系统、流量运算系统、总流量精确计量智能化综合管理系统、云端远程控制系统、太阳能供电系统），采用现代化测量设备、自动控制技术、网络传输技术及数据库数据处理技术，实现了多泥沙明渠流量智能化精确计量，提升了流量计量的准确性、稳定性、可靠性，满足了渠道水流量智能化精确计量要求。

3. 技术特点

利用自动控制技术采集相关数据，拟合模型，利用水力学相关知识推导计量模型，通过人工智能神经网络实现流量精确智能化计量与预测，并完成实时监测监控，弥补人工计量不足。

技术指标

（1）在 PC/移动终端，通过 App 启动云端控制系统，通过 GPRS 无线传输向 PLC 走航控制系统发出信号。

（2）走航系统通过控制电机带动投入式液位传感器测量水位高度，并送入淤积监测运算系统。

（3）流量运算系统将输出相关测量参数送入总流量精确计量智能化综合管理系统。

（4）总流量精确计量智能化综合管理系统通过相关算法对淤积监测运算系统和流量运算系统的相关测量参数进行数据处理，最终完成对多泥沙明渠流量的精确计量。

应用范围及前景

适用于多泥沙明渠渠道、河道、水库、灌溉区淤积形态测量。

案例 1：该系统适用于多泥沙条件下测量断面面积经常性变化的应用环境，已用于引黄入冀补淀工程，显著提高了引黄入冀补淀工程渠首水量计量精度。

案例 2：该系统已成功应用于山东聊城位山灌区管理处，安装位置位于位山灌区管理处明渠上，在水量计量方面效果良好。

技术名称：多泥沙明渠流量智能化精确计量系统
持有单位：河南黄河河务局信息中心
联 系 人：张像
地　　址：河南省郑州市金水区顺河路 9 号
电　　话：0371-69556082
手　　机：13849199173
传　　真：0371-69556085
E-mail：371347900@qq.com

220　库区无人机航测数据处理技术

持有单位

黄河水文勘察测绘局

技术简介

1. 技术来源

自主研发。2018 年，小浪底水库水位降至 211.77m，为水库运行以来库水位最低记录，库底地形基本裸露，为全面、准确了解库区的淤积情况提供了绝佳机会，抢测了小浪底水库全库区地形图，在数据处理过程中经过多次试验与分析，总结出了库区无人机航测技术。

2. 技术原理

库区无人机航测技术是通过 POS 和像控点数据整理、像控点转刺、空中三角网建立、数字正射影像生产技术，通过对无人机航测内业技术流程及相应软硬件的研究开发，建立了自主的无人机航测内业处理技术与方法。

3. 技术特点

（1）提出了库区航测像片分块处理和库区航测分块像片无缝拼接，实现了库区 DOM（Digital Orthophoto Map）数字正射影像图和 DEM（Digital Elevation Matrix）数字高程矩阵的高精度镶嵌，对库区大范围、海量航测像片实现了高效、高精度处理。

（2）探索出库区 DEM 水面高程矫正方法。针对无人机在水面拍摄时大量摄影中心落入水面，连接点减少，DEM 水面高程误差较大，提出了根据岸边的高程数据、河流的纵比降将整个河流表面进行划分，综合考虑库区的地形地貌以及水面高程与岸边高程的衔接，探索出采用分段与赋值的相结合的方法对 DEM 水面高程进行矫正，从而获取全库区精确的数字高程模型。

技术指标

（1）研发的无人机航测数据处理及分析软件，实现了无人机航测内业处理技术的规范化、流程化、自动化、智能化。

（2）软件具有 POS 数据与像片的快速匹配，DOM、DEM 一键化快速标准分幅，水库分级淹没分析等功能。

（3）可以实现在极短的时间内获取同步性好、精度高的全库区地形图，大范围、海量数据的分块高效处理。

应用范围及前景

适用于水库、河道的航空摄影测量项目，主要用于生成正射影像图、数字高程模型，以及分析水库淹没状况。

库区无人机航测数据处理技术已应用于小浪底库区小浪底水库超低水位运行期应急航测项目、三门峡库区地形航测项目、三门峡水文水资源局水文站地形图复测项目、渑池县河湖管理范围和水利工程管理范围与保护范围划定项目、故县水库航测项目、兰州河段防洪预警项目、原阳县不动产航测项目等，提高了航测项目内业数据处理的生产效率，具有显著的社会效益和经济效益。

技术名称：库区无人机航测数据处理技术
持有单位：黄河水文勘察测绘局
联 系 人：常正科
地　　址：河南省郑州市金水区水科路 30 号
电　　话：0371-66029298
手　　机：13674999820
E-mail：190132654@qq.com

221　河床式一体化采样设备

持有单位

黄河水利委员会山东水文水资源局

技术简介

1. 技术来源

自主研发。山东河道全长628km，河床主要是粒径较小的泥沙，是河道长期淤积，形成了举世闻名的“悬河”的主要原因，尤其高村—孙口河段属于游荡性河床的末端，不但是“悬河”，而且河床极不稳定。因此，研发河床式一体化采样设备，开展泥沙测验，掌握河床质泥沙的物理特性及其变化规律，为流域的开发、国民经济建设收集资料具有十分重要的意义。

2. 技术原理

河床式一体化采样设备由以下几部分组成，结构主要绳环（用以栓系绳索）、三角形稳定骨架、双固定爪耙（包括进沙口、排水口）、双仓式采样瓶固定构件（弹簧卡扣）、储样瓶等。

3. 技术特点

（1）采用304不锈钢材料，减小采样器体积，且具有外观精美、防锈防腐、耐磨等优点。

（2）储存样瓶直接嵌入采样器的方式，采样时，河床质直接储存到采样瓶，快捷方便，省时省力且安全可靠。

（3）采用了进沙、排水的双口设置，确保采取沙样能够从下部进沙口顺利进入储样瓶，水自动从排水口排出，不会因水流冲击或泄露而损失沙样和悬移质泥沙进入储样瓶的情况。

（4）采样器与样瓶口连接处，使用硅胶密封圈，起到密封保护作用，且瓶内由于暂时的真空现象，不会出现取不到或者取样量不足的问题。

（5）泥沙采样器的储样瓶后堵盖采用弹簧镶入式，镶入后可以扣紧，不易脱落，后堵盖采用便捷式卡扣，可以便于打开或者关闭，取放样瓶。

（6）整体结构为三角形构造，采样时更加平稳牢固，不会转向和歪倒，便于取样且增加了取样量。

技术指标

（1）河床式一体化采样设备是一款新型采集河床质泥沙的采样器，整体采用高强度304不锈钢材质。

（2）采用储存样瓶直接嵌入采样器的方式，采样时，河床质直接储存到采样瓶，减少了中间环节沙样的流失，从而达到了一次性采集河床质泥沙的目的。

应用范围及前景

适用于各类水流条件下的沙质河床质采样，尤其在水流湍急、断面河床复杂的中高水时期。

在黄委山东水文水资源局所属高村、孙口等5个干流水文站投入生产应用后，解决了河床质取样困难、取样过程繁琐等问题，尤其是在汛期大流量、高流速的水流条件下得到很好的应用，采集的沙样的数量和质量均符合现行有关技术规范和相关规定，满足室内分析的要求。

技术名称：河床式一体化采样设备
持有单位：黄河水利委员会山东水文水资源局
联 系 人：刘以泉
地　　址：山东省济南市花园路141号
手　　机：15753716023
E-mail：86342874@qq.com

222　水政执法巡查监控系统关键技术

持有单位

黄河水利委员会信息中心

河南黄河信息技术有限公司

技术简介

1. 技术来源

自主研发，中央财政资助。

2. 技术原理

运用 WebGIS、物联网、大数据分析、GNSS 定位、移动通信、视频压缩传输等技术，构建了水政执法巡查监督管理信息网，开发了巡查轨迹实时上传记录与显示、照片及视频采集及上传、实时音视频连线及录制保存、巡查登记信息上报、巡查信息检索统计等功能模块，实现了黄河道管理范围执法对象的动态管理。

3. 技术特点

（1）基于该关键技术研发了水政执法巡查监控系统，实现了水政执法巡查过程全支撑。

（2）建立了执法巡查轨迹存储与分析机制，实现了执法巡查工作量的智能自动统计分析与考核。

（3）研发了通用与专用巡查装备统一管理平台，实现了多种巡查前端设备的无差别应用。

（4）研发了会商快速构建模块，实现了实时实地构建执法现场会商环境。

技术指标

（1）利用移动通信技术、北斗定位、物联网、大数据、地理信息系统等信息技术，建立了服务于水行政执法与河道巡查工作的业务应用平台。

（2）系统最大接入巡查移动设备 320 套，系统服务水行政管理单位数为 130 家。

（3）系统响应时间小于 1s，巡查工作数据统计小于 5s。

应用范围及前景

适用于流域水行政执法管理部门和地方各级水行政执法管理部门进行执法巡查信息采集、执法巡查监督管理以及执法取证等相关业务工作。

近年，黄委和珠江委利用技术装备开展执法巡查出勤，有力地支撑了水行政执法巡查工作。

案例 1：基于该技术成果开发了黄委水政执法巡查监控综合业务系统，已投入到黄委各级水政部门，形成了黄委总队与直属总队、支队、大队四级远程执法巡查监控网，实现了通过现场巡查装备实时获取并上传水事活动现场实况和巡查轨迹，为及时处置水事件提供信息和保障。

案例 2：基于该技术成果开发了珠江委水政执法巡查监控综合业务系统该系统实现了珠江委水政监察总队与各支队的远程执法巡查监控。通过移动单兵和车载执法装备，实现了对巡查轨迹、巡查内容、巡查图片视频信息的实时记录与传输。

技术名称：水政执法巡查监控系统关键技术
持有单位：黄河水利委员会信息中心、河南黄河信息技术有限公司
联 系 人：陈济民
地　　址：河南省郑州市城东路 112 号
电　　话：0371-66022599
手　　机：15937143758
传　　真：0371-66023832
E-mail：chenjimin@yrcc.gov.cn

223　极端波浪模拟试验系统

持有单位

珠江水利委员会珠江水利科学研究院

技术简介

1. 技术来源

自主研发。遭遇极端波浪一直是跨海桥梁、海上风电机组、船舶、海洋钻井、采油平台等海上结构物受到严重破坏的最主要原因之一。极端波浪模拟试验系统是为科研人员研究极端波浪对海上结构物的作用机制而开发的物理模型试验平台。

2. 技术原理

极端波浪包括“典型”极端波浪和“畸形”极端波浪两种。“典型”极端波浪基于微幅波理论，将复杂的波浪变化用一种单一频率的波动来代表，水面上任意一点都将随时间作简谐形式的振荡，一般可以用余弦曲线或者正弦曲线来表示这一波动；“畸形”极端波浪基于线性叠加理论，将海浪看作是由大量的具有不同波高、不同周期和不同初相位的余弦波叠加而成，通过各种方式使大量的具有合适相位和方向的余弦波叠加可以产生极端大波。

3. 技术特点

（1）采用基于 EtherCAT 网络的具有多级主从式结构的同步运动控制系统，实现了所有造波单元的严格同步控制。

（2）上位机与下位机采用网络化造波机造波控制软件。

（3）先进的波浪数据生成和迭代算法，可模拟“典型”极端波浪和“畸形”极端波浪；研发了长历时非重复多向不规则波数据生成算法和 L 型双边合成造波算法。

（4）实现一种波浪数据采集数字滤波算法，降低电磁等干扰源的影响；实现一种驱动控制的数据插补算法，实现运动轨迹的在线插补；实现一种造波机启停优化算法，防止电机过流、机械损伤等问题。

技术指标

（1）可模拟“典型”极端波浪和“畸形”极端波浪两种，包括正弦波、椭圆余弦波、二阶波、孤立波和聚焦波等规则波。

（2）可模拟国内外常用的频谱（包括 P-M 谱、B 谱、J 谱、港口水文规范谱等）以及自定义频谱所描述的不规则波。

应用范围及前景

适用于海洋工程试验、港口工程试验及水下工程试验等研究，也可应用于科普教育等行业。

该项技术应用工程/项目总数达 11 项，其中规模最大的是 2014 年与浙江大学签订的“动床浑水模型生潮加沙辅助造波系统”项目中极端波浪模拟系统由 180 个造波单元组成。“动床浑水模型生潮加沙辅助造波系统”位于浙江大学舟山校区港航与近海工程大厅内。依托该极端波浪模拟系统，浙江大学承接了多项与波浪有关的物理模型试验，均成功完成，效益显著。

技术名称：极端波浪模拟试验系统
持有单位：珠江水利委员会珠江水利科学研究院
联 系 人：王磊
地　　址：广东省广州市天河区天寿路 80 号
电　　话：020-87117089
手　　机：15989180832
传　　真：020-87117512
E-mail：123422352@qq.com

224 体视粒子图像测速（Stereo-PIV/2D-3cPIV）技术

持有单位

福建水利电力职业技术学院

北京尚水信息技术股份有限公司

技术简介

1. 技术来源

自主研发。结合理论研究，并借鉴国外经验，国内设备生产商已将 PIV 产品成型化、系统化、标准化并推向市场，尚水股份研制的平面三维 PIV 流速仪亦在其列。

2. 技术原理

体视粒子图像测速（Stereo-PIV/2D-3cPIV）技术使用激光片光源照亮测量平面，利用相机记录平面内示踪粒子的图像，通过将图片划分为若干判读窗口，再对前后拍摄的两帧图像中的对应窗口进行互相关运算，得到该窗口处流体的运动速度，示踪粒子速度即代表水体流速。在获得测量平面内的二维矢量流场后，根据不同相机记录的二维流场矢量差异，利用重构方法获得测量平面内及面外的三个速度分量，立体重构不会导致额外的测量误差，SPIV 的测量精度主要取决于二维表观流场的测量精度。

3. 技术特点

（1）紊流测量：系统采集频率高于一般水流紊动频率，实现紊动测量。

（2）大采集域：测量面积与实验水槽尺寸相当，满足实验需求。

（3）精确定位：高精度自动行走支架，保证硬件设备精确定位，无需重复标定，提高实验效率。

（4）仿真操控：通过三维仿真系统控制支架行走，便于运动操控。

（5）三维流场：应用图像技术获取瞬时平面二维、三维流场。

（6）连续存储：高频高清图像采集条件下，可连续存储。

技术指标

测量模式：面三维速度场；系统分辨率：400 万像素；平台定位精度：0.1mm；平台移动速度：0.001 ~ 0.2m/s；测速范围：0 ~ 2m/s（500Hz）；0 ~ 1.5m/s（400Hz）；观测范围：30cm×20cm；误差精度：小于测速的 1%； 存储时长：30min。

应用范围及前景

适用于实验室中高速流动流体的宏观流场测试。

于 2015 年开始实践验证，例如应用于波浪实验中，研究波浪流、风浪流、泥沙综合影响多因素联合作用，捕捉波浪爬坡和波浪破碎的过程；桥墩涡流分析，研究桥墩对近底泥沙冲蚀以及水流影响研究，捕捉桥墩周围的涡流形态等。目前应用项目数量达 8 个，综合效益显著。

技术名称：体视粒子图像测速（Stereo-PIV/2D-3cPIV）技术

持有单位：福建水利电力职业技术学院、北京尚水信息技术股份有限公司
联 系 人：罗火钱
地　　址：福建省三明市永安市巴溪大道 2199 号
电　　话：0598-8823878
手　　机：18760299031
传　　真：0598-3634273
E-mail：gis03028@163.com

225 金水地下水一体化压力式水位计

持有单位

北京金水信息技术发展有限公司

中国水利水电科学研究院

技术简介

1. 技术来源

自主研发。

2. 技术原理

压力式液位计采用静压测量原理，当液位变送器投入到被测液体中某一深度时，传感器迎液面受到压力的同时，通过导气不锈钢将液体的压力引入到传感器的正压腔，再将液面上的大气压Po 与传感器的负压腔相连，以抵消传感器背面的Po，使传感器测得压力并得到液位深度。

3. 技术特点

（1）网络传输系统采用目前水利信息化行业普遍应用的 GPRS 无线通信技术作为主要通道进行数据传输，实现了监测站点数据无线传输至监测中心的功能。

（2）设备符合《水文监测数据通信规约》和《水资源监控管理系统数据传输规约》，设备可以无缝对接到符合规约要求的设备或软件。

（3）通过网络向上传输数据的畅通率达到 99%以上。遥测终端机 RTU：MTBF 不小于 25000h。

技术指标

（1）供电电源：锂亚电池 3.6V，76Ah；功耗（含 GPRS 模块）：待机电流＜50μA。

（2）无线模块：GPRS/4G 全网通模块；串口：1 路 RS485，1 路 RS232，支持北斗接入。

（3）模拟量：1 路 4~20mA 输入，12 位分辨率；精度：水位计分辨 1cm、水位测量误差≤量程的 0.2%；量程：可选 0~10m、0~20m、0~30m、0~100m。

（4）温度测量精度：水温分辨率 0.1℃，水温测量误差≤0.2℃。

（5）防护等级：IP68；满足水利工程各种工作温度工作湿度要求。

应用范围及前景

适用于各类地下水水位、埋深、水温监测系统采集系统中。

该技术产品已应用于上海市水文总站、乌兰察布水文勘测局、河南省水文水资源局等的相关工程，实现了辅助地下水环境治理的目的。

技术名称：金水地下水一体化压力式水位计

持有单位：北京金水信息技术发展有限公司、中国水利水电科学研究院

联 系 人：胡亚利

地　　址：北京市西城区白广路二条 2 号

电　　话：010-63204907

手　　机：18611835832

传　　真：010-63202200

E-mail：huyali@mwr.gov.cn

226　径流小区泥沙自动监测设备

持有单位

北京天航佳德科技有限公司

技术简介

1. 技术来源

自主研发。

2. 技术原理

依据 GB/T 50159—2015《河流悬移质泥沙测验规范》，采用置换法测沙原理。

3. 技术特点

（1）采用静态溢水定容积式测量技术测量体积及径流量，确保径流量测量准确度在 95%以上；采用静态下定容积式称重测量技术，确保泥沙含量的精确度在 95%以上；设备采用测量全径流样来实时监测径流量及泥沙含量的数值及过程，确保数据的准确性。

（2）设备进水管及阀门采用大内径设计，彻底解决泥沙淤积及堵塞的问题。

（3）设备活动部件极少（只有阀），故障率极低；采用模块化设计，维护及维修简单，成本低；自动化程度高，无人值守；采用太阳能供电及先进防雷技术，杜绝阴雨天设备供电故障及雷击。

技术指标

（1）径流量测量精度：≥98%。

（2）泥沙含量测量精度：≥95%。

（3）供电：太阳能供电或市电互补。

（4）数据储存及下载：本地连接电脑和远程指定服务器浏览和下载。

应用范围及前景

适用于水土保持行业，对地表径流量及泥沙含量的自动化监测。

2016 年投入市场以来，共有 350 余台径流小区泥沙自动监测设备应用于内蒙古、宁夏、河北、山东、安徽、浙江、广东、贵州、海南、湖南、湖北、云南、北京等地的水土保持工作站，设备运行稳定，大大节省了人员的投入及监测数据的收集效率和准确性，有着良好的社会经济效益。

技术名称：径流小区泥沙自动监测设备
持有单位：北京天航佳德科技有限公司
联 系 人：卢勇
地　　址：北京市朝阳区朝阳路 71 号 18 层 2112
电　　话：010-85795690
手　　机：13701152694
传　　真：010-85795156
E-mail：2500466007@qq.com

227 慧图遥测终端机

持有单位

北京慧图科技（集团）股份有限公司

技术简介

1. 技术来源

自主研发。

2. 技术原理

遥测终端机（RTU，Remote Terminal Unit）是安装在远程现场的一种具有无线通信功能的电子设备，用来采集和传输安装在远程现场的传感器和各类采集设备。RTU 将获取的模拟信号或状态信息转换成数据格式。它还将从中央计算机发送来的数据转换成命令，实现对设备的功能控制。

3. 技术特点

遥测终端机可以适用于多种环境恶劣和湿度大的工作地点，同时具有智能软件唤醒和硬件断电重启机制，设备自动复位功能，提供软件、硬件、CPU 三级看门狗检测机制和多重检测机制，TCP 心跳链路检测机制，掉线重连、数据补发、传输稳定可靠不丢包。

技术指标

（1）数据传输：符合 SL 651—2014 的要求；通信方式：主信道 GPRS、备用信道 GSM，符合标准要求。

（2）实时时钟：有自动校时功能。

（3）工作环境：在－10～＋55℃、95%RH（40度）工作均正常，符合标准要求。

（4）电源拉偏：在 10.8～14.4V 范围内工作正常，符合标准要求。

（5）设备功耗：静态值守电流小于 6mA，工作电流小于 12mA，符合静态值守电流不大于15mA，工作电流不大于 100mA 的标准要求。

（6）抗电磁干扰与抗雷击浪涌：符合标准要求。

应用范围及前景

适用于河道、水库水文监测、山洪灾害监测、水资源监测、城市内涝积水监测、地下给排水监测、沿海潮位站、浮标环境数据监测。

慧图遥测终端机已应用于国内众多水库信息管理系统、水库动态监管系统、大坝安全监测系统、地下水监测管理系统、山洪灾害监测预警系统、水资源实时监测管理系统、中小河流监测预警预报系统。该设备针对水文遥测点多分布在野外、无电源的特点而专门设计，提供了准确、及时的现场信息。

技术名称：慧图遥测终端机
持有单位：北京慧图科技（集团）股份有限公司

联 系 人：祁彬
地　　址：北京市海淀区西三环北路 91 号 7 号楼二层
电　　话：010-68985858
手　　机：13910033062
传　　真：010-88515780
E-mail：371195450@qq.com

228 江河瑞通多要素水情智能识别技术

持有单位

江河瑞通（北京）技术有限公司

技术简介

1. 技术来源

自主研发。

2. 技术原理

该技术采用深度学习算法及虚拟水尺技术，可实现对江河湖泊的水位及水面变化等水情动态实时智能识别，是一种新型的水情感知技术，能够有效解决无传感器、无水尺等区域的水情监测，提升原有视频监控业务融合能力，提高水情动态监测准确性和稳定性。

3. 技术特点

采用深度学习算法，可识别最小水尺像素为8×16像素，识别结果综合误差不超过3cm，能够适应不同厂家不同型号摄像头，并将虚拟水尺技术与AI算法融合，能够保证在光线不足、水尺被破坏、水尺被遮挡等条件也能正常识别出水位信息。

技术指标

（1）量程范围：0～20m。

（2）综合误差：≤3cm。

（3）适应温度：－10～＋50℃。

（4）适用湿度：0～95%（40℃）。

（5）电气参数：工作电压11.5～14.5V；额定电流：0.5A；峰值电流：1.5A。

应用范围及前景

适用于水库智能报汛、河道水情预警、山洪灾害水情监测预警、中小水库汛限水位监管、内涝积水预警等。

江河瑞通多要素水情智能识别技术产品已经在广东省山洪灾害项目、新疆兵团水库报讯项目、广州南沙智慧三防项目、南水北调中线水源丹江口水库综合管理项目中应用，涉及500多处视频图像站点，为水库智能报汛、河道水情预警、山洪灾害水情监测预警等业务提供了智能化辅助手段。

技术名称：江河瑞通多要素水情智能识别技术
持有单位：江河瑞通（北京）技术有限公司
联 系 人：周威
地　　址：北京市海淀区蓝靛厂东路金源时代商务中心B座10E
电　　话：010-88872814
手　　机：13521864825
传　　真：010-88407019
E-mail：517466124@qq.com

229 基于微型光谱传感技术的水环境实时监测系统

持有单位

芯视界（北京）科技有限公司

技术简介

1. 技术来源

2015 年，公司创始人清华大学鲍捷教授在世界顶级学术刊物《自然》杂志发表论文《基于胶体量子点纳米材料的光谱仪》（*A Colloidal Quantum Dot Spectrometer*），首次提出将量子点纳米技术与光谱仪技术跨界结合的创新构思，设计并实现了基于半导体光电子吸收效应和光谱解析多路复用的量子点光谱技术原理和量子点微型光谱传感器件技术。

2. 技术原理

该技术是通过将对光谱有不同的响应的量子点材料与光检测 元件耦合，形成能够精确测量光谱的量子点耦合阵列光检测器，基于此研发的量子点光谱仪不采用分光原理也并不基于干涉效应，而是利用多路复用的光谱检测原理，以及量子点光谱响应在很宽的波长范围内连续精细可调的特性。因此，量子点光谱仪的性能完全不被干涉效应所局限，无需因微型化而牺牲性能。

3. 技术特点

基于量子点光谱传感技术的水环境实时监测系统可实现对目标水域水质的实时、原位、在线测量，具有灵活便携、可移动、无需化学试剂、不产生二次污染、易维护等优势特点。

技术指标

（1）水质监测终端：重量＜5kg；额定平均功率：＜1W；测量间隔：≤10min；工作温度：0～+50℃；额定电压：7.4V；通信模块：4G-LTE。

（2）软件系统：可实时查看 COD、BOD、TOC、高锰酸钾指数、浊度等监测指标。具有实时监测服务、信息查询服务、告警服务水务管理服务、数据管理服务、系统维护服务等功能。

应用范围及前景

适用于江、河、湖、库、湿地、小微水体、入河排口、饮用水源地等地表水以及排水管网的水环境监测。

该项技术已应用推广到北京市海淀区、怀柔区、延庆区以及福建省、江苏省等地，效果显著。已推广应用（销售）数量 340 台（套），系统运行期间多次协助水务管理人员及时发现、解决水污染事件，满足当前对水环境“精细化监管”的需要，加强水环境污染事件预警，提高监管能力，同时也能够为各级河长提供目标水域的实时监测情况，帮助河长有针对性地开展巡查工作，进一步提升工作效率，助力“河长制”。

技术名称：基于微型光谱传感技术的水环境实时监测系统
持有单位：芯视界（北京）科技有限公司

联 系 人：张蓉
地　　址：北京市海淀区成府路 45 号中关村智造大街 A 座三层 303
电　　话：010-82362751
手　　机：13811551941
传　　真：010-82362751
E-mail：rzhang@quantaeye.com

230　SORS-SVR-24Q 雷达流量计

持有单位

北京华宇天威科技有限公司

技术简介

1. 技术来源

自主研发，多项雷达流量计专利。

2. 技术原理

雷达波流量计作为一种理想的非接触式流量测验方式，它利用前端的雷达探头向水面发射和接收雷达波，因雷达波接触到有流速的水流表面会发生多普勒效应，其接收频率会发生相应的变化，利用其频率变化数值和水流速度的关系而制成的流速仪称为雷达流速仪，结合水位的测量以及流量算法制成的流量计称为雷达流量计。

3. 技术特点

采用具有自主知识产权的专业水文算法，测量更精准，且有两种选项，第一种为有自主知识产权的 SORS 算法，建立了水面系数和断面形状、河底糙率、水位，以及探头安装位置等因素相关联的数学模型，实现了动态调整表面流速系数；另一种为国内常用的人工置入表面流速系数的经验法，用户可自行选择。提高了流量测验精度，充分适应不同的应用场景和用户的使用需求。

技术指标

（1）雷达波段和频率：K 波段；24.160GHz；数据采集时间：0 ~ 240s 可调；测量间隔时间设定范围：10 ~ 3600s 可调；雷达垂直方向角度调整范围：30° ~ 60°（自动补偿）；雷达探头距离水面距离：0.4 ~ 100m；水位测量范围：0 ~ 35m；流速测量范围：0.25 ~ 15m/s。

（2）电源保护：具有电源接错和过压保护功能电流：最大 130mA ；休眠时：小于 1mA；工作温度：－35 ~ ＋60°C；内置防雷标准：0.6kWPpp；野外防护等级：IP 67。

（3）1 台主机可带 4 台从机，如特宽河流可多台主机。

应用范围及前景

适用于无回水顶托影响下的在线流量监测，山洪预警断面流量在线监测，城市排水管渠流量在线监测等。

已有 11 台套雷达流量计应用于北京市水文总站大红门水文站试验站建设、国家水专项－海绵城市多尺度监测体系构建与径流预报技术研究试验场建设、北京市旱河马家坟水文站升级改造、北京经济技术开发区城市排水管线监测及水环境管理、新疆阿克苏水文局某水文站在线流量监测等项目，系统运行良好，为各项目提供了基础性数据支撑。

技术名称：SORS-SVR-24Q 雷达流量计
持有单位：北京华宇天威科技有限公司
联 系 人：卢朋川
地　　址：北京市海淀区恩济庄 18 号院 1 号楼 4118 房间
电　　话：010-88137016
手　　机：15011400215
传　　真：010-88137016
E－mail：Lpc607@163.com

231　EWTT-01C 型一体化雨量站

持有单位

亿水泰科（北京）信息技术有限公司

技术简介

1. 技术来源

自主研发。

2. 技术原理

EWTT-01C 型一体化雨量站是一款专为雨量监测设计的高集成化设备，除太阳能板外贴于雨量计桶体外，RTU、DTU、蓄电池、充电控制器、信号避雷器等全部设备均内置于雨量计桶体内部，具有设备便携、安装简单、维护方便等优点。

3. 技术特点

（1）内置 RTU 采用工业级的高性能处理器，具有微功耗、抗干扰能力、防电磁辐射性能好等优点。

（2）嵌入式操作系统，具有良好的稳定性和可扩展性。

（3）EWTT-01C 型一体化雨量站内置蓝牙模块，可通过手机 App 方便地实现设备测试、工作参数读写及历史数据读取。

（4）微功耗、信号稳定、不易堵塞、维护工作量小。

技术指标

通信方式：4G（远程）、蓝牙（本地）；存储容量：128Mbit，可存储 10 年以上的雨情数据；人机交互：手机 App 或触摸屏；设备功耗：连续阴雨天 45d 可正常工作；工作环境：－20～＋70℃、95%RH。

应用范围及前景

适用于水利及相关行业的水文、气象自动测报系统。

EWTT-01C 型一体化雨量站大规模应用实例：2019 年，承德县山洪灾害防治项目使用了 110 台，隆化县山洪灾害防治项目使用了 65 台，滦平县山洪灾害防治项目使用了 181 台，青海省雨量站建设项目使用了 86 台，江西省水文站改造项目中使用了 90 台，湖北省雨量自动监测设施改造工程项目中使用了 65 台。

另外，EWTT-01C 型一体化雨量站在广西崇左水文中心、广西贵港水文中心、云南省红河州遥测站建设等项目中都有小规模应用。

技术名称：EWTT-01C 型一体化雨量站
持有单位：亿水泰科（北京）信息技术有限公司
联 系 人：王冬雪
地　　址：北京市西城区南线阁 10 号基业大厦 3 层
电　　话：010-88629399
手　　机：18518916262
传　　真：010-88629399
E-mail：1060823934@qq.com

232　EWTT-01E型一体化雷达水位计

持有单位

亿水泰科（北京）信息技术有限公司

技术简介

1. 技术来源

自主研发。

2. 技术原理

该设备由雷达水位计、RTU、DTU、蓄电池、充电控制器、信号避雷器及太阳能板等全部设备集成为一体，具有设备便携、安装简单、维护方便等优点。其中雷达水位计可单独拆卸，便于独立维修、测试和更换。一体化雷达水位计内置可充电蓄电池，具有微功耗特性，能够满足汛期连续阴雨天长期正常供电的要求。

3. 技术特点

（1）内置RTU采用工业级的高性能处理器，具有微功耗、抗干扰能力、防电磁辐射性能好等优点。具有嵌入式操作系统，具有良好的稳定性和可扩展性。

（2）设备具有蓝牙功能，可通过手机App方便对设备进行测试、读取和修改工作参数，人机交互友好，所配蓝牙模块具有信号增强功能，比常规蓝牙通信距离更远。

（3）128Mbit非易失性FLASH存储芯片，可以存储5年以上的水位数据，数据掉电不丢失，解决了行业对大容量数据存储的要求；历史数据可现场或远程读取，数据格式符合水文整编格式要求。

技术指标

通信方式：4G或Lora，蓝牙；存储容量：128MB可存储5年以上的水位数据；人机交互：手机App；设备功耗：无需太阳能板充电，自带电池可连续工作5年以上；工作环境：－20～＋70℃、95%RH。

应用范围及前景

适用于水利及相关行业的水文自动测报系统、城市内涝监测系统。

典型案例：贵港水文中心2020年水文水情报汛专用材料采购项目中使用了23台EWTT-01E型一体化雷达水位计；江西省2018年度山洪灾害防治项目中使用了80台；湖北省遥测站改造项目中使用了65台；吉安市水位自动监测工程项目中使用了30台；平泉市2019年山洪灾害防治项目中使用了25台；滦平县防汛预警设备修复、更新项目中使用了33台；江西省水资源建设项目中使用了12台；湖南省水资源建设项目中使用了6台；崇左水文中心备品备件采购项目以及吉林省松原市遥测站点改造项目中都涉及EWTT-01E型一体化雷达水位计的应用。

技术名称：EWTT-01E型一体化雷达水位计
持有单位：亿水泰科（北京）信息技术有限公司
联 系 人：王冬雪
地　　址：北京市西城区南线阁10号基业大厦3层
电　　话：010-88629399
手　　机：18518916262
传　　真：010-88629399
E-mail：1060823934@qq.com

233 S3 SVR IV 型移动雷达波测流系统

持有单位

北京美科华仪科技有限公司

技术简介

1. 技术来源

自主研发。

2. 技术原理

S3 SVR IV 型移动雷达波测流系统遵循无人值守、简单实用、方便维护、精度可靠的原则，采用雷达波施测垂线测速，同步采集相应水位，部分面积法计算流量，实现流量自动监测。测流方法遵循《河流流量测验规范》和《水文缆道测验规范》，成果输出符合《水文资料整编规范》，数据与整编软件无缝对接。

3. 技术特点

（1）S3 SVR IV 型移动雷达波测流系统采用非接触方式测量河流表面流速，配套现场测流控制器、无线远传设备、太阳能供电设备和远程管理软件，组成在线测流系统。适应大流速（大于 0.5m/s）、高含沙量、多漂浮物河流。可在强降雨、雷电、夜间、无交流电环境中正常工作。

（2）S3 SVR IV 型移动雷达波测流系统现场设备包括：简易缆道、雷达波流速传感器、自动行车、测流控制器、水位计、GPRS 无线模块及太阳能供电系统。设计悬索跨度 400m，首创单轨移动雷达波测流，运维方便。

（3）自动行车悬挂于简易缆道上，携带雷达波流速传感器，每天定时沿缆道行走并停留在逐条测流垂线位置上，测量垂线表面流速，测完所有垂线后自动返回停泊点，进行充电。所测流速和水位数据通过无线模块发送到测流控制器，经过计算得到流量。所有数据经 GPRS 模块发送到测流平台无需人工操作。

技术指标

雷达波传感器测速技术原理：雷达多普勒频移技术；流速测量精度：±0.03m/s；流速测量范围：0.2～18m/s；流速采样速率：5 次/s；微波发射功率：50mW；最大测程：100m；微波发射频率：34.7GHz；波束宽度：12°；测速历时：5～100s；自动行车行走速度：60m/min；应用环境：全天候，大、中、小型降水以及暴雨天均可正常测流。

应用范围及前景

适用于河流、渠道、橡胶坝、城市河湖、污水排放出水口的流速监测。

S3 SVR IV 型移动雷达波测流系统目前已在全国 300 多个水文测站安装部署，目前应用情况良好，测流结束自动生成流速记载及流量计算成果。

案例：S3 SVR IV 型移动雷达波测流系统安装在高海拔地区，在西藏和青海投入使用 40 余套，其中青海玉树曲麻河水文站海拔 4200m，2016 年安装移动雷达波在线测流系统，目前已经投入使用 5 年，行车及雷达传感器部件抗低温性能稳定，设备运行良好，数据准确。

技术名称：S3 SVR IV 型移动雷达波测流系统
持有单位：北京美科华仪科技有限公司
联 系 人：赵雪洋
地　　址：北京市丰台区诺德中心 11 号楼 36 层
电　　话：010-68549234
手　　机：13910336194
传　　真：010-68404821
E-mail：zxy@tekhydro.com

234 HY.FFZ-03 型全自动数字水面蒸发站

持有单位

北京美科华仪科技有限公司

技术简介

1. 技术来源

自主研发。

2. 技术原理

利用最新国内生产的磁致伸缩液位测量尺，组成的水面蒸发自动测量系统，通过测量蒸发桶昨日与今日水位变化，由计算机进行采集计算处理，显示日蒸发量、月蒸发、年蒸发，并将数据自动发到指定的数据库里。系统软件具有蒸发、降雨数据实时测量，定时上传数据和本地存储数据功能，可进行月、年统计和查询功能，远程升级、远程诊断故障、电脑和手机可以任何时间、地点实时查询蒸发和雨量。

3. 技术特点

（1）系统构成：E601B 蒸发桶、水位测量装置、定量排水装置、自动补水装置、高精度雨量计、显示控制器、RTU、DTU、太阳能控制器、蓄电池、太阳能电池、充电器、蒸发数据处理软件。

（2）蒸发、降雨测量采样磁致伸缩液位测量尺，测量精度高、蒸发测量误差 2.3%，降雨测量精度达到 0.1mm。

（3）辅助设备保证及时补水、雨天及时排水、太阳能供电。

技术指标

（1）蒸发检测精度最大相对误差 2.3%（绝对误差 0.07mm），高精度雨量计最大绝对误差 0.1mm，均优于《水面蒸发器》国家标准。

（2）分辨率 0.035mm，测量范围 0～250mm。

（3）具有自动补水、排水功能；监测数据可通过 GPRS 上传到网络服务器，可用电脑、手机随时浏览和查询蒸发、降雨数据。

（4）系统具有自检自诊断、抗电磁干扰、功耗、抗雷击浪涌、绝缘电阻等功能。

应用范围及前景

适用于水文监测、水资源监测、墒情监测领域，具体主要包括水文测验项目中的日蒸发、年蒸发的测量，水资源水量计算中的需要月蒸发量数，墒情监测中的土壤含水率计算等。

HY.FFZ-03 型全自动数字水面蒸发站，在全国 20 个省、市共已安装 80 余套，目前运行正常。蒸发测量中，雨天测量是最大的难题，该系统采用定量排水、高精度雨量计及智能软件控制，较好解决了这类问题。

技术名称：HY.FFZ-03 型全自动数字水面蒸发站
持有单位：北京美科华仪科技有限公司
联 系 人：赵雪洋
地　　址：北京市丰台区诺德中心 11 号楼 36 层
电　　话：010-68549234
手　　机：13910336194
传　　真：010-68404821
E-mail：zxy@tekhydro.com

235 多功能多要素雷达流量在线监测

持有单位

上海航征仪器设备有限公司

技术简介

1. 技术来源

2. 自主研发。多功能多要素雷达流量在线监测采用 HZ-SVR-24Q-200/300 一体式雷达流量计进行明渠流量的在线连续测量。

2. 技术原理

通过预先设定的断面参数，根据雷达流量计内置的水力模型，将测得表面流速转化为断面平均流速；通过实测水位，雷达流量计结合断面参数计算出过水断面面积。根据流速面积法，对于规则的渠道断面，运用常规数学公式计算得到流量结果。对于不规则河道断面，运用描点法和微积分计算得到流量结果。

3. 技术特点

（1）采用一体化的产品设计，产品结构更紧凑；非接触式测量，产品可靠性提升；7×24 在线自动监测，无人值守；采用 24GHz 频率的电磁波，低功耗，适用于各种极端天气环境。

（2）内嵌水力模型，与断面形状、粗糙度、坡度、水位等相关。流量计直接输出流速、水位、瞬时流量和累计流量，无需占用其他计算资源。

（3）集成雨量、风速风向传感器，实现对恶劣环境条件下的干扰补偿。

（4）内置发明专利信号处理算法（发明专利号：ZL201710130279.9），流速测量稳定准确，抗干扰性强。

技术指标

功耗：工作电流＜80mA，待机电流＜55mA；测速范围：0.1～20m/s；测速精度：±0.01m/s，±1%F·S；测距范围：45m、80m 可选；测距精度：±2mm；测距分辨率：1mm。

应用范围及前景

适用于天然河道， 灌区干渠支渠等的明渠实时在线流量监测。

案例 1：50 台多功能多要素雷达流量在线监测用于浙江水文管理中心的“浙江水文防汛 5＋1 项目”流量监测，设备运行稳定、功耗低，水位、流量等要素测量精度符合要求，在风雨环境下数据仍稳定可靠。

案例 2：155 台多功能多要素雷达流量在线监测用于山东引黄灌区的干渠流量监测，设备运行稳定，功耗低，流量测量符合要求。

技术名称：多功能多要素雷达流量在线监测
持有单位：上海航征仪器设备有限公司
联 系 人：蒋莉
地　　址：上海市徐汇区田州路 99 号 9 号楼 708 室
电　　话：021-54652966
手　　机：13585609523
传　　真：021-54651851
E-mail：lisajiang@shhzmc.com

236　明渠量水堰雷达监测系统

持有单位

上海航征仪器设备有限公司

技术简介

1. 技术来源

自主研发。

2. 技术原理

该系统采用调频连续波（FMCW）方式，高精度、低功耗、抗干扰能力强，智能水位跟踪识别算法保证水位监测数据稳定可靠。不受温度、湿度、杂质气泡等外界环境影响，可连续精确测量渠道水位、瞬时流量、累计流量等数据，实现水位流量的采集、存储、传输等综合功能。

3. 技术特点

（1）非接触水位测量。通过检测和分析发射波与反射波，即可以得到雷达与水面的距离。

（2）平面微带阵列天线。天线增益高，辐射能量集中，抗干扰能力强，有利于提高测量精度和可靠性。

（3）智能姿态感应及补偿功能。雷达水位计内置姿态感应传感器，能辅助安装调试并自动补偿安装误差；测量过程中智能感知立杆晃动，并自动进行优化补偿。

（4）智能水位跟踪识别算法，能够分析安装位置测点水位的历史大数据，智能滤除固定干扰物回波、多径干扰的影响。

技术指标

以设备型号 HZ-RLS-26LQ-Fi 为例：

（1）测量范围: 5m；测距精度：±2mm；分辨率：1mm。

（2）工作频率：24 ~ 26GHz；电池电压：DC 7.4V；充电方式：充电器充电、太阳能充电；通信方式：4G/2G/NB-IoT 可选。

（3）流量计算：内置 4 种流量计算模型（巴歇尔槽、幂指数模型、多项式模型、水位流量关系曲线模型（默认））。

（4）重量：1.75kg；尺寸：288mm×155mm×225mm。

应用范围及前景

适用于灌区信息化，农业灌溉干渠、支渠、斗渠、农渠、毛渠等输水渠首的水位流量等监测场。

该技术已广泛应用于国内多个灌区节水配套改造项目、农业水价改革项目、灌区量测水信息化项目等，量测水配套设施的完善，全面提升了灌溉用水管理，实现了计量用水，计量收费，提高了灌溉用水的效率，为农业水价改革奠定了基础。

技术名称：明渠量水堰雷达监测系统
持有单位：上海航征仪器设备有限公司
联 系 人：蒋莉
地　　址：上海市徐汇区田州路 99 号 9 号楼 708 室
电　　话：021-54652966
手　　机：13585609523
传　　真：021-54651851
E-mail：lisajiang@shhzmc.com

237　无人机雷达全自动测流系统

持有单位

上海航征仪器设备有限公司

技术简介

1. 技术来源

自主研发。当河道发生洪流时，传统缆道铅鱼测流设备，无法下水作业，无人机雷达全自动测流系统 HZ-F6-LV 应运而生，应对突发状况。

2. 技术原理

该系统将 24GHz 雷达流速仪、24 ~ 26GHz 平板雷达水位计、视频系统通过两轴增稳云台集成于一体，采用快拆板的方式挂载于六旋翼无人机。可结合监测断面的坐标，进行流速、水位、流量的巡测。在测流的过程中，将水流的实时动态画面和水位值、流速值传至地面工业接收端，并生成符合水文规范的流量成果统计。

3. 技术特点

（1）机身采用快拆式结构进行连接，整套系统的组装或拆卸，采用 24 英寸登机箱收纳无人机飞行器组件；智能电池便于快速换装，实现无缝连接作业。

（2）雷达流速仪、雷达水位计和视频摄像头以及云台，集成于一体，通过增稳云台将雷达流速仪、水位计探头保持正常的工作角度范围内。

（3）测流软件和飞控软件高度整合融入，水位值、流速值采用无人机自身的通信链路进行传输，只要无人机起飞，两者的值就能传回地面；单次飞行可以测得水面流速和水位（针对水文站的基准点水位或水面黄海高程值）。

（4）视频界面和测流软件界面在地面端采用分屏显示，现场作业更直观。

（5）整个测流过程，巡测人员无需在洪流附近；系统测流模式包含手动模式和自动模式两种。

技术指标

（1）飞行器主要参数：抗风等级 7 级；飞行高度 80 ~ 300m；作业控制半径 15km；RTK 定位水平精度 $1cm+1\times10^{-6}$，垂直精度 $2cm+1\times10^{-6}$；最大飞行速度 20m/s。

（2）雷达测速仪测速范围：0.5 ~ 20m/s；测速精度：±0.01m/s，±1%F·S；测速频率：24GHz；垂直角范围：30° ~ 70°；自动垂直角补偿精度：±0.5°。

（3）雷达水位计、摄像头、云台 、地面监控端、测流软件的主要参数以选配为准。

应用范围及前景

适用于天然河流/城市河流、渠/涵/管道坡面的测流。无人机雷达全自动测流系统于 2019 年投入使用，目前已经在四川、青海、湖北、福建、浙江、广东、贵州、陕西等省份的水文系统得到应用。

技术名称：无人机雷达全自动测流系统
持有单位：上海航征仪器设备有限公司
联 系 人：蒋莉
地　　址：上海市徐汇区田州路 99 号 9 号楼 708 室
电　　话：021-54652966
手　　机：13585609523
传　　真：021-54651851
E-mail：lisajiang@shhzmc.com

238 MS9000多参数水质监测仪

持有单位

哈希水质分析仪器（上海）有限公司

技术简介

1. 技术来源

自主研发。

2. 技术原理

MS9000为户外小型水质自动监测系统，是由采配水单元、预处理单元、分析单元 （多参数）、控制单元、数据采集与传输单元、空调、UPS电源等组成，将水质监测指标对应的测量模块及配套设备集成在机柜内。可连续监测包括水温、pH、溶解氧、电导率、浊度、高锰酸盐指数、氨氮、总磷、总氮9种水质参数。

3. 技术特点

（1）MS9000多参数水质监测仪自带采配水、预处理及反吹自清洗装置。系统由工控机作为控制主机、PLC作为控制从机控制全部采样过程。水样通过系统控制的外部水泵进行采样；自来水则用来完成管道自清洗，保证采样预处理系统及过滤装置的长期使用，减少设备维护量。

（2）通信功能齐备。采用TCP/IP通信协议，根据HJ212-2017数据传输标准与信息中心服务器进行交互。系统也可以支持Modbus-RTU通信协议，实现第三方集成系统数据采集功能。

（3）先进成熟的水质监测技术。MS9000集成的水质仪表都是HACH久经检验的先进成熟技术，包括pH电极、浊度传感器、电导率传感器、溶解氧传感器、氨氮、总磷、总氮、高锰酸盐指数等传感器。

技术指标

（1）pH：0.00～14.00；溶解氧：0.00～20.00mg/L；电导率：0.0～10.0mS/cm；浊度：0.000～1000NTU；温度：0.0～60.0℃；氨氮：0.1～5mg/L；总氮：0.1～10mg/L；总磷：0.02～2mg/L。

（2）占地面积（长×宽）小于 $2m^2$（1.8m×1.1m）。

应用范围及前景

适用于江河湖泊等地表水，饮用水源地，江河跨行政断面、湖库敏感点以及污染严重的黑臭水体等水质自动监测。

MS9000目前已经在多个运用场景中进行推广运用，包括黑臭水体、普通地表水、水源水等多种水质环境，都取得了积极的监测效果。

案例：江苏常州市生态环境局清水民生工程水站项目。河边安装了MS9000多参数水质监测仪，并无缝搭配哈希公司的EWAS预警系统，通过网络端界面及大屏同步进行数据展示，用户可远程查看水质、仪表数据变化情况；还可根据用户需要，嵌入或集成至其他合适平台。

技术名称：MS9000多参数水质监测仪
持有单位：哈希水质分析仪器（上海）有限公司
联 系 人：吴靖宇
地　　址：上海市长宁区福泉北路518号1幢2层
手　　机：18605239759
E-mail：jwu3@hach.com

239　JDY-2 型遥测雨量计

持有单位

江苏南水水务科技有限公司

技术简介

1. 技术来源

自主研发。在原有的翻斗式雨量计基础上增加了采集、存储和数据传输的功能，将所有模块集成在雨量计上进行了一体化设计，实现了雨量计从单纯记录方式向智能方式的转变。

2. 技术原理

JDY-2 型遥测雨量计主要由翻斗式雨量传感器、控制终端（RTU）、供电系统等组成。降雨由翻斗式雨量计上部的承雨器汇集后，流入翻斗，使翻斗产生翻转动作。翻斗每翻转一次，翻斗部件将产生一个通断脉冲信号。RTU 采集脉冲信号并计算转化为雨量数据，通过 4G 方式将数据传送给数据中心计算机。

3. 技术特点

（1）将 RTU 小型化设计，并与天线与供电系统高度集成，整体防护等级为 IPV68，无外接充电可连续工作一个月以上。

（2）RTU 充电采用定制非晶硅薄膜太阳能板，可在可见光范围内进行充电。

（3）可独立建站，支持 4G 或 GPRS，通过蓝牙无线方式运用手机 App 进行参数设置、数据查询等功能。

（4）外形与安装尺寸与常规翻斗式雨量传感器相同，可直接替换。

技术指标

（1）承雨器：内径 ϕ200 mm，刃口角 40°～45°。

（2）分辨力：0.2mm、0.5mm、1mm（依据 JDZ 系列翻斗式雨量计）。

（3）测量范围：≤4mm/min；测量误差 E：$|E| \leq 4\%$。

（4）电源：锂电池、太阳能板；RTU 供电电压：4.2V；功耗：＜50mA，＜2mA（通信关闭）。

（5）通信方式：GPRS 或 4G；通信协议：SL 651—2014《水文监测数据通信规约》。

应用范围及前景

适用于国家基本雨量站、气象观测站以及农林、水电、矿山、地质等行业或部门进行降雨量的观测。

JDY-2 型遥测雨量计自 2019 年起在福建、青海、浙江、北京等地投入应用。

案例 1：青海大学自动雨量站采购项目。青海大学水利电力学院采购了 20 套 JDY-2 型遥测雨量计，所有设备安装在青海省三江源无人区，该区域环境恶劣，自设备投入使用以来，运行稳定，解决了在高海拔、高寒地区能够正常无线传输与采集雨量数据的问题。

案例 2：石狮市农村基层防汛预报预警体系建设项目。石狮市水务局由于防汛监测工作需要，使用了 4 套 JD-2 型遥测雨量计，自投入使用以来，运行稳定可靠，提升了管理效率和管理水平。

技术名称：JDY-2 型遥测雨量计
持有单位：江苏南水水务科技有限公司
联 系 人：姚刚
地　　址：江苏省南京市雨花台区龙西路 11 号
电　　话：025-52898380
手　　机：13951832778
传　　真：025-52898372
E-mail：yaogang@nsy.com.cn

240 智慧水动监测仪

持有单位

江苏微之润智能技术有限公司

技术简介

1. 技术来源

自主研发。该技术产品以自主研制的水下仿生机器人为核心技术载体，结合低功耗物联网传感器技术＋人工智能算法，实现水位、流量等的在线监测，技术优势明显。

2. 技术原理

该设备是一种测量水动力特征的智慧产品，它是基于新一代NB-IoT窄带物联网技术，以先进的微电脑技术为核心，融入智能的水动力模拟技术、传感器组等构成的高智能化仪表。主要由主机盒、粗水尺、精水尺组成，可用于流向、流速、流量、水位、水温几大水动要素的监测，适用于恶劣环境的水位及流速测量。

3. 技术特点

该产品基于新一代NB-IoT窄带物联网技术，以先进的微电脑技术为核心，融入智能的水动力模拟技术、传感器组等构成的高智能化仪表，可全天候、免维护连续、定点监测，并及时将监测数据传输至云平台，并支持超标预警，可随时通过互联网访问云平台获取查看监测信息。具有计量精准、性能可靠，结构紧凑、性价比高、安装方便等特点。

技术指标

（1）测量水位（高精度）：0 ~ 0.25m；测量水位：0 ~ 15m；测量流速：0.06 ~ 18.00m/s；测量温度：－20 ~ ＋70℃。

（2）主机盒偏转角：0° ~ 180°；粗/精水尺偏转角：0° ~ 180°。

（3）供电电压：2.7 ~ 3.7V；测量方式：电极式；采样速率：1Hz。

应用范围及前景

适用于排水井监测、水网监测、低洼地监测、桥涵积水监测、地下车库监测、河浮物监测等。

该产品在江苏南京市、连云港市、江阴市等地均进行了应用，实现了河道、窨井、低洼点等场景中的水位、流向、流速、水文等水动要素的监测，并提供各种图形界面，实时监视河道状况，采用多种方式对现场各种情况进行告警，并提供决策支撑，通过采集到的数据整理和分析，对河道状况进行评估，为水利部门提供有用信息。

技术名称：智慧水动监测仪
持有单位：江苏微之润智能技术有限公司
联 系 人：吴浩楠
地　　址：江苏省江阴市澄江中路159号D座
电　　话：0510-80660222
手　　机：17715688179
传　　真：0510-80660222
E-mail：721011518@qq.com

241 国产时差法水文流量在线监测系统

持有单位

浙江天禹信息科技有限公司

技术简介

1. 技术来源

自主研发。

2. 技术原理

该系统由遥测终端机、时差法流量传感器、仪器箱、比测率定、配套设施等组成，可实现水文流量信息的自动采集和自动传输，通过测量水文断面的分层平均流速和水位来计算流量，流速由超声波流速换能器构成的测量声路来测量。声路多少由被测水流条件和要求的测量精度决定，水位由超声波水位换能器测量。

3. 技术特点

（1）系统测量流量数据准确，实时性强，安装方式简单可靠，适用于各类野外流量监测。

（2）换能器是安装在河的两岸，根据实际需求安装多组探头。

（3）由于时差法是全断面测流，数据稳定精度可以达到流量测验的要求。

（4）换能器采用平衡模式大功率传感器。收发讯板采用大功率发射电路，高敏灵度自动增益控制接收技术。

（5）流量计软件：信号自动增益技术以及全数字化信号识别技术，如 FFT、Hilbert 变换、Cross-Corelation 技术等，时间测量分辨率优于 1ns；结合独特的多次测量技术，大大提高了流量测量精度（优于 0.5%）和重复性（优于 0.1%）。

技术指标

（1）测量声道：1～5 声道；测量范围：300～700m^3/h；平均误差：≤0.15%；重复性：≤1%。

（2）换能器声路角：65°或 45°；换能器频率：1MHz、500kHz、200kHz 可选。

（3）防护等级：IP65。

应用范围及前景

适用于各类水工建筑物、天然河道、市政管网等的流量实时监测。

国产时差法水文流量在线监测系统已在 10 余家单位应用，主要为水利局、水文站、水库管理所等，主要应用于各类渠道、天然河道等流量实时监测。如，萧山区水文总站续采购国产时差法水文流量在线监测系统 4 套，永康市水文站新购国产时差法水文流量在线监测系统 1 套。同时，因在长兴县东村桥流量站的成功应用，浙江省水文管理中心出具了“国产时差法水文流量在线监测系统适用于我省水文流量的实时监测，值得推广使用”的鉴定意见。

技术名称：国产时差法水文流量在线监测系统
持有单位：浙江天禹信息科技有限公司
联 系 人：叶向阳
地　　址：浙江省杭州市西湖区紫霞街 176 号 2 号楼 1212 室
电　　话：0571-88028743
手　　机：13750872064
E-mail：834931962@qq.com

242　宏崎源智能超声波水表

持有单位

杭州宏崎源智能科技有限公司

技术简介

1. 技术来源

自主研发。

2. 技术原理

该设备基于传播速度差法超声测量原理而研制，采用了超声测流技术，是通过检测超声波声束在水中顺流逆流传播时因速度发生变化而产生的时差，分析处理得出水的流速从而进一步积算出水的流量的一种新式水表，可实现多角度安装，仪表测量不受影响，同时使管道压力损失降到最低。集测量、积算、显示于一体，主要由超声波流量传感器（管道壳体）、超声波换能器、计算器（MCU、时间测量芯片）、电池组成。NB-IoT 物联网远传可实现远传抄表功能，方便管理节省运营成本。

3. 技术特点

（1）智能超声波水表具有“智能化、网络化、数字化”三大特点。

（2）智能超声波水表主菜单显示累计流量（m^3）、流速（m^3/h）、水温（℃）、水表编号、累计工作时间、故障信息等；该仪表集测量、积算、显示于一体。

（3）研发的智能超声波水表的两款系列分别是“LXCY 系列、HQY-8 系列”，融入了目前成熟、先进的抄表方案和管理系统，可以将每家每户的水表通过 NB-IoT 物联网将数据采集到系统平台中分析、存储、显示、处理，可实时抄表、数据接收 24h 不间断。

技术指标

（1）水表主菜单显示累计流量（m^3）、流速（m^3/h）、水温（℃）、水表编号、累计工作时间、故障信息等。

（2）采用微功耗技术，一节电池可使用 6 年以上，可实现最小流量 $0.01m^3/h$ 的准确测量，测量精度 2 级。

（3）支持实时数据通信，确保数据的准确和时效。

（4）工作环境温度 5～55℃，存储温度－25～＋55℃，耐压强度 1.6MPa，水表最大流量 $6.3m^3/h$、最小流量 $0.07m^3/h$。

（5）小口径水表（DN15～DN40），专门用于居民住宅小区分户计量，大口径水表（DN50～DN600），多适用于水利工程输水管道。

应用范围及前景

小口径水表（DN15～DN40）适用于城市、农村居民住宅小区分户计量，大口径水表（DN50～DN600）适用于水利输水主流管道。

智能超声波水表的应用，是现今智慧城市建设、水务部门计量的发展趋向，特别是（NB-IoT 物联网远传）智能超声波水表应用后最显成效，目前已在杭州、湖州、绍兴、舟山等地区 推广应用，已安装配用 NB-IoT 物联网远传水表 8 万余套，运行良好，显示出智能超声波水表在压力损失、功耗、结构性能等方面的优势。

技术名称：宏崎源智能超声波水表
持有单位：杭州宏崎源智能科技有限公司
联 系 人：吕丽芬
地　　址：浙江省杭州市富阳区银湖街道九龙大道 398 号富春硅谷创智中心 1 号楼 12 层
电　　话：0571-61736072
手　　机：13588371875
传　　真：0571-63596588
E-mail：Hefeng_18937951@qq.com

243　高集成多光谱在线水质快速监测系统

持有单位

杭州希玛诺光电技术股份有限公司
长江水利委员会水文局
浙江楚汉环境科技有限公司

技术简介

1. 技术来源

自主研发。

2. 技术原理

该系统采用了具有国际先进水平的原创性核心技术，引入了现场荧光（FL）分析技术，并与紫外/可见（UV）吸收光谱、现场拉曼散射光谱分析技术有机融合，突破了现有化学方法和光学法水质分析仪表分析精度低、抗干扰能力差的技术瓶颈，显著提升了水体有机物综合指标的在线分析性能。

3. 技术特点

测量速度快，测量精度高，安装范围广，高度稳定性，设备投资少，运维成本低，无二次污染，大范围联网。

技术指标

（1）监测指标：化学需氧量/高锰酸盐指数、氨氮、总磷、总氮、水温、酸碱度、溶解氧、电导率、浊度、叶绿素。

（2）测量精度：≤5%（比对基准：GB 测量法）；分析模式：多源光谱融合分析法；分析机制：有机物综合指标（紫外＋荧光＋拉曼散射光谱融合分析法）；测量周期：0～90min（任意可选）；数据传输：无线远传（GPRS/CDMA/物联网/北斗），手机 App 可随时访问；显示方式：远程监控终端。

（3）测量量程：COD：0～10、100、500、2000mg/L、COD_{Mn}：0～5、50、100mg/L、总磷：0.01～2.0mg/L、总氮：0.05～2.0mg/L、氨氮：0～5、50、100、200mg/L、浊度：0～100NTU、溶解氧：0～25mg/L、叶绿素：0～200μg/L、电导率：0～100mS/cm、酸碱度：0～14、水温：0～50℃。

（4）工作条件：交流电模式：220V/50Hz、太阳能模式：24V、额定功率：25W 工作、温度：0～50°C、防水等级（IP68）、防雷等级（600W）。

应用范围及前景

适用于大范围水质监测系统布网，智慧城市、海绵城市等城市水网水质监测，饮用水源监测，污染源在线监测，污水处理水质监测。

技术推广应用至今工程实例数已达 58 项，销售数量 189 套，新一代光学法在线水质监测站在可测参数数量、测量所需时间、测量精度、二次污染、运行成本、维护要求和建设投资等方面均比传统化学法在线水质监测站具有明显优势。

技术名称：高集成多光谱在线水质快速监测系统
持有单位：杭州希玛诺光电技术股份有限公司、长江水利委员会水文局、浙江楚汉环境科技有限公司
联 系 人：潘汉青
地　　址：浙江省杭州余杭区文一西路利尔达科技园1号楼801室
电　　话：0571-87993658
手　　机：13989493880
传　　真：0571-87993658
E-mail：437144304@qq.com

244 基于水声和人工智能技术相结合的声学多普勒测流仪系列

持有单位

杭州开闳流体科技有限公司

珠江水文水资源勘测中心

技术简介

1. 技术来源

自主研发。

2. 技术原理

运用水下智控转动设备与声学多普勒传感器相结合的设计，使传统一维流速剖面数据扩展为二维扫描流速数据，并采用流体动力学计算模型结合人工智能计算进行河道流量计算拟合从而得到更准确的流量数据。设备通过旋转测流探头，对河道流场进行局部扇区扫描实测，开创性地将流体仿真和人工智能中的机器视觉技术相融合，推算整个断面的流场分布，进而计算整个断面流量，整个过程均由计算机自动完成，真正实现流速/流量全自动测量。

3. 技术特点

（1）智控扫描流场计算部分主要运用和借鉴了 CFD 和 MV 技术。

（2）实测河流断面形状、河床坡度、水位等多项信息，依据流体动力学公式定制待测河流断面流场分布模型，构建与现实河道有映射关系的数字虚拟模型。

（3）以水声方法采集待测河流的（局部）实时信息，经过数字化重构生成多个表示不同物理意义的数据层，通过提取各数据层中的特征信息，对原始数据进行一系列处理，最终获得实测扇区，作为流体仿真模型的实测输入和定解条件。

（4）实测数据与流体仿真模型两者结合，将数字化实测扇区作为定解条件，映射输入流体动力学模型进行仿真运算，获得当前的流速分布，以及流量等最终计算结果。

技术指标

（1）剖面层数：≥128；测速量程：±6m/s（宽带），±20m/s（窄带）；测速准确度：±0.25%，±2mm/s；测速分辨率：1mm/s；流量准确度：±5%；扫描范围：270°；波束：测速波束 2 个，测探波束 1 个。

（2）供电：24VDC 通信接口：RS232/RS422/RS485/ 以太网可选。

应用范围及前景

适用于河流流速流量监测，市政水务给排水监测以及生态环境行业交接断面污染物通量监测等。

自 2018 年智能 ADCP 系列产品中的第一款智控扫描 ADCP 研发成功面市以来，已受到国内各行业广泛的关注市场反响强烈；开闳科技同时在浙江、广东、江苏等地开展使用及试点推广，反馈情况良好。2019 年开闳科技在珠委冯马庙水文站安装了智控扫描 ADCP 产品，上线以来，运行稳定，实现了流速/流量的全自动实时测量。

技术名称：基于水声和人工智能技术相结合的声学多普勒测流仪系列

持有单位：杭州开闳流体科技有限公司、珠江水文水资源勘测中心

联 系 人：俞琳琳

地　　址：浙江省杭州市余杭区文一西路 1288 号海创科技中心 2 号楼 17 楼

电　　话：0571-87208831

手　　机：15306533214

传　　真：0571-87208835

E-mail：service@kaihongkeji.com

245 测流控制器及服务软件

持有单位

杭州开闳流体科技有限公司

技术简介

1. 技术来源

自主研发。

2. 技术原理

测流控制器是河道测流流量在线监测系统的重要组成部分，作为测站的控制中心和信息中心，连接测流仪器和多种拓展设备，控制测流系统的工作，并通过内置通信系统将采集的数据向数据中心发送。测流服务软件为测流控制器的配套软件，测流服务软件安装在测流控制器上，主要由设备调试、参数设置、数据应用和设备通信四个功能模块构成。

3. 技术特点

（1）测流控制器可分为无屏和有屏两大类，可满足不同功耗需求和使用场景需求。支持各类主流测流仪、水位计、雨量计、温湿度计等外接仪器接入，同时支持用户测流平台的数据接出兼容性扩展，以及支持服务软件远程升级。

（2）整个过程实时容灾稳定运行，业务规则一键配置，用户端开箱即用，同时服务软件可无缝对接内外部各类数据中心，为终端用户提供更可靠、更便捷、更灵活、更专业的测流业务数据支撑，助力用户挖掘数据价值，实现真正的数据运营。

技术指标

（1）支持测流仪器在线管理，状态监控；支持扩展加入第三方串口设备；支持自定义与服务器的登录。

（2）提供图形化的参数配置和调试软件；具备网页版管理平台和移动端管理软件；支持软件远程升级。

（3）4G 全网通（7 模），支持三大运营商物联卡，APN； 配置软件支持蓝牙接入。

（4）WDT 看门狗设计，保证系统稳定。

应用范围及前景

适用于流速流量监测、交接断面或城市河道污染物通量监测、城市排水监测、桥梁冲刷监测、环境影响或水利科学研究。

测流控制器应用主要分布在江苏、上海、浙江、安徽、广东等地。主要应用范围包括水文流速流量监测工作、汛期汛情预警、调水工程以及其他水资源管理项目等。测流服务软件作为测流数据的传输层，起到了承上启下的作用，极大地方便了用户对测流数据的管理和使用。

技术名称：测流控制器及服务软件
持有单位：杭州开闳流体科技有限公司
联 系 人：俞琳琳
地　　址：浙江省杭州市余杭区文一西路 1288 号海创科技中心 2 号楼 17 楼
电　　话：0571-87208831
手　　机：15306533214
传　　真：0571-87208835
E-mail：service@kaihongkeji.com

246　基于水声技术的声学多普勒测流仪系列产品

持有单位

杭州开闳流体科技有限公司

技术简介

1. 技术来源

自主研发。

2. 技术原理

基于水声技术的 ADCP 系列产品是运用水声声呐技术及声学多普勒原理进行流速测量，定点式 ADCP 通过河道剖面分层流速的测量，可实时在线采集流速等数据，再通过率定计算，提供河道流量数据；走航式 ADCP 搭载三体船等载体，可进行河流断面、流速、流量一体化测量。

3. 技术特点

（1）实时在线监测河道流速流量。

（2）多种信号编码技术：宽带、窄带、脉冲相干技术。

（3）多种工作频率可供选择，覆盖各种宽度河流测流需求。

（4）标准配置超声波水位计、压力水位计、姿态传感器。

（5）直接输出河流分层流速、水位，易与 RTU 集成。

（6）高性能塑料外壳，适用性广，安装方便。

（7）系统可靠性好，整机功耗低。

技术指标

（1）单元个数：最大 200。

（2）流速范围：常规±6m/s，最大± 20m/s。

（3）流速分辨率：1mm/s。

（4）准确度：±0.25%，±20mm/s。

（5）倾斜计（横摇纵）：倾斜准确度± 0.05°，分辨率±0.01°，倾斜范围±30°。

（6）电缆：25m；　壳体材料：POM 聚甲醛。

应用范围及前景

适用于河道流量巡查监测、防洪防汛应急监测、水利工程勘测、河道断面测量。

该技术产品在上海、浙江、广东等地成功应用。

案例：浙江省温岭市水利局定点式、走航式 ADCP 测流设备及流量站运维采购项目。2017 年、2020 年，开闳科技 2 次中标了温岭市水利局测流设备及流量站运维采购项目，项目内容包括自主研发、生产销售的基于水声技术的 ADCP 系列产品-定点式 ADCP 和走航式 ADCP，测流控制器、测流服务软件、多功能遥控水文测量船、集群式测流枢纽平台以及相关配件，项目验收后运行情况良好。

技术名称：基于水声技术的声学多普勒测流仪系列产品
持有单位：杭州开闳流体科技有限公司
联 系 人：俞琳琳
地　　址：浙江省杭州市余杭区文一西路 1288 号海创科技中心 2 号楼 17 楼
电　　话：0571-87208831
手　　机：15306533214
传　　真：0571-87208835
E-mail：service@kaihongkeji.com

247 长周期防跑飞水文专用遥测终端机

持有单位

安徽沃特水务科技有限公司

技术简介

1. 技术来源

自主研发。

2. 技术原理

长周期防跑飞水文专用遥测终端机主要实现对水位的定时采集，并通过公网无线 GPRS/SMS 网络通道，使监测中心对现地的终端机工作状态有个认知，在需要报送水位时加报信息。

3. 技术特点

（1）长周期防跑飞水文专用遥测终端机集传统 RTU 遥测终端机功能与现代化科技于一体，实现水文水资源等数据的采集、存储、显示、控制、报警及信息传输等综合功能。

（2）该设备提供一种应用于水文监测终端机上的长周期防跑飞电路，满足水文遥测及现场环境使用需求。到定时的时候，会唤醒水文专用遥测终端机工作，采集水位信息，当水位的变幅数值达到发送门槛时候，会启动发送 GPRS/SMS 程序，同时会形成历时记录，存储在存储器件里，进而达到了装置的基本功能要求。

（3）遥测终端机采用高性能的工业级微处理器和工业级无线模块，以嵌入式实时操作系统为软件支撑平台，同时提供翻斗式雨量计接口、RS232、RS485、TF 卡、SDI-12、模拟量输入、开关量输入、开关量输出和全量程格雷码输入接口，可满足各种需求。

技术指标

（1）终端机能适应环境温度：－35～＋70℃；相对湿度：≤95%（40℃时）。

（2）静态值守电流（电源为 12V DC）：静态值守电不大于 0.28mA；工作电流：≤6.58mA@12VDC；电源拉偏：在 DC6V-DC40V 范围内工作正常。

（3）数据通信：支持 4G 卡通信，支持电信、移动、联通三种通信方式。

（4）阈值拍照：摄像头接入功能，当采集水位超过水位阈值时，启动摄像头拍照。

（5）传感器接入:可同时采集包括浮子水位计、雷达水位计等多种水位计，并可同时采集存储。

（6）抗电磁干扰能力:EMC 四级抗干扰能力。

应用范围及前景

适用于各种水利信息化及水文信息化建设，包括水雨情监测、水资源监测、墒情监测、地下水监测等。

水文专用遥测终端机典型应用案例：承建了安徽省及河南省山洪灾害监测系统项目、安徽霍山县山洪灾害预警系统项目、安徽省山洪灾害防治非工程措施提升项目；2018—2019 年承建了马鞍山市、芜湖市镜湖区及滁州市 7 个区县的农村基层防汛预报预警体系项目建设；2020 年承建了安徽省滁州、桐城、淮南、黄山、六安、合肥等地小（2）型水库雨水情自动测报系统建设。

技术名称：长周期防跑飞水文专用遥测终端机
持有单位：安徽沃特水务科技有限公司
联 系 人：李俊岭
地　　址：安徽省合肥市包河区烟墩路高速时代广场 C7 栋 9-10 层
电　　话：0551-62854006
手　　机：17309696065
传　　真：0551-62854019
E-mail：2389424503@qq.com

248　智旭 FUC880 河道断面流量自动巡测车

持有单位

合肥智旭仪表有限公司

技术简介

1. 技术来源

自主研发。智旭仪表自主研发的断面流量自动巡测系统 FUC880 系列，可全程自动完成河道断面的全自动测量工作。

2. 技术原理

水体中的散射体（如浮游生物，气泡等）随水体而流动，与水体融为一体，其速度即代表水流速度。当 ADCP 向水体中发射的声波脉冲信号碰到水体中悬浮的，随水体运动的微粒后产生反射，ADCP 可以根据被反射到 ADCP 的声波脉冲信号和 ADCP 发射的声波脉冲信号频率的差异（即多普勒频移），计算出相对于 ADCP 的流速大小。

3. 技术特点

声学多普勒（ADCP）流量自动巡测车，是通过铺设轨道或缆道的方式为巡测车提供一个走行线路，通过巡测车本身的机械结构，带动 ADCP 行走，进行测量。在测桥轨（缆道）道上布置测量垂线位置及个数，启动测量时，测流车行至测点，分别进行水位、水深（淤积厚度）等测量，并实时反馈测量数据及测量状态，测流车下声学多普勒到水底，向上发射声波完成测量。系统每完成一次测量，便会在报表输出模块的列表中显示测点编号、测量时间、垂线分层流速（最大 256 层）平均流速、水位、泥位、水深数据，并通过这些数据计算出间距、部分面积和部分流量。所有测点测量完成后，将部分流量累加即为断面总流量。

技术指标

（1）水深测量精度：5mm@5m（拉绳式）、3mm@5m（压力式）；流速测量：支持旋桨流速仪、电磁流速仪、超声流速仪等；流量计算：优于 3%。

（2）控制方式：本地控制、远程控制、手持终端控制；前进速度：30cm/s，升降速度：≥5cm/s，动态响应延时：≤50ms，单点流速测量时间：30s、60s、90s、120s（可设置）。

（3）电池容量：24V45Ah（工业配锂电池）充电时间：＜10h。

应用范围及前景

适用于明渠、河道、水文等流量监测。

智旭 FUC880 河道断面流量自动巡测车已在德州市潘庄灌区、德州市水政监察中得到应用。“声学多普勒（ADCP）流量自动巡测车”解决了因转子式流速仪存在机械磨损，在每次测量完毕后要清洗保养，还需定期率定维护的不足，实现了免维护、无人值守，远程监测。

技术名称：智旭 FUC880 河道断面流量自动巡测车
持有单位：合肥智旭仪表有限公司
联 系 人：鲍晓宪
地　　址：安徽省合肥市繁华大道西段立恒工业广场 B3 栋
电　　话：0551-65232602
手　　机：1386014380
传　　真：0551-65232602
E-mail：15855110452@163.com

249　智旭 FUC660 声学多普勒剖面流速仪（ADCP）

持有单位

合肥智旭仪表有限公司

技术简介

1. 技术来源

根据国内市场需求分析，自主研发了适用于中小河流流量测验的 H-ADCP 测流装置，包含水平式和坐底式 2 种，开发研制了单、双波束 2000KHz/600KHz（工作频率）ADCP。

2. 技术原理

向水体中发射的声波脉冲信号碰到水体中悬浮的随水体运动的微粒后产生反射，根据被反射到仪器的声波脉冲信号和仪器发射的声波脉冲信号频率的差异（即多普勒频移），计算出相对于 ADCP 的流速大小，测量流速分层可以到 256 层。

3. 技术特点

（1）换能器采用 1—3 复合材料制备技术、宽带匹配层技术。

（2）水体中的回波频率信号采用复自相关算法技术。

（3）各类参数可远程设置与修改，可根据水位自动选取系数、计算过流面积和流量计算，实现了采集、存储、传输一体化。

技术指标

测量河道的宽度：0.8 ~ 100m；单元层数：256 层；测量精度：±0.5%；流速分辨率：0.001m/s；流速测量范围：±7m/s（最大流速±10m/s）；液位测量：0.5 ~ 20m；工作电压：12V DC；通信协议：RS485（MODBUS-RTU）。

应用范围及前景

适用于明渠、管网、水文等流量监测。

FUC660 声学多普勒剖面流速仪（ADCP）已成功应用于安徽芜湖大砻坊水文监测站、芜湖水文局旌德站、泰州市海陵区水环境监测项目（使用 22 套 H-ADCP 在线测流仪）、安徽省驷马山灌区续建配套与节水改造项目、安徽省六安市水文局横排头在线流量监测系统等项目，智旭的多普勒剖面流速仪为市场提供了可靠的在线测流产品。

技术名称：智旭 FUC660 声学多普勒剖面流速仪（ADCP）
持有单位：合肥智旭仪表有限公司
联 系 人：鲍晓宪
地　　址：安徽省合肥市繁华大道西段立恒工业广场 B3 栋
电　　话：0551-65232602
手　　机：1386014380
传　　真：0551-65232602
E-mail：15855110452@163.com

250 四信雷达一体式水位计

持有单位

厦门四信通信科技有限公司

技术简介

1. 技术来源

自主研发。

2. 技术原理

该设备是一款高频毫米波雷达非接触式水位测量仪表，其测量最大量程可达 70m，采用雷达调频连续波（FMCW）的测距原理，可实现水位精准测量，具备水位、水深、空高等测量数据存储、传输等通信功能，与结合 RTU 采集通信功能，实现 RTU 采集、存储、传输、值守与 2G/3G/4G/NB-IoT/LoRa 等通信功能。

3. 技术特点

（1）雷达水位精准测量；本地存储水位和其他数据。

（2）实现对电源电压、设备状态的自检，分析计量故障等信息，及时发现计量异常；低功耗设计，IP67 防护等级，体积小巧、安装方便。

（3）支持蓝牙配置、查询和调试；支持水文、水资源协议上报；支持 RTU 功能，可采集、控制、联动第三方传感设备；支持 2G/3G/4G/NB-IoT/LoRa 等多种通信方式。

（4）支持串口和远程软件升级，提供 2 个 485 通信接口、1 个 RS232 调试接口、1 路 4～20mA 电流信号输出接口、1 路模拟量输入接口、1 路开关量输入接口、1 路翻斗式雨量计接口及 1 路受控电源输出接口。

技术指标

测距量程：0～70m；测距精度：±2mm；测距分辨力：1mm；盲区：＜10cm；宽电压输入：6～38V；静态值守电流：＜0.3mA；工作电流：＜10mA；工作温度：－35～＋75℃。

应用范围及前景

适用于河道、水库、灌区渠道等水位数据监测。

四信雷达一体式水位计直属销售网点遍布北京、上海、深圳、广州、成都、武汉等国内 10 多个城市，最早于 2018 年 2 月开始投入使用，应用工程案例有：皋兰县 2019 年山洪灾害监测预警项目（雷达水位计 65 台）、鹤庆县 2019 年度山洪灾害防治项目、兰州市山洪灾害监测预警项目等，为国家在节水、水资源保护、灾害预警等方面做出了贡献。

技术名称：四信雷达一体式水位计
持有单位：厦门四信通信科技有限公司
联 系 人：陈敏
地　　址：福建省厦门市软件园三期诚毅大街 370 号 A06 栋 11 楼
电　　话：0592-5907279
手　　机：18344985433
传　　真：0592-5912735
E-mail：chenmin@Four－Faith.com

251　四信雷达一体式流量计

持有单位

厦门四信通信科技有限公司

技术简介

1. 技术来源

自主研发。

2. 技术原理

四信雷达一体式流量计是一款基于毫米波雷达技术的全自动流量计，产品采用了 K 波段平板雷达技术，结合调频连续波（FMCW）雷达的测位功能进行精准水位测量，结合雷达流速与水体以相对速度的多普勒效应等到测量对象的表流速，通过水位与过水断面面积和表面流速与均层流速的关系算法，得出过水断面和流量。雷达一体式流量计可结合 RTU 采集通信功能，实现水位和表面流速的精准测量，实现断面流量及累计流量精确计算，实现 RTU 采集通信功能实现测量、采集、存储、传输与 2G/3G/4G/LoRa 等通信功能。

3. 技术特点

（1）雷达水位、流速精准测量，完善流速计量算法；本地存储水位、流速、流量和其他数据。

（2）实现对电源电压、设备状态的自检，分析计量故障等信息，及时发现计量异常。

低功耗设计，IP67 防护等级，体积小巧、安装方便。

（3）支持蓝牙配置、查询和调试；支持水文、水资源协议上报；支持 RTU 功能，可采集、控制、联动第三方传感设备；支持 2G/3G/4G/NB-IoT/LoRa 等多种通信方式。

（4）支持串口和远程软件升级，提供 2 个 485 通信接口、1 个 RS232 调试接口、1 路 4～20mA 电流信号输出接口、1 路模拟量输入接口、1 路开关量输入接口、1 路翻斗式雨量计接口及 1 路受控电源输出接口。

技术指标

水位测距量程：0～40m；流速测量范围：0.1～20m/s；分辨力：水位分辨力 0.001m，流速分辨力 0.01m/s；盲区：＜10cm；水位准确度：在 0～10m 测量范围内准确度等级为 2 级，符合标准；流速测量误差：在 0.3～4.5m/s；供电范围：6～38V；静态值守电流：＜0.3mA；工作电流：＜10mA；工作温度：－35～＋75℃；保护等级：IP68。

应用范围及前景

适用于水利、灌区、智慧城市项目的非接触式水位、流速测量，流量计算等。

四信雷达一体式流量计 2018 年起得到广泛应用，典型工程案例有：怀化市水电站下泄流量监测项目（5 台）、兰州市山洪灾害监测预警项目（雷达水位计＋流量计＋流速仪 300 台）、皋兰县山洪灾害监测预警项目（雷达流量计 35 台）；该技术产品经济效益和社会效益显著。

技术名称：四信雷达一体式流量计
持有单位：厦门四信通信科技有限公司
联 系 人：陈敏
地　　址：福建省厦门市软件园三期诚毅大街 370 号 A06 栋 11 楼
电　　话：0592-5907279
手　　机：18344985433
传　　真：0592-5912735
E-mail：chenmin@Four-Faith.com

252 JXZK-UWM型超声波智能水表及核心器件

持有单位

江西中科智慧水产业研究股份有限公司

技术简介

1. 技术来源

由中科水研（江西）科技股份有限公司和中国科学院上海微系统与信息技术研究所自主研发，具有完全自主知识产权。

2. 技术原理

JXZK-UWM 型超声波智能水表是通过检测超声波声束在水中顺流逆流传播时因速度发生变化而产生的时差，分析处理得出水的流速从而进一步计算出水的流量的一种全电子水表。

3. 技术特点

（1）相较于传统机械水表，超声波水表具备始动流速低、量程比宽、测量精度高的特点。

（2）超声波智能水表的核心器件包括高精度计量芯片、低功耗微型处理器和低功耗安全通信模组，全部采用完全自主知识产权的技术设计生产。

（3）高精度计量芯片可独立计量，计量时不需要微处理器参与，极大地降低了整表功耗，提高了水表使用年限。

（4）始动流量低，最小流量准确到 0.5L/h 测量；量程比一般高于 R250，最高可达 R800。

（5）采用 NB-IoT 移动物联网通信技术实现水表数据的远程抄表和控制。

技术指标

以 DN20 管径为例：

（1）量程比（R值）达到 250。

（2）始动流量仅为 0.004m^3/h，最小流量 0.016m^3/h，常用流量 4.0m^3/h。

（3）最大工作压力 1.6MPa，压力损失＜40kPa。

（4）水表计量误差符合国家要求。

（5）整机防护等级为 IP68。

应用范围及前景

适用于安装位置相对分散的三供一业改造、农村饮用水户表改造、新建住宅和户外防冻较差环境小区项目的水计量。

案例 1：2020 年 9 月，江西省水务集团有限公司在修水县、永新县两地安装 JXZK-UWM 型超声波智能水表共 200 只。所有水表均串联在原有户表之后，与原有水表数据同步进行比对，新装水表均能稳定准确计量。

案例 2：2020 年 9 月，浙江省宁波市海曙区高桥镇梁祝文化公园 2 号 B 地块应用 200 只水表，运行以来稳定可靠，反馈良好。

技术名称：JXZK-UWM 型超声波智能水表及核心器件
持有单位：江西中科智慧水产业研究股份有限公司
联 系 人：许晖
地　　址：江西省南昌市高新区火炬五路 899 号高航大厦 12 楼
电　　话：0791-88111819
手　　机：13916407381
传　　真：0791-88111819
E-mail：hui.xu@cnsmartwater.com

253 JXZK-MRL 型雷达水位计

持有单位

江西中科智慧水产业研究股份有限公司

技术简介

1. 技术来源

由中科水研（江西）科技股份有限公司和中国科学院上海微系统与信息技术研究所自主研发，具有完全自主知识产权。

2. 技术原理

毫米波雷达水位计的天线发射出毫米波（电磁波），利用毫米波穿透性弱的特点，波束打到水面后，经反射再被天线接收。水位计会记录波束从发射到接收所经历的时间，乘以毫米波的传播速度，则可得到天线到水面的距离，进而计算出水位值。

3. 技术特点

（1）采用频率调制连续波雷达（FMCW）技术对水位进行测量，非接触式测量技术不受温度梯度、水面水汽、水中污染物以及沉淀物的影响，测量结果更加精确。

（2）JXZK-MRL 型雷达水位计具有体积小、方便安装、维护量小的特点。设备可选配集成蓝牙和 RTU 功能，支持本地蓝牙调参、远程调参、远程升级维护，可显著提高调试效率。

（3）重量小于 900g，构造紧凑、轻巧，防风抗抖能力强；平板天线设计，避免了昆虫筑巢结网对雷达信号影响的隐患；在洪水期高流速条件下也能进行监测。

（4）数据自动远传至应用平台，可同时在本地配置显示屏实时显示水位，无需人工抄读数据。

技术指标

（1）测量范围：0.5～30m（可扩展至 40m）；测量精度：±3mm；雷达天线：平面微带阵列天线；雷达频率：23.5～24.5GHz；电波发射角（3dB）：±7°。

（2）工作电压：15～28VDC；5.5～28VDC（可选）。

（3）工作电流（@12V）：测量整机功耗≤100mA；无线传输时整机功耗（NB-IoT 工作电流≤120mA，4G 工作电流≤200mA）。

（4）数字接口：RS485/以太网（可选），Modbus 协议；无线传输：NB-IoT（默认）/4G、LTE Cat.1。

（5）模拟输出 4～20mA；工作温度－35～＋70℃；铝合金外壳；防护等级 IP68；防雷等级 6kV。

（6）尺寸：146mm×108mm×51mm。

应用范围及前景

适用于江河、湖泊、水库等水文测量；河道、灌渠、防汛等水位监测；城市防洪、内涝等水位监控；山区暴雨性洪水水位监测。

该产品已应用在多个重大水利工程、流域委员会和省水文局项目：雷达水位计安装在水利部海河流域委员会独流减河进洪闸；安装在南水北调中线工程惠南庄管理处管辖干渠；安装在天津市水文水资源勘测管理中心塘沽水文水资源勘测管理分中心海河闸；安装在太湖流域管理局太浦闸水文站。实时在线监测当地水位。

技术名称：JXZK-MRL 型雷达水位计
持有单位：江西中科智慧水产业研究股份有限公司
联 系 人：许晖
地　　址：江西省南昌市高新区火炬五路 899 号高航大厦 12 楼
电　　话：0791-88111819
手　　机：13916407381
传　　真：0791-88111819
E-mail：hui.xu@cnsmartwater.com

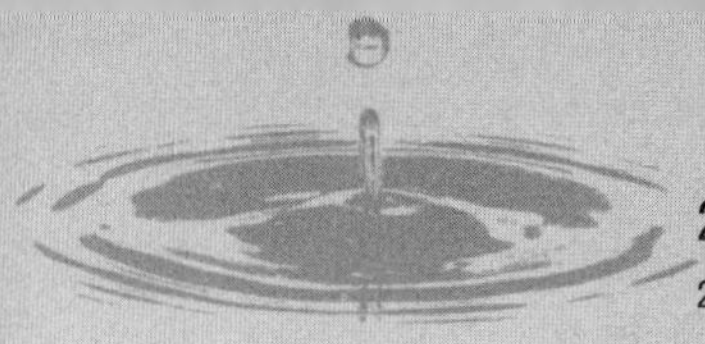

254 采集传输一体化微型水质在线监测传感器

持有单位

江西中科智慧水产业研究股份有限公司

技术简介

1. 技术来源

由中科水研（江西）科技股份有限公司和中国科学院上海微系统与信息技术研究所自主研发，具有完全自主知识产权。

2. 技术原理

该设备属多通道数据采集传输设备，采用多参数水质传感器、无线传输一体化设计，支持十余种水质监测参数的测量。其监测内容主要有蓝绿藻、叶绿素、透明度、溶解氧、氨氮、浊度、COD、pH 值、悬浮物、硝氮等。无线传输模块主要有 NB-IoT 和蓝牙，其中，NB-IoT 主要用来与中心监控平台之间的数据传输和远程控制，蓝牙主要用来和本地手机、电脑的无线数据传输和控制。

3. 技术特点

（1）系统结构紧凑、携带方便、精度高、功耗低，可长期连续在线全自动监测。

（2）传感器多层抗生物污染设计，环境安全防垢部件和防垢涂层，独特的双清洗刷装置。

（3）野外环境长期专用传感器，具有高精度和高稳定性，并根据野外环境，具备相应避雷保护、抗干扰功能，提高系统野外适应性。

（4）采用光谱分析、电化学分析技术，对水体进行免试剂原位监测，不对环境产生二次污染。

技术指标

（1）监测内容主要有蓝绿藻、叶绿素、透明度、溶解氧、氨氮、浊度、COD、pH 值、悬浮物、硝氮等。

（2）各类水质在线监测传感器技术指标，如测量范围、准确度、重复性、分辨率、压力范围或水样流量等指标性能，依据选配而定。

（3）太阳能、市电、电池供电多种模式。

（4）标准化接口，模块化设计，安装简易、灵活，可根据需求扩展监测参数。

应用范围及前景

适用于河流湖泊全域的低成本化广泛部署，实现水质参数的自动参数采集与传输，以及水质长期变化趋势分析。

2020 年 2 月，2 台套该产品在浙江省金华市满塘湖安装应用，用来监测满塘湖水域的各项水质参数，可检测 COD、pH、浊度、氨氮、电导率、温度等参数。一年多时间以来，各项参数数据均正常上传，数据平台可实时查看水域水质情况，达到了工作人员足不出办公室，水质实时知的效果。

2020 年 3 月，该产品在辽宁省大连市瓦房店市复州河段安装应用，用于大连市流域精细化管控工程，可检测 pH、COD、温度、氨氮、电导率等参数，使研究人员能及时掌控复州河污染信息，做到有的放矢地治理河道。

技术名称：采集传输一体化微型水质在线监测传感器
持有单位：江西中科智慧水产业研究股份有限公司
联 系 人：许晖
地　　址：江西省南昌市高新区火炬五路 899 号高航大厦 12 楼
电　　话：0791-88111819
手　　机：13916407381
传　　真：0791-88111819
E-mail：hui.xu@cnsmartwater.com

255　HR.WYS-Ⅲ遥测地下水位计（压力式）

持有单位

山东昊润自动化技术有限公司

技术简介

1. 技术来源

自主研发。

2. 技术原理

HR.WYS-Ⅲ型遥测地下水位计（压力式）采用静压液位测量原理，中央处理单元实时采集或定时采集压力传感器、温度传感器，并在内部运用复杂算法对压力传感器数据进行线性修正和温度补偿。采用具有显示功能的 RTU，可远程通过监测中心进行设备参数修改、设备状态观测、数据召唤、程序固件升级等服务。基于北斗传输建设自动监测站点，实现了无信号网络覆盖或信号较弱地区的监测数据自动传输。

3. 技术特点

（1）该设备探头采用高稳定性、高精度 3D-MEMS 硅电容传感器，实现水位、水温、气压、水质等多种数据一体化监测；传感器内部自带供电和数据记录功能。

（2）水位计采用绝压式气压补偿方式，压力式水位计在水下，测得的是水深压力和水面上的大气压力之和，通过井口 RTU 自带的高精度气压计，自动抵消了大气压，得到水深产生的压力，测得水深并转换成水位。

（3）产品为 RS485 数字输出接口，数据协议为标准 MODBUS-RTU 协议，支持组网。

技术指标

（1）水位精度 0.05%F·S。

（2）重复性误差±1cm。

（3）水位计分辨力 1mm。

（4）功耗测量精度为 A 级，水温测量精度为 B 级。

（5）长期稳定性 0.05%F·S/a。

（6）数字气压计精度 0.01。

（7）工作温度范围－45～＋85℃。

（8）配套线缆整体抗拉伸＞500N。

应用范围及前景

适用于水库、大坝、城市低洼道路积水、河道、排水泵站、窨井等地下、地表水水位、水温在线监测和自动控制，以及矿山安全监测等无人监测项目。

该产品已应用于全国 20 多个省份地下水监测和运维项目，10 余年来在众多地下水监测信息采集传输一体化设备采购项目中累计提供设备 2 万余套，解决了相关工程地下水水位水温和大气压监测数据自动接收、存储、分析及数据共享问题。

技术名称：HR.WYS-Ⅲ遥测地下水位计（压力式）
持有单位：山东昊润自动化技术有限公司
联 系 人：杨晓霞
地　　址：山东省邹平县韩店镇驻地以北、庆淄路西侧院 6 号楼五层
电　　话：0543-4619969
手　　机：13061057853
传　　真：010-88114586
E-mail：173872624@qq.com

256 流量、多层流速、水温多功能智慧在线监测装置

持有单位

青岛清万水技术有限公司

技术简介

1. 技术来源

自主研发。

2. 技术原理

流量、多层平均流速、水位、水温多功能智慧监测装置运用了时差法声学测流的原理实现了复杂工况下的流量、多层平均流速、水位、流向、流态等数据的在线和自动监测；运用智能分析算法及深度学习等技术对水体、河道、明渠和管道的工况进行实时监控、分析和识别；物联网、云服务、4G/5G 无线路由等技术的应用将以上数据通过专用接口接入相应的水文平台，生成水文模型及大数据；通过上述链路，水文平台可以监测设备运行状态并进行远程诊断及维护。

3. 技术特点

（1）监测装置可以应用在复杂工况下的平原河网、天然河道、渠道和供水涵洞和管道流量的在线准确测量和远程实时监控。

（2）解决了天然河道准确在线实时测流问题，为保证河道及闸站、泵站的安全稳定运行和自动化控制以及防洪排涝提供可靠数据支持。

（3）通过流量智慧在线监测装置，有效解决了天然河道因淤积、冲刷造成的断面改变引起的测流的难题，获得稳定可靠的河道过水流量。

（4）通过带水安装的专利技术，实现了天然河道在有水的工况下安装流量智慧在线监测装置。

（5）解决了涵洞/管道的水在满涵和非满涵时扰乱对测量造成的干扰。

（6）智慧在线监测装置无需率定，节省了率定费用。

技术指标

（1）天然河道的流量在线准确测量，测流精度相对误差为±2%。

（2）管道的流量在线准确测量，测流精度相对误差为±0.5%。

应用范围及前景

适用于河道、明渠、涵洞（满涵和非满涵）、管道（满管和非满管）的流量、多层流速、水位、水温等在线自动监测。

流量智慧在线监测装置已在嘉兴南排骨干河道流量监测等项目中得到了推广应用，通过流量智慧在线监测装置的数据处理系统，实现了复杂情况下的河道流量测试。

技术名称：流量、多层流速、水温多功能智慧在线监测装置
持有单位：青岛清万水技术有限公司
联 系 人：闫茂领
地　　址：山东省青岛市崂山区石岭路 39 号名汇国际 2-301
电　　话：0532-86123256
手　　机：18669836518
传　　真：0532-86123257
E-mail：ymlyp@163.com

257　电子远传水表（NEM型）

持有单位

青岛海威茨仪表有限公司

技术简介

1. 技术来源

自主研发。

2. 技术原理

该电子远传水表由叶轮流量计、感应式电子传感器、电子计数器，以及表芯、表壳等部分组成。通过在叶轮上安装金属片，采用无磁信号检测原理，检测叶轮转动的速度和圈数，通过电子计数器计算出水流的速度和通过的水量，并通过远传装置进行传输，实现用水量的计量和远传抄表。

3. 技术特点

（1）该产品取消了传统机械水表传动齿轮组和机械计数器，降低了机械磨损带来的误差；叶轮轴采用陶瓷材质，并对轴和轴套进行优化设计，提高耐磨性，延长基表使用寿命。

（2）采用无磁信号拾取技术，减少外界强磁和水中铁性杂质干扰，提高水表计量稳定性和环境适应性。产品电子计数器采用 MSP430 芯片，低功耗设计，延长电池使用时间。

（3）产品基表和电子计数器干湿分离，防冻性能好。

技术指标

（1）工作环境：B 级，5～55℃。

（2）量程比：R200～R250。

（3）准确度等级：2 级。

（4）压力等级：PN10。

（5）外壳防护等级：IP68。

应用范围及前景

适用于居民自来水、农饮水、其他供水等用水计量领域，主要安装地点为建筑内部户内、楼栋内、管道井、地井等。

海威茨电子远传水表2016年投入市场，在山东、山西、河南、河北、安徽、天津等地都有应用。

案例 1：2017 年平度市无磁传感电子远传水表改造项目。现场安装有海威茨电子远传水表5800余只，基本上都是安装在设备间、管道井中，采用有线电子远传水表+无线远传方案进行安装部署，实际应用效果良好。

案例 2：2018 年陕西固安县安装 NB-IoT 无线电子远传水表 5000 余只。由于采用了 NB-IoT 窄带物联网通信技术，故无需现场安装布置采集器、集中器等物联网采集设备，通过电信运营商的通信网络即可上传至服务器，完成数据的抄读。

技术名称：电子远传水表（NEM 型）
持有单位：青岛海威茨仪表有限公司
联 系 人：张素霞
地　　址：山东省青岛市崂山区科苑纬一路 1 号国际创新园 B 座 15 层
电　　话：0532-88037382
手　　机：15954802307
传　　真：0532-88037375
E-mail：zhangsuxia@hiwits.com

258 智能明渠量水器

持有单位

武汉联宇技术股份有限公司

技术简介

1. 技术来源

自主研发。

2. 技术原理

智能明渠量水器，是在明渠上建造较短的控制测流段，用特殊的量水器外形将控制段水流形成特殊测流流态，使流量与上下游水位符合特定的函数关系，通过高精度高灵敏传感器采集水位、过流断面、水深等水力学参数和结构尺寸信息，计算、存储、输出过水流量过程线，精准计算流过装置的瞬时流量和时段水量、累计水量，用于监控排污口排污总量控制、闸门开度与流量控制等。

3. 技术特点

（1）量测方法独特，区别于市场上大量的依靠电子设备、传感器测量断面平均流速和断面面积计算流量的装置。

（2）量测精度高，达到 95%以上。允许的淹没度极无壅水，不阻水，高淹没度状况下（设备上下游水位相差 1cm 时）仍可精准计量。

（3）量测幅度大，从低水位到高水位全量程精准。适用范围广，适用于各类水体水质，漂浮物不会堵塞设备，泥沙淤积不影响测流。

（4）无须现场率定流量，不受控制段外的水流流态影响，直接上报瞬时流量和时段水量，无须流量水位关系曲线。

（5）高度智能化，集量水信息采集、存储、传输、展示、处理于一体。

技术指标

（1）测流范围 0.01 ~ 40m^3/s；测量误差在±5%以内；工作温度－20 ~ ＋70℃。

（2）智能明渠量水器不受排污水体影响，实时上报瞬时流量，计算时段水量，并可按照日、月、年和任意时间统计水量据，可保存一年历史数据。

（3）支持远程配置测站参数，支持固化软件远程升级，支持串口 RS485、GPRS 通信接口，支持标准 modbus 通信协议，方便采集软件集成。

应用范围及前景

适用于农业灌溉节水、环保排污总量控制；适用于矩形、梯形、U 形及不规则明渠。

自 2019 年 12 月起，已在湖北、广东、山西、新疆等地共 20 多个项目推广应用了近百套智能明渠量水器产品。

案例 1：赤壁市 2020 年农业水价综合改革量测水设备采购及安装项目。项目 18 台智能明渠量水器投入使用，实现了各个渠道、区域之间的水量交接数据，解决了计量问题和多点监测的水量平衡问题。

案例 2：漳河灌区量测水设施项目建设。2020 年 8 月，长江中游水文水资源勘测局在湖北省漳河水库和黑洞湾水库对智能明渠量水器开展了现场比测工作。比测结果，相对误差值为－1.69% ~ 4.83%，量测精度达到 95%以上，为实施灌区管理信息化创造了条件。

技术名称：智能明渠量水器
持有单位：武汉联宇技术股份有限公司
联 系 人：胡明露
地　　址：湖北省武汉市东湖高新区流芳园北路 9 号（东一产业园内）
电　　话：027-87228940
手　　机：18995524745
E-mail：1952249749@qq.com

259 YLN-RDA1D 雷达流量计

持有单位

湖北亿立能科技股份有限公司

技术简介

1. 技术来源

自主研发。

2. 技术原理

该设备采用非接触方式能够连续测量河流及明渠的水流流量，获得表面流速及水位高度，对于规则的渠道断面，运用常规数学公式计算得到流量结果，对于不规则河道断面，运用描点法和微积分计算得到流量结果，非接触的测量方式，不受沉积物、水草等杂物影响。

3. 技术特点

（1）设备直接完成流量计算，内嵌水力模型，与断面形状、粗糙度、坡度、水位等相关。流量计直接输出流速、水位、瞬时流量和累计流量，无需占用其他计算资源。

（2）支持阵列式多点测量，通过配置 1 套流量计及 *n* 套流速仪，可对超宽断面进行流量监测。

（3）施工安装简便；低功耗；7×24h 在线自动监测，无人值守；IP68 防护等级。

技术指标

（1）测速范围：0.05 ~ 20m/s；测速精度：±0.01m/s ；流速仪频率：24GHz；测距范围：0 ~ 45m；

测距精度：±2mm；水位计频率：24 ~ 26GHz；姿态角智能感知及补偿：水平角、横滚角精度±1°。

（2）数据接口：RS-485，MODBUS 协议；工作电压：DC12 ~ 30V。

（3）功耗：工作电流 ＜80mA，待机电流 ＜55mA （@DC12V）；工作温度：－40 ~ ＋80℃；防护等级 IP68。

（4）产品尺寸：313mm×140mm×271mm（长×宽×高）。

应用范围及前景

适用于河道实时在线流量监测、中小河流生态流量监测、防汛预警、灌区表面流速流量监测。

YLN-RDA1D 雷达流量计现已广泛应用于全国多省的重点项目，如武汉海绵城市一体化监测项目、湖北秭归生态流量监测项目、湖南省株树桥水库洪水预报流量监测项目、西藏羊八井水文站流量在线监测项目等 620 余例项目中。

典型案例：2018 年年底，由太极计算机股份有限公司采购，应用于武汉水环境监测管理项目，项目投资 5400 万，项目建设期 24 个月，建设武汉汉阳区智慧监测管理系统，对汉阳地区水系内涉及的 6 个湖泊、17 条港渠、3 个泵站、13 个涵闸的水雨情、水位、水质、流量、闸泵开启情况等数据进行全地域、全要素、全时段采集，项目中使用 YLN-RDA1D 雷达流量计 66 台，完全满足现场应用需求。

技术名称：YLN-RDA1D 雷达流量计
持有单位：湖北亿立能科技股份有限公司
联 系 人：韩园
地　　址：湖北省宜昌市高新区兰台路 13 号 8 栋
电　　话：0717-6339483
手　　机：15872557730
传　　真：0717-6339483
E-mail：2581164872@qq.com

260 可闻声波式遥测水位计

持有单位

广东华南水电高新技术开发有限公司
珠江水利委员会珠江水利科学研究院

技术简介

1. 技术来源

自主研发。

2. 技术原理

可闻声波的传输时间与传输距离成正比，可闻声波式遥测水位计正是利用这一原理，由探头向被测面发射一束可闻声波脉冲，可闻声波从被测面反射，反射回波由探头接收并转换为电信号。从可闻声波发射到被重新接收，其时间与探头至被测面的距离成正比。研发专用硬件单元检测该时间，并根据该时刻的可闻声波传输速度，计算出探头到被测面的距离，并可据此推算水位。

3. 技术特点

（1）可闻声波式遥测水位计采用完全封闭的导波管作为测量装置，在导波管内部安装有一定规律的多个回声标记环，硬件处理单元通过接收到多个标记环的反馈信号，经滤波处理后进行多重综合信号差分处理，消除温度、湿度等外界因素对测量精度的影响。

（2）可闻声波式遥测水位计提出了特殊封闭式结构、多点反馈、多重综合信号差分处理的专利技术，为小型水利工程水位监测提供了“可靠、稳定、低成本、安装简易”的技术方案。

技术指标

（1）测量方式：非接触式；分辨力：0.1cm、1.0cm；测量范围：0～80m；测量误差：±1cm（≤10m），±（1～2）cm（10～20m），±（2～3）cm（≥20m）；适应水位变率：≤100cm/min。

（2）工作环境温度：－20～＋75℃；工作环境湿度：≤95%RH（40℃时）。

（3）工作电压：直流 9～16V；工作电流：22mA。

（4）数据输出方式：采用 RS-485 通信接口，可通过与显示记录器或遥测终端机相连接实现遥测功能。

（5）内嵌防雷模块，响应时间：≤1ns。

应用范围及前景

适用于中小型水库、河道、水闸、堤防、灌区、城市内涝等水利工程的水位监测。

可闻声波式遥测水位计自 2008 年 10 月开始推广，已经在广东、广西、四川、重庆、贵州、云南、湖南、湖北、河南、福建、安徽、山东、江西、辽宁、陕西、青海、西藏等 17 个省（自治区、直辖市）得到广泛应用，安装台套不计其数，主要应用于水库、河道、水闸、水电站等水利工程的水情监测，实现了水位信息的实时采集、高效传输及分析预警。

技术名称：可闻声波式遥测水位计
持有单位：广东华南水电高新技术开发有限公司、珠江水利委员会珠江水利科学研究院
联 系 人：宁楚湘
地　　址：广东省广州市天河区天寿路 105 号天寿大厦 9 至 10 楼
电　　话：020-87117245 转 8236
手　　机：15914358902
传　　真：020-87117249
E-mail：goodncx@163.com

261　可闻声波式遥测雨量计

持有单位

广东华南水电高新技术开发有限公司

珠江水利委员会珠江水利科学研究院

技术简介

1. 技术来源

自主研发，获得国家专利。

2. 技术原理

可闻声波式遥测雨量计利用声波的反射特性，通过测得波的传播时间及速度计算雨量计中集水器的水位变幅，通过标定和换算得出雨量数据。

3. 技术特点

可闻声波式遥测雨量计采用无机械转动部件的雨量桶结构设计、进出水控制及水位测量技术，解决翻斗式雨量计翻转雨量损失问题，将设计测量误差从±3%减少到±0.5%，设计雨强从 4mm/min 提高到 13mm/min，以适应高雨强降雨量监测的应用需求，并获得国家专利，特别适用于台风影响期间强降雨、暴雨中心短时强降雨的监测。

技术指标

（1）承雨器口径：ϕ200＋0.6mm，刃口 40°～45°。

（2）测量方式：非接触式；分辨力：0.1mm；测量精度：±1%；雨强范围：0.1～13mm/min。

（3）工作电压：DC9.6～13.8V；工作电流：22mA。

（4）通信方式：RS485 通信。

（5）工作环境温度：0～＋50℃；工作环境湿度：≤95%（40℃）。

（6）内嵌防雷模块，最大持续工作电流 2A、标称工作电压 12V、标称放电电流 40kA、最大放电电流 100kA，瞬间最大过电压 10kV，响应时间：≤1ns。

（7）设备平均无故障工作时间：MTBF＞25000h。

（8）防堵塞：传感器具有防堵、防虫、防尘措施。

应用范围及前景

适用于包括高雨强情况下的降雨量遥测。

可闻声波式遥测雨量计自 2008 年开始研制，十余年间产品经历研发、测试、中试、小批量生产、大批量生产实践，已走向成熟，并在广东、广西、四川、重庆、贵州、云南、湖南、湖北、河南、福建、安徽、山东、江西、辽宁、陕西、青海、西藏等 17 个省（自治区、直辖市）广泛使用，共计 20000 余套。各级管理部门可及时掌握雨量信息，对防汛抗旱、水资源管理及水利工程管理等提供有效技术支持。

技术名称：可闻声波式遥测雨量计

持有单位：广东华南水电高新技术开发有限公司、珠江水利委员会珠江水利科学研究院

联 系 人：宁楚湘

地　　址：广东省广州市天河区天寿路 105 号天寿大厦 9 至 10 楼

电　　话：020-87117245 转 8236

手　　机：15914358902

传　　真：020-87117249

E-mail：goodncx@163.com

262　物联网水位监测仪（NWSW 型）

持有单位

广州南湾信息科技有限公司

技术简介

1. 技术来源

自主研发。

2. 技术原理

物联网水位监测仪也叫物联网超声波水位监测仪，即利用超声波传感器探头发送探测波，当发出的探测波遇到水面后会产生回波，探头通过收发探测波的时间差求出探头到水面的距离，再通过换算得出水位的深度。

3. 技术特点

（1）采集、通信、供电一体化，是一款环境依赖度低的非接触式水位监测设备。

（2）通过智能算法判断出多种回波的不同时间差、接收到的回波的能量强度等，经算法优化处理能判断出真实的液位反射回波，从而换算出准确的液位值。

（3）易安装：安装时不需要复杂的综合布线，不需要外接网、电，仅需搭配不同的安装套件，固定于水位监测场景即可。

技术指标

（1）传感类型：气介式超声波；测量距离：8m；盲区：20cm；探头超声波频率：42kHz；波束角度：12°。

（2）传感器采样频率：10Hz；分辨力：1cm；准确度：≤±1.0cm；采集频率：5min/次；休眠电流：NB≤23μA　LoRa≤8μA。

（3）通信制式：支持 LoRa、NB-IoT 协议；工作频率：LoRa：470～510MHz；NB-IoT：运营商授权频段。

（4）供电方式：锂亚电池，电池电量 34000mAh，供电电压 3.3V，续航时长 2 年。

（5）工作温度：−20～+60℃；防护等级：IP68。

应用范围及前景

适用于河涌、河道、窨井、水闸等水位监测。

该物联网水位监测仪已推广应用 384 台。

典型案例如金洲涌排水水质监测服务项目（含 20 台物联网水位监测仪）、广州市南沙区三防指挥通信系统项目三防物联网监测系统（含 50 个物联网水位监测仪）、中铁五局集团有限公司南沙区排水管网维修改造专项治理项目含 50 台物联网水位监测仪）、广州市南沙区水文监测及视频预警系统项目（含 260 台物联网水位监测仪），大面积覆盖南沙区水闸与河道，基本实现全覆盖，为南沙水务管理与决策提供了强有力的数据支持。

技术名称：物联网水位监测仪（NWSW 型）
持有单位：广州南湾信息科技有限公司
联 系 人：刘树养
地　　址：广东省广州市南沙区南沙街海通四街 2 号 1704 房
手　　机：18520520918
传　　真：020-39035220
E-mail：18520520918@163.com

263　物联网雨量监测仪（NWYL 型）

持有单位

广州南湾信息科技有限公司

技术简介

1. 技术来源

自主研发。

2. 技术原理

物联网雨量监测仪是基于脉冲型翻斗式雨量计升级而成，脉冲型翻斗式雨量计由计量部件和承雨器部件组成。计量部件由恒磁钢、排水漏斗、信号输出端子、控制线路板等组成；承雨器部件由承雨口、引水漏斗、翻斗、角调节装置、水平调节装置、水平调节装置、干簧管等组成，它的承雨口的尺寸为 200mm，其性能符合国家标准 GB/T 21978.2—2014《降水量观测要求　第 2 部分：翻斗式雨量传感器》要求。

3. 技术特点

（1）采集、通信、供电一体化，是一款环境依赖度极低的专用雨量监测设备。

（2）翻斗是用工程塑料注射成型的用中间隔板分成两个等容积的半锥斗室。它是一个机械双稳态结构，当一个斗室接水时，另一个斗室处于等待状态。

（3）降雨时，承水口收集的雨水，经过漏斗注入计量翻斗。当所接雨水容积达到预定值 0.2mm 时，由于重力作用使斗室自己翻倒，处于等待状态，另一个斗室处于接水工作状态。

（4）当其接水量达到预定值时，使斗又自己翻倒，处于等待状态。在翻斗侧壁上装有磁钢，它随翻斗翻动时从干式舌簧管旁扫描，使干式舌簧管通断。即翻斗每翻倒一次，干式舌簧管便接通一次送出一个脉冲信号，记录一个单位的雨量数值，将所采集的雨量统计数值利用 NB-IoT 网络发送到系统后台。

技术指标

（1）采集频率：5min/次；本地存储：15d。

（2）通信协议：支持 LoRa、NB-IoT 双模。

（3）工作频率：LoRa 470 ~ 510MHz；NB-IoT：运营商授权频段。

（4）休眠电流：NB≤23μA，LoRa≤8μA；工作温度：－20 ~ ＋60℃。

（5）供电方式：锂亚电池；供电电压：3.3V；电池电量：34000mAh；工作时长：2 年。

（6）防水等级：IP65。

应用范围及前景

适用于开阔、无遮挡方式下的雨量监测。

案例：广州市南沙区水文监测及视频预警系统项目。物联网雨量监测仪已代替系统集成式的雨量监测设备，目前 130 套水闸雨量监测仪已覆盖南沙区重点水闸，同时项目整合了南沙区气象局的雨量监测数据，所有雨量数据均应用于预测精度达 500m 网格精细化降雨量预测数据模型，为后续南沙区三防办精准布防提供可靠的判断依据。

技术名称：物联网雨量监测仪（NWYL 型）
持有单位：广州南湾信息科技有限公司
联 系 人：刘树养
地　　址：广东省广州市南沙区南沙街海通四街 2 号 1704 房
手　　机：18520520918
传　　真：020-39035220
E-mail：18520520918@163.com

264　H1601雷达流量计

持有单位

深圳市宏电技术股份有限公司

技术简介

1. 技术来源

自主研发。

2. 技术原理

宏电 H1601 雷达流量计是一款采用高频微波技术的非接触式测量设备，主要由雷达流速仪和雷达水位计两模块组成，并结合水动力模型算法，实现断面水位、流速、流量计算。雷达流速仪通过以一定的频率发射雷达波束照射液体表面中心位置，一部分信号会以不同的频率反射回来并被模块接收，由此分析混频信号的频差来获得水面的流速、方向等信息；雷达水位计则通过发送信号和接收信号之间的时间差来计算液位高度。将测量的水位及流速输入到水动力模型算法中，即可计算出流量。

3. 技术特点

（1）数据采集：支持水位、流速流量采集，支持标准 Modbus 协议。

（2）雷达技术：采用平面微带阵列天线 CW＋FMCW 技术。

（3）高精度测量：采用波动水面测量模型与高精度信号处理算法。

（4）雷达波发射角度：发射角度小、方向性好，传输损耗小，测量精度高。

（5）非接触式测量：低功耗、高可靠性、免维护；通信接口：RS485。

（6）水面波动处理算法：数据精确稳定，受水面波动影响较小。

（7）高防护等级：IP68防护和一定的防雷、防反接设计，适用于多种野外环境。

技术指标

（1）水位范围：0 ~ 7m（盲区 0.2m）或 0 ~ 30m（盲区 0.1m）；水位精度：±3mm。

（2）流速范围：0.1 ~ 30m/s；测量距离：40m；测速精度：±0.01m/s 或 ±1%F·S。

（3）工作电压：12VDC；平均电流：≤25mA 或≤35mA；防护等级：IP68。

应用范围及前景

适用于灌渠、河道等自然水域流速、水位、流量监测以及污染物或沉淀物较多的复杂水环境的监测。

宏电 H1601 雷达流量计在通海县杞麓湖北岸纳古镇雨污分流及供水管网工程（二期 22 套）、吴岭水库灌区农业水价改革项目（18 套）、黄河南岸灌区信息化工程、国家水资源监控能力建设项目、甘肃中小河流水文监测系统建设项目、郑州市城市内涝监测预报预警系统等项目中均有批量应用，在项目区全面完善供水计量设施，实现了信息化自动量水。

技术名称：H1601 雷达流量计
持有单位：深圳市宏电技术股份有限公司
联 系 人：周志明
地　　址：广东省深圳市龙岗区布澜路中海信科技园总部中心 14A 座 14 ~ 16 层
电　　话：0755-88864288
手　　机：13925288430
传　　真：0755-83404677
E-mail：zmzhou@hongdian.com

265　H1600 雷达水位计

持有单位

深圳市宏电技术股份有限公司

技术简介

1. 技术来源

自主研发。

2. 技术原理

H1600 雷达水位计是一款采用高频微波雷达技术的水位计，通过传感器发射电磁波照射水面并接收回波，由此分析获得水面至电磁波发射点的距离、方位等信息。该产品自带水面波动滤波算法，为监测单位提供更加精确稳定的水位信息，相比传统雷达液位计具有精度高、功耗低、体积小等优势。同时它可以通过标准 RS485 信号接口，与采集仪/RTU/PLC 等连接，构成全天候水位监测系统。

3. 技术特点

（1）数据采集：支持水位采集，支持标准 Modbus 协议；通信接口：RS485。

（2）高频微波雷达技术：采用高频微波雷达测距技术。

（3）高精度测量：采用波动水面测量模型与高精度信号处理算法。

（4）雷达波发射角度：发射角度小、方向性好，传输损耗小，测量精度高。

（5）非接触式测量：低功耗、高可靠性、免维护。

（6）水面波动处理算法：数据精确稳定，受水面波动影响较小。

（7）高防护等级：IP68 防护和一定的防雷、防反接设计，适用于多种野外环境。

技术指标

（1）水位范围：0 ~ 7m/10m/20m/30m（盲区 0.1 ~ 0.3m）；水位精度：一级精度。

（2）工作电压：12VDC；平均电流：≤10mA 或≤20mA。

（3）防护等级：IP68。

（4）传感器尺寸：56mm×56mm×70mm。

应用范围及前景

适用于灌渠、河道、窨井等的水文监测，城市内涝道路积水、防洪防汛、地下管网等水位监测以及有污染物或沉淀物较多的复杂水环境的水位监测。

宏电 H1601 雷达流量计在灵武市地下管网信息管理系统项目（12 套）、昆山市排水管网养护智慧运营监管服务项目（20 套）、黄河南岸灌区信息化工程、国家水资源监控能力建设项目、甘肃中小河流水文监测系统建设项目、郑州市城市内涝监测预报预警系统等项目中均有批量应用，在各个工程项目现场运行稳定，数据准确可靠。

技术名称：H1600 雷达水位计
持有单位：深圳市宏电技术股份有限公司
联 系 人：周志明
地　　址：广东省深圳市龙岗区布澜路中海信科技园总部中心 14A 座 14 ~ 16 层
电　　话：0755-88864288
手　　机：13925288430
传　　真：0755-83404677
E-mail：zmzhou@hongdian.com

266　TES-91 固定式泥沙在线监测系统

持有单位

天宇利水信息技术成都有限公司、长江水利委员会水文局荆江水文水资源勘测局、广东省水文局韶关水文分局

技术简介

1. 技术来源

自主研发。

2. 技术原理

TES-91 泥沙监测仪是基于组合红外吸收散射光线法，通过逆投影成像技术，连续精确测定水体中的悬移质泥沙含量，按照红外散射光线技术不受色度影响测定悬移质泥沙含量，直接输出泥沙含量数据（kg/m^3），实现 24h 实时在线监测。

3. 技术特点

（1）TES-91 泥沙监测仪采用 840nm±5nm 波长的近红外光，对水体中的颗粒物敏感度更高，使用红外发光二极管 LED 产生红外光。

（2）在泥沙自动测量中最重要的是悬移质（悬浮颗粒物）的同质性，TES-91 泥沙监测仪做了大量实验，会根据不同流域对传感器进行分大类来标定分析，并将逆投影成像技术计算方法写进传感器软件，最终结果的绝对误差会减小甚多。

技术指标

（1）测量范围：0.001 ~ 45kg/m^3（标配），120kg/m^3（定制）；显示精度：<测量值的±5%。

（2）测量环境温度：0 ~ 45℃；存储温度：－15 ~ ＋65℃。

（3）深度传感器：量程：0 ~ 100m，精度：0.05m；温度传感器：量程：－20 ~ ＋80℃，准确度：0.1℃。

（4）主要材质：304 不锈钢、钛合金、蓝宝石、PVC、氟橡胶等；防护等级：IP68。

应用范围及前景

适用于<120kg/m^3 的悬移质泥沙监测；以及流速<6m/s，水深>0.8m 的天然河道、沟渠等的泥沙含量测验。

50 余套性能卓越的 TES-91 固定式泥沙在线监测系统已在广东、浙江、广西、新疆、河北、四川、西藏、等地得到应用。典型水文站如荆江水文水资源勘测局枝城水文站、云南省水文水资源局勐省水文站、广东省水文韶关水文分局犁市水文站分别引进 TES-91 泥沙在线监测系统，测验精度满足了水文泥沙规范测验要求。

技术名称：TES-91 固定式泥沙在线监测系统
持有单位：天宇利水信息技术成都有限公司、长江水利委员会水文局荆江水文水资源勘测局、广东省水文局韶关水文分局
联 系 人：杨运
地　　址：四川省成都市武侯区武兴四路华日大厦 1 栋 407
电　　话：028-81475920
手　　机：13880085035
传　　真：028-81475920
E-mail：techwater@techwater.net

267 TEL-12 双轨移动式雷达波自动测流系统

持有单位

天宇利水信息技术成都有限公司、广东省水文局韶关水文分局、长江水利委员会水文局荆江水文水资源勘测局

技术简介

1. 技术来源

自主研发。

2. 技术原理

TEL-12 双轨移动式雷达波自动测流系统利用两根间距为 300mm、直径≥5mm 的 304 不锈钢钢丝绳做导轨，将雷达波流速仪、双自流电机、雷达测速控制器、锂电池、无线电台等设备安装在雷达运行车内，雷达运行车通过驱动轮和转向轮悬挂在导轨绳上。通过雷达测速控制系统和无线电台运行指令，控制雷达波流速仪到指定垂线测流，实时计算断面流量。

3. 技术特点

（1）雷达波测流系统可以在暴雨环境中正常测流，全天候测量；系统具有定时测流功能，具有自动加测功能，能根据水位涨幅和降幅自动加测。

（2）解决了含沙量大、漂浮物多、流速很大时，ADCP 和旋桨式流速仪测流危险使用受到限制的技术难题。

（3）采用非接触测流，不受含沙量、漂浮物影响，具有操作安全，测量时间短，速度快等优点。

技术指标

（1）流速测量范围：0.15 ~ 15m/s； 分辨率：±0.01m/s； 最大测程：30m；测速历时：5 ~ 240s。

（2）发射频率：24 ~ 24.25GHz；天线样式：平板雷达；波束宽度：12°。

应用范围及前景

适用于山区性河流、较浅的溪流、洪水期测流、人工测流较危险的水域、明渠流量在线监测等。

该测流系统已推广应用 100 余套。系统在贵州水文超过 50 套、云南水文超过 20 套、西藏水文、浙江水文、青海水文、甘肃水文、广西水文、新疆水文、广东水文、四川水文、重庆水文、长委水文局、福建水文等地也得到推广应用。

案例 1：独龙江水文站位于滇缅交界处，地理位置偏远，极端天气时有发生，遇大雪、大雨以及大洪水时易出现道路阻断或冲毁，前往测验断面进行流量施测困难，2020 年引进 TEL-12 双轨移动式雷达波自动测流系统，极大提升测站流量测验能力。

案例 2：岳城水文站受上游电站蓄水影响，枯水期电站蓄水时，断面几乎没有流速且水深较浅不到 1m；汛期或电站放水时流速较大并处于暴涨暴落状态，ADCP 无法满足本站的使用，于 2018 年年底引进 TEL-12 双轨移动式雷达波自动测流系统，同流速仪的比测数据良好，解决了该站在线测流的问题。

技术名称：TEL-12 双轨移动式雷达波自动测流系统
持有单位：天宇利水信息技术成都有限公司、广东省水文局韶关水文分局、长江水利委员会水文局荆江水文水资源勘测局
联 系 人：杨运
地　　址：四川省成都市武侯区武兴四路华日大厦 1 栋 407
电　　话：028-81475920
手　　机：13880085035
传　　真：028-81475920
E-mail：techwater@techwater.net

268　BT18.YDJ-01 型遥测终端机

持有单位

重庆博通水利信息网络有限公司

技术简介

1. 技术来源

自主研发。

2. 技术原理

该设备采用高性能低功耗的工业级 32 位 Cortex-M3 核 ARM 芯片和工业级 GPRS 无线通信模块，以嵌入式实时操作系统为软件支撑平台，采用标准化、低功耗设计、自报、查询/应答以及兼容等方式与多个数据中心进行数据传输，实现水文、水资源等数据信息的实时自动采集、存储、显示、控制、报警、传输、远程管理等功能。

3. 技术特点

（1）嵌入式操作系统，硬件设计模块化，便于用户个性化拓展；友好的触摸屏式人机界面，方便用户就地操作。

（2）支持串口、远程配置方式；配备主备信道切换功能，可在主信道异常情况下自动切换至备用信道。

（3）设备具有查询、低功耗等多种工作模式，可满足多种供电条件。

（4）设备耐高、低温及高湿环境，可在野外恶劣条件下正常工作。

技术指标

（1）工作模式：条件触发加报、定时报、平台召测、人工置数。

（2）通信方式：支持 GPRS/GSM、VHF、卫星等通信链路。

（3）电源：10.8 ~ 14.4V。

（4）功耗：静态值守电流＜15mA、工作电流＜100mA（不含通信设备）。

（5）工作温度：－10 ~ ＋55℃；湿度范围：0 ~ 95%（40℃）。

应用范围及前景

适用于水文山洪灾害防治自动测报、水库大坝安全监测、水资源监控、水质在线监测、地下水监测等。

BT18.YDJ-01 型遥测终端机自 2019 年 10 月开始投入工程项目推广使用，截至 2020 年 12 月累计使用 325 台，覆盖 10 个工程项目，包括重庆市涪陵区、云阳区、江津区、丰都县等区县水库大坝安全监测及水情自动测报系统项目；重庆市涪陵区、南川区、长寿区、璧山区、渝北区、永川区、南岸区等山洪灾害防治非工程措施建设运维项目；巫溪县、江津区水利水电智慧生态综合信息平台系统等。

技术名称：BT18.YDJ-01 型遥测终端机
持有单位：重庆博通水利信息网络有限公司
联 系 人：柏行行
地　　址：重庆市北部新区高新园黄山大道 5 号（水星科技发展中心北翼厂房 4 楼 1 号）
电　　话：023-86788555
手　　机：13637734171
传　　真：023-86788611
E-mail：13637734171@139.com

269　BT20.YJ-01 型智能语音交互终端

持有单位

重庆博通水利信息网络有限公司

技术简介

1. 技术来源

自主研发。

2. 技术原理

该设备是在 GMS/GPRS/4G 公用网络与传统扩音技术的基础上研发出的多功能无线预警广播设备，具有本地一键报警、远程（移动和固定）电话报警、短信息合成语音报警、2.5G/3G/4G 数据转语音报警、麦克风本地报警、FM 调频广播报警、MP3 播放报警等。

3. 技术特点

（1）一键报警。最高优先级预警，就地通过按键操作进行预警（预先设置好预警信息）。

（2）远程播报。远程预警或播报包括三种途径：电话、短信和平台方式，具有授权号码验证功能与预警信息记录功能。

（3）麦克风播报。麦克风方式具有预警或播报功能，同时具有麦克风语音录制功能。

（4）播放 MP3 播报。播放 MP3 播报也叫预存录音播报，用于实现内容多样的播报功能（MP3 音频格式），具有播放控制功能。

（5）调频广播播报。调频广播通过接收广播信息进行播报，具有 FM 调频和参数设置功能。

技术指标

（1）工作温度：－10～＋55℃。

（2）FM 接收频率范围：87～108MHz。

（3）工作电源：采用交流供电（AC 176～264V），配备直流备用电源（DC 10～15V），交流停电自动切换，采用直流备用电源播放时间＞1h。

（4）单次发送告警/内置告警字数：110 字。

应用范围及前景

适用于山洪、地质灾害预警，抢险救灾指挥通信，森林防火安全、气象预报、农村政策和日常工作指令性通知发布，并且同样适用于学校，公共场所的管理。

BT20.YJ-01 型智能语音交互终端自 2020 年 7 月开始投入工程项目推广使用，累计使用 175 台，覆盖 5 个工程项目，包括重庆市大足区 2020 年度山洪灾害防治预警广播升级改造项目、重庆市璧山区 2020 年度山洪灾害监测站点更新改造项目、重庆市垫江县 2020 年度山洪灾害防治项目等项目，满足了设备安装地山洪灾害预警信息发布要求。

技术名称：BT20.YJ-01 型智能语音交互终端
持有单位：重庆博通水利信息网络有限公司

联 系 人：柏行行
地　　址：重庆市北部新区高新园黄山大道 5 号（水星科技发展中心北翼厂房 4 楼 1 号）
电　　话：023-86788555
手　　机：13637734171
传　　真：023-86788611
E-mail：13637734171@139.com

270 CQS.FFH-3 型水面遥测蒸发器

持有单位

重庆华正水文仪器有限公司

技术简介

1. 技术来源

自主研发。

2. 技术原理

蒸发桶或蒸发池内水位下降或升高带动高精度液位传感器浮子下降或升高，液位传感器将浮子下降或升高的高度变化转换成电信号，高精度雨量传感器通过 0.1mm 翻斗将雨量转换成开关信号，水面遥测蒸发器直接连接液位、雨量传感器自动采集水位，雨量信号，通过判断、分析、计算后得出水位下降高度值、日降雨量、日蒸发量和某段时间内的累计蒸发量。

3. 技术特点

（1）蒸发水位传感器直接安装在蒸发桶上，不需要建防浪井。

（2）仪器自带 0.1mm 高精度雨量计。

（3）仪器自动补水、取水，全过程无需人工参与。

（4）仪器智能识别降雨、补水、取水、水波浪变化、溢流等各种情况，实现了降水、蒸发量全自动测量。

（5）监测数据无线传输到中心站，通过连接互联网的计算机就可下载查看实时的蒸发量、降雨量数据。

技术指标

（1）蒸发水位测量范围：0 ~ 100mm。

（2）雨量传感器承雨口径：ϕ2000＋0.6mm。

（3）适用降雨强度：0 ~ 4mm/min。

（4）分辨力：水位 0.1mm；雨量 0.1mm。

（5）测量精度：水位±0.2mm（F·S×0.5%）；雨量±4%。RS232 或 RS485 数字量输出。

（6）电源电压：12V/DC（太阳能供电，配 12V/38Ah 蓄电池）。

（7）环境温度：0 ~ ＋70℃；相对湿度：≤95%（40℃时）。

应用范围及前景

适用于非冰期的蒸发量测量，各种环境下水面蒸发量的测量，以及无人值守的蒸发站。

该产品先后在广西、贵州、青海、江西、内蒙古、江苏、新疆阿克苏等水文水资源局及黄河水利委员会等地安装了 120 套左右。监测数据通过无线自动传入互联网中心站，并能自动整编数据成果报表输出。

案例：青海三江源生态保护和建设二期工程 2017 年生态监测项目水资源监测专项。2018 年在青海玉树直门达水文站、新寨水文站、黄南州同仁水文站、海南州大史家水文站、拉曲水文站等蒸发量观测现场安装了 5 套全自动水面蒸发量监测系统，实现了该省重点水文站蒸发量的全自动监测。

技术名称：CQS.FFH-3 型水面遥测蒸发器
持有单位：重庆华正水文仪器有限公司
联 系 人：邹建林
地　　址：重庆市北碚区龙凤三村 200 号
电　　话：023-68346892
手　　机：15923064247
传　　真：023-68346879
E-mail：272604999@qq.com

271 集成雷达-采集-通信-供电于一体的 WJ.WMQ-R 型一体化雷达遥测水位计

持有单位

成都万江港利科技股份有限公司

成都智慧农夫科技有限公司

技术简介

1. 技术来源

自主研发。

2. 技术原理

一体化雷达遥测水位计，包括 77GHz 频段雷达芯片和用于数据处理的微处理器，微处理器连接雷达芯片，两者之间设置有数控衰减器和信号放大器。CPU 控制雷达芯片发射雷达波，通过天线接收装置接收第一次反射的回波信号，回波信号通过数控衰减器和信号放大器，由数据处理模块对雷达波和回波信号的时间差进行计算，得到水位测量装置与液面之间的距离，即液位。

3. 技术特点

（1）一体式设计：集水位采集（雷达方式或选超声波方式）、图像采集、流量计算于一体，实现水位采集传输、流量计算和图像传输。

（2）超低功耗：锂电池供电、支持太阳能充电。

（3）操作简单：支持蓝牙小程序配置查看和远程平台参数配置，提供设备管理云平台、小程序 App 及灌区综合管理系统平台。

技术指标

（1）量程：0～5m、0～7m（雷达波）/0～2m、0～5m（超声波）；盲区：不大于 15cm（雷达波）/不大于 20cm（超声波）。

（2）绝对精度：±1mm（雷达波）/±3mm（超声波）；分辨率：1mm。

（3）工作频率：60GHz 雷达波，非接触式测量，不受环境温度湿度等气候条件影响；40kHz 超声波，具有温度补偿机制。

（4）采集周期：0～24h 可设置；上传周期：0～24 次/天可设置。工作温度：－20～＋70℃；相对湿度：98%。

（5）雷达件尺寸：150mm×150mm×96mm；重量：约 500g。

应用范围及前景

适用于灌区信息化、农业灌溉干渠、支渠、斗渠、农渠、毛渠等输水渠道的水位流量监测场景。

WJ.WMQ-R 型一体化雷达遥测水位计最早投入应用时间为 2018 年，至今在四川省青衣江乐山灌区、青海化隆量水、青海共和量水、新疆昌吉县农业综合水价改革等多个量水项目中成功投入 150 套产品，其实际应用效果表明完全适应高低温、不同规格渠系、泥沙淤积等各种严苛的应用环境。

技术名称：集成雷达-采集-通信-供电于一体的 WJ.WMQ-R 型一体化雷达遥测水位计

持有单位：成都万江港利科技股份有限公司、成都智慧农夫科技有限公司

联 系 人：滕黔凌

地　　址：四川省成都市高新区环球中心 W5-1305

电　　话：028-83331292

手　　机：18281983738

传　　真：028-86755727

E-mail：tengqianling@cdwanjiang.com

272　C5315 一体化遥测水位计

持有单位

西安迅腾科技有限责任公司

技术简介

1. 技术来源

自主研发。

2. 技术原理

该设备是一款采用高精度电容压力传感器，利用大气压力补偿单元，集多通信信道、数据采集、大容量存储、无线通信和远程管理等多功能于一身的无线智能遥测数字终端产品。水位计通过测量水压以及气压计算传感器探头水下埋深，从而精确计算出水位数据。

3. 技术特点

（1）可采集水位、水温、气压、气温、水压、RTU 电压、传感器电压、信号强度、故障信息等数据。

（2）可自由设定采样和上报频率，最多能支持 10 路多点上报。

（3）高性能嵌入式操作系统，模块化的功能设计，更容易进行外延扩展。

技术指标

（1）设备功耗：待机功耗 3.6V/4μA。

（2）内置锂亚电池：标准工作模式下可工作 8 年。

（3）宽温度工作范围：－40～＋85℃。

（4）传感器精度：0.05%。

（5）外壳防护等级：IP68。

（6）支持 2G、3G、4G、5G 传输，以及物联卡、GSM、GPRS 和 NB－IoT、卫星等通信方式。

应用范围及前景

适用于水利、国土资源、环保行业等的地下水监测领域。

案例：由西安迅腾科技有限责任公司设计和开发的 C5315 一体化遥测水位计已在 2016 年全国地下水监控系统中成功应用（1232 套），设备符合中华人民共和国水利行业标准水文自动测报系统要求，长期动态监测地下水水位等数据，为相关决策提供了科学的指挥依据，提升了地下水监控能力。

技术名称：C5315 一体化遥测水位计
持有单位：西安迅腾科技有限责任公司
联 系 人：赵艳玲
地　　址：陕西省西安市高新区锦业路 69 号创新商务公寓 3 号楼
电　　话：029-81123832
手　　机：13389261533
传　　真：029-8492985-605
E-mail：zhaoyl@centn.com

273 C5138 雷达水位计

持有单位

西安迅腾科技有限责任公司

技术简介

1. 技术来源

自主研发。

2. 技术原理

该设备采用 24GHz 平面微带雷达,可避免传输损耗,提高信号强度。采用 FMCW 测距方式,并以三角波作为调制信号,实时探测内部雷达天线平面与水平面之间的距离。具体工作时,水位计探测平面与水平面呈平行状态,通过发射连续波至水平面,并对水平面反射回波进行分析,随后通过多次测量和内部计算,输出产品探测平面与水平面之间的精确距离值。

3. 技术特点

(1)24GHz 调频连续波(FMCW)制式,非接触式连续探测水位;平面微带阵列天线(11°×11°),收发同步,方向性好。

(2)测量运行和休眠模式相结合,节能降耗;测量时间短(最快 300ms 响应),并可根据需要自行设置;每秒约 16 次测量,有效消除水面波浪、仪器振动影响。

(3)外观小巧,安装方便、易维护;防内部结露、防水、防雷设计,适用于各种野外环境。

技术指标

(1)测量范围:0~30m;测量精度:1mm;分辨率:3mm;响应时间:300~20000ms,默认 20000ms;测量间隔:1~480min,默认 1min;数据格式:9600(默认),8,n,1;波特率可调。

(2)通信接口:RS-485(默认)/RS-232/4-20mA 电流环/ SDI-12(预留)。

(3)天线样式:平面微带阵列天线,11°×11°;发射频率:24GHz;发射功率:20dBm。

(4)工作电压:7~28V DC;工作电流 ≤ 150mA;休眠模式:≤ 1mA。

(5)工作温度:-40~+80℃;防护等级:IP66。

应用范围及前景

适用于江河、湖泊、潮汐、水库等自然水域水位监测;汛期城市洪水或内涝监测;辅助水处理作业监测等。

已有 381 套 C5138 雷达水位计分别应用于江西省 2018 年度水库水文自动测报系统建设标段 1(上饶市鄱阳县)采购项目、河南省出山店水库水文测报项目(第二标段)、江西省 2019 年度水库水文自动测报系统建设标段 5(吉安市永丰等 3 县)采购项目、AK 坝址专用水文站工程、延安市宝塔区农业综合开发南泥湾灌区节水配套改造项目(施工Ⅲ标项)、新疆塔城市阿不都拉水库综合管理信息化系统、和田县东方红水库除险加固工程自动化标段、布克赛尔蒙古自治县察和特灌区节水配套改造(信息化建设)项目、吐鲁番市艾丁湖生态保护治理项目——大草湖中型灌区配套改造(2020 年度)工程信息化建设标段、宁夏引黄灌区水位计更换建设等 12 个项目。

技术名称:C5138 雷达水位计
持有单位:西安迅腾科技有限责任公司
联 系 人:赵艳玲
地 址:陕西省西安市高新区锦业路 69 号创新商务公寓 3 号楼
电 话:029-88492985
手 机:13389261533
传 真:029-88492985-605
E-mail:zhaoyl@centn.com

274 整体式合页活动闸

持有单位

中国水利水电科学研究院
北京中水科工程集团有限公司

技术简介

1. 技术来源

自主研发。

2. 技术原理

合页活动闸是一种低水头挡水建筑物，将液压“三铰点变幅机构原理”与传统水闸结构优化结合，采用独特的整体式底铰支座结合小角度运动油缸驱动闸体的合页式结构，兼具挡水和泄水双重功能。采用液压启闭系统直接驱动多扇组合活动闸门，使其绕底轴在一定角度范围内转动，可实现挡水高度任意调节，具有在无动力、极端恶劣气候条件下立闸挡水，降闸泄水的功能。

3. 技术特点

（1）结构设计新颖，安全可靠。将液压缸、闸体、底轴铰接座通过基础连接板构成一个整体的空间力系，且液压缸小角度支撑闸体，液压缸的倒伏方向与闸体倒伏方向一致。

（2）操作灵活，升降坝快速。可对单扇或多扇闸体进行控制，操作灵活多样。

（3）施工简单，运维方便。合页活动闸基础无坑槽，无须设置闸墩或排架，土建施工简单。后期运行维护方便。

（4）景观效果好，控制形式多样。暗藏式支撑，闸面整齐，闸面可喷涂不同色彩、图案、标语，闸顶挑流装置，既可形成美丽瀑布，亦可减振护缸防冰盖。

技术指标

（1）闸体材质：Q235 或 Q345 钢板。

（2）闸体形状：折线形、直线形、弧线形、异形（定制）；闸体高度：1.5 ~ 5m；单扇宽度：依据门高，单扇闸门宽度 6 ~ 11m 不等。

（3）启闭结构：单作用柱塞缸、双作用活塞杆。

（4）控制形式：手动控制，PLC 本地控制，计算机远端控制，手机 App 实时监视/监控。

（5）单扇闸体升降时间：30s ~ 3min。

应用范围及前景

适用于河道景观、灌溉蓄水、水库扩容、河湖生态蓄水等水利水电、水生态文明建设及城镇化建设等项目。已在国内外 39 工程推广应用整体式合页活动闸 39 座。

案例 1：吉林敦化牡丹江橡胶坝技术改造设备项目。该项目共有 2 道坝，位于敦化市城区敖东大桥上下游，其中 1 号坝位于敖东大桥下游，总长 221.6m，净长 217.2m，坝高 2m，2 号坝位于敖东大桥上游，总长 225.3m，净长 221.3m，坝高 2m，于 2014 年 9 月完工，主要用于景观蓄水。

案例 2：兰西县河口水电站橡胶坝水毁修复工程。本工程拆除原橡胶坝，拟新建合页坝替代原有橡胶坝功能。合页坝规模为坝长 92.3m，单扇坝面宽度 6.12m，坝高 3.6m，共 15 扇，两岸翼墙各留 20cm 布置侧墙止水钢板。

技术名称：整体式合页活动闸
持有单位：中国水利水电科学研究院、北京中水科工程集团有限公司
联 系 人：张颖
地　　址：北京市海淀区车公庄西 20 号
电　　话：68455929
手　　机：18811361362
传　　真：68455929
E-mail：45207594@qq.com

275　CSA-Ⅰ型环保无碱液体速凝剂关键技术

持有单位

长江水利委员会长江科学院

技术简介

1. 技术来源

自主研发。

2. 技术原理

CSA-Ⅰ型环保无碱液体速凝剂可在短时间内大大促进硅酸盐水泥中钙钒石（AFt）的生成。大量的 AFt 相互交错形成紧密的网状结构均匀地分布在整个水化产物中，这是使得硅酸盐水泥迅速凝结的主要原因。与此同时，CSA-Ⅰ型环保无碱液体速凝剂可促进硅酸盐水泥中硅酸三钙（C3S）的水化，使得掺 CSA-Ⅰ型环保无碱液体速凝剂喷射混凝土能够在早龄期获得理想的力学性能。

3. 技术特点

（1）凝结时间和力学性能满足 GB/T 35159—2017《喷射混凝土用速凝剂》的技术指标要求。

（2）碱含量（按当量 Na_2O 含量计）≤1.0%，使得掺用该速凝剂的喷射混凝土后期抗压强度保有率较高，降低了混凝土碱—骨料反应发生的风险。

（3）该速凝剂属于环境友好型材料，pH 值 6.0～7.0，避免了 pH 值高对施工人员皮肤腐蚀等问题。

（4）该速凝剂用于喷射混凝土施工过程中分散均匀、回弹率低，避免了粉末速凝剂在干喷施工过程中造成粉尘污染，污染环境，混凝土分散不均匀和能耗大等缺点。

技术指标

（1）总碱含量≤1.0%。

（2）净浆初凝时间≤5:00，净浆终凝时间≤12:00。

（3）1d 砂浆抗压强度≥7.0MPa，28d 抗压强度比≥90%，90d 抗压强度保留率≥100%。

应用范围及前景

适用于水利水电工程、堤坝边坡工程、地下工程、隧道工程、喷锚支护、堵漏水工程以及应急抢修等工程的喷射混凝土。

典型案例：采用 CSA-Ⅰ型环保无碱液体速凝剂应用于阳江抽水蓄能电站地下厂房洞室群、场内交通洞、道路边坡、开关站边坡、高压岔管水道等工程部位的喷射混凝土中。采用 CSA-Ⅰ型环保无碱液体速凝剂应用于叶巴滩水电站 5 号进场交通洞和俄德西沟排水洞等工程部位的喷射混凝土中。采用 CSA-Ⅰ型环保无碱液体速凝剂应用在叶巴滩水电站 4 号进场交通洞和导流洞等工程部位的喷射混凝土中。CSA-Ⅰ型环保无碱液体速凝剂可有效地提高早期抗压强度，减少施工过程中喷射混凝土回弹率，大大降低了施工过程中粉尘，避免了混凝土分散不均等问题。同时减少了喷射混凝土脱空率，提高了喷射混凝土的后期强度（90d）及耐久性能。

技术名称：CSA-Ⅰ型环保无碱液体速凝剂关键技术
持有单位：长江水利委员会长江科学院
联 系 人：陈群山
地　　址：湖北省武汉市黄浦大街 23 号
电　　话：027-82829430
手　　机：18602740190
传　　真：027-82829710
E-mail：qunshan_chen@163.com

276　CK-HPIM 无线双轴倾角仪

持有单位

长江水利委员会长江科学院
武汉长江科创科技发展有限公司

技术简介

1. 技术来源

自主研发。

2. 技术原理

CK-HPIM 无线双轴倾角仪是一种基于 MEMS 传感器的高精度无线双轴倾角仪，其工艺是将微处理器，MEMS 加速度计，模数转换电路，通信单元集成在电路板上，实现直接输出角度等倾斜数据。无线双轴倾角仪基于 NB－IoT 无线通信、苛刻的低功耗设计、温度补偿技术、智能组网技术和同步采集功能，可快捷实现产品的大规模部署和环境的长期监测。仪器固定在建筑物或监测结构上，通过长期自动化监测可取得结构的倾斜变化。

3. 技术特点

（1）一体化：集成传感器、采集、存储、无线通信、电池于一体。

（2）超低功耗：自带电源可以运行 3 年（每小时测量一次，每天发送两次，增加测量及发送频次电池使用时间会缩短）。

（3）无线通信：可根据现场项目情况，选择 NB-IoT 或 4G 两种无线通信方式。

（4）NB-IoT 无线通信：信号覆盖面广，通信信号强。

（5）物联网通用协议：MQTT 通信协议，可接入任意物联网平台。

技术指标

（1）测量范围：±15°；分辨率：0.001°；长期稳定性：0.01°。

（2）通信方式：NB-IoT/4G 及串行通信接口（专用通信线）。

（3）供电方式：内置一次性锂电池或外部 3.6V 供电。

（4）功耗：休眠：＜10μA，测量：＜40mA，NB-IoT 通信：＜150mA。

（5）电池工作时间：3 年（每小时测量一次，每天通信两次）；防水等级：IP65。

（6）尺寸：100mm×88mm×68mm（长×宽×高），不含天线；重量：700g（含内置电池）。

应用范围及前景

适用于大坝、边坡、结构基础、 挡墙、高层建筑物、桥梁、铁塔等类似建筑物的倾斜变化测量。

CK-HPIM 无线双轴倾角仪已在富春江水力发电厂（12 套）、雅口航运枢纽（13 套）等水利工程中成功应用，主要应用在大坝坝顶、闸室顶部、边坡等场景，可长期工作于户外或恶劣环境，将监测数据定时发送至接收中心。

技术名称：CK-HPIM 无线双轴倾角仪
持有单位：长江水利委员会长江科学院、武汉长江科创科技发展有限公司
联 系 人：黄跃文
地　　址：湖北省武汉市江岸区黄浦大街 289 号
电　　话：027-82926140
手　　机：13545073580
E-mail：aky100@163.com

277　水工机械装备智能远程运维系统

持有单位

黄河水利委员会黄河水利科学研究院
河南江河智慧水电科技有限公司
郑州大学

技术简介

1. 技术来源

自主研发。

2. 技术原理

该系统通过设备层、接入层、数据层、应用层的高效集成，实现设备异常信息预警，报警信息及故障分析、诊断、虚拟维护及运行仿真，并基于设备历史运行数据及算法模型进行健康诊断及预测性维护，实现水利水电工程机械装备工程管理安全透明、设备运行状态实时可控、故障及安全风险的预警／预测、维护过程的智能决策，提升了水工机械装备全生命周期安全服役能力。

3. 技术特点

（1）基于物联网的数据采集分析与应用集成技术，对装备运行状态数据进行稳态、动态的采集和集成分析，实现了闸门、启闭机的关键部位和关键部件运行状态实时监测，及时感知异常和实时预警。

（2）通过各类监测数据采集，准确分析异常变化、智能诊断故障缺陷、评价结构设备安全状况和预测评估关键部件寿命，实现设备预测性维护。

（3）基于三维数字化建模及数字化孪生技术，构建三维数字化水利工程运维平台，实现设备虚拟运维、运行仿真及持续优化。

技术指标

系统核心功能包括运行状态实时监测、预警及三维可视化、运行过程故障诊断与分析、健康诊断与预测性维护、虚拟运维与运行仿真、运维过程信息化管理（巡检管理、设备管理等）等功能，可进一步提升运维响应及处理效率20%以上、降低设备综合运维成本 20%以上、提升设备综合使用寿命20%以上。

应用范围及前景

适用于各类水利水电工程的闸门、启闭机等大型水工机械装备的智能远程运维服务。

该技术于2019年在陆浑水库溢洪道弧形闸门及启闭机进行安装、调试及试运行，目前使用效果良好，帮助陆浑水库管理局实现了装备常态运行数据的积累，为保障设备的常态、稳定、可靠运行起到了积极的作用，提升了水库设备数字化运维及管控能力。

技术名称：水工机械装备智能远程运维系统
持有单位：黄河水利委员会黄河水利科学研究院、河南江河智慧水电科技有限公司、郑州大学
联 系 人：许龙飞
地　　址：河南省郑州市顺河路45号
电　　话：0371-66023988
手　　机：13937182188
传　　真：0371-66024557
E-mail：301097659@qq.com

278 配重可调式光伏电站支架基础结构

持有单位

黄河勘测规划设计研究院有限公司

技术简介

1. 技术来源

华能沁北电厂光伏电站项目位于电厂灰场，因历史原因，造成灰场局部约 15m 深坑。场区地质条件较差，存在一定的沉降风险；环保要求越来越严，商用混凝土供应受到限制；传统混凝土基础的重量无法自由调整。基于此，开展了配重可调式光伏电站支架基础结构自主研发。

2. 技术原理

该基础结构属预制拼接产品，最终按结构力学要求成型。材料用量少、施工简单、工程造价低，采用模块化生产，无须现场浇筑混凝土，减轻对水土和环境的影响，受天气因素影响较小，加工过程能有效保证基础质量。

3. 技术特点

（1）基础采用螺栓、焊接等方式连接，施工简单，劳动力投入少。

（2）基础采用模块化生产，无须现场浇筑混凝土，且安装作业面小，基础开挖范围小，减轻对水土和环境的影响，满足日益严格的环保要求。

（3）工厂模块化生产，加工过程能有效保证基础质量，外观、耐久性、抗腐蚀性均有较大提高。

（4）混凝土、钢筋等工程材料用量减少，从而降低工程造价。

（5）基础属预制拼接产品，基础的拆分、移动非常方便，安装灵活简便，可回收再次利用。

（6）可根据上部荷载采用不同级配砂石或就地取材进行配重，混凝土用量减少，可进一步降低工程造价。

技术指标

（1）每组基础含两根 10500mm×400mm×400mm 主梁（中间为空芯）和四道 1400mm×250mm×250mm 连梁，主梁和连梁均采用混凝土预制构件。

（2）在主梁上部，与支架立柱相对应位置，预埋支架固定螺栓，侧面均匀预埋连梁固定焊接板，通过支架固定螺栓、连梁固定焊接板进行拼装，施工速度快，基础抗不均匀沉降好。

（3）主梁中间为配重腔，所述配重腔可在左端或右端进行回填配重，受力稳定性主要靠主次梁和回填材料本身自重，基础可埋入地下或者放置地上均可满足受力要求。

应用范围及前景

适用于荒漠型光伏电站、沉降区光伏电站、地质液化型光伏电站、膨胀土型光伏电站等。

典型案例：成功将技术应用到华能沁北电厂光伏电站支架基础结构建设中，基础均为预制构件，施工速度快，满足环保要求。该电站自 2017 年 7 月运行以来，获得了显著的安全效益、经济效益、生态、环境效益。

技术名称：配重可调式光伏电站支架基础结构
持有单位：黄河勘测规划设计研究院有限公司
联 系 人：许昌
地　　址：河南省郑州市金水路 109 号
电　　话：0371-66024157
手　　机：13643824007
E-mail：twodays1129@163.com

279 移动液压闸门应急启闭装置

持有单位

北京市北运河管理处

技术简介

1. 技术来源

自主研发。

2. 技术原理

该装置利用柴油动力为液压系统提供动力，将发电机和液压站整合在一个移动平台。液压启闭机应急抢险装置可直接接入现有闸门的液压系统，对运行工况要求较低，能够快速到位，在闸门原液压启闭系统、电路系统运行突发故障时完成启闭任务；可用于前期液压系统不具备使用条件时闸门的调试启闭、液压系统检修时闸门的应急启闭等。

3. 技术特点

具有移动方便、操作便捷、便于集中控制、控制精度高、安全防护齐全、减震性能好、实用性较强等特点。

技术指标

（1）柴油机功率 21kW/1500r/min 驱动。

（2）液压泵选用高压变量柱塞泵，最大工作压力 P=18.0MPa，最大输出流量 Q=60L/min。

（3）电机功率 11kW。

（4）吊点设置双吊点。

应用范围及前景

适用于不同负载的闸门启闭，液压闸门启闭系统稍加改造后均可采用此设备。

液压启闭机应急抢险装置已在北关分洪枢纽（分洪闸、拦河闸）、榆林庄闸、昌平区南庄水库等进行了多年实际应用，多次完成应急启闭闸门任务，解决了液压系统出现问题时闸门的应急启闭问题，保证了闸门的正常启闭，为应急度汛提供了可靠保障。

技术名称：移动液压闸门应急启闭装置
持有单位：北京市北运河管理处
联 系 人：杨子超
地　　址：北京市通州区永顺镇焦王庄潞苑五街
电　　话：010-80593829
手　　机：13601216616
传　　真：010-80593839
E-mail：13601216616@163.com

280 小型新能源水草切割船

持有单位

北京市北运河管理处

技术简介

1. 技术来源

自主研发。

2. 技术原理

利用小型船只和水草切割机加以改造，主要有小型新能源水草切割船由小型水草切割机 1 台、蓄电池 2 组、小型船只 1 艘、电动船用外挂机 1 台组成，利用蓄电池组的电力，驱动水草切割机电机和电动船用外挂机，水草切割机电机通过传动系统带动偏心轮旋转，偏心轮推动可移动的割刀形成往复运动，与固定割刀形成剪刀式割刀，完成对水草的切割。

3. 技术特点

（1）动力设备环保。切割船选取蓄电池作为动力来源，噪声低，无污染，环保，不影响水域生物，充电一次可连续工作 8h，满足日常水草切割使用。

（2）切割实用高效。切割船选择往复式水草切割机，采用 T 形割刀布置，使竖向、横向水草切割效果一致，消除水草缠绕问题。

（3）割刀高度灵活可变。通过手动调节水草切割机螺杆，可实现割刀上下移动，切割水草竖直范围可达水上 10cm 至水下 50cm，具备对水面、水下等不同植物的切割功能。

（4）水草切割机安装简单可靠。水草切割机与船体连接结构采用铰轴形式，通用性强，且可实现切割机的抬起，并具有 90°的旋转角度。切割机结构简单，坚固可靠，平稳性强，在需要时水草切割机可与船体分离，不对船只产生任何影响，不改变船只结构。

技术指标

（1）割幅 2m，割深 0.5m。

（2）每小时可切割面积 3600m^2，水中前进速度 30m/min。

（3）船的吃水深度 0.25m。

（4）船外挂动力 15HP。

（5）船体长 4.8m、宽 1.8m、高 0.5m。

应用范围及前景

适用于水深 0.25m 以上、水面宽 4.8m 以上且需要对水上 10cm 至水下 50cm 范围内水草进行切割的河湖坑塘。

小型新能源水草切割船已于 2018 年 4 月经过加工和调试后，在北运河和通惠河段水草生长区域进行了实际应用，小型新能源水草切割船蓄电池在充满电的情况下，可连续进行割草作业 8 个小时，如在 50m 宽 576m 长的河段上，可切割约 28800m^2 河面的水草，水草切割效果显著。2018 年 5—7 月在潮白河通州段、北运河城市段进行了使用，2019 年、2020 年小型新能源水草切割船在北运河、温榆河、运潮减河、通惠河通州段上使用，为维护北京城市副中心良好水环境提供了保障。

技术名称：小型新能源水草切割船
持有单位：北京市北运河管理处
联 系 人：杨振峰
地　　址：北京市通州区永顺镇焦王庄潞苑五街
电　　话：010-80593907
手　　机：13693204432
传　　真：010-80593839
E-mail：13693204432@163.com

281　沥青混凝土面板防渗体系内部缺陷快速诊断技术

持有单位

北京中水科海利工程技术有限公司

新疆额尔齐斯河流域开发工程建设管理局

技术简介

1. 技术来源

自主研发。

2. 技术原理

基于地质雷达在公路、铁路、市政等领域无损检测中的大规模应用，结合沥青混凝土面板防渗体系内部结构特点和工程实际应用环境，采用正演数值模拟与实测应用研究方法，利用地质雷达技术，形成了一套完整的沥青混凝土面板防渗体系内部缺陷快速诊断技术。针对沥青混凝土面板防渗体系内部缺陷检测具有快速、无损、三维全覆盖的技术特点，可进行目标结构层的智能分层、结构层厚度值输出以及结构层内部缺陷的空间展示。

3. 技术特点

（1）发明了一种新型沥青混凝土面板缺陷测距系统，保证了移动小车在不平整表面的良好通过性，有效防止测量轮异常转动，确保距离计数准确。

（2）根据沥青混凝土面板防渗层介质的电磁特性，利用有限差分算法、射线追踪原理等进行数值模拟。

（3）人机交互式解译和智能拾取实现结构层智能追踪与分层，其层面各测量点的深度或厚度值可输出为文本文档格式，可用于进行方差、标准差等数据的二次挖掘和综合评价。

（4）三维数据体支持三维透视图、深度切片图、立面切片图等多种显示，可充分反映目标体内部缺陷的空间分布特征。

技术指标

（1）沥青防渗面板有效探测深度 0～30cm。

（2）距离模式长距离雷达扫描速度 10m/min。

（3）长 20cm×宽 20cm 区域，测线间距 5cm，完成缺陷三维扫描约 10min。

（4）空腔探测，水平精度 5mm，垂直精度 1cm。缝宽＞2mm 裂缝深度探测精度 5mm。

（5）面板表面凸起高度 5cm 雷达天线仍可平行于面板通过。

（6）地质雷达天线中心频率 2600MHz。

应用范围及前景

适用于薄层沥青混凝土防渗结构质量现场快速无损检测，可用于介质厚度、内部缺陷检测。

该技术于 2016 年首次采用沥青混凝土面板防渗体内部缺陷快速诊断技术，对压力鼓包、流淌壅包和面板裂缝三类典型缺陷进行检测。后续应用于河北张河湾抽水蓄能电站上水库沥青混凝土面板雷达缺陷三维扫描、呼和浩特抽水蓄能电站上水库沥青混凝土面板与垫层接触密实度探测、新疆北部一引水渠现浇沥青混凝土防渗层施工质量评价等项目，为缺陷精准修补提供了技术支撑。

技术名称：沥青混凝土面板防渗体系内部缺陷快速诊断技术

持有单位：北京中水科海利工程技术有限公司、新疆额尔齐斯河流域开发工程建设管理局

联 系 人：李秀琳

地　　址：北京海淀玉渊潭南路 3 号水科院材料所

电　　话：010-68781395

手　　机：13552059878

传　　真：010-68529680

E-mail：94060568@qq.com

282 上盖式低阻力半球阀

持有单位

博纳斯威阀门股份有限公司

技术简介

1. 技术来源

自主研发。“西气东输”“南水北调”等项目，需要大量的阀门产品与之配套，同时对管线中阀门的性能要求越来越高，需要阀门企业研制开发一些技术含量高的阀门产品。

2. 技术原理

装置主要由阀体、阀芯、弹性 V 形密封件、压环、压环螺钉、可轴向微量移动阀座、上盖、阀轴、传动装置等组成。球阀以全通径设计，阀芯上设置一种特制的密封圈结构可实现阀门的双向密封，阀门通过传动装置输出扭矩，驱动阀轴，通过六方传动套带动阀芯在 90°范围内旋转，从而达到连通或截断介质的目的。

3. 技术特点

（1）全通径设计，阀座流道的最小通径与进、出口大小一致，中腔流道与进、出口平滑无突变过渡，实现了流态好、阻力低、压力损失小，达到运行节能降耗目的。

（2）独立的上盖式结构，阀门上部设置独立的上盖结构，可以自由拆装，只需单独取下独立的上盖，将阀门全开即可，达到维修方便的目的。

（3）阀芯上设置一种斜置 V 形密封件与可轴向微量移动阀座的结构，实现阀门的双向密封。

（4）独立的上盖式结构，维修时无需将阀门或者执行器拆除，维修方便。

技术指标

（1）公称压力：0.6 ~ 2.5MPa；公称通径：100 ~ 2000mm。

（2）适用介质：清水、原水、海水、污水等液体；介质流速：≤5m/s。

（3）水头损失：0.01 ~ 0.03MPa。

（4）壳体试验压力：1.5 倍公称压力——（不得发生泄漏或者结构损伤）。

（5）密封试验压力：1.1 倍公称压力（双向）——（不得发生泄漏）。

（6）工作温度：≤120℃；连接方式：法兰连接。

应用范围及前景

适用于城市给排水、长距离调水、农田排灌、污水处理等水系统的管路上，起到连通与截断的作用。

上盖式低阻力半球阀已推广应用工程 40 项，推广应用数量 865 台。如完成了青岛市黄水东调承接工程管线阀门采购二标段、灵石东山供水县域小水网供水工程等项目阀门的供货及相关服务，提供的半球阀输水阻力低、压力损失小，达到了运行节能降耗目的。

技术名称：上盖式低阻力半球阀
持有单位：博纳斯威阀门股份有限公司
联 系 人：廖志芳
地　　址：天津宝坻九园工业园区 5 号路
手　　机：15222228886
传　　真：022-22400555
E-mail：15222228886@163.com

283 离心球墨铸铁管及其新产品

持有单位

新兴铸管股份有限公司

技术简介

1. 技术来源

自主研发。

2. 技术原理

使用高炉-感应电炉双联熔炼工艺，利用高炉制备原铁水，原铁水通过铁路运输到铸造车间，除渣后兑入混铁炉混匀、保温，以保持入炉铁水温度、成分均匀稳定，需要时再倒入感应电炉，与废钢、合金等辅料一起熔炼，经熔炼除渣、温度和成分调整合格后，出炉经球化处理，最后采用离心机离心浇注成为铸件。

3. 技术特点

（1）该工艺充分利用了高炉铁水的余热，免去了传统铸造方法的铸铁块重熔过程，减少了社会能源消耗总量，同时大幅减少污染物排放，且其一次制备铁水量较大、效率高、成分稳定，有力地保障了铸造产品质量水平的稳定性。

（2）产品在水泥砂浆内衬表面喷涂一层水性环氧涂料固化而成，如无特殊要求环氧涂料封面涂层厚度一般控制在 80～150μm，水泥砂浆内衬水性环氧涂料封面涂层球墨铸铁管可以抑制水泥砂浆中碱性物质的析出，能有效保障水质质量。

（3）离心球墨铸铁管由于具有强度高、韧性好、耐腐蚀、抗震性好、施工方便等多项优良特性，目前已经成为城镇供水和长距离引水的优选管材。

技术指标

（1）规格及长度：规格范围 DN80～DN2600，铸管标准管长度为 6m 或 8.15m。

（2）磷含量≤0.08%，硫含量≤0.03%，铁素体含量≥85%。

（3）外壁喷锌防腐的喷锌量平均值不小于 130g/m^2。

（4）抗拉强度≥420MPa。

（5）管道等级为壁厚分级 K 级、压力分级 C 级。

（6）管材、管件和附件对生活用水不产生有害影响。

应用范围及前景

适用于水利行业、城镇供水行业、市政污水领域、工矿供排水行业。

球墨铸铁管具有铁的本质、钢的性能，防腐性能优异、延展性能好，密封效果好，安装简易、快捷，已应用在南水北调工程、太原引黄工程、兰州引黄工程、营口大伙房引水项目、陕西宝鸡市冯家山应急输水工程、鄂尔多斯引水项目、江苏江宁供水等大型水利工程、市政领域以及工矿行业，具有很高的性价比。

技术名称：离心球墨铸铁管及其新产品
持有单位：新兴铸管股份有限公司
联 系 人：白玉峰
地　　址：河北省武安市上洛阳村北
电　　话：0310-4061535
手　　机：19932060320
传　　真：0310-4061535
E-mail：646115113@qq.com

284 超大口径静音式止回阀

持有单位

上海冠龙阀门节能设备股份有限公司

技术简介

1. 技术来源

自主研发。

2. 技术原理

该设备采用流线型导流扩散体设计，提供一种无轴浮动导向阀，具有无轴导向、浮动自动定位、簧片支撑导向、无摩擦、全开导流、低流阻等优点。

3. 技术特点

（1）较好的动态特性：采用快速关闭的理念设计，使阀瓣在水倒流前或倒流刚形成就快速关闭，达到防止水击发生或大大降低水锤，一般静态关闭时间为 0.15 ~ 0.5s。

（2）开启压力低，水头损失小：采用圆环形双锥密封结构设计，大大降低阀瓣重量，且启闭行程短，一般开启压力为 1.5 ~ 2.5kPa，全开流速约为 1.2m/s（一般全开流速水损不超过 20cm）。

（3）维修率低：采用无轴设计，仅用弹簧和簧片组件在环形阀瓣周向均匀的支撑，使阀瓣移动无摩擦，除有利于达到快速关闭的目的外，还消除了由此引起的内件磨损及水头损失。

（4）密封可靠：阀座与阀瓣采用手工精细研磨工艺，使阀门关闭时密封更可靠。

技术指标

（1）产品型号：KRVZ、KRVG、KRVM、KRVR 四种型号。

（2）产品规格：DN300 ~ DN2200，公称压力 PN6 ~ PN100。

（3）设计理论最快关闭时间为 0.15 ~ 0.3s。

（4）最小开启压力设计在 1.5 ~ 2.5kPa。

（5）全开流速≤1.2m/s（一般流速在 2.5m/s 时水损不超过 30cm）。

（6）全开流阻系数 ξ 不大于 0.8。

应用范围及前景

主要用于适用于给排水、消防、暖通、化工、电厂、冶金、石化、高程建筑的水系统介质单向流动的管道上。

静音式止回阀系列产品已应用于上海东方明珠电视塔、中央电视台泵房空调冷却水系统改造项目、三峡大坝、武汉东西湖水厂、东莞东江第六水厂、广州紫坭取水泵房、扬子石化巴斯夫、慈溪城北水厂、安亭水厂等单位或项目，充分发挥着关闭速度快、开启压力低、水头损失小等优点，经济和社会效益显著。

技术名称：超大口径静音式止回阀
持有单位：上海冠龙阀门节能设备股份有限公司
联 系 人：刘丰年
地　　址：上海市嘉定区安亭镇联星路 88 号
电　　话：021-31198029
手　　机：13651887780
传　　真：021-31198028
E-mail：Fengnian.Liu@karon－valve.com

285　多喷孔套筒阀锥孔喷射对撞消能技术

持有单位

上海冠龙阀门节能设备股份有限公司

技术简介

1. 技术来源

自主研发。

2. 技术原理

该技术以多喷孔套筒阀作为一个基本阀，通过配备控制系统（如采用水压缸自动控制，PLC 电动控制），实现自动控制。可实现自动泄压功能，无须任何外接电源、气源和液压源等额外动力源，是一种依靠水力自身的力量，来实现各种动作功能的技术。

3. 技术特点

（1）锥孔喷射消能。利用多喷孔的结构，水经由各个喷孔喷出并相互、冲击会使速度能量完全消失。

（2）平衡套筒设计。采用平衡式套筒闸，水力不会直接作用在套筒上，而是作用在固定的喷管上，驱动力很小，有节能效果。

（3）小孔对撞消能。采用小孔喷射原理进行调节；滑套圆周表面按一定规律排布一系列小孔，通过控制流道中的小孔面积，调节流体的过流量。

（4）线性控制功能。锥孔是按阵列的方式螺旋分布，多喷孔套筒阀实测的开度和流量系数 C_v 值基本保持线性关系，有利于阀门的调节控制。

（5）控制系统可采用水压缸自动控制，PLC 电动控制等，无论采用何种控制，一旦设定完毕，无需人工调节，实现自动控制，节约能源。

技术指标

（1）产品型号：MUAX、MUEX、MUGX、MUPX 四种型号。

（2）产品规格：DN100 ~ DN3000。

（3）控制系统：水压缸自动控制，PLC 电动控制。

应用范围及前景

适用于水利水电枢纽工程、热电厂给水工程、城市供水管网高压差下的减压消能、减压调流、漏损管控、节水节能等工程调控。

多喷孔套筒阀锥孔喷射对撞消能技术产品广泛应用于水利水电工程、市政系统、民建系统，例如：三门峡城区饮水工程、贵州遵义市中桥水库水厂一期、 贵州怀仁水务建设工程、山东高青引水项目、山西省辛安泉供水改扩建工程、 松塔水电站供水工程、北京市新机场给水站工程、昌吉市供水管网分区减压改造及配套设施建设项目、新疆生产建设兵团农十师北屯垦区城镇水源地工程项目、石河子市第二水厂及管网配套工程、阿拉山口供水工程、辛安饮水新建输水管道等工程，经济和社会效益显著。

技术名称：多喷孔套筒阀锥孔喷射对撞消能技术
持有单位：上海冠龙阀门节能设备股份有限公司
联 系 人：刘丰年
地　　址：上海市嘉定区安亭镇联星路 88 号
电　　话：021-31198029
手　　机：13651887780
传　　真：021-31198028
E-mail：Fengnian.Liu@karon－valve.com

286　小水电站主机组反转发电启动装置

持有单位

江苏省骆运水利工程管理处

技术简介

1. 技术来源

早期 20 世纪 80—90 年代设计的泵站，未考虑高压同步电动机反转发电的功能，当作为小水电站运行时，主电机启动时需要人工观察反转转速，待主电机达到亚同步转速时再手动合主电机高压开关，容易造成励磁投入过早或过迟，严重时造启动失败。由此自主研发装置。

2. 技术原理

该装置主要包括：测量齿盘、转速传感器、转速监测保护仪、主机组合闸控制回路等。当小水电站发电运行时，上游工作闸门开启，水流进入水泵，水泵带动主电机开始反转，最终带动测量齿轮旋转，转速传感器将主电机反转情况和转速大小转换成电信号传输到的转速监测保护仪，转速监测保护仪对采集的信息进行判断，当满足主电机反转且转速达到亚同步转速时，转速监测保护仪闭合常开辅助触点，使主电机高压开关合闸控制回路接通，合闸线圈带电，主电机高压开关合闸，小水电站的主机组顺利启动，进行发电。

3. 技术特点

装置无需人工观察转速和手动合主电机高压开关，能够自动捕捉主电机亚同步转速，自动合主电机高压开关，降低主电机启动负载，有效提高发电运行开机的成功率，并有效解决了人工合主机高压开关不及时造成的励磁投入过早或过迟，导致主电机启动电流过大，造成的主电机高压开关保护跳闸故障。

技术指标

装置的转速传感器为电磁感应式转速传感器，转速监测保护仪符合国家相关标准，可以根据任意转速，设置至少一对常开辅助接点，转速测量准确，输出接点动作可靠，性能稳定。

应用范围及前景

适用于所有小水电站主机组的自动启动控制。

2016 年在江苏省沙集闸站管理所的沙集泵站安装了 5 台套该种小水电站主机组启动装置进行使用，有效提高了发电运行开机的成功率，简便了值班人员开机操作，可靠性高，具有良好的应用和推广价值。

技术名称：小水电站主机组反转发电启动装置
持有单位：江苏省骆运水利工程管理处
联 系 人：刘斌
地　　址：江苏省宿迁市八一中路 2 号
电　　话：0527-8100106
手　　机：13815791726
传　　真：0527-81001011
E－mail：0527-81001011

287 复杂运行环境水闸工程安全保障及应急处置关键技术

持有单位

南京瑞迪建设科技有限公司

水利部交通运输部国家能源局南京水利科学研究院

技术简介

1. 技术来源

自主研发。

2. 技术原理

该成套一体化关键技术集水闸基础隐患探测、结构检测与健康诊断、安全评价、应急处置和运行管理，在工程技术上突破了复杂地质条件下水闸基础缺陷、渗漏通道探测技术难题，提出和建立了水闸安全的评估标准、评估指标体系和方法，研发了应急处置的新结构、新材料、新技术和新工艺，成果应用于水闸安全鉴定、应急除险加固和运行管理。

3. 技术特点

（1）探测综合技术，突破了复杂地质条件下水闸基础缺陷、渗漏通道探测的技术难题。

（2）运行状态下水闸工程安全检测，采用了结构模态分析法和结构损伤识别技术。

（3）建立了水闸安全的评估标准、评估指标体系和方法，实现了水闸安全评估的定量分析。

（4）提出悬臂式灌注桩加固薄壁拉锚式套闸闸室墙的新结构，研发了抢险用混凝土等数十项加固新材料和施工工艺。

（5）提出了水（套）闸改扩建工程高大危临边深基坑防渗应急加固的咬合桩防渗体系；提出了大吨位灌注桩锚拔清理技术。

技术指标

（1）基础渗漏隐患探测范围 0～100m；探测效率可达 1000m/d。

（2）咬合桩防渗体系成套施工技术，套管直径 800～2500mm，全钻孔全套管施工防渗墙垂直度误差≤1/500。

（3）大吨位灌注桩锚拔清理技术，场地要求低，可在 15m×15m 场地内实现桩体提升。障碍桩径不受传统套筒直径限制，提升力可达 6000kN 以上。

应用范围及前景

适用于各类水闸工程安全检测及应急处置、其他行业的类似水（港）工建筑物的安全保障和应急处置。该成套关键技术从 2003 始已不同程度地应用于全国各类水闸工程数百项。

案例 1：探测综合技术已成功应用于南通市刘埠节制闸、扬州市仪征泗源沟节制闸、安徽省太和县耿楼水闸基坑等 10 多座工程的基础隐患探测。

案例 2：运行状态下水闸工程振动测试诊断技术解决了运行状态下的红旗渠工程、南水北调东线江苏段所辖泵站配套节制闸等上百座水闸的现场检测技术难题。

案例 3：水闸安全的评估标准、评估指标体系和方法已广泛应用于国内多座水闸安全鉴定中，为红旗渠、南水北调东线工程、北疆引水工程安全运行提供了技术依据。

案例 4：应急除险加固新结构、新材料、新技术已成功应用于新疆北疆调水工程、鄂北调水工程等大型调水工程中。

技术名称：复杂运行环境水闸工程安全保障及应急处置关键技术

持有单位：南京瑞迪建设科技有限公司、水利部交通运输部国家能源局南京水利科学研究院
联 系 人：柯敏勇
地　　址：江苏省南京市鼓楼区虎踞关 34 号材料结构研究所
电　　话：025-85829646
手　　机：13776656619
传　　真：025-85829666
E-mail：myke@nhri.cn

288　工程用锌铝镁石笼网箱（垫）

持有单位

无锡金利达生态科技股份有限公司
江苏顺顺龙信息科技有限公司

技术简介

1. 技术来源

自主研发。

2. 技术原理

该技术可解决普通镀层钢丝无法有效保护剪切断口、漏镀点、镀层破损等位置的缺点，在综合使用性能上是最接近不锈钢的镀层钢丝之一。锌铝镁合金镀层钢丝在耐腐蚀性、剪切断面的自愈合能力、漏镀点的自我修复等方面具有传统的纯镀锌钢丝和锌铝合金钢丝不具有的优势，是石龙行业传统钢丝的替代品。

3. 技术特点

（1）锌铝镁镀层有优异的抗红锈能力和剪切断面的自愈合防腐蚀性（锌铝镁镀层的初期腐蚀产物会流动并覆盖裸露的基板），同时它还具备远优于镀铝锌镀层钢丝的焊接性能。

（2）锌铝镁镀层钢件完美解决了普通镀层钢件无法有效保护剪切断口、漏镀点、镀层破损等位置的缺点，在综合使用性能上最接近不锈钢的镀层钢件之一。

（3）锌铝镁镀层的防腐蚀属性在经济、环保方面优于传统包覆 PVC 的铝锌镀层钢丝。

技术指标

经国家钢丝绳产品质量监督检验中心检测，锌铝镁合金镀层钢丝中镁含量指标达到 YB/T 4749—2019 标准的要求：

（1）石笼规格 6m×2m×0.3m，石笼所用材质为锌-5%铝-镁合金镀层钢丝，锌-5%铝-镁合金镀层钢丝，其镀层铝含量不小于 4.2%，镁含量不小于 0.3%，其他元素不作规定，其他符合 YB/T 4749—2019 标准。

（2）钢丝力学性能为抗拉强度 R_m=350～550 MPa，断后伸长率 A/%（原始标距 L_0=250mm）≥10。

应用范围及前景

适用于大型水利工程、中小河流治理工程，以及交通、景观、海洋等工程领域。

案例：工程用锌铝镁石笼网箱（垫）技术已在江苏省环太湖大堤剩余工程宜兴段 10km 生态护坡工程中应用。由于该工程是太湖蓝藻区域的水利工程，所以对钢丝的耐腐蚀性提出了很高的要求，而锌铝镁合金镀层的钢丝较好地解决了工程需求，彻底解决了困扰石笼结构多年的难题。项目由江苏省水利设计勘测设计研究院有限公司设计，无锡金利达供货，江苏盐城水利建设有限公司承建，施工周期 180d，锌铝镁镀层钢丝的优势十分明显。

技术名称：工程用锌铝镁石笼网箱（垫）
持有单位：无锡金利达生态科技股份有限公司、江苏顺顺龙信息科技有限公司
联 系 人：张绍华
地　　址：江苏省无锡市通扬南路 251 号
电　　话：0510-82703986
手　　机：15251686777
E-mail：sales@gabion.cn

289 高性能增强/补强单向碳布

持有单位

江苏帝威新材料科技发展有限公司

技术简介

1. 技术来源

自主研发。

2. 技术原理

高性能增强/补强单向碳布是由碳纤维做经纱，热熔丝做纬纱的一种机织织物。在单向碳布的制作过程中，当织布机将碳纤维经纱和热熔丝纬纱编织成经纱和纬纱交互重叠结构的碳纤维布时，加热碳纤维，融化热熔丝表面的定型剂，并加张力对碳纤维进行展纤的同时将平直的碳纤维纱粘合成布，因为其独特的结构，能使碳纤维保持尽量的平直。由于单向碳布能最大限度保持碳纤维的高强度优良特性，目前广泛应用于建筑加固和修复增强。

3. 技术特点

（1）单向碳布增强加固技术将高强度、高模量的连续碳纤维单向布沿受拉方向或垂直于裂缝方向粘贴在要增强的结构上，使碳纤维承受拉应力，并与混凝土变形协调，共同受力，形成一个新的复合体，提高结构的强度、刚度、抗裂性和延伸性，达到提高结构承载能力的目的。

（2）碳纤维单向布能最大限度保持碳纤维的高强度优良特性，根据设计要求粘贴于混凝土表面，从而达到结构物加固补强效果。

技术指标

（1）单位面积质量：298g/m^2。

（2）拉伸强度（标准值）：3800MPa。

（3）断裂伸长率：1.78%。

（4）弯曲强度：718MPa。

（5）正拉黏结强度：5.26MPa。

应用范围及前景

适用于建筑加固和修复增强，尤其是老旧堤坝和堤坝混凝土裂缝的补强加固，及新坝设计强度增强。

案例：2019 年中建八局承接的禄口机场改扩建工程，该项目建筑面积 13.2 万 m^2，地上六层，地下一层，主体结构为钢筋混凝土结构。项目保留航站楼混凝土主体结构，拆除钢结构屋面，并采用碳纤维布对混凝土楼板、柱、梁进行加固，帝威公司 2019 年为该项目提供了碳纤增强单向布。

技术名称：高性能增强/补强单向碳布
持有单位：江苏帝威新材料科技发展有限公司
联 系 人：秦婷
地　　址：江苏省常州市新北区滨江国际企业港 9 幢
电　　话：0519-88522800
手　　机：13961193752
传　　真：0519-88522801
E-mail：ting.qin@orit.cn

290 模块化智能型浮坞泵站

持有单位

江苏河海给排水成套设备有限公司

技术简介

1. 技术来源

自主研发。

2. 技术原理

该技术突破了传统固定式泵站的结构模式，利用船舶设计理念与技术设计的模块浮坞作为载体组合成为水面移动式泵站。以浮船作为载体和工作维修平台取水，构筑泵随船走，船随水行，引水入渠的特种移动泵站。该泵站能随水位涨落变化而自动升降，实现连续供水。

3. 技术特点

（1）泵站主要由模块化坞体、取水系统、控制系统、输水系统及栈桥等组成，模块化坞体采用国防交通船拼接组合方式连接。

（2）取水采用节能型高低压电机配套的双吸离心泵组成，取水效率高。

（3）施工周期短，不需要围堰施工，土建工程少，工程造价低。水位落差越大，造价节省的优势越明显。

（4）传统固定泵站因取水口始终固定在低水位以下，取出的水永远是底层的原水，泥沙含量较高，浮坞泵站取上来的永远是较干净的表层水。

（5）浮坞泵站建设时对环境影响小，安全系数高。

技术指标

输水管直径：<1.2m；水位落差：0~20m；摇臂长度：0~50m；水泵数量：1~8 台；日供水能力：0.1 万~30 万 m^3/d；扬程：10~200m。

应用范围及前景

适用于河流、水库等水位落差较大的工程；自来水厂、钢厂、水泥厂、造纸厂、化工厂等用水量大的工程；农田灌溉工程等。

自 2008 年始已累计销售浮坞泵站 296 余台套，实现销售收入 85000 万元，利税 13500 万元。

模块化智能型浮坞泵站适用行业广。如宜昌东阳光火力发电厂取水工程、湖南省华容县第二水厂改扩建工程、安徽怀宁观音洞水库取水、湖南宁乡县黄材水库取水工程、湖南宁乡县田坪水库取水工程、江西省修水县第三水厂工程、新密电厂二期 2×1000MW 机组工程红石峡水库取水泵船、麻城市农村饮水安全浮桥河水库供水工程取水施工项目、四川省雅砻江官地水电站消力池检修抽排水、宽城宽城县城区水源建设工程一级泵站取水工程、鄂尔多斯中和西农田灌溉工程、鄂尔多斯市引黄灌区水权转换暨现代农业高效节水工程恩格贝灌域一级扬水泵站泵船、黄牛营子一级扬水站、解放营子一级扬水站、内蒙古自治区包头市土右旗灌区泵站更新改造工程、达拉特旗白泥井灌域应急抗旱补水工程、玉溪新平老厂乡水库抗旱调水工程等，全部采用了模块化智能型浮坞泵站，解决了很多工况下固定式泵站无法完成的难题。

技术名称：模块化智能型浮坞泵站
持有单位：江苏河海给排水成套设备有限公司
联 系 人：刘越峰
地　　址：江苏省泰兴市城东工业园戴王路 188 号
电　　话：0523-87666327
手　　机：13852674466
传　　真：0523-87660575
E-mail：124583047@qq.com

291 水工金属结构生物除锈及防腐技术（钢铁重腐处理剂 cksp）

持有单位

嵊州市春凯新材料有限公司、上海船舶工艺研究所舟山船舶工程研究中心、浙江宝誉建设有限公司

技术简介

1. 技术来源

自主研发。

2. 技术原理

CKSP-1 型高效环保清锈制剂利用生物材料的极速渗透性，使药剂迅速作用于钢结构锈蚀层和金属基体之间，从而破坏氧化层或铁锈和金属基体的结合力，使锈蚀层迅速崩解，脱落。

3. 技术特点

（1）该制剂是一种新型的除锈防锈材料，由生物制剂及多种辅助环保材料等构成，具有无毒、环保、不易燃、不自燃等特性。

（2）利用生物渗透技术和电化学反应原理结合，实现水剂除锈清理，代替传统机械方式除锈，提高施工安全性，全程无排放无污染。

（3）使用 CKSP-1 型高效环保清锈制剂可以解决机械喷砂除锈带来的固废粉尘污染。

技术指标

（1）使用该除锈剂浸泡 4h 后，钢材基体的力学性能无影响。

（2）生物除锈后油漆附着力：≥5.0MPa。

（3）六种限用物质（铅、汞、镉、六价铬、多溴联苯、多溴二苯醚）总含量：＜130mg/kg。

应用范围及前景

适用于永久性船闸焊缝、船闸钢架、行车轨道、涵洞水管、挡水闸支架、闸门等钢结构的除锈防腐。

案例 1：三峡大坝左岸永久性闸门除锈。由于三峡船闸除锈作业空间窄，施工条件差，环保要求高，安全措施要求严苛，无法采用喷砂或打磨除锈工艺，采用 CKSP-1 型高效环保清锈制剂除锈工艺，有效解决了上述问题，达到了船闸涂装工艺要求。

案例 2：国电电力舟山海上风电普陀风电场集控中心升压站除锈防腐工程。国电舟山普陀 6 号海上风电场建有 63 台 4.0MW 海上风力发电机组和一个海上升压站， 风力发电机组承台、护栏、钢桩、防撞钢梁、爬梯、柴油罐等硬件由于海上腐蚀严重，必须定期防腐修复，海上高空硬件设备作业施工难度大，生物除锈工艺作业的便捷高效性和环保性，有效地解决喷砂污染，人工打磨低效率的施工难点。

技术名称：水工金属结构生物除锈及防腐技术（钢铁重腐处理剂 cksp）
持有单位：嵊州市春凯新材料有限公司、上海船舶工艺研究所舟山船舶工程研究中心、浙江宝誉建设有限公司
联 系 人：冯松锋
地　　址：浙江省绍兴市嵊州市三界镇蒋三路
手　　机：13967517526

292 中灿微水流发电技术与装置

持有单位

宁波市中灿电子科技有限公司

技术简介

1. 技术来源

自主研发。

2. 技术原理

该技术让管道水流到达的地方产生电能，基于中灿科技自主研发 VDN（微电）水流发电装置，不单单指的是微水流发电，而是微水流发电＋微电储存相结合的装置。通过先进专利技术，把水的动能转换为电能，集发电、储电为一体，满足微功耗客户端用电需求。

3. 技术特点

（1）微水流发电技术：（3kg 以下）功率、寿命、工艺国际领先，真正适应不同水压环境下、做到稳定、有效发电，超长寿命。

（2）储电模块：领先超微储电技术，效率、稳定性国内第一，特殊结构设计，有效减小模块的电量损耗，提高电能使用率，保障用电。

（3）解决物联网各传感器及无线输送电源难题，减小水电连接设备漏电触电等安全隐患，实现安全用电，节能节水。为智慧城市及物联网前端数据采集提供了一种切实可行的数据监测整合以及能源提供方案。

（4）应用范围广泛，目前主要应用于智能卫浴、智慧农业、净水器等方面。

技术指标

（1）发电效率：0.05～0.3MPa。

（2）储电技术：低功率（10MW 以下）交流转换直流，储电模块利用率为 98%以上。

（3）承压：1.05MPa，10 万次以上，最高承压 27kg。

（4）寿命：正常使用下，产品工作寿命 5 年以上。

（5）超低水压启动：0.05MPa 正常工作。

（6）材料：线圈与水隔绝，各部件耐腐蚀 10 年以上。

应用范围及前景

适用于智能卫浴、净水器、智能水表、农林灌溉等智慧系统及节水系统。

该自发电系列产品已经逐步进入智能卫浴、智慧农业、净水器等市场。宁波地区三甲医院、武汉地区 30 多所大学、南昌大学、金螳螂等相关项目均已使用中灿自发电系列产品。

技术名称：中灿微水流发电技术与装置
持有单位：宁波市中灿电子科技有限公司
联 系 人：王丽菁
地　　址：浙江省宁波市蓝天路丽园尚都 A2-408
电　　话：0574-87027191
手　　机：13957809465
E-mail：wljing@zjzhongcan.com

293　欣生 JX 抗裂硅质防水剂（掺合料）

持有单位

金华市欣生沸石开发有限公司

技术简介

1. 技术来源

“欣生 JX 抗裂硅质防水剂”（掺合料）系列产品由欣生公司于 2003 年自主研制开发。

2. 技术原理

该系列产品是以高品级天然沸石为主要原料，利用其特有的离子交换性、吸附性、催化性、耐酸、碱、盐性和热稳定性等，通过焙烧、烷基憎水物表面改性等一系列特殊工艺处理而成。是集密实、憎水、二次结晶、微膨胀，降低水化热、减缩等防水抗裂机理于一体的多功能砂浆、混凝土防水剂。

3. 技术特点

（1）该技术产品具有防渗抗裂、提高强度、无机耐久、绿色环保、施工方便、造价经济等，符合提质降本、节能环保，结构自防、寿效同体的要求。

（2）具有梯度缓释功能，随着温度升高，在混凝土升温段可持续释放抑温功能组分，抑制胶凝材料水化放热速率，能够降低混凝土最高温升，从而减小混凝土施工期温度收缩应力，降低温度收缩开裂概率。

（3）具有明显的物理减水性能，与混凝土外加剂有良好的适应性，改善混凝土和易性，提高混凝土抗压强度、抗渗性能及耐久性。

（4）使用简便，按照胶凝材料用量 2.5%或 5%掺入预拌混凝土中即可。

技术指标

（1）按胶凝材料 5%掺入砂浆或混凝土中。

（2）可使砂浆的透水压力比达 300%以上，抗折强度 7MPa 以上。

（3）混凝土渗透高度＜30%。

（4）抗渗等级可达 P20 以上。

应用范围及前景

适用于混凝土结构自防水工程。

产品自 2004 年投放市场以来，截至 2020 年年底，各地工程应用面积达 2 亿 m^3。

案例 1：广西横县西津水利枢纽二线船闸工程土建Ⅲ标。船闸规模 280m×34m×5.8m（有效尺度×有效宽度×槛上水深），应用于温控混凝土需求，2020 年 6 月开始供货，“欣生 JX 抗裂硅质防水剂（掺合料）”在该项目已应用部位的具体效果能有效降低水泥水化热，减少裂缝的产生，提高耐久性。

案例 2：南宁市邕宁水利枢纽工程。工程发电厂房水下大体积混凝土及上部四周挡水墙混凝土采用添加“欣生 JX 抗裂硅质防水剂（掺合料）”，提高了混凝土的抗渗、抗冻等耐久性，创造了间接经济效益。

技术名称：欣生 JX 抗裂硅质防水剂（掺合料）
持有单位：金华市欣生沸石开发有限公司
联 系 人：韩飞
地　　址：浙江省金华市婺城区汤溪镇城河路 398 号
电　　话：0579-82131870
手　　机：15177198963
E-mail：341513772@qq.com

294　聚丙烯长丝针刺土工布

持有单位

天鼎丰控股有限公司

天鼎丰聚丙烯材料技术有限公司

技术简介

1. 技术来源

自主研发。

2. 技术原理

聚丙烯长丝针刺土工布采用高强粗旦熔融纺丝技术，即利用气流加机械牵伸的方式，使聚丙烯高分子高度取向结晶，最终形成单丝纤度达到11dtex，单丝强力超过3.5cN/dtex的连续长丝。再经铺网和针刺加固工艺，最终形成各向均匀的非织造土工布。

3. 技术特点

（1）力学性能优异。同等克重下高强粗旦聚丙烯长丝针刺土工布抗拉伸性能比聚酯长丝针刺土工布高20%，比短纤针刺土工布高50%，特别是抗撕裂性能，高强粗旦聚丙烯长丝针刺土工布要比其他品类土工布高80%以上。

（2）排水过滤等性能优异。该技术生产的聚丙烯纤维具有纤度大的特点（最高可达 15*D*，常规土工布纤维细度一般为 4*D*），透水、导水性能优异，其垂直渗透系数比常规土工布高50%左右。

（3）优异的化学稳定性。聚丙烯在土质酸碱性较强的地下或与水泥、石灰、盐渍土等呈现酸碱性部位的防护加强等效果好于聚酯土工布。

（4）冻融稳定性。聚丙烯长丝针刺土工布具有优异的耐低温性能，能够适应高寒环境反复冻融性能不发生退化。

技术指标

聚丙烯密度：$0.91g/m^3$；具有较好的耐酸耐碱性；强力、延伸率等力学性能优于短纤土工布；具有较好的疏水性和良好的导水作用；伸长率：50%~120%；握持延伸率：50%~120%。

应用范围及前景

适用于各种岩土工程，例如机场、公路、铁路、水利工程、海绵城市、尾矿库、垃圾填埋场等领域。

产品投放市场后迅速在机场、水利、高铁、公路等领域的一系列国家重点工程中得到应用。

在水利领域，聚丙烯长丝针刺土工布由于其优异的耐酸碱性、垂直渗透性和抗冻融等特性，特别适合河渠生态混凝土护坡、防渗衬垫、航道治理等。2018年在引江济淮工程中，应用了 $500g/m^2$ 的聚丙烯长丝针刺土工布，用于输水河渠的砼护岸，取得了良好的效果。此外，东营港10万t航道工程、上海临港河道治理等重点工程中也大量应用了该材料。

技术名称：聚丙烯长丝针刺土工布

持有单位：天鼎丰控股有限公司、天鼎丰聚丙烯材料技术有限公司

联 系 人：陈洋
地　　址：安徽省滁州市天鼎丰路3号
电　　话：05503809831
手　　机：18021517273
传　　真：05503809831
E-mail：chenyang03@yuhong.com.cn

295 防滑式护坡混凝土预制块

持有单位

江西省水利科学院

九江市水利工程管理站

江西绿科新型建材有限公司

技术简介

1. 技术来源

江西省水利科技计划项目（项目编号：KT201645）。

2. 技术原理

该技术运用防滑、抗裂、抑浪等 3 项技术，形成库岸预制护坡工程运行安全保障成套技术。技术产品预制块可广泛应用于维修养护不到位，防滑性能差、拼装易裂缝、垫层易淘空、风浪易爬高、铺设不美观等突出问题的堤坝护坡。

3. 技术特点

（1）抗滑技术：设置的条纹宽度、高度和间距可有效保障涉坡人员安全，防滑性能至少提高 6.72 倍。该技术已在江西省各类预制护坡工程中广泛使用，部分护坡工程经受了 2020 年特大洪水的考验。

（2）抗裂键槽技术：在传统护坡混凝土预制块光面侧壁面上等距离设置 3 处齿状凹槽，此技术有效增强预制块相互之间的粘合力，达到减少裂缝、增强整体性能、增加工程安全的目的。

（3）消浪技术：针对传统护坡混凝土预制块表面光滑、消浪效果差的问题，提出的防滑式护坡混凝土预制块表面防滑图文，大大增加了坡面预制块的糙渗系数，达到较好的消浪效果，整体消浪效果可达到约 30%。

技术指标

（1）抗滑性能提高 6.72 倍。

（2）侧面形成的串联“倒梯形体”砌缝砂浆体，可提高黏结强度 17.4%。

（3）依据室内消浪效果模型试验，整体消浪效果可达到 30%。

应用范围及前景

适用于堤防、水库、山塘、渠道等新建及加固工程。

防滑式护坡混凝土预制块研发历时 6 年， 江西都昌县在南溪圩堤加固整治工程等 50 座水库和 10 条圩堤中应用该技术，规模达 100 万块；江西鄱阳县在 215 座水库中应用该技术，规模达 200 万块；江西瑞昌市在 10 座水库和 4 条中小河流中应用该技术，规模达 71 万块；江西永修县在 10 座水库和 6 条圩堤加固中应用该技术，规模达 177 万块；江西彭泽县在 53 座水库和 4 条中小河流中应用该技术，规模达 68 万块；江西庐山市在 10 座水库、1 条中小河流治理和 1 条圩堤中应用该技术，规模达 61 万块；江西九江柴桑区在 4 座水库，5 条中小河流治理中应用防滑式护坡混凝土预制块，规模达 170 万块。

技术名称：防滑式护坡混凝土预制块

持有单位：江西省水利科学院、九江市水利工程管理站、江西绿科新型建材有限公司

联 系 人：陈芳

地　　址：江西省南昌市北京东路 1038 号

电　　话：0791-87606999

手　　机：15083817288

传　　真：0791-87606999

E-mail：410955041@qq.com

296　气盾坝生产加工技术

持有单位

烟台华卫橡胶科技有限公司

技术简介

1. 技术来源

自主研发。

2. 技术原理

该技术是结合橡胶坝和传统钢闸门的优点而研制的一种新型闸门结构。闸门系统由钢护板、橡胶气囊、抑制带、锚固件、空压系统和闸门控制系统组成，利用空气压缩原理，通过给气囊充气和排气，使钢护板升起与倒伏，以维持特定的水位高度，并可在设计水位内实现任意水位高度的调节。

3. 技术特点

（1）利用橡胶气囊支撑钢护板挡水，安全性高，使用寿命长，综合经济效益显著。

（2）模块化设计，可以简化安装过程和减少后期维护；无须设置中墩，可连续延伸闸门横跨水域，长度可以设计 200m 以上，挡水高度 10m 以下闸坝可完全倒伏，实现高效行洪。

（3）钢护板可以很好地保护橡胶气囊免受冰块等漂浮物和泥沙、杂物的侵害，延长气囊使用寿命（50 年以上）；闸门系统振动小，可安装在任何高度水头的河流，溢洪道等。

（4）充排系统采用空气作为充胀介质，不存在漏油问题，不会造成水和周围环境污染；在突然断电或控制系统失效情况下，可实现手工塌坝，安全性能高；可实现双向挡水功能，完全可以应用在河道入海口处。

技术指标

（1）气囊胶料采用三元乙丙橡胶，抗低温性能达到－40℃，使用寿命 50 年以上。

（2）帆布材料采用锦纶帆布，安全系数 10 倍以上。

（3）该坝跨度大，单跨长度 200m 不需要中墩，塌坝后可完全倒伏不阻水。

（4）气盾坝单元长度可达到 10m，挡水高度最高可达 12m。

应用范围及前景

适用于蓄水池及城市景观，农田灌溉，通航，海边防潮蓄淡，河道排沙闸，水力发电，海绵城市建造，地下车库防雨水倒灌等领域。

目前生产安装气盾坝 100 余座，其中完工 90 座，在建 21 座。工程地址分别位于辽宁、甘肃、宁夏、青海、陕西、贵州和广东等省（自治区）。气盾坝最高建造高度 4.5m，长度 120m，最低高度 1.2m，工程建造地点有山区河道，平原河道，以及入海口处。整个闸门采用气体作为闸门动力，解决了采用液压系统漏油污染水源的问题。

技术名称：气盾坝生产加工技术
持有单位：烟台华卫橡胶科技有限公司
联 系 人：马慧敏
地　　址：山东省烟台市山海南路与机场东路交汇处
电　　话：0535-6919901
手　　机：15275568027
传　　真：0535-6712890

297　基于闭环高焓等离子技术制备水力机械表面功能材料关键技术

持有单位

水利部产品质量标准研究所（水利部杭州机械设计研究所）

技术简介

1. 技术来源

水利部 948 项目“基于闭环高焓等离子技术制备水力机械表面功能材料系统”（201218）。

2. 技术原理

该技术针对水力机械在高泥沙河流服役过程中的磨蚀问题，基于高焓等离子技术、纳米技术、复合材料技术等技术原理开展研究，形成了一种基于闭环高焓等离子技术制备水力机械表面功能材料关键技术，有效解决了水力机械磨蚀问题，大幅提高了工作性能和服役寿命。

3. 技术特点

（1）通过对喷嘴、弧压缩器、冷水套等创新设计，最终实现高焓等离子喷枪不低于 6 马赫的喷射速度。

（2）结合纳米技术、复合材料技术、高焓等离子技术，对粉末配方成分进行设计和强度韧性改性研究，开发纳米抗磨蚀功能粉末配方及高焓等离子热喷涂喂料。

（3）结合高焓等离子喷枪、送粉机构创新设计、多参数优化和高精度、高精准输送控制方法与技术等研发，提高粉末沉积率。

（4）结合纳米材料效应、高焓等离子喷涂技术和喷枪结构创新性设计，提升热喷涂过程中粒子速度、聚集度、焓值等，提高涂层结合力。

（5）通过研究粉末特性、粒子速度、焓值、气氛种类、电压、电流、气体流量、送粉量、加热时间等因素间的交互关系，构建模型，从而研发高焓等离子喷涂碳化物工艺，开发优质涂层。

技术指标

（1）超高音速等离子喷枪技术主要参数：焰流速度超过 6 马赫；粉末沉积率高达 80%。

（2）纳米改性 WC 基复合抗磨蚀涂层配方及高焓等离子工艺技术主要参数：结合强度＞72MPa；孔隙率＜0.5%；显微硬度＞1220HV；抗磨蚀性能为 ZG00Cr13Ni5Mo 基体 7 倍以上。

应用范围及前景

适用于水利水电行业的水轮机、水泵等水力机械，同时可用于航空航天、交通运输冶金、石油化工等领域。

关键技术已成功应用到了国内外水轮机、水泵等水力机械中，成功解决了这些机械设备的磨损、磨蚀问题。应用于缅甸瑞丽江一级水电站、黄河流域扬黄灌溉工程等，取得良好的抗磨蚀效果；应用于浙江丰球泵业股份有限公司、南方泵业股份有限公司、浙江永发机电有限公司等 10 余个企业产品上，提高了产品的竞争力。

技术名称：基于闭环高焓等离子技术制备水力机械表面功能材料关键技术
持有单位：水利部产品质量标准研究所（水利部杭州机械设计研究所）
联 系 人：陈小明
地　　址：浙江省杭州市西湖区转塘科技园区 19 号
电　　话：0571-88082819
手　　机：15967150165
传　　真：0571-88087115
E-mail：xiaoming840@163.com

298　多泥沙河流闸门表面复合抗磨防腐蚀涂层关键技术

持有单位

水利水电三门峡防腐工程有限公司

技术简介

1. 技术来源

自主研发。

2. 技术原理

该技术是使用压缩空气或惰性气体，将耐磨耐腐蚀材料通过专用喷枪熔化后迅速雾化涂覆于基体材料上，形成高性能金属保护层，再使用高压无气喷涂对金属涂层进行封闭保护的过程。其涂层体系包括涂覆于金属结构基体表面的打底层、强化耐磨层和耐磨封闭层组成。

3. 技术特点

（1）对候选材料经过反复试验确定了适合用于制备打底层和耐磨层的金属喷涂材料。

（2）确定了表面预处理的粗糙度与清洁度级别的选择范围。

（3）采用适宜的金属热喷涂工艺来保证打底层与基材、打底层与耐磨层的理想结合强度。

（4）经过对比试验筛选出性能优良的耐磨防腐蚀涂料作为复合涂层的专用封闭耐磨防腐层。

（5）经过多次试验确定了各道涂层的最佳喷涂厚度范围等关键指标。

（6）该技术将金属材料的耐磨性和涂料的耐腐蚀性结合起来，既解决了腐蚀的问题，也提高了耐磨性能。且喷涂设备拆装容易，方便施工，受场地及施工环境影响小。

技术指标

经过该工艺技术涂装保护的闸门维护周期可由每年一次延长至每5年一次。

应用范围及前景

适用于多泥沙河流工况中运行的水工闸门及其他水下设备的耐磨抗腐蚀，具有双重防护效果。

案例：该新型抗磨防腐蚀涂层工艺技术已成功推广应用于小浪底水利枢纽排沙洞工作门面板。黄河小浪底水利枢纽排沙洞偏心铰弧门（3扇）运行频繁，面板与硬止水及泥沙之间的磨损非常严重，应用新型闸门面板耐磨抗腐蚀涂层工艺技术涂装后，耐磨防腐蚀效果明显提高，防腐维修周期由原来的1年/次延长到了5年/次。

技术名称：多泥沙河流闸门表面复合抗磨防腐蚀涂层关键技术
持有单位：水利水电三门峡防腐工程有限公司
联 系 人：陈飞
地　　址：河南省三门峡市建设路1号
电　　话：0398-2926626
手　　机：13193996508
传　　真：0398-2926630
E-mail：84824882@qq.com

299 水工长新金属抗磨纳米自修复材料技术

持有单位

郑州水工机械有限公司

技术简介

1. 技术来源

自主研发。

2. 技术原理

该技术采用化学合成的超细粉体混合在润滑油（脂）中使用，自修复材料有“智能”和自动修复功能，有自动找同心的能力，使磨损间隙得到补偿，当微烧结量与摩擦量相对平衡时，改性层修复就停止，机械设备各运转部件也随之调整到最佳配合间隙，最终达到机械设备在不解体动态中，完成金属磨损部位的自修复，并生成表面极硬极光滑的金属陶瓷保护层，延长使用寿命。

3. 技术特点

（1）长新金属抗磨纳米修复剂本技术应用高压、真空机理，首次使用廉价的硅、镁、铁、钠、磷、等元素的氧化物，人工合成了羟基硅酸镁 $Mg_3[Si_2O_5](OH)_4$，并依次添加了硼、稀土化合物以及铝、钙、镍、铬等金属氧化物，制备了具有原位修复功能的复合材料。

（2）技术从根本上改变了传统的摩擦理念，大大降低摩擦系数、减少振动和噪声，大量节约人力、物力和资源，节能效果显著。

（3）在动力设备上使用该技术，除了能使摩擦副延长使用寿命外，还能强化密封，改善燃 烧性能，降低废气排放、污染，有明显的增强动力、节约能源和保护环境的功效。

（4）金属磨损自修复剂技术是无机的，能自动修复磨损部位，修复部位与原基体无明显界面属于机械设备自修复技术，非传统机油添加剂，应用中不会产生脱落，提高动力，节能降噪并对于因磨损造成的严重漏油均能长期止漏。

技术指标

（1）形成的修复层厚度≥5μm。

（2）修复层硬度较基础钢提高 1～2 倍，经修复后的摩擦副硬度较未修复的提高 50%以上。

（3）可使润滑油（脂）摩擦系数下降 50%。

应用范围及前景

适用于机械设备齿轮箱、增减速器、转向机、转向机助力器、发电机、传动轴、轴承类等。

案例 1：长江航道局先后采用长新金属抗磨纳米自修复材料对 6 艘航道疏浚船进行了多次安全性及节能试验，随后于 2011 年、2012 年在全局工程船舶进行了推广，针对船舶的泥泵柴油发动机以及齿轮箱进行试验，结果表明节油率达到 9.21%，获得了良好的经济效益。

案例 2：中国人民解放军某装甲师大范围使用该产品。经过多年使用的统计，某主战坦克发动机的寿命可提高 1.5 倍以上，机动性能提升 25%左右。

技术名称：水工长新金属抗磨纳米自修复材料技术
持有单位：郑州水工机械有限公司
联 系 人：焦小五
地　　址：河南省郑州市中原区建设西路 359 号
电　　话：0371-67238370
手　　机：13938569515
传　　真：0371-67238668
E-mail：786923735@qq.com

300 永通球墨铸铁管顶管

持有单位

安钢集团永通球墨铸铁管有限责任公司

技术简介

1. 技术来源

自主研发。

2. 技术原理

高炉冶炼后合格铁水，经过厂内铁路运输至铸管车间。混铁炉对铁水进行保温贮存，经过中频炉对铁水进行升温熔炼调质后运输到喷镁球化站，对铁水进行球化处理。球化合格的铁水经过离心机拉管成型。成型的铸管进入退火炉退火处理，随后进行铸管表面和承口内表面喷锌。之后进行水压试验，合格的铸管进入水泥衬层工位和养生处理。后经水泥内磨，合格铸管离线运输到顶管生产线，在顶管生产线进行顶管焊顶件、套笼、装模、浇筑、养生处理等一系列工序，随后对顶管表面进行打磨、批管、刷漆、喷号，顶管经检验合格后进行入库。

3. 技术特点

具有良好的耐蚀性、耐久性，且具有一定的柔性，可吸收地面位移，防止地面沉降，安全可靠。研制球墨铸铸铁管顶管，规格涵盖 DN600～DN1200mm，长度为 2000mm、4000mm、6000mm。顶推力满足要求，DN1200mm 顶管顶推力到达 750t。设计使用寿命可达到 70 年。具有施工工期短，综合成本低等一系列显著社会效益；顶管技术是非开挖技术的主要组成部分。

技术指标

以 DN1200mm 顶管为例：

（1）DN1200mm 顶管顶推力到达 750t。

（2）设计使用寿命可达到 70 年。

（3）抗拉强度 R_m 461，规定塑性延伸强度 R_p0.2 315，断后伸长率 A 13.5，锌层重量 g/m^2≥140，布氏硬度 HBW 168，壁厚 mm 16.2。

应用范围及前景

适用于非开挖工程的管道铺设以及城市供水管网改造。

该球墨铸铁顶管质量良好，为以下项目的顺利施工提供了技术和材料保证。

2018 年案例：甘肃水务凉州供水有限责任公司，武威市城乡融合核心区供水项目配套管网工程（重离子片区）DN800 顶管 32 支共 192m；2018 年与北京城建集团成功合作東埔寨暹粒污水截流改建项目，3.7km 全部使用顶管产品。

2019 年案例：南昌市水环境综合治理工程项目总承包部， 南昌市水环境综合治理工程（前湖水系及乌沙河上游段），DN1200mm 顶管 22 支共 1344m。

2020 年案例：中铁十一局集团第二工程有限公司，江苏省江心洲-城南污水系统连通一期工程施工二标 DN1200 顶管 55 支共 330m。

技术名称：永通球墨铸铁管顶管
持有单位：安钢集团永通球墨铸铁管有限责任公司
联 系 人：焦京州
地　　址：河南省安阳市殷都区水冶镇永通大道西段
手　　机：13783816803
E－mail：jjz5803755@126.com

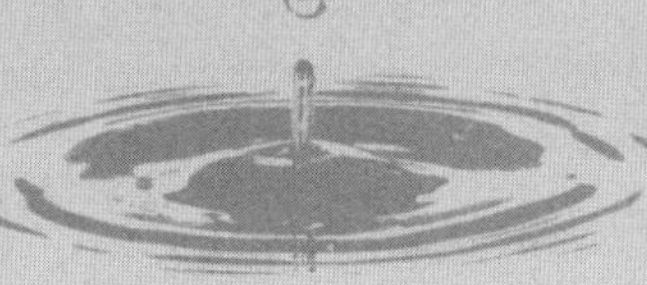

301　MF860聚硫防水密封胶

持有单位

郑州中原思蓝德高科股份有限公司

技术简介

1. 技术来源

自主研发。

2. 技术原理

通过对聚硫密封胶配方组成中液态聚硫橡胶的分子量、交联度、硫醇含量、环保无毒增塑剂进行筛选，确定最佳配方组成及配比关系，根据密封胶的硫化 性能、防水性能、粘接性能等综合性能确定了能满足水利要求的最佳配方。针对水利工程长期水下工况对防水密封材料性能的影响进行评价分析，从而验证了聚硫防水密封胶的水汽透过率大小、长期水下应用的弹性及粘接的稳定性是影响变形缝防水密封耐久性的关键，获得了一种水下变形缝密封用耐久性优异的聚硫防水密封胶。

3. 技术特点

（1）以液态聚硫橡胶为基料配制而成的双组分聚硫密封胶常温下固化成弹性体，具有优异的耐油、耐水、耐老化、耐腐蚀性能，弹性好、黏接力强，对玻璃、铝合金、混凝土、镀锌钢等材料具有良好的粘接性能。

（2）获得水利工程变形缝用高性能长寿命的聚硫防水密封材料。既满足 JC/T 483—2006《聚硫建筑密封胶》、DL/T 949—2005《水工建筑塑性嵌缝密封材料技术标准》的性能指标要求，又满足饮用水水质的安全性评价，通过 GB/T 17219—1998《生活饮用水输配水设备及防护材料的安全性评价标准》检测，属于实际无毒材料。

技术指标

（1）流动性：≤3mm。

（2）与混凝土拉伸粘接强度、断裂伸长率：在标准实验室条件养护 7d，≥0.40MPa、≥300%；浸水 4d，≥0.40MPa、≥300%；浸水 120d，≥0.40 MPa、≥300%。

（3）定伸 100%弹性恢复率：标准条件养护 7d、浸水 4d、浸水 120d，均≥70%。

（4）定伸 100%粘接性：标准条件养护 7d、浸水 4d、浸水 120d，均为“无破坏”。

应用范围及前景

适用于水利工程中暗渠、明渠、渡槽等变形缝、污水处理、地铁、涵洞、建筑物及地下室的防水密封。

该技术产品自 2006 年推广市场以来，先后应用于机场、 隧道、游泳馆、地铁、污水处理池、沿江大道、城市空中花园、南水北调工程等近 100 项工程的变形缝弹性粘接防水密封，应用效果良好。

典型案例： 2019 年，南水北调惠南庄泵站-团结湖末端闸检修工程，全长 23km，使用 MF860 聚硫防水密封胶 60t。施工现场，多方随机抽多批次送国家三方检测，均满足设计方技术要求，产品质量稳定。

技术名称：MF860 聚硫防水密封胶
持有单位：郑州中原思蓝德高科股份有限公司
联 系 人：崔洪
地　　址：河南省郑州市高新区冬青西街 28 号
电　　话：0371-67648054
手　　机：13937198543
传　　真：0371-67648054
E-mail：cuihong 1969@sina.com

302 混凝土衬砌面板裂缝通用防护与修复体系

持有单位

武汉长江科创科技发展有限公司

技术简介

1. 技术来源

自主研发。

2. 技术原理

该技术紧密对标输水干渠渠道的运行维护期间的需求，针对衬砌面板混凝土裂缝的成因复杂、单一修复材料及技术无法有效修复等技术难题，将灌浆材料、嵌缝填充材料和表面保护材料等多功能材料组合联用，研判裂缝最佳的修补时机，采用多种修复处理技术联合使用，从而能够达到最佳修补效果。总结形成适用于渠道衬砌面板混凝土裂缝修复材料体系和施工技术手册，用于指导日常维护工作。

3. 技术特点

通过多功能材料的组合联用及多种修复成套技术和系统解决方案，在结构上形成了环氧树脂灌浆材料充填微细裂隙，以双组分聚硫密封胶作为裂缝嵌缝填充，以透明水性环氧类涂层材料作为防护层的混凝土衬砌面板裂缝通用防护与修复体系。

技术指标

（1）干粘接强度为 4.2MPa。

（2）湿粘接强度为 3.6MPa。

（3）其他物理力学性能指标复合 JC/T 1015—2006《环氧树脂地面涂层材料》规定要求，且环保性能优异。

应用范围及前景

适用于各种类型的水利水电工程输水建筑物、引水调水工程混凝土输水隧洞、箱涵、渠道的混凝土裂缝、结构缝防渗处理。

混凝土衬砌面板裂缝通用防护与修复体系在南水北调中线工程高填方渠坡防渗处理、湖北堵河潘口水电站、汉江兴隆水利枢纽工程混凝土衬砌面板裂缝处理中得到成功应用，修复面积达 5000m^2。

案例 1：2015 年南水北调中线工程高填方渠坡防渗处理项目。南水北调中线一期工程总干渠部分需采取加强安全措施的高填方渠道已按原设计完成土工膜铺设和混凝土衬砌施工，无法实施防渗墙、土工膜加厚等加强措施。为了提高止水防渗效果，需要在洪水综合影响等级高渠段的渠坡和渠底衬砌板结构缝处（通缝和半缝）涂覆止水材料。为此，对混凝土衬砌面板裂缝和伸缩缝采用裂缝通用防护与修复体系处理，起到了很好的防渗止水效果。

案例 2：2017 年湖北堵河潘口水电站项目。潘口水电站1号、2号引水隧洞衬砌混凝土结构缝、裂缝渗漏水等问题，进水口通气孔有多处漏水，长江科学院长江科创公司采用混凝土衬砌面板裂缝通用防护与修复体系，对引水隧洞衬砌混凝土结构缝和施工缝等进行处理，对产生裂缝的混凝土起到加固和修复作用，确保顺利度汛。

案例 3：2021 年，汉江兴隆水利枢纽输水渠道衬砌混凝土结构缝、裂缝渗漏水等现象，长江科学院长江科创公司采用混凝土衬砌面板裂缝通用防护与修复体系，对混凝土面板上结构缝和施工缝等进行处理。处理后的缝能适应季节变化而引起的伸缩变形，原结构缝渗漏量大幅减少，对产生裂缝的混凝土起到加固和修复作用。

技术名称：混凝土衬砌面板裂缝通用防护与修复体系
持有单位：武汉长江科创科技发展有限公司
联 系 人：陈群山
地　　址：湖北省武汉市江岸区黄浦大街 23 号
电　　话：027-82829430
手　　机：13971617248
传　　真：027-82829781
E-mail：qunshan_chen@163.com

303 CJT 系列多喷嘴冲击式水轮机调速系统

持有单位

武汉长江控制设备研究所有限公司

长江水利委员会长江科学院

技术简介

1. 技术来源

自主研发。

2. 技术原理

该调速系统主要由电气柜、机械柜和油压装置三大部分构成。喷针采用“一阀一控”仅有一级放大的电液随动系统，各喷针的出力分配由计算机电气回路实现，方便实现单喷嘴或多喷嘴起动机组，根据负荷变化自动或手动切换为单喷嘴或任意数量喷嘴运行。喷针控制单元采用电液随动系统进行比例控制，接收计算机 PID 信号，折向器则是根据转速判断和开停机状态进行开关量控制。

3. 技术特点

（1）该系统基于冲击式机组的特点，利用喷针作为主调节、折向器作为过速保护装置的单元控制方案，提升了产品性能。

（2）采用高可编程控制器作为调节器。

（3）应用了电液比例随动装置等现代电液控制技术，减少了调速器的液压放大环节，结构简单，工作可靠，具有优良的速动性及稳定性。

（4）调速系统各控制阀元件之间采用液压集成技术，不用油管连接，使之结构紧凑、大大减少密封渗漏点，做到柜内无泄漏。

（5）适用压力范围广，2.5 ~ 16MPa 均可，油压装置可采用常规压力罐或者使用囊式蓄能器。

技术指标

（1）Kp：0.5 ~ 10；Ki：0.05 ~ 10；Kd：0 ~ 5。

（2）静态特性曲线近似为直线，转速死区不超过 0.02%，甩负荷液压缸不动时间不超过 0.2s。

（3）机组甩 100%负荷时，偏离稳态转速 1.5Hz 以上的波动次数不超过 2 次。

（4）喷针接力器开启、关闭时间可调范围：10 ~ 90s；折向器接力器开启、关闭时间可调范围：1 ~ 3s。

应用范围及前景

适用于 4 喷嘴或 6 喷嘴等高水头多喷嘴冲击式水轮发电机组的控制。

已累计制造 CJT 型冲击式调速器 420 余台，应用于各电站。典型的多喷嘴冲击式机组调速器项目有：云南阿鸠田电站（CJT4/4-4.0）装机容量为 2×35MW 冲击式机组、云南吉沙电站（CJT6/6-6.3）装机容量为 2×60MW 冲击式机组、云南那邦电站（CJT6/6-6.3）装机容量为 3×60MW 冲击式机组、四川一道桥电站（CJT4/4-6.3）装机容量为 2×40MW 冲击式机组、四川巴郎口电站（CJT6/6-6.3）装机容量为 2×48MW 冲击式机组、新疆布伦口-公格尔电站（CJT6/6-6.3）装机容量为 3×68MW 冲击式机组。同时，改型调速器已出口到缅甸、印度和南美的厄瓜多尔等国家。

技术名称：CJT 系列多喷嘴冲击式水轮机调速系统

持有单位：武汉长江控制设备研究所有限公司、长江水利委员会长江科学院

联 系 人：聂伟
地　　址：湖北省武汉市黄浦大街 289 号
电　　话：027-82607552
手　　机：13871009765
传　　真：027-82634167
E-mail：150473577@qq.com

304 水力自控翻板闸坝技术

持有单位

湖南省水电（闸门）建设工程有限公司

技术简介

1. 技术来源

自主研发，2 件水力自控翻板闸门结构专利。

2. 技术原理

该设备利用水力和闸门重量平衡的原理，当上游来水流量加大，闸坝上游水位抬高，闸门自动开启到一定倾角，直到在该倾角下动水压力对支点的力矩等于门重对支点的力矩，达到该流量下的新的平衡。流量不变时，开启角度也不变。而当上游流量减少到一定程度，水力自控翻板闸门可自行回关到一定倾角，达到该流量下的新的平衡，使上游水位始终保持在要求的范围内，能够完全由水流及时自动控制。

3. 技术特点

（1）原理独特、作用微妙、结构简单、制造方便，闸门运行稳定，开启、回关水位准确。

（2）相邻水力自控翻板闸门之间无须设置闸墩，或设置大间距闸墩，基本不缩窄原河道，过流能力强。

（3）施工简便、施工期短、造价合理，投资少。

技术指标

按《水利水电建设工程验收规程》验收。

（1）门体为预制钢筋混凝土结构，仅支撑部分为金属结构；能准确及时地自动调节闸门开度，维持流量动态平衡。

（2）闸门启动后，门顶、门底同时泄流，门顶溢流能使漂浮物顺利过闸，门底高流速射流便于冲沙冲淤；同一枢纽上的所有翻板闸门同步开启，单宽流量分布均匀，有利于下游河床稳定和生态保护。

（3）通过门顶、门底的水流相撞，可消耗一小部分余能，有利于消能防冲。

（4）洪水过程结束时，能够自动拦截尾水。

应用范围及前景

适用于各种型式的闸坝工程，如水电站拦河闸坝、城市防洪、蓄水拦河闸坝、水库溢洪道、航运及农田灌溉、河道综合治理拦河闸坝等。

自 1983 年研究出预倾角式连杆滚轮双支点翻板闸门以来，已在全国 20 多个省区的水电水利、城市蓄水、水库溢洪道、河道综合治理等 1800 多个工程项目上得到了广泛应用。

典型应用案例：都匀市剑江河西苑翻板闸坝工程、陕西省嘉陵江凤县段河道综合治理水力自控翻板闸坝工程、汉中市汉江中心城区水力自控翻板闸坝工程、汨罗市滨江拦河闸工程、临夏市大夏河三十里风情线防洪及生态环境综合治理工程——1～7 号、10 号、11 号翻板闸坝工程等。

技术名称：水力自控翻板闸坝技术
持有单位：湖南省水电（闸门）建设工程有限公司
联 系 人：邓黎红
地　　址：湖南省长沙市天心区新姚南路 222 号御邦国际广场 806
电　　话：0731-82247459
手　　机：13548597779
传　　真：0731-82563036
E-mail：hnsddlh@163.com

305 倾斜式升降水闸

持有单位

湖南力威液压设备股份有限公司

技术简介

1. 技术来源

自主研发。

2. 技术原理

倾斜式升降水闸采用液压传动工作原理，利用油缸牵引储水板上下升降，动力部分采用双泵切换结构模式，一台泵组工作，一台泵组备用。利用储能器和压力继电器稳定系统工作压力，当系统工作压力下降时，储能器自动补压，或压力继电器启动油泵自动运行补压。

3. 技术特点

（1）产品的设计、运用三维建模技术，并进行 CAE 分析，可确保产品结构的安全合理。模块化产品互换性强，便于维修。

（2）通过改进多级油缸，采用中间铰轴式安装，以保证储水板升降灵活稳定。储水板竖立角度达到为 75°~80°。

（3）根据实际工况，设计储水板的承压力的安全系数为净水压力的 3 倍以上。主要通过油缸及液压系统压力达到这个承压能力。

（4）液压系统的动力部分设双泵装置，一套工作，一套备用，当一套装置出现故障时，另一台自动启动运行。液压系统控制油缸运行分别带动单块储水板上升、下降。

技术指标

（1）液压系统设有双泵切换装置，一套工作，一套备用。

（2）各油路无泄漏，各阀件动作灵活，油缸伸缩动作灵敏。

（3）单块储水板上升压力不大于 2MPa，单块储水上升时间小于 8min/次。

（4）单块储水板下降时间小于 8min/次。

（5）液压系统额定公称压力 18MPa；工作压力 15MPa。

（6）坝面每平方米漏水量小于 0.1L/s。

应用范围及前景

适用于各大中小型泵站、山塘、水窖、小型引水闸、扬水站、灌溉渠道、田间排水沟等。

产品正式投入市场以来，已完成的工程实例 28 个，运行情况良好。

案例：浙江平水镇若耶溪一期工程 2 号堰坝金属结构及机电设备工程。若耶溪发自茅远岭，流经平水，进入绍兴市区。2 号堰坝金属结构及机电设备工程地处平水段，拦河坝工程为一座节能型拦河储水泄洪坝，主材为钢材， 坝长 36m，坝高 1.4m。该坝采用倾斜式升降水闸，主要作用为旱季储水灌溉、雨季泄洪排涝，溢流状态为平水镇增添一新亮点。

技术名称：倾斜式升降水闸
持有单位：湖南力威液压设备股份有限公司
联 系 人：李爱香
地　　址：湖南省湘潭县天易经开区鹦鹉路
电　　话：0731-5866006
手　　机：15873297899
传　　真：0731-52866018
E-mail：hnlwyy@163.com

306 水利风景区智慧营地应用技术

持有单位

星球客（广东）智能科技有限公司

技术简介

1. 技术来源

自主研发。景区里有很多风景优美的地方都不适宜建造酒店，比如可以看日出的山顶，于是就有了打造“星球客 Sunguest”智慧营地想法。

2. 技术原理

该技术采用环保复合新材料制作，可方便地拆卸移动，在不便建造房屋的高山、林海、景区、甚至是湖面都可以搭建，属于标准化、模块化的工业集成化装备产品。以 PC 材质为外形材料，全模块化组装拆卸，直径 3m 的全景智能装配式空间，拥有独立卫浴系统，智能操控系统，智能温控系统。

3. 技术特点

（1）“星球客 Sunguest”智慧营地靠几个支架支撑，采用环保复合新材料制作而成，可方便地拆卸移动，取代传统现场施工建设模式。

（2）“星球客 Sunguest” 智慧营地是基于全域旅游“移动互联网＋云”时代的移动智能生态旅居空间系统服务与解决方案，根据不同的市场环境提供不同产品解决方案和管理服务。

（3）空调系统采用半导体制冷和 PTC 陶瓷加热技术，配备超低静音送风排风风机，能够实现自动和手动控制室内温湿度，保证室内空气清新。

（4）智能控制系统，综合控制管理“星球客 Sunguest” 智慧营地照明、空调、门锁、安防等系统，保证用户的舒适性体验和安全。

（5）产品材料属于环保材质，具有高透光性，不影响土地结构，有利于投放到较为复杂的土地结构自然风景区，结合水利风景区共同发展。

技术指标

（1）整体设计：球体模块设计，球体模块 1-6 型；防水设计：建筑防水Ⅱ级；防风设计：＞ $0.75kN/m^2$；防火设计：UL94-V0；环保设计：E0 级；防紫外线设计：UPF40＋、UVA＜5%。

（2）通风空调系统：半导体空调，制冷/制热量 560 ~ 1000W；耗电量：600 ~ 1100W；噪声值：＜15dB。

（3）使用年限：球体 20 年，内部电器 10 年。

应用范围及前景

适用于国家各级旅游风景区、城市公园、城市生活周边、商业综合体、城市屋顶等。

案例：星球客营地应用于深圳野生动物园，主要实现休闲、休憩、近距离观赏原生态动植物生活环境。解决游客无障碍、近距离地观赏野生动物们觅食、玩耍等生活状态和生活习性，让游客与野生动物共享一个空间，真正走进动物世界，领略野生动物的野趣盎然，同时拉近人与动物之间的距离，也给野生动物园增添网红打卡项目。

技术名称：水利风景区智慧营地应用技术
持有单位：星球客（广东）智能科技有限公司
联 系 人：徐位海
地　　址：广东省佛山市南海区狮山镇联和工业区东区 5 路 6 号之一
电　　话：0757-82814278
手　　机：13172367878
传　　真：0757-82814278
E-mail：suntube070@east-view.com.cn

307　西驰电机固态软启动装置

持有单位

西安西驰电气股份有限公司

技术简介

1. 技术来源

自主研发。

2. 技术原理

软启动器是针对异步电机的一种降压启动装置，主要要解决电机启动冲击电流、冲击转矩问题（减小电网冲击和机械冲击）。软启动器核心由主回路单元，旁路单元（可选）和控制单元三部分组成。它连接于电网和电机之间，采用晶闸管作为主控器件，运用不同的控制策略，控制三相反并联晶闸管导通角，从而实现电机降压启动。

3. 技术特点

（1）该装置是一种将电力电子技术，微处理器和模糊控制理论相结合的新型电机启动装置。

（2）装置可以无阶跃地平稳启动/停止电机，避免因采用直接启动、星/三角启动、自耦减压启动等传统的启动方式启动电机而引起的机械与电气冲击等问题，能有效地降低启动电流及配电容量，避免增容投资。

（3）SCR 闭环控制功能，专为标准负载和重型负载设计，实现平滑无转矩振荡启动效果。先进的转矩控制算法，直接控制负载输出转矩，满足各类重载启动应用。

（4）集成多种行业专机特殊控制性能，满足风机、水泵等行业负载特殊控制需求。

（5）具有多种工业通信扩展单元，满足大部分工业环境下的通信需求。

技术指标

最小电气间隙 10mm；最小爬电距离 10mm；软停车斜坡最小下降时间 1s；软停车斜坡最大下降时间 60s；散热器过热故障时发出故障指示；符合 IP20 防护等级要求。

应用范围及前景

适用于使用风机、水泵、压缩机等电机类设备的应用场合。

该电机固态软启动装置应用市场巨大，在广大销售区域内已经顺利推广到各个行业的客户现场投入使用，应用工程实例数已达 1562 例。

案例：四台套 CMV-630/10-E 高压固态软启动装置在浙江省姚江二通道工程应用。该工程是姚江奉化江流域洪涝治理“6＋1”工程之一，工程地跨江北、镇海两区，采取三级泵站抽排的排水格局，新建慈江闸站、化子闸泵站、澥浦闸站 3 处干流闸站。该工程线路长、工程点多、工程技术难度大，特别是三座干流闸站各有特点难点，很多技术都是国内首创，其中“西驰电器”研发生产的四台套 CMV-630/10-E 高压固态软启动装置在该项目中起到至关重要的作用，完全满足设计和使用要求。

技术名称：西驰电机固态软起动装置
持有单位：西安西驰电气股份有限公司
联 系 人：姚志芳
地　　址：陕西省西安市高新区天谷七路 996 号国家数字出版基地 B 座 15 楼
电　　话：029-889020808
手　　机：15829848228
传　　真：029-89020899
E-mail：yaozhifang@xichi.com

308　水电站生态水流量智能监管系统

持有单位

甘肃盛御水利水电科技有限公司

甘肃省讨赖河流域水资源局

技术简介

1. 技术来源

自主研发。

2. 技术原理

系统以物联网和云计算技术为支撑，采用成熟数据采集技术，对河道、渠道、湖泊、水库等水位、河道、渠道流量、水库下泄流量、尤其是水电站生态流量、引水流量等进行远程在线实时监测，并结合水电站生产运行数据进行监测与统计分析，满足环保、生态、水文、发电等多方面的要求。

3. 技术特点

（1）系统由数据采集系统、数据传输系统、数据率定计算系统和数据监管系统等四部分组成。

（2）系统采用物联网和云计算技术，针对水电站建设环境和水工建筑条件，采用“一站一策”监测技术方案。

（3）通过水位传感器、闸门开度传感器在线采集水位、闸门开度等数据，构建不同流态的水力学数学模型，计算包括水电站生态水下泄流量在内的水电站实时引泄水流量，实现水电站引泄水流量数据采集、上传、预警、考核、统计、分析等功能。

（4）可完成图像、视频监控、闸门监控的功能，便于及时掌握电站上下游主要河流水源变化情况。

技术指标

（1）数据采集：实时采集河道断面水位、流量信息。测量精度满足 GB 5017《河流流量监测规范》规定的二类精度以上（＜10%）。

（2）视频采集：实时视频监控。支持1920×1080 分辨率的视频和静态画面扑捉。

（3）数据传输：每 5min 一组（带时间戳）采集并上传流域各枢纽水位数据及实时视频信息至云端服务器。

（4）响应速度：WEBGIS 响应速度小于 5s；报表响应速度小于 5s；一般查询响应速度小于 3s。

应用范围及前景

适用于河、湖、库等水位、流量，尤其是水电站生态下泄流量等水资源信息以及水电站生产运行数据的远程在线监管。

该系统自 2018 年 1 月开始推广应用。截至 2021 年 8 月，已在西部地区的 549 座水电站的生态流量、引水流量等引泄水流量监测项目安装运行，其中，按行政区划：甘肃省 451 座、四川省 48 座、青海省 17 座、陕西省 33 座；按流域：黄河流域 167 座、长江流域 202 座、河西内陆河流域 180 座；按规模：大型水电站 6 座、中型水电站 27 座，小型水电站 516 座），并于当地省、市、县三级水利水务主管部门监控平台联网对接，为各级水行政主管部门协同有关部门监督水电站生态流量泄放的监管和流域生态保护、水政管理、水文、水资源监测等服务提供了技术支撑。

技术名称：水电站生态水流量智能监管系统
持有单位：甘肃盛御水利水电科技有限公司、甘肃省讨赖河流域水资源局
联 系 人：魏三泽
地　　址：甘肃省兰州市七里河区创智国际众创空间2层
电　　话：0931-2608377
手　　机：15097226166
传　　真：0931-2608377
E-mail：867006992@qq.com